CW01665747

INTRODUCTION AUX VARIÉTÉS DIFFÉRENTIELLES

Cet ouvrage a été publié avec le concours :

du **Ministère de l'éducation nationale,**
de l'enseignement supérieur et de la recherche
Direction de l'information scientifique et technique et des bibliothèques
1, rue Descartes, 75231 Paris Cedex 05

de la **Région Rhône - Alpes**

de la **Ville de Grenoble**

Réalisation et mise en pages, Société LASERTEX, Micropolis, Gap
Centre technique Grenoble Sciences

ISBN 2.7061.0654.9

Copyright : Presses Universitaires de Grenoble
B.P. 47X – 38040 Grenoble Cedex

INTRODUCTION AUX VARIÉTÉS DIFFÉRENTIELLES

Jacques LAFONTAINE

Presses Universitaires de Grenoble
1996

La Collection Grenoble Sciences

La Collection Grenoble Sciences fut créée à l'Université Joseph Fourier avec un triple objectif :

- permettre d'offrir aux étudiants et usagers des ouvrages à des prix convenables,
- constituer une mémoire pour d'excellents documents qui restent souvent chez leurs auteurs,
- réaliser des ouvrages correspondant vraiment à un objectif clair, en contrepoint des ouvrages réalisés par rapport à tel ou tel programme plus ou moins officiel.

Certains documents sont publiés dans le seul cadre de l'Université Joseph Fourier. D'autres, destinés à un plus vaste public, sont sélectionnés par des referees, critiqués par un comité de lecture et édités dans cette collection spécifique des Presses Universitaires de Grenoble.

Directeur de la Collection Grenoble Sciences

Jean BORNAREL, Professeur à l'Université Joseph Fourier - Grenoble 1

Comité de lecture de Introduction aux variétés différentielles :

P. AVERBUCH, Directeur de recherches au CNRS - Physique - Grenoble
P. BÉRARD, Professeur à l'Université Joseph Fourier - Grenoble 1
Expert à la Mission scientifique et technique
G. MEIGNIEZ, Maître de conférences à l'Université Claude Bernard - Lyon 1
J.Y. MÉRINDOL, Professeur à l'Université Louis Pasteur - Strasbourg 1

Déjà parus :

Chimie. Le minimum vital - J. Le Coarer
Mathématiques pour les sciences de la nature et de la vie - F. et J.P. Bertrandias
Endocrinologie. Fondements physiologiques - S. Idelman
Minimum competence in scientific English - J. Upjohn, S. Blattes et V. Jans
Analyse numérique et équations différentielles - J.P. Demailly
Introduction à la Mécanique statistique - E. Belorizky et W. Gorecki
Exercices corrigés d'Analyse (tomes 1 et 2) - D. Alibert
Bactéries et environnement. Adaptations physiologiques - J. Pelmont
La plongée sous-marine à l'air. L'adaptation de l'organisme et ses limites - P. Foster
Listening comprehension for scientific English - J. Upjohn
Electrochimie des solides - C. Déportes *et al.*
La Turbulence - M. Lesieur
Exercices et problèmes corrigés de Mécanique statistique - E. Belorizky et W. Gorecki
La symétrie en mathématiques, physique et chimie - J. Sivardière
La cavitation. Mécanismes physiques et aspects industriels - J.P. Franc *et al.*
L'Asie, source de sciences et de techniques - M. Soutif
L'ergomotricité. Le corps, le travail et la santé - M. Gendrier
Enzymes, catalyseurs du monde vivant - J. Pelmont

Pour David

INTRODUCTION

C'est à ce coup que Fontanet eut une troisième conception. Il s'écria :
– Composons une Histoire de France, *avec tous les détails, en cinquante volumes.*
Cette proposition m'enchanta, et je l'accueillis avec des battements de mains et des cris de joie...
On nous envoya coucher. Mais je restai bien un quart d'heure dans mon lit sans dormir, tant j'étais agité par la pensée sublime d'une Histoire de France *en cinquante volumes, avec tous les détails.*
Nous la commençâmes, cette histoire. Je ne sais, ma foi, plus pourquoi nous la commençâmes par le roi Teutobochus. Mais telle était l'exigence de notre plan.
Notre premier chapitre nous mit en présence du roi Teutobochus, qui était haut de trente pieds, comme on put s'en assurer en mesurant ses ossements, retrouvés par hasard *
Dès le premier pas, affronter un tel géant ! Fontanet lui-même en fut étonné.
– Il faut sauter par-dessus Teutobochus, me dit-il.
Je n'osai point.
*L'*Histoire de France *en cinquante volumes s'arrêta à Teutobochus.*

(Anatole France, Le Livre de mon ami).

Cette charmante leçon de méthodologie s'applique fort bien au sujet de ce livre. Au lecteur de juger du parti que j'en ai tiré. Les premiers pas de la théorie des variétés peuvent, si l'on veut suivre l'exemple de Fontanet, donner lieu à des développements redoutables. On risque d'être rebuté par le sujet avant de s'apercevoir que les vraies difficultés sont ailleurs.

Les variétés différentielles sont la généralisation naturelle des courbes et des surfaces. La notion de variété apparaît pour la première fois (sans explications !) dans la leçon inaugurale de Riemann, en 1851, et lui permet de donner une solution satisfaisante au problème du prolongement analytique des fonctions holomorphes.

Il faut attendre un bon demi-siècle pour qu'une définition précise se dégage. Il s'agit de concevoir non pas des parties d'un espace $\mathbb{R}^n$, avec n grand, définies par un certain nombre d'équations, mais d'une façon plus abstraite des objets – a priori non plongés dans l'espace "ordinaire" de dimension n, – pour lesquels la notion de fonction différentiable ait un sens.

Les raisons pour s'intéresser à de "grandes" dimensions sont nombreuses. L'une des plus évidentes vient peut-être de la mécanique classique. L'espace des configurations d'un système articulé dépend vite de plus de trois paramètres : il en faut déjà six pour un solide.

---

* Le lecteur qui mettrait en doute l'existence de Teutobochus est invité à lire *Persistance des géants*, de A. Schnapper, (Annales E.S.C. 1986, n°1).

Le fait qu'il ne soit pas toujours souhaitable de considérer les objets étudiés comme des parties de $\mathbb{R}^n$ est plus caché. Par exemple l'ensemble des directions de l'espace usuel dépend de deux paramètres réels. C'est de façon naturelle une variété de dimension deux, appelée le plan projectif. Il admet certes de nombreuses réalisations comme sous-espace d'un espace euclidien. Mais ces réalisations ne sautent pas aux yeux, et il n'est pas évident non plus d'en trouver une qui soit plus "naturelle" que les autres.
Et dans bien des cas, comme celui des systèmes articulés, où cette réalisation est évidente, on ne l'utilise que relativement peu.
Ces variétés "abstraites" fournissent le cadre mathématique naturel de la mécanique classique (espace des configurations et espace des phases), mais aussi de la relativité générale et de la théorie des particules élémentaires.

J'ai voulu écrire un texte qui, tout en restant élémentaire, aborde les variétés le plus directement possible, en s'intéressant principalement à leurs propriétés topologiques. De ce point de vue, une sphère étirée et/ou bosselée reste une sphère, et même dans le cadre des courbes et des surfaces, on s'intéresse aux propriétés topologiques ou différentielles, et non aux propriétés métriques (longueur, courbure, etc.).

Il suffit au lecteur d'une bonne connaissance des bases du calcul différentiel, et d'un peu de topologie dite "générale". Toutefois, quelques remarques, encadrées par le signe ** font appel à des connaissances plus élaborées. J'ai jugé utile de commencer par un premier chapitre comprenant surtout des rappels, exposés de façon à pouvoir s'appliquer directement aux variétés.
Les variétés proprement dites sont abordées aux deuxième et troisième chapitres. J'ai essayé de donner le plus vite possible des exemples et des résultats significatifs.
Une classe d'exemples – les groupes de Lie et leurs espaces homogènes – m'a paru largement mériter un chapitre pour elle-même. Enfin, les trois derniers chapitres sont consacrés aux formes différentielles et au parti qu'on peut en tirer pour comprendre la topologie des variétés. Chaque chapitre dépend des précédents, à une exception près : si les groupes de Lie (chapitre IV) interviennent dans les chapitres qui suivent, c'est seulement à titre d'exemples et à l'occasion d'exercices.
Chaque chapitre commence par une introduction qui donne quelques motivations, et se termine par une section intitulée "Commentaires" où les prolongements possibles des sujets abordés sont brièvement évoqués.

Comme je l'ai expliqué plus haut, élémentaire, j'ai pris le parti de me limiter pour l'essentiel aux structures différentielles. L'aspect métrique n'est abordé que très occasionnellement, et uniquement dans le cas des sous-variétés de l'espace euclidien, l'aspect symplectique pas du tout. Je me suis un peu rattrapé dans les sections de "Commentaires", et dans la bibliographie commentée qui accompagne ce texte.
Les nombreux exercices (une centaine) sont pour la plupart faciles. Ceux qui sont indiqués par une étoile sont un peu plus délicats pour les débutants. Ceux qui portent deux étoiles ne sont pas forcément techniques, mais plutôt du style "il fallait y penser". Beaucoup peuvent être considérés comme des compléments de cours. C'est pourquoi j'ai fait figurer de nombreuses indications sur leur solution.

Durant les quelques années où j'ai assuré le cours de géométrie différentielle à Montpellier, j'ai bénéficié d'un public particulièrement agréable, exigeant et attentif, ne ménageant pas les questions. Son attitude m'a vivement encouragé au moment où je préparais les notes qui ont constitué la première moûture de ce livre.

Certains exercices m'ont été obligeamment communiqués par Ngo-Van-Que et Claude Albert ; j'ai bénéficié aussi des critiques constructives de Mireille Pierrot, et d'Oussama Hijazi.
Une fois ce cours soumis à la Collection Grenoble Sciences, j'ai profité des très nombreuses remarques et des suggestions stimulantes des membres du comité de lecture, portant sur le fond comme sur les détails. Malgré la diversité des horizons scientifiques et des tempéraments de ces collègues, je ne me suis jamais trouvé dans la situation du meunier cher à mon homonyme.
Jean-Pierre Demailly m'a donné des conseils TEXniques avec beaucoup de gentillesse.
Un grand merci également à Sylvie Bordage pour les dessins.
Last, not least, j'ai été profondément influencé par mon maître Marcel Berger.

Sommaire

Notations

Ad	représentation adjointe	4.18
$C^k(M)$	fonctions de classe C^k sur M	1.9
$C^\infty(M)$	fonctions lisses sur M	1.9
$\Gamma(E)$	sections du fibré vectoriel E	3.34
$\Gamma(TM)$	champs de vecteurs sur la variété M	3.34
$\deg(f)$	degré d'une application f	7.13
dim	dimension	
dist	distance	
div	divergence	5.33
E^*	espace dual de l'espace vectoriel E	5.A
$E(C, C')$	enlacement de deux courbes C et C'	7.E
d	différentielle extérieure	5.49
∂D	bord du domaine D	6.20
∂_i	dérivation par rapport à x^i	
f_*	image directe par l'application f	3.20
f^*	image réciproque par l'application f	5.22
$\mathcal{F}_m$	germes de fonctions en m	3.10
G_0	composante neutre du groupe de Lie G	4.4
$\mathfrak{G}$	algèbre de Lie du groupe de Lie G	4.D
$\mathbb{H}$	corps des quaternions	4, ex. 2
H^p	espace de cohomologie de degré p	7.1
$\mathcal{I}$	application inverse dans un groupe	4.5
i_X	produit intérieur par le champ X	5.34
L_g	translation à gauche par g	4.1
L_X	dérivée de Lie	5.30
$m - a$	vecteur $\overrightarrow{am}$	
$\mathcal{M}$	espace de Minkowski	5.G
$M_1 \sharp M_2$	somme connexe des variétés M_1 et M_2	2. ex. 28
$N(M)$	fibré normal à la variété M	3, ex. 20 h1.1
$O(n)$	groupe orthogonal	1.29
$O(p, q)$	groupe pseudo–orthogonal	1. ex. 19
$\Omega^p(M)$	formes différentielles de degré p sur M	5.20
$\Omega(M)$	formes différentielles sur M	5.20
$\Omega_0(M)$	formes différentielles sur M à support compact	6.8
$P^n\mathbb{C}$	espace projectif complexe	2.D
$P^n\mathbb{R}$	espace projectif réel	2.D
ϕ_t^X	flot du champ de vecteurs X	3.42
R_g	translation à droite par g	4.1
rot	rotationnel	5.35
S^n	sphère de dimension n	
$Sl(n, \mathbb{R})$	groupe des matrices de déterminant 1	1.42

$SO(n)$	groupe des matrices orthogonales de déterminant 1	4.4
$SU(n)$	groupe des matrices unitaires de déterminant 1	2, ex. 4
$Sym(n)$	matrices symétriques d'ordre n	
$\mathrm{Supp}(f)$	support de la fonction f	3.1
Tf, T_xf	application tangente	2.33
TM	fibré tangent à la variété M	3.D
T^*M	fibré cotangent à la variété M	5.45
T^n	tore de dimension n	1.29
tr	trace	1.7
$U(n)$	groupe des matrices unitaires	2.4
(U,ϕ)	carte d'une variété	2.2
$(U_i,\phi_i)_{i\in I}$	atlas d'une variété	2.2
$V_r(M)$	voisinage tubulaire de la variété M	3. ex. 24
$\langle,\rangle$	produit scalaire euclidien	
$\otimes$	produit tensoriel (de vecteurs ou de formes)	5.3
$\bigotimes$	produit tensoriel (d'espaces ou de fibrés vectoriels)	5.3
$\wedge$	produit extérieur, produit vectoriel	5.10
$\bigwedge^k$	puissance extérieure k–ième	5.6
$[,]$	crochet de deux champs de vecteurs	3.24
$v^\flat$	forme associée au vecteur v	5.17
$\alpha^\sharp$	vecteur associé à la forme α	5.17

CHAPITRE I

CALCUL DIFFÉRENTIEL

Ce chapitre est élémentaire, au sens où la plupart des concepts et des résultats étudiés sont des généralisations de concepts et de résultats de l'algèbre linéaire. On a un véritable dictionnaire :
application différentiable – application linéaire ;
difféomorphisme local – application linéaire inversible ;
sous-variété – sous-espace vectoriel, etc.
Ce qui suit consiste à expliciter ce dictionnaire, qui s'étendra, comme nous le verrons au chapitre suivant, à un cadre bien plus général que le cadre vectoriel. Il s'agit bien sûr de résultats classiques de calcul différentiel. Les résultats des derniers paragraphes (sous-groupes à un paramètre du groupe linéaire, théorème de Sard) le sont un peu moins.

A. DIFFÉRENTIELLES

1. DÉFINITION – *Une application f d'un ouvert U de $\mathbb{R}^p$ à valeurs dans $\mathbb{R}^q$ est* différentiable *en un point a de U s'il existe une application linéaire L de $\mathbb{R}^p$ dans $\mathbb{R}^q$ telle que*

$$f(a+h) = f(a) + L \cdot h + o(h)\cdot$$

On dit alors que L est la *différentielle* de f en a, ou *l'application linéaire tangente* à f en a (les deux terminologies coexistent). La notation $L \cdot h$ en lieu et place de $L(h)$ est choisie pour insister sur la linéarité. On a désigné par $h \mapsto o(h)$ une application d'un ouvert de $\mathbb{R}^p$ à valeurs dans $\mathbb{R}^q$ telle que, pour des normes $\| \ \|_1$ et $\| \ \|_2$ sur les espaces source et but, on ait

$$\lim_{h \to 0} \frac{\|o(h)\|_2}{\|h\|_1} = 0.$$

Cette propriété ne dépend pas du choix des normes utilisées pour la formuler (** il n'en est pas de même en dimension infinie, où il faut parler d'applications différentiables entre espaces normés**).

Remarque – On peut réécrire cette définition sous la forme

$$f(x) - f(a) = L \cdot (x-a) + o(x-a) \qquad (*).$$

En fait, $\mathbb{R}^p$ et $\mathbb{R}^q$ sont considérés à la fois comme des *espaces affines* où vivent les *points* x, $f(x)$, et des *espaces vectoriels* où vivent les *vecteurs* $x-a$, $f(x)-f(a)$. Cela conduit à reformuler la définition en remplaçant $\mathbb{R}^p$ et $\mathbb{R}^q$ par des *espaces affines* E et F de dimensions respectives p et q ; dans l'équation $(*)$, L désigne alors une application linéaire entre les espaces vectoriels associés à E et F.

Exemple : les courbes **–** Considérons le cas des applications de $\mathbb{R}$ dans un espace affine F, et désignons par W l'espace vectoriel associé. Toute application linéaire de $\mathbb{R}$ dans un espace vectoriel W est de la forme $h \mapsto hv$, où v est un vecteur de W. En divisant par le nombre réel h, on voit que la différentiabilité en a équivaut alors à l'existence d'un vecteur $v \in W$ tel que

$$\frac{f(a+h)-f(a)}{h} = v + \epsilon(h), \text{ où } \lim_{h\to 0} \epsilon(h) = 0.$$

Autrement dit, f est alors *dérivable* en a et le vecteur v est égal à $f'(a)$. Il est d'usage de donner aux applications de $\mathbb{R}$ dans un espace affine le nom de "courbes paramétrées". Le vecteur $f'(a)$ s'appelle alors *vecteur tangent* à la courbe en $f(a)$.
Nous verrons dans un instant qu'il y a des changements importants quand on passe de $\mathbb{R}$ à un espace de dimension supérieure à 1, c'est-à-dire des fonctions d'une variable aux fonctions de plusieurs variables. On a en tout cas la propriété suivante.

2. Proposition **–** *L'application L est unique.*

Preuve **–** Soit L' une deuxième application linéaire satisfaisant à la même propriété. Fixons $h \in \mathbb{R}^p$, et considérons un accroissement de la forme th, où t est un réel non nul. On a

$$f(a) + L\cdot th + o(th) = f(a) + L'\cdot th + o(th),$$

d'où

$$L\cdot th - L'\cdot th = t(L\cdot h - L'\cdot h) = o(th).$$

En divisant par t, on voit que

$$L\cdot h - L'\cdot h = \frac{o(th)}{t}$$

ce qui donne $L = L'$ si on fait tendre t vers 0 ▪

ON NOTERA df_a LA DIFFÉRENTIELLE DE f EN a.

Remarque **–** Dans l'argument précédent, on peut se contenter de prendre des t positifs. On en déduit qu'une fonction f *positivement homogène de degré* 1 (c'est-à-dire une application de E dans F telle que $f(tx) = tf(x)$ pour tout réel positif t) différentiable en 0 est forcément *linéaire*. En particulier, une norme n'est *jamais* différentiable à l'origine.
L'unicité de la différentielle vient aussi de son expression explicite en fonction des dérivées partielles des fonctions coordonnées.

3. Proposition **–** *Si une application f d'un ouvert U de $\mathbb{R}^p$ dans $\mathbb{R}$ est différentiable en $a \in U$, elle admet des dérivées partielles du premier ordre en a, et*

$$df_a \cdot h = \sum_{i=1}^{n} \partial_i f(a) h^i \quad (\text{si } h = (h^1, \cdots, h^n)).$$

Preuve – A priori, $f'(a).h = \sum_{i=1}^{n} u_i h^i$, où les réels u_i sont à déterminer. En écrivant la propriété de différentiabilité pour un accroissement de la forme

$$h = (0, \cdots, t, \cdots, 0) \qquad (t \quad \text{à la } i\text{-ième place}),$$

on voit que la fonction d'une variable réelle

$$t \mapsto f(a^1, \cdots, a^i + t, \cdots, a^p)$$

est différentiable, donc dérivable en 0, sa dérivée étant u_i ∎
Ce résultat se généralise facilement.

4. Proposition – *Si une application d'un ouvert U de $\mathbb{R}^p$ dans $\mathbb{R}^q$ est différentiable en $a \in U$, alors chacune des composantes f^i de f admet des dérivées partielles en a, et la matrice de la différentielle, rapportée aux bases canoniques des espaces source et but, est*

$$\left(\partial_j f^i(a)\right)_{1 \leq i \leq q, 1 \leq j \leq p}.$$

Preuve – En exprimant la propriété de différentiabilité composante par composante, on voit que f est différentiable si et seulement si chaque composante f^i l'est. Il suffit alors d'appliquer la proposition précédente aux f^i ∎

5. Définition – *La matrice* $\left(\partial_j f^i\right)_{1 \leq i \leq q, 1 \leq j \leq p}$ *est la* matrice jacobienne *de f.*

Nous convenons que les indices supérieurs correspondent *aux lignes*, et les indices inférieurs *aux colonnes*. Le déterminant de la matrice jacobienne (si $p = q$) !, s'appelle le *jacobien* de f, noté $J(f)$.
Si on remplace $\mathbb{R}^p$ et $\mathbb{R}^q$ par des espaces vectoriels de dimensions p et q rapportés à des bases $(e_i)_{1 \leq j \leq p}$ et $(e'_i)_{1 \leq i \leq q}$, la matrice de la différentielle rapportée à ces bases s'écrit de la même façon, en désignant par f^j la j-ième composante de f, et $\partial_j f^i(a)$ la dérivée pour $t = 0$ de la fonction $t \mapsto f^i(a + te_j)$. Si $E = F$, le Jacobien de f est le déterminant de l'endomorphisme df_a.
Pour ne pas alourdir l'exposé, nous nous placerons le plus souvent dans des espaces $\mathbb{R}^n$ munis de leur base canonique. Mais il existe bien des situations (par exemple **7** infra) où cela n'a rien de naturel.

6. Exemple : conditions de Cauchy-Riemann

Une application de $\mathbb{C}$ dans $\mathbb{C}$ est *holomorphe* si et seulement si elle est $\mathbb{C}$- différentiable (on remplace $\mathbb{R}$ par $\mathbb{C}$ dans la définition **1**). Sa différentielle en tant qu'application de $\mathbb{R}^2$ dans $\mathbb{R}^2$ est la multiplication par la dérivée complexe $f'(z)$, vue comme application $\mathbb{R}$-linéaire. En écrivant que la matrice jacobienne est de la forme

$$\begin{pmatrix} a & -b \\ b & a \end{pmatrix} \qquad (\text{si } f'(z) = a + ib),$$

on retrouve les conditions de Cauchy-Riemann ; le jacobien est $|f'(z)|^2$.

Il y a des situations où il est préférable de calculer la différentielle sans faire appel aux coordonnées.

7. Exemples : inverse d'une matrice, déterminant et trace

Nous allons calculer les différentielles
a) de l'application $A \mapsto A^{-1}$ de $Gl(\mathbb{R}^n)$ dans lui-même (en vérifiant au passage que $Gl(n, \mathbb{R})$ est ouvert dans $End(\mathbb{R}^n)$) ;
b) de l'application $A \mapsto \det A$ de $End(\mathbb{R}^n)$ dans $\mathbb{R}$.
a) On choisit une norme sur $\mathbb{R}^n$, et on munit $End(\mathbb{R}^n)$ de la norme opérateur associée. Autrement dit

$$\|A\| = \sup_{\|x\| \leq 1} \|Ax\|.$$

Si A et B sont deux endomorphismes, on a $\|AB\| \leq \|A\|\|B\|$. Alors si $\|H\| < 1$, la série

$$\sum_{k=0}^{\infty} (-1)^k H^k$$

est convergente, et sa somme S vérifie évidemment la relation

$$S(I + H) = (I + H)S = I.$$

En particulier, $I + H$ est inversible, et le développement en série de $(I + H)^{-1}$ donne la majoration

$$\|(I + H)^{-1} - I - H\| \leq \sum_{k=2}^{\infty} \|H^k\| < \sum_{k=2}^{\infty} \|H\|^k = \frac{\|H\|^2}{1 - \|H\|}.$$

Pour $\|H\| < 1/2$, il vient

$$(I + H)^{-1} = I - H + r(H), \qquad \text{où} \quad \|r(H)\| < 2\|H\|^2,$$

ce qui montre que la différentielle en I est l'application $H \mapsto -H$.
Pour passer au cas général, on écrit

$$(A + H)^{-1} = \big(A(I + A^{-1}H)\big)^{-1} = (I + A^{-1}H)^{-1}A^{-1}.$$

En utilisant le même développement en série, on voit d'abord que $Gl(\mathbb{R}^n)$ est *ouvert* dans $End(\mathbb{R}^n)$ (si $\|H\| < 1/\|A^{-1}\|$, $A + H$ est inversible), puis que la différentielle en A est l'application linéaire

$$H \mapsto -A^{-1}HA^{-1}.$$

b) Nous laissons au lecteur le soin de vérifier, en utilisant la multilinéarité, que si $a_1, \ldots, a_n$ (resp. $h_1, \ldots, h_n$) désignent les vecteurs colonnes de la matrice A (resp. H), on a

$$d\det_A \cdot H = \sum_{k=1}^{n} \det(a_1, \ldots, a_{k-1}, h_k, a_{k+1}, \ldots, a_n).$$

Mais il existe une expression intrinsèque bien plus parlante. Examinons d'abord le cas où $A = I$. Alors

$$\det(I+H) = 1 + \sum_{k=1}^{n} h_k^k + \text{termes de degré} \geq 2 \text{ par rapport aux } h_k^l,$$

ce qui montre que la différentielle en I n'est autre que l'application

$$H \mapsto \operatorname{tr}(H).$$

Si maintenant A est inversible, on écrit comme dans a)

$$A + H = A(I + A^{-1}H),$$

et on en déduit que la différentielle est donnée par

$$H \mapsto \det(A)\operatorname{tr}(A^{-1}H).$$

Pour passer au cas général, remarquons que

$$\det(A)\operatorname{tr}(A^{-1}H) = \operatorname{tr}(\tilde{A}H),$$

où $\tilde{A}$ est la matrice des cofacteurs de A. Comme det est évidemment une fonction lisse, sa différentielle dans le cas général est donc

$$H \mapsto \operatorname{tr}(\tilde{A}H).$$

Attention – Nous avons vu que les composantes d'une fonction différentiable le sont automatiquement. Par contre, une fonction définie sur un ouvert de $\mathbb{R}^p$ qui admet des dérivées partielles, c'est-à-dire telle que les fonctions partielles

$$t \mapsto f(a^1, \cdots, a^i + t, \cdots, a^p)$$

sont différentiables, n'est pas forcément différentiable si $p > 1$. Un contre-exemple simple est donné par la fonction f de deux variables définie par

$$f(x,y) = \frac{xy}{x^2+y^2} \quad \text{si} \quad (x,y) \neq (0,0)\,, \quad \text{et} \quad f(0,0) = 0,$$

qui n'est pas continue à l'origine, bien qu'ayant des dérivées partielles en tout point. On a par contre le résultat fondamental suivant.

8. Théorème – *Soit f une application d'un ouvert U de $\mathbb{R}^p$ dans $\mathbb{R}$. Si f a des dérivées partielles sur U qui sont continues en a, alors f est différentiable en a.*

Preuve – Supposons que $p = 2$ pour alléger les notations. Le cas général se traite de la même façon. Posons $a = (b, c)$. On a

$$f(b+h, c+k) - f(b,c) = f(b+h, c+k) - f(b+h, c) + f(b+h, c) - f(b,c)\cdot$$

D'une part

$$f(b+h,c)-f(b,c)=\partial_1 f(b,c)h+o(h)\cdot$$

D'autre part, d'après le théorème des accroissements finis appliqué à la fonction $t\mapsto f(b+h,t)$,

$$f(b+h,c+k)-f(b+h,c)=\partial_2 f(b+h,c+\theta k)k \qquad (0<\theta<1)$$

Mais, en raison de la continuité de $\partial_2 f$ en a,

$$\partial_2 f(b+h,c+\theta k)=\partial_2 f(b,c)+o(h,k) \quad ▪$$

On a là le critère pratique le plus commode de différentiabilité, qui conduit à la définition suivante :

9. Définition – *Une application d'un ouvert U de $\mathbb{R}^p$ dans $\mathbb{R}^q$ est* de classe C^1 *si toutes ses dérivées partielles d'ordre* 1 *existent et sont continues sur U tout entier,* de classe C^p *si ses dérivées partielles sont de classe C^{p-1}, et enfin* de classe C^∞ *(on dira aussi* lisse*) si elle est de classe C^p pour tout entier p.*

Il est clair que l'ensemble des fonctions de classe C^p est stable pour la somme et le produit.

Remarque – La différentiabilité a un sens *en un point* (plus précisément, elle ne dépend que du comportement de la fonction dans un voisinage arbitraire du point considéré). Par contre, la propriété d'être de classe C^p n'a de sens que *sur un ouvert.*

B. Théorème des fonctions composées

10. Théorème – *Soit f une application d'un ouvert U de $\mathbb{R}^m$ dans $\mathbb{R}^n$, et g une application d'un ouvert V de $\mathbb{R}^n$ dans $\mathbb{R}^p$. On suppose que f différentiable en $a\in U$, que $f(a)\in V$ et que g est différentiable en $f(a)$. Alors $g\circ f$ est différentiable en a, et*

$$d(g\circ f)_a = dg_{f(a)}\circ df_a.$$

Autrement dit, la différentielle de la composée est la composée des différentielles.

Preuve – Remarquons d'abord que f étant continue en a, $f^{-1}(V)$ est un voisinage de a, et donc que $g\circ f$ est définie sur un ouvert U' contenant a. Si $a+h\in U'$, on a

$$f(a+h)=f(a)+L\cdot h+o(h)\cdot$$

Posons $k=L\cdot h+o(h)$. Alors

$$\begin{aligned} g\big(f(a+h)\big)=g\big(f(a)+k\big) &= g\big(f(a)\big)+M\cdot k+o(k)\\ &= g\big(f(a)\big)+M\cdot L\cdot h+o(h)\cdot \end{aligned}$$

Remarques

a) En anglais, ce résultat porte le nom de "chain rule", à la fois concis et parlant !

b) Au niveau des matrices jacobiennes de g et f, ce résultat donne la formule

$$\partial_j(g \circ f)^i = \sum_{k=1}^{n} \partial_k g^i\big(f(a)\big).\partial_j f^k(a),$$

soit en d'autres termes

$$\left[d(g \circ f)_a\right]^i_j = \sum_{k=1}^{n} \left[dg_{f(a)}\right]^i_k \left[df_a\right]^j_k.$$

c) L'utilisation implicite de la "chain rule" est très fréquente. Soit par exemple E un espace vectoriel euclidien, le produit scalaire étant noté $\langle , \rangle$. Si u et v sont deux applications d'un ouvert U de $\mathbb{R}^n$ dans E, la différentielle de $f = \langle u, v \rangle$ est donnée par

$$f'(a).h = \langle u'(a).h, v(a) \rangle + \langle u(a), v'(a).h \rangle.$$

On peut soit le vérifier directement, soit considérer f comme la composée des applications $x \mapsto \big((u(x), v(x)\big)$ de U dans $E \times E$ et $\langle , \rangle$ de $E \times E$ dans $\mathbb{R}$.

11. EXEMPLE *: inversions*

Soit E un espace euclidien de dimension n. *L'inversion de centre* p *et de module* k est l'application $I_{p,k}$ de $E \setminus \{p\}$ dans lui-même définie par

$$I_{p,k} : x \mapsto p + k\frac{x-p}{\|x-p\|^2}.$$

Elle est évidemment lisse. Prenons $a = 0$, $k = 1$ et posont $I_{0,1} = I$. La différentielle de I est donnée par

$$I'(a).h = \frac{h}{\|a\|^2} - 2\frac{\langle a, h \rangle a}{\|a\|^4} = \frac{1}{\|a\|^2} S_a.h,$$

où l'on a posé

$$S_a.h = h - 2\frac{\langle a, h \rangle}{\|a\|^2}a.$$

Il est clair que $S_a.a = -a$ et que $S_a.h = h$ si h appartient à l'hyperplan $\langle a, h \rangle = 0$. Donc S_a est la symétrie orthogonale par rapport à cet hyperplan. C'est une isométrie, et $I'(a)$ est une similitude (inverse).

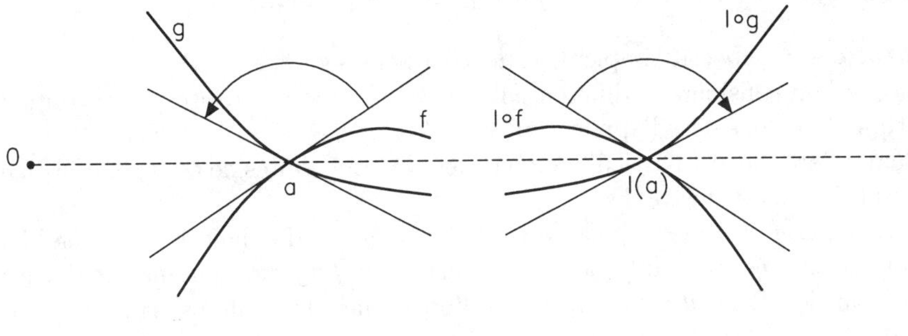

Soient maintenant $t \mapsto f(t)$ et $t \mapsto g(t)$ deux courbes paramétrées pour lesquelles $f(0) = g(0) = a$. Les vecteurs tangents en $I(a)$ aux courbes images par I sont, d'après le théorème des fonctions composées, $I'(a).f'(0)$ et $I'(a).g'(0)$. Donc, d'après ce qui précède, leur angle (en valeur absolue) est le même que celui de $f'(0)$ et $g'(0)$. Autrement dit, I conserve les angles. On appelle *conformes* de telles applications. Un théorème dû à Liouville assure que si $n \geq 3$, toute application conforme d'un ouvert d'un espace euclidien de dimension $n \geq 3$ dans un autre est la restriction d'un produit d'inversions (cf. par exemple [Berger], ch. 9). Pour $n = 2$ bien sûr la situation est différente : en utilisant le critère de Cauchy sous la forme vue en **6**, on voit que f est conforme si et seulement si elle est holomorphe ou antiholomorphe, alors que les produits d'inversions (appelés *transformations de Möbius*) sont beaucoup moins nombreux.

Revenons aux généralités, en énonçant une conséquence immédiate mais fondamentale du théorème des fonctions composées.

12. COROLLAIRE – *Toute composée d'applications de classe C^p $(1 \leq p \leq \infty)$ est elle-même de classe C^p.*

13. NOTATION DIFFÉRENTIELLE – Elle est justifiée par le théorème des fonctions composées. On part de la remarque (évidente) qu'une application linéaire est différentiable et égale à sa différentielle, et on note (pour les distinguer si on veut) dt la différentielle de l'application identique de $\mathbb{R}$ dans $\mathbb{R}$, et dx^i la différentielle de la i-ième coordonnée d'un vecteur x de $\mathbb{R}^p$. Soit maintenant f une application différentiable de $\mathbb{R}^p$ dans $\mathbb{R}$. En notant h^i la i-ième composante du vecteur h, on a

$$df_a \cdot h = \sum_{i=1}^{n} \partial_i f(a) h^i.$$

Cela nous donne la *valeur* de la forme linéaire df_a pour le vecteur h. Comme $dx^i(h) = h^i$, il revient au même de dire que

$$df_a = \sum_{i=1}^{n} \partial_i f(a) dx^i.$$

Autrement dit, la différentielle de f est une combinaison linéaire des différentielles des coordonnées, dont les coefficients sont les dérivées partielles.

Remarque – Si on écrit simplement df, cela peut signifier :
a) soit que l'on considère la différentielle de f en un point précisé par le contexte.
b) soit que l'on considère l'application $x \mapsto df_x$.
Le calcul différentiel est particulièrement riche en ambiguïtés de ce type, indispensables si on veut éviter les cuistreries.
Si maintenant g est une application différentiable de $\mathbb{R}$ dans $\mathbb{R}^n$, le théorème des fonctions composées nous dit que la différentielle de $f \circ g$ s'obtient en remplaçant, dans l'expression de df, les dx^i par les dg^i, différentielles des composantes de g. On écrit d'abord

$$df_x = \sum_{i=1}^{n} \partial_i f(x^1, x^2, \cdots, x^n) dx^i,$$

puis

$$d(f \circ g)_t = \sum_{i=1}^{n} \partial_i f(g^1(t), g^2(t), \cdots, g^n(t)) dg^i$$
$$= \Big(\sum_{i=1}^{n} \partial_i f(g^1(t), g^2(t), \cdots, g^n(t)) g'^i(t)\Big) dt.$$

On en déduit que la dérivée de $f \circ g$ en t est égale à

$$\sum_{i=1}^{n} \partial_i f\big(g^1(t), g^2(t), \cdots, g^n(t)\big) g'^i(t).$$

***13 bis. Remarque* –** Nous verrons dans la suite deux généralisations très différentes de la différentielle. Tout d'abord nous verrons au chapitre prochain que la notion de fonction lisse a un sens dans le cadre plus général des fonctions entre variétés (disons pour le moment entre courbes et surfaces) ; on emploiera alors plutôt l'appellation d'application linéaire tangente en un point (cf. **II. E**).
Nous verrons ensuite que la différentielle des fonctions se prolonge en un opérateur linéaire défini sur les formes différentielles (cf. **V. C**).
C'est cette double généralisation qui explique la coexistence, dans le cas des ouverts d'espaces vectoriels, de deux terminologies et de deux notations pour la même notion :

différentielle de f en a, notée df_a ;
application linéaire tangente à f en a, notée $T_a f$.

C. Théorème d'inversion locale

***14. Définition* –** *Une application f d'un ouvert U de $\mathbb{R}^p$ dans un ouvert V de $\mathbb{R}^q$ est un* difféomorphisme de classe C^k *si elle admet une application réciproque de classe C^k. On dit alors que U et V sont* difféomorphes.

Notons g l'application réciproque. Le théorème des fonctions composées appliqué à $f \circ g$ et $g \circ f$ nous dit que si $a \in U$, les applications linéaires df_a et $dg_{f(a)}$ sont inverses l'une de l'autre. En particulier, nécessairement $p = q$.

***Remarque* –** Il est encore vrai qu'un ouvert de $\mathbb{R}^p$ ne peut être homéomorphe à un ouvert de $\mathbb{R}^q$ que si $p = q$. Ce résultat, appelé *théorème d'invariance du domaine*, est nettement plus difficile, et fait appel à la topologie algébrique (pour une preuve, voir par exemple [Godbillon 1]).

***15. Exemples* : boules et produits d'intervalles**

Nous allons montrer
a) que tous les intervalles ouverts de $\mathbb{R}$ sont difféomorphes entre eux, et difféomorphes à $\mathbb{R}$;
b) que toute boule ouverte de $\mathbb{R}^n$ (pour la norme euclidienne) est difféomorphe à $\mathbb{R}^n$.
c) que dans $\mathbb{R}^2$ l'intérieur d'un carré est difféomorphe à un disque ouvert.

a) Il est clair que tous les intervalles ouverts bornés sont difféomorphes entre eux, ainsi que tous les intervalles de la forme $]a, +\infty[$ ou $]-\infty, b[$. On a d'autre part les difféomorphismes $t \mapsto e^t$ de $]0, +\infty[$ sur $\mathbb{R}$ et $t \mapsto \dfrac{t}{1-t^2}$ de $]-1, 1[$ sur $\mathbb{R}$ (par exemple).
b) En utilisant a), on voit que

$$x \mapsto \frac{x}{1 - \|x\|^2}$$

est un difféomorphisme de la boule ouverte $B(0,1)$ sur $\mathbb{R}^n$.
c) Il suffit de remarquer (par exemple) que le carré $]-1,1[\times]-1,1[$ est difféomorphe à $\mathbb{R}^2$ au moyen de l'application

$$(x, y) \mapsto (\frac{x}{1-x^2}, \frac{y}{1-y^2}).$$

On a bien entendu des énoncés analogues en toute dimension. Par contre, nous verrons plus tard que $\mathbb{R}^n$ et $\mathbb{R}^n - \{0\}$ ne sont pas difféomorphes.

Attention – L'exemple de $t \mapsto t^3$ de $\mathbb{R}$ dans $\mathbb{R}$ montre qu'un homéomorphisme lisse peut ne pas être un difféomorphisme. En effet sa différentielle en 0 n'est pas inversible, puisqu'elle est nulle. Par contre :

16. Proposition – *Soit f un homéomorphisme C^k d'un ouvert U sur un ouvert V de $\mathbb{R}^p$. Si f est de classe C^k et si df est inversible en tout point, alors f est un difféomorphisme (de classe C^k) et*

$$(df_{f(x)})^{-1} = (df_x)^{-1}.$$

Enonçons d'abord un lemme facile mais utile, dont la démonstration est laissée en exercice.

17. Lemme – *Si A est une application linéaire bijective entre espaces vectoriels normés de dimension finie, il existe des constantes strictement positives m et M telles que*

$$\forall x \neq 0, \ m\|x\| < \|A \cdot x\| < M\|x\|\cdot$$

Preuve de la proposition – Posons $g = f^{-1}$. Soit $a \in U$ et $b = f(a)$. Montrons d'abord que g est différentiable en b. Comme g est continue,

$$g(b+h) = g(b) + \Delta(h) \text{ ,où } \|\Delta(h)\| = o(1)\cdot$$

En appliquant f aux deux membres, on obtient

$$b + h = b + df_a \cdot \Delta(h) + o(\Delta(h)),$$

puis

$$\Delta(h) = \left(df_a\right)^{-1} \cdot h + \left(df_a\right)^{-1} \cdot o(\Delta(h))\cdot$$

Mais d'après le lemme, $\Delta(h) = O(h)$ donc la relation ci-dessus donne

$$\Delta(h) = \left(df_a\right)^{-1} \cdot h + o(h)\cdot$$

Donc g est différentiable en b, et $dg_b = \left(df_{g(b)}\right)^{-1}$. Le fait que g est C^k si f l'est vient alors du théorème des fonctions composées ▪
Un résultat beaucoup plus fort est vrai.

***18. Théorème* (dit d'inversion locale) –** *Soit f une application C^k $(k \geq 1)$ d'un ouvert U de $\mathbb{R}^p$ dans $\mathbb{R}^p$, et a un point de U où la différentielle df_a est* inversible. *Alors il existe un ouvert V inclus dans U et contenant a tel que $f : V \longrightarrow f(V)$ soit un difféomorphisme de classe C^k.*

Autrement dit, si la différentielle de f en a est un isomorphisme en tant qu'application linéaire, f est elle-même un isomorphisme en tant qu'application C^k, pourvu qu'on ne s'éloigne pas trop de a. Nous ne donnerons pas la preuve de ce résultat : les idées et les techniques mises en œuvre, ont une grande importance (méthode des approximations successives, voir par exemple [Lang] ou [Demailly]), mais ne seront pas utilisées dans ce livre.

***19. Exemple* : "racine carrée" d'un endomorphisme proche de l'identité**

Il existe dans $Gl(n, \mathbb{R})$ deux ouverts U et V contenant I tels que pour toute matrice $B \in V$ il existe une unique matrice $A \in U$ de carré B : comme

$$(A + H)^2 = A^2 + AH + HA + H^2,$$

l'argument de **6** montre que l'application $f : A \mapsto A^2$ est différentiable, la différentielle en A étant donnée par

$$H \mapsto AH + HA.$$

On voit donc que f est C^1, et le résultat de l'énoncé vient du théorème d'inversion locale appliqué en $A = I$.

***20. Définition* –** *Un* difféomorphisme local *(ou une* application étale*) est une application de classe C^k $(k \geq 1)$ d'un ouvert U de $\mathbb{R}^p$ dans $\mathbb{R}^p$ dont la différentielle en tout point est inversible.*

D'après le théorème d'inversion locale, il revient au même de dire que tout point de U est contenu dans un sous-ouvert V tel que $f\,|_V$ soit un difféomorphisme sur son image. Notons aussi qu'une application C^k $(k \geq 1)$, dont la différentielle en un point est inversible, est un difféomorphisme local d'un voisinage de ce point sur son image.
Il n'y a aucune raison pour qu'un difféomorphisme local soit injectif ; par contre, d'après **13** tout difféomorphisme local *bijectif* est un difféomorphisme. Notons enfin qu'un difféomorphisme local est une application *ouverte* (c'est-à-dire que l'image de tout ouvert est un ouvert).

Exemples
a) L'application $(r, \theta) \mapsto (r\cos\theta, r\sin\theta)$ est un difféomorphisme local de $]0, \infty[\times\mathbb{R}$ sur $\mathbb{R}^2 - \{0\}$.
b) Si on identifie $\mathbb{C}$ à $\mathbb{R}^2$, l'application $z \mapsto z^2$ est un difféomorphisme local de $\mathbb{R}^2 - \{0\}$ sur lui-même, et l'application $z \mapsto e^z$ un difféomorphisme local de $\mathbb{R}^2$ sur $\mathbb{R}^2 \setminus \{0\}$.
Il est remarquable qu'on puisse encore avoir des informations "locales" sur f en supposant seulement que sa différentielle en un point a est injective ou surjective.

Pour alléger les énoncés, on a supposé que $a = 0$ et $f(a) = 0$, le cas général se déduit sans peine en faisant des translations.

21. Théorème – *Soit f une application C^1 d'un ouvert U de $\mathbb{R}^p$ dans $\mathbb{R}^q$. On suppose que $0 \in U$ et que la différentielle df_0 est injective. Alors il existe un ouvert V de $\mathbb{R}^q$ contenant 0, un ouvert U' contenu dans U tel que $f(U') \subset V$, et un difféomorphisme φ de V sur son image tels que*

$$\varphi\big(f(x^1, \cdots, x^p)\big) = (x^1, \cdots, x^p, 0, \cdots, 0).$$

Preuve – Soient $f^1, \cdots, f^q$ les composantes de f. L'hypothèse signifie que la matrice jacobienne de f est de rang p. Après permutation des coordonnées dans l'espace d'arrivée si nécessaire, on peut donc supposer que la matrice

$$A = \big(\partial_j f^i(0)\big)_{1 \le i \le p, 1 \le j \le p}$$

est inversible. On définit alors une application g de $U \times \mathbb{R}^{q-p}$ dans $\mathbb{R}^q$ en posant

$$g(x^1, \cdots, x^p, y^1, \cdots, y^{q-p}) = (f^1(x), \cdots, f^p(x), y^1 + f^{p+1}(x), \cdots, y^{q-p} + f^q(x)).$$

La matrice jacobienne de g est de la forme

$$\begin{pmatrix} A & 0 \\ * & I \end{pmatrix}$$

Elle est inversible, donc il existe un ouvert W contenant 0 tel que $g_{|W}$ soit un difféomorphisme sur son image. Le difféomorphisme cherché est $\varphi = g^{-1}$.

22. Remarque – Une conséquence immédiate de ce théorème est l'existence d'une inverse à gauche locale pour f, c'est-à-dire d'une application d'un ouvert de $\mathbb{R}^q$ contenant 0 sur un ouvert de $\mathbb{R}^p$ telle que $f_1 \circ f = Id_{\mathbb{R}^p}$: il suffit de prendre $f_1 = (\varphi^1, \cdots, \varphi^q)$, autrement dit de ne garder que les q premières coordonnées de φ.

Exemple – Si $p = 1$ l'image de f est une courbe, et le théorème nous dit que tout morceau suffisamment petit de cette courbe peut être transformé en segment de droite par un difféomorphisme.

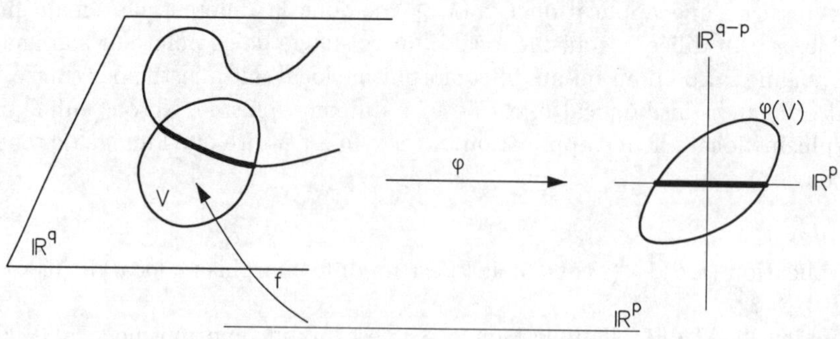

On a bien sûr un résultat dual concernant les applications dont la différentielle est surjective. Cette fois, c'est en composant par un difféomorphisme à la source qu'on obtiendra une application linéaire.

23. Théorème – *Soit f une application C^1 d'un ouvert U de $\mathbb{R}^p$ dans $\mathbb{R}^q$. On suppose que $0 \in U$ et que la différentielle df_0 est surjective. Alors il existe un ouvert V de $\mathbb{R}^p$ contenant 0 et un difféomorphisme ψ de W sur son image tels que $\psi(W) \subset U$ et*

$$f\big(\psi(x^1, \cdots, x^p)\big) = (x^1, \cdots, x^q).$$

Preuve – Après permutation cette fois des coordonnées x^i, on peut supposer que la matrice

$$B = \big(\partial_j f^i(0)\big)_{1 \le i \le q\,, 1 \le j \le q}$$

est inversible, et on définit une application h de U dans $\mathbb{R}^p$ en posant

$$h(x) = (f^1(x), \cdots, f^q(x), x^{q+1}, \cdots, x^p).$$

La matrice jacobienne de h en zéro est de la forme

$$\begin{pmatrix} B & * \\ 0 & I \end{pmatrix}$$

Il existe donc un ouvert W de $\mathbb{R}^p$ contenant 0 tel que $h_{|W}$ soit un difféomorphisme sur son image, et si ψ est son inverse on vérifie que

$$f\big((\psi(x^1, \cdots, x^p)\big) = (x^1, \cdots, x^q).$$

En effet, si x est de la forme $h(u) = (f(u), u^{q+1}, \cdots, u^q)$, on a $\psi(x) = u$, donc $f\big(\psi(x)\big) = f(u)$ ∎

24. Remarque – De même que précédemment, on déduit de ce théorème l'existence *d'une inverse à droite locale pour f*, c'est-à-dire d'une application lisse f_1 d'un ouvert de $\mathbb{R}^q$ contenant 0 sur un ouvert de $\mathbb{R}^p$ contenant 0 telle que $f \circ f_1 = Id_{\mathbb{R}^q}$: il suffit de prendre $f_1(x^1, \ldots, x^q) = \psi(x^1, \ldots, x^q, 0, \ldots, 0)$.

Exemple – Si $q = 1$, ce résultat signifie que, modulo un difféomorphisme local de l'espace de départ, c'est-à-dire un “changement de variables”, une fonction scalaire à différentielle non nulle est assimilable à une forme linéaire.

Remarque – Pour un énoncé plus général, qui englobe les deux précédents, voir l'exercice **10.**

25. Définitions – *Une* immersion *(de classe C^k) d'un ouvert $U \subset \mathbb{R}^p$ dans $\mathbb{R}^q$ est une application (C^k) de U dans $\mathbb{R}^q$ dont la différentielle en tout point est injective.*
Une submersion *est de même une application (C^k) de U dans $\mathbb{R}^q$ dont la différentielle en tout point est surjective.*
Avec ces notations, notons que $p \le q$ si f est une immersion, et $p \ge q$ si f est une submersion. Bien entendu, une application qui est à la fois une immersion et une submersion est un difféomorphisme local.

Remarques

a) Si la différentielle en un point a est injective (resp. surjective) il existe un ouvert contenant a pour lequel cette propriété subsiste. Pour le voir, on peut soit utiliser les théorèmes précédents, soit remarquer que cette propriété équivaut à la non-nullité d'un déterminant d'ordre p (resp. d'ordre q) extrait de la matrice jacobienne. Cette dernière condition est bien une condition "ouverte."

** b) Les théorèmes **21** et **23** conduisent naturellement aux notions d'immersion et de submersion C^o : une application continue f d'un ouvert U de $\mathbb{R}^p$ dans $\mathbb{R}^q$ est une immersion C^o (resp. une submersion C^o) si après composition au but (resp. à la source) avec un homéomorphisme convenable elle devient une application linéaire injective (resp. surjective).**

DORÉNAVANT, SAUF MENTION CONTRAIRE EXPRESSE, TOUTES LES APPLICATIONS RENCONTRÉES SERONT SUPPOSÉES LISSES.

Remarque – Le mot "lisse", à la fois bref et parlant, n'est le plus souvent employé qu'en Géométrie Algébrique. On peut se demander pourquoi les appellations "C^∞" ou "de classe C^∞" connaissent encore une telle fortune, alors que les Anglo-Saxons disent "smooth" et que la plupart des mathématiciens français tiennent à une terminologie élégante. De même, on peut regretter que la terminologie "application étale" (au lieu de difféomorphisme local), proposée par exemple dans [Dieudonné 1], n'ait pas tout le succès qu'elle mérite.

D. SOUS-VARIÉTÉS

Intuitivement, une sous-variété de dimension p de $\mathbb{R}^n$ est une réunion de petits morceaux qui peuvent chacun être "redressés" de façon à former des ouverts de $\mathbb{R}^p$. On pourra se convaincre que pour un cercle deux morceaux sont nécessaires (et suffisants !).

26. DÉFINITION – *Une partie $M \subset \mathbb{R}^n$ est une* sous-variété de dimension p *de* $\mathbb{R}^n$ *si pour tout x de M, il existe des voisinages ouverts U et V de x et 0 dans $\mathbb{R}^n$ respectivement, et un difféomorphisme*

$$f : U \to V \text{ tel que } f(U \cap M) = V \cap (\mathbb{R}^p \times \{0\}).$$

On dit alors que M est de codimension $n-p$ *dans* $\mathbb{R}^n$.

Notons que p est unique, autrement dit que M n'est pas une variété de dimension $p_1 \neq p$. La vérification est laissée au lecteur, à moins qu'il n'attende de lire le chapitre suivant, où cette question sera élucidée dans un cadre plus général.

Remarque – On peut bien entendu dans cette définition remplacer 0 et $\mathbb{R}^p \times \{0\}$ par un point et un sous-espace affine de dimension p quelconques.

Dans la pratique, une sous-variété peut être définie localement par des équations, ou par des représentations paramétriques. Le nombre de paramètres réels est égal à la dimension, et le nombre d'équations, égal à $n-p$ si p est la dimension, s'appelle la *codimension*, comme en algèbre linéaire. Ce qui suit est une mise en forme de cette remarque.

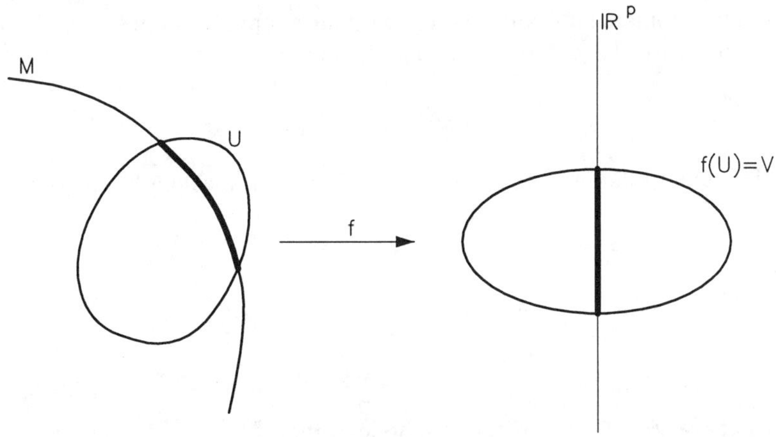

27. THÉORÈME – *Soit M une partie de $\mathbb{R}^n$. Les propriétés suivantes sont équivalentes :*
(i) *M est une sous-variété de dimension p de $\mathbb{R}^n$.*
(ii) *Pour tout a de M, il existe un ouvert U de $\mathbb{R}^n$ contenant a et une* submersion *$g : U \to \mathbb{R}^{n-p}$ telle que $U \cap M = g^{-1}(0)$.*
(iii) *Pour tout a de M, il existe un ouvert U de $\mathbb{R}^n$ contenant x, un ouvert Ω de $\mathbb{R}^p$ contenant 0, et une application $h : \Omega \to \mathbb{R}^n$ qui est à la fois une* immersion *dans $\mathbb{R}^n$ et un* homéomorphisme *de Ω sur $U \cap M$.*
(iv) *Pour tout a de M, il existe un ouvert U de $\mathbb{R}^n$ contenant a, un ouvert V de $\mathbb{R}^p$ contenant $(a^1, \cdots, a^p)$ et une application lisse G de V dans $\mathbb{R}^{n-p}$ tels que, après permutation éventuelle des coordonnées, $U \cap M$ soit égal au graphe de G.*

Preuve – Montrons d'abord que (i) implique (ii) et (iii). Soit f le difféomorphisme défini sur un voisinage U de $a \in M$, dont (i) affirme l'existence. Alors f^{-1} est un difféomorphisme de $f(U)$ sur U. Sa restriction à $\mathbb{R}^p \times \{0\} \cap f(U)$ est une immersion de cet ouvert de $\mathbb{R}^p$ dans $\mathbb{R}^n$, et un homéomorphisme sur $U \cap M$, d'où (iii).
Pour voir que (i) implique (ii), considérons les composantes $(f^i)_{1 \leq i \leq n}$ de f. Par hypothèse, leurs différentielles sont linéairement indépendantes en tout point de U. Posons

$$g = (f^{p+1}, \cdots, f^n)$$

On a bien une submersion de U dans $\mathbb{R}^{n-p}$ telle que $M \cap U = g^{-1}(0)$.
Supposons maintenant que (iii) soit vérifiée. D'après **19**, on peut, quitte à remplacer Ω par un sous-ouvert, trouver un difféomorphisme φ d'un ouvert U contenant $h(0) = a$ dans $\mathbb{R}^n$ tel que

$$(\varphi \circ h)(x_1, \cdots, x_p) = (x_1, \cdots, x_p, 0, \cdots, 0).$$

Alors

$$\varphi(U \cap M) = \varphi(h(\Omega)) = \varphi(U) \cap (\mathbb{R}^p \times \{0\}).$$

L'implication (ii) $\Rightarrow$ (i) se montre de la même façon en utilisant cette fois **20**.
Montrons maintenant l'équivalence de (ii) et (iv). Le fait que (iv) implique (ii) est élémentaire : si M est localement le graphe d'une fonction $G : V \to \mathbb{R}^{n-p}$ comme dans l'énoncé, de composantes $G^1, \cdots, G^{n-p}$, l'application

$$g : x \mapsto \left(x^{i+p} - G^i(x^1, \cdots, x^p)\right)_{1 \leq i \leq n-p}$$

est une submersion qui convient, quitte à restreindre son ouvert de définition. Inversement, une telle submersion étant donnée, on peut supposer comme dans la preuve de **23**, quitte à permuter les coordonnées, que la matrice

$$\left(\partial_{i+p} g^j(a)\right)_{1 \leq i,j \leq n-p}$$

est inversible. On applique alors le théorème d'inversion locale à la fonction

$$F : x \to \left(x^1, \cdots, x^p, g^1(x), \cdots, g^{n-p}(x)\right).$$

Son inverse locale est aussi de la forme

$$F^{-1} : x \to \left(x^1, \cdots, x^p, \gamma^1(x), \cdots, \gamma^{n-p}(x)\right),$$

ce qui fait apparaître M localement comme le graphe de

$$G : (x^1, \cdots, x^p) \mapsto \left(\gamma^j(x^1, \cdots, x^p, 0 \cdots, 0)\right)_{1 \leq j \leq n-p} \quad \blacksquare$$

28. Remarques

a) L'implication (ii)→ (iv) est connue sous le nom de *théorème des fonctions implicites*.
b) Soit g une application lisse d'un ouvert U de $\mathbb{R}^n$ dans $\mathbb{R}^p$, et soit un a de $\mathbb{R}^p$ tel que $g^{-1}(a) \neq \emptyset$. Alors, pour que $g^{-1}(a)$ soit une variété, il suffit que la différentielle de g soit surjective en tout point de $g^{-1}(a)$. En effet si cette propriété est vraie en un point x, elle l'est aussi dans un voisinage de x (par exemple, parce que la surjectivité équivaut à la non-nullité d'un déterminant d'ordre p, extrait de la matrice jacobienne). Cet argument est très souvent utilisé.

29. Exemples : sphères, tores, groupes orthogonaux

a) La sphère S^n définie par

$$S^n = \{x = (x_0, ..., x_n) \in \mathbb{R}^{n+1} | x_0^2 + ... + x_n^2 - 1 = 0\}$$

est une sous-variété de dimension n (et de classe C^∞) de $\mathbb{R}^{n+1}$. L'application f : $\mathbb{R}^{n+1} \to \mathbb{R}$ définie ci-dessus est bien une submersion en tout point de S^n, sa différentielle en x étant $df(x) = (2x_0, ..., 2x_n)$.
b) Le *tore* T^n de dimension n défini par

$$T^n = \{z = (z_1, .., z_n) \in \mathbf{C}^n | \mid z_1 \mid^2 = \cdots = \mid z_n \mid^2 = 1\}$$

ou encore

$$\{x = (x_1, ..., x_{2n}) \in \mathbb{R}^{2n} | \, (x_1^2 + x_2^2 - 1, ..., x_{2n-1}^2 + x_{2n}^2 - 1) = 0\}$$

est une sous-variété de $\mathbb{R}^{2n} \simeq \mathbf{C}^n$. Ici, on peut aussi appliquer le critère (iii) en introduisant l'application

$$h : (t_1, \ldots, t_n) \to (e^{it_1}, \ldots, e^{it_n}) \qquad \text{de } \mathbb{R}^n \text{ dans } \mathbf{C}^n.$$

Le tore de révolution (cf. l'exercice **13**) est plus facile à voir géométriquement, mais un peu moins simple à manipuler.

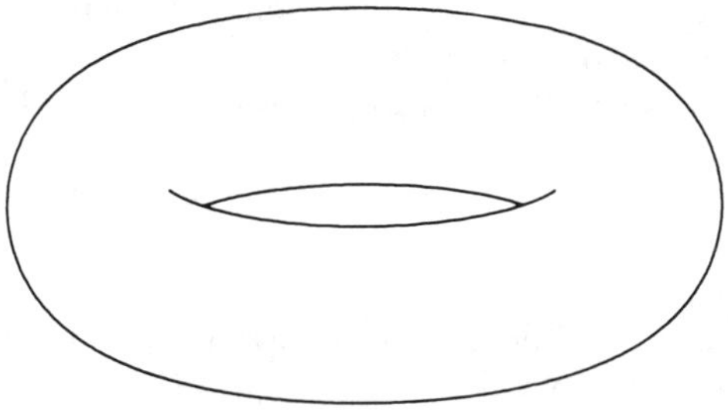

c) Le groupe orthogonal

$$O(n) = \{A \in M_n(\mathbb{R}) | {}^t AA = Id\}$$

est une sous-variété de dimension $\frac{n(n-1)}{2}$ de $M_n(\mathbb{R}) \simeq \mathbb{R}^{n^2}$. En effet, on définit

$$f : M_n(\mathbb{R}) \to \mathrm{Sym}(n) \quad \text{par} \quad f(A) = {}^t AA - Id,$$

où $\mathrm{Sym}(n)$ est l'espace vectoriel des matrices symétriques (n, n). Alors $O(n) = f^{-1}(0)$ et f est une submersion en tout point de $O(n)$. Notons d'abord que

$$df_A \cdot H = {}^t AH + {}^t HA\cdot$$

En particulier, si S est symétrique et A orthogonale, on a

$$df_A(\frac{AS}{2}) = S.$$

Nous verrons en **E** une démonstration utilisant (iii).
d) La partie de $\mathbb{R}^3$ définie par l'équation

$$x^2 + y^2 - z^2 = 0 \quad \text{(cône de révolution)}$$

n'est pas une sous-variété. A priori, le critère (ii) ne marche pas, mais ce n'est pas une raison ! (a contrario, remarquer que la droite d'équation $x - y = 0$ a aussi pour équation $x^3 - y^3 = 0$). Le plus commode est de montrer que (iii) n'est pas vrai : dans le cône, aucun voisinage connexe du sommet ne reste connexe si on enlève ce dernier.

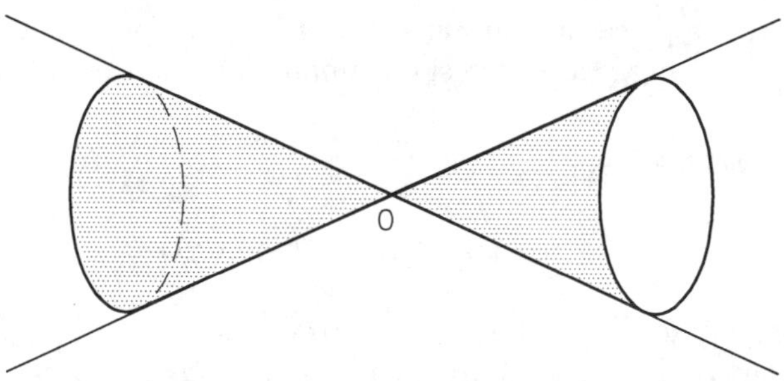

30. Définitions

a) *Une* paramétrisation *d'une sous-variété M de dimension p de $\mathbb{R}^n$ est une application d'un ouvert Ω de $\mathbb{R}^p$ dans $\mathbb{R}^n$ qui est à la fois une immersion dans $\mathbb{R}^n$, et un homéomorphisme de Ω sur un ouvert de M.*
b) *Une* paramétrisation locale *est une application de Ω dans $\mathbb{R}^n$, qui induit une paramétrisation au voisinage de tout point de Ω.*
D'après **27 iii)** toute sous-variété peut être recouverte par des ouverts qui sont des images de paramétrisations.

31. Exemples

a) L'application $t \to (\cos t, \sin t)$ de $\mathbb{R}$ dans $\mathbb{R}^2$ est une paramétrisation locale du cercle $x^2 + y^2 = 1$. De même, l'application

$$(u, v) \to (\cos u, \sin u, \cos v, \sin v)$$

de $\mathbb{R}^2$ dans $\mathbb{R}^4$ est une paramétrisation locale du tore T^2.
b) L'image de l'application h de $\mathbb{R}^2$ dans $\mathbb{R}^3$ définie par

$$g(u, v) = (\sin u \cos v, \sin u \sin v, \cos u)$$

est la sphère S^2. Mais g n'est une paramétrisation locale qu'à condition d'enlever les droites $u \equiv \frac{\pi}{2} \bmod \pi$. Dans ce cas, on obtient une paramétrisation locale de la sphère privée des deux pôles (rappelons que u et v sont les coordonnées sphériques – latitude et longitude – sur S^2). Pour montrer que S^2 est une sous-variété en utilisant ce point de vue, il faut ajouter à g d'autres paramétrisations, par exemple

$$(x, y) \to (x, y, \pm\sqrt{1 - x^2 - y^2})$$

au voisinage des pôles Nord et Sud.
Il est clair qu'une seule paramétrisation ne peut suffire, puisque S^2 est un espace compact, et ne peut donc être homéomorphe à un ouvert de $\mathbb{R}^2$. Cette obligation d'avoir recours à plusieurs paramétrisations, pour une sous-variété aussi simple, est l'une des raisons qui justifient l'introduction des variétés.

Attention – La dissymétrie entre les critères (ii) et (iii) n'est pas fortuite. *Il n'est pas vrai que l'image d'un ouvert de $\mathbb{R}^p$ par une immersion soit toujours une sous-variété.* Tout d'abord bien sûr parce qu'une immersion n'est pas forcément injective (points doubles). Mais ce n'est pas vrai même si on suppose l'immersion injective.

32. Contre-exemple – *L'application*

$$t \to (\cos t, \sin t, \cos \sqrt{2}t, \sin \sqrt{2}t)$$

est une immersion de $\mathbb{R}^2$ dans $\mathbb{R}^4$, mais $g(\mathbb{R}^2)$ n'est pas une sous-variété de $\mathbb{R}^4$.
** D'une part, pour tout nombre irrationnel α, l'ensemble $\mathbb{Z} + \alpha\mathbb{Z}$ est dense dans $\mathbb{R}$ (voir par exemple **IV. D**), ce qui implique que $g(\mathbb{R}^2)$ est dense dans le tore T^2. D'autre

part, il résulte de la définition des sous-variétés que celles-ci sont des parties *localement fermées* (c'est-à-dire fermées dans leur adhérence) de l'espace ambiant.**
Nous verrons plus de détails sur cette question au chapitre suivant.

33. DÉFINITION – *On dit qu'un vecteur v est* tangent *en un point a d'une partie A de $\mathbb{R}^p$ s'il existe une application différentiable $c :]-\epsilon, \epsilon[\to \mathbb{R}^p$ telle que $c(]-\epsilon, \epsilon[) \subset A$, $c(0) = a$ et $c'(0) = v$.*

Attention – Cette définition, contrairement à celle qui consisterait à prendre les dérivées à droite d'applications définies sur $[0, \epsilon[$, est très restrictive, comme le montre l'exemple suivant.

Exemple – Le seul vecteur tangent à l'origine à la courbe C image de $\mathbb{R}$ par l'application $t \mapsto (t^2, t^3)$ est le vecteur nul : si $u \to \big(c_1(u), c_2(u)\big)$ est à valeurs dans C, alors $c_1'(0) = 0$, puisque $c_1(u)$ est toujours positif. Comme $c_2 = (c_1)^{3/2}$, on a aussi $c_2'(0) = 0$. Par contre, l'application $u \mapsto (u, u^{3/2})$ de $[0, 1[$ dans $\mathbb{R}^2$ a une image contenue dans C et une dérivée à droite non nulle à l'origine.

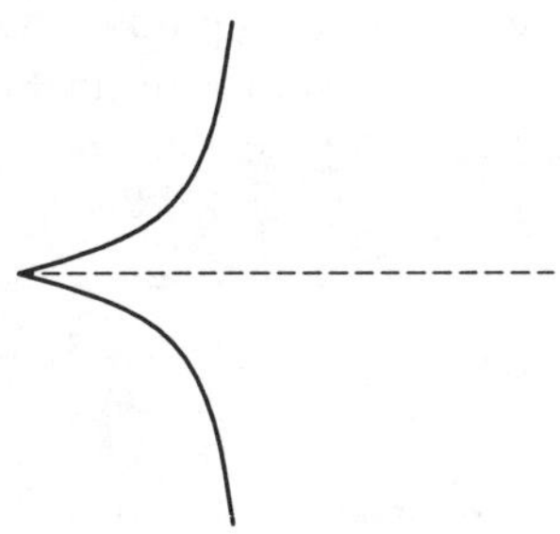

En particulier, cette courbe n'est pas une sous-variété, en raison de la propriété suivante.

34. PROPOSITION – *Les vecteurs tangents en un point à une sous-variété de dimension p de $\mathbb{R}^n$ forment un espace vectoriel de dimension p.*

Preuve – Soit a un point de la sous-variété M, et f un difféomorphisme défini sur un ouvert U contenant a et tel que $f(U \cap M) = f(U) \cap (\mathbb{R}^p \times \{0\})$. On peut toujours supposer que $f(a) = 0$. Alors, si v est tangent en a, le théorème des fonctions composées appliqué à $f \circ c$ montre que $df(a).v \in \mathbb{R}^p \times \{0\}$.
Inversement, si $w \in \mathbb{R}^p \times \{0\}$, en choisissant ϵ de façon que

$$\forall t, |t| < \epsilon, \; tw \in f(U),$$

on voit que la courbe $t \to f^{-1}(tw)$ définit un vecteur tangent à M en a, à savoir $df_0^{-1} \cdot w$. Autrement dit, l'ensemble des vecteurs tangents s'identifie à *l'image* par l'application linéaire df_0^{-1} du sous-espace vectoriel $\mathbb{R}^p \times \{0\}$ de $\mathbb{R}^n$ ∎

35. Définition – L'espace tangent à *une sous-variété* M *de* $\mathbb{R}^n$ *en un point* a*, noté* T_aM*, est l'ensemble des points* m *de* $\mathbb{R}^n$ *tels que le vecteur* $m - a$ *soit tangent à* M *en* a.

D'après ce qui précède, l'espace tangent en a est un sous-espace affine de dimension p de l'espace ambiant. Il devient un espace vectoriel pour le choix naturel de a comme origine.
Des arguments analogues à ceux de la preuve de **34** permettent de décrire l'espace tangent d'une sous-variété donnée par une submersion ou une paramétrisation. Si g est une submersion définie sur un voisinage U de a et telle que $U \cap M = g^{-1}\big(g(a)\big)$, alors l'espace tangent en a est le *noyau* de l'application linéaire dg_a : pour une courbe $t \mapsto c(t)$ définissant un vecteur tangent, on a $g\big(c(t)\big) = g(a)$ donc $dg_a \cdot v = 0$. Ainsi, $\operatorname{Ker} dg_a$ est inclus dans T_aM, et ces deux espaces sont égaux car ils ont même dimension ; les $n-p$ composantes scalaires de g donnent par différentiation un système de $n-p$ équations linéaires à n inconnues, de rang maximum, dont les solutions sont les vecteurs tangents.
De même, si M est définie au voisinage de a par une paramétrisation (telle que $g(0) = a$ par exemple), l'espace tangent en a sera *l'image* de $\mathbb{R}^p$ par l'application linéaire dg_0.

36. Exemple : **surfaces de** $\mathbb{R}^3$

Explicitons tout cela pour les sous-variétés de dimension 2 de $\mathbb{R}^3$. Si une telle sous-variété S (comme "surface" !) est donnée au voisinage d'un point (a, b, c) par l'équation $f = 0$ (où l'on a supposé que f est une submersion), l'équation du plan tangent en (a, b, c) s'écrit

$$(x-a)\partial_1 f(a,b,c) + (y-b)\partial_2 f(a,b,c) + (z-c)\partial_3 f(a,b,c) = 0.$$

Si S est donnée au voisinage de ce même point par une paramétrisation

$$(u,v) \to \big(g(u,v), h(u,v), k(u,v)\big),$$

avec par exemple $(a,b,c) = \big(g(0,0), h(0,0), k(0,0)\big)$, ce même plan tangent sera donné par la représentation paramétrique

$$(u,v) \to \begin{pmatrix} a + \partial_1 g(0,0)u + \partial_2 g(0,0)v \\ b + \partial_1 h(0,0)u + \partial_2 h(0,0)v \\ c + \partial_1 k(0,0)u + \partial_2 k(0,0)v \end{pmatrix}.$$

Pour connaître la position d'une surface S par rapport à un plan tangent, on peut toujours se ramener au cas où S a pour plan tangent en 0 le plan $z = 0$. Elle est alors au voisinage de 0 le graphe d'une fonction $(x, y) \mapsto G(x, y)$ dont la différentielle en 0 est nulle. Après composition par un difféomorphisme à la source, on peut "le plus souvent" se ramener au cas où G est une forme quadratique non dégénérée (lemme de Morse, cf. l'exercice **11**). Alors, au voisinage de 0, S est d'un même côté du plan tangent en 0 si cette forme quadratique – ou, ce qui revient au même, la forme quadratique définie par les dérivées secondes de G en 0 – est du type $++$ ou $--$, et S *traverse son plan tangent* si cette forme quadratique est du type $\pm\mp$ (voir l'exercice **22**).

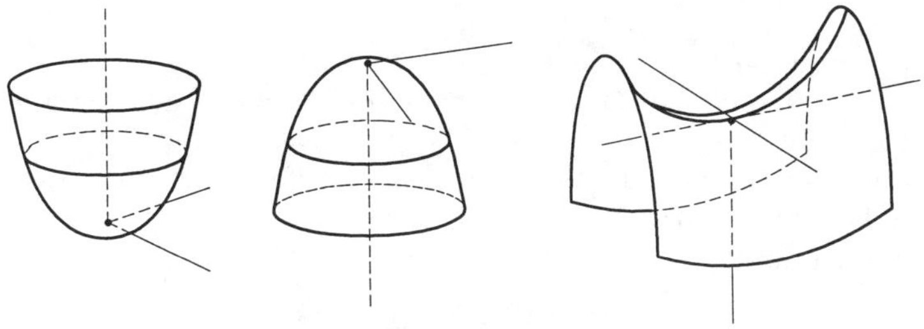

E. APPLICATION AUX SOUS-GROUPES DU GROUPE LINÉAIRE

Rappelons que, pour un corps K, on note $Gl(n,K)$ le groupe multiplicatif des applications linéaires inversibles de K^n dans lui-même. Les cas qui nous intéressent ici sont $K = \mathbb{R}$ ou $K = \mathbb{C}$. Si K^n est muni d'une norme, rappelons qu'il lui est associé une norme sur $End(K^n)$, définie par

$$\forall A \in End(K^n),\ \|A\| = \sup_{\|x\|\leq 1} \{\|Ax\|\}.$$

37. DÉFINITION – *L'exponentielle d'un endomorphisme $A \in End(K^n)$ ($K = \mathbb{R}$ ou $\mathbb{C}$) est l'endomorphisme défini par*

$$\exp A = \sum_{k=0}^{\infty} \frac{A^k}{k!}.$$

Il est clair que cette série converge : en raison des propriétés de la norme d'une application linéaire,

$$\|\frac{A^k}{k!}\| \leq \frac{\|A\|^k}{k!},$$

et on a affaire à une série *normalement convergente* dans un espace vectoriel normé de dimension finie. On voit aussi que

$$\|\exp A\| \leq e^{\|A\|}.$$

On a de plus les propriétés suivantes :

38. LEMME

a) exp *est continue.*
b) Si A et B commutent,

$$\exp(A+B) = (\exp A)(\exp B)\cdot$$

En particulier, $\exp A$ *est inversible d'inverse* $\exp -A$.

c) Si P est inversible, $\exp(P^{-1}AP) = P^{-1}(\exp A)P$.
d) $\det(\exp A) = e^{\mathrm{tr}(A)}$.
e) $\exp {}^t A = {}^t \exp A$, $\exp \overline{A} = \overline{\exp A}$.

Preuve
a) est immédiat : d'après l'inégalité ci-dessus, on a affaire à une série uniformément convergente sur tout compact.
b) Les deux membres étant des séries normalement convergentes, la démonstration est la même que la démonstration classique de l'identité $e^{z+z'} = e^z e^{z'}$ pour z et z' dans $\mathbb{C}$. On utilise l'identité

$$(A+B)^k = \sum_{i=0}^{k} \mathrm{C}_k^i A^i B^{k-i}$$

qui n'est vraie que si A et B commutent.
c) est immédiat d'après a) par passage à la limite, puisque pour tout entier k, $P^{-1}A^kP = (P^{-1}AP)^k$.
d) La propriété est évidente pour les matrices diagonales, elle est vraie d'après c) pour les matrices diagonalisables (et même pour les matrice réelles qui sont $\mathbb{C}$-diagonalisables), qui forment une partie dense de $End(K^n)$, donc pour toutes les matrices, en raison de la continuité de exp et det (voir l'exercice **24** pour une autre preuve).
e) est évident ∎

Il est clair d'après la définition que l'exponentielle est différentiable en 0, et que la différentielle est l'application identique. Pour pouvoir appliquer le théorème d'inversion locale, il faut vérifier que exp est de classe C^1. Le critère classique de continuité et de dérivabilité s'applique facilement, mais on peut dire beaucoup mieux par des moyens moins pédestres, à condition de faire un peu d'analyse complexe.

39. Théorème – *L'exponentielle est lisse.*

Preuve – voici une esquisse. Pour toute matrice dont le spectre est contenu dans le disque ouvert $D(r) = \{z, |z| < r\}$ du plan complexe, on a

$$\exp A = \frac{1}{2i\pi} \int_{C(0,r)} (zI - A)^{-1} e^z dz.$$

En effet, appelons provisoirement $f(A)$ le second membre. Si on remarque que $f(P^{-1}AP) = P^{-1}f(A)P$, il suffit – utilisant le même argument que dans **36**.d – de montrer que $f(D) = \exp D$ pour les matrices D diagonales, auquel cas on est ramené à la formule intégrale de Cauchy.
L'intégrand du second membre est lisse (il est même analytique réel) sur l'ensemble (ouvert!) des matrices dont le spectre est contenu dans $D(r)$, et on conclut en appliquant le théorème de dérivation des intégrales dépendant d'un paramètre ∎

Remarque – On peut donner de ce résultat une démonstration élémentaire, mais longuette, en utilisant les théorèmes habituels de dérivation terme à terme des séries de fonctions.

40. Corollaire – *Il existe un ouvert U de $End(\mathbb{R}^n)$ contenant* 0 *tel que l'exponentielle soit un difféomorphisme de U sur son image.*

Nous allons en déduire le résultat fondamental suivant.

41. Théorème – *Si f est un homomorphisme* continu *du groupe additif* $(\mathbb{R}, +)$ *dans* $Gl(n, \mathbb{R})$, *il existe un unique endomorphisme A tel que*

$$\forall t \in \mathbb{R}, \ f(t) = \exp tA.$$

Remarque – Inversement, d'après **38**, $t \to \exp tA$ est bien un homomorphisme continu de $(\mathbb{R}, +)$ dans $Gl(n, \mathbb{R})$.

Preuve – On peut supposer f non constante (sinon on prend $A = 0$!). Soit U une boule ouverte de centre 0 dans $End(\mathbb{R}^n)$ telle que exp, restreinte à la boule de rayon double (que nous noterons $2U$), soit un difféomorphisme. D'après la continuité de f, il existe un intervalle I contenant 0 tel que $f(I) \subset \exp U$, et donc, f étant non constante, un $c \in I$ tel que $f(c) = A \in \exp U$, avec $A \neq I$. D'après le choix de U, il existe $B \in U$, non nul, tel que $\exp B = A$. Alors $\exp B/2 = f(c/2)$.
En effet, toujours d'après le choix de U, on a

$$f(\frac{c}{2}) = \exp B', \text{ avec } B' \in U.$$

Ainsi

$$\exp 2B' = f(c) = \exp B,$$

alors que les endomorphismes $2B'$ et B sont tous deux dans l'ouvert $2U$, sur lequel exp est un difféomorphisme, et en particulier une injection. Donc $B' = B/2$. Le même raisonnement prouve que pour tout entier p,

$$\exp \frac{B}{2^p} = f(\frac{c}{2^p}).$$

Donc d'après les propriétés algébriques de f, on a

$$\exp \frac{kB}{2^p} = f(\frac{kc}{2^p}).$$

quels que soient les entiers k et p. Mais les réels de la forme $\frac{k}{2^p}$ sont denses dans $\mathbb{R}$, donc en utilisant à nouveau la continuité, on voit que

$$\forall t \in \mathbb{R}, \exp tB = f(tc) \quad \blacksquare$$

Un argument analogue permet de montrer que l'exponentielle fournit des paramétrisations de certains sous-groupes de $Gl(n, K)$.

42. Définitions

a) *Le groupe* spécial linéaire, *noté $Sl(n, K)$ est le sous-groupe de $Gl(n, K)$ formé des endomorphismes de déterminant 1.*
b) *Le groupe* orthogonal, *noté $O(n)$, est le sous-groupe de $Gl(n, \mathbb{R})$ formé des endomorphismes tel que ${}^tAA = I$.*
c) *Le groupe* spécial orthogonal, *noté $SO(n)$, est le sous-groupe $Sl(n, \mathbb{R}) \cap O(n)$.*

Nous avons vu que $O(n)$ est une sous-variété de $End(\mathbb{R}^n)$. De même, il résulte immédiatement de l'exemple **3.** c) que $Sl(n, \mathbb{R})$ est aussi une sous-variété. D'autre part, les formules **38** b), **38** d) et **38** e) ci-dessus montrent que l'exponentielle d'un endomorphisme *de trace nulle* est dans $Sl(n, \mathbb{R})$, et que l'exponentielle d'un endomorphisme antisymétrique est dans $O(n)$.

43. Proposition – *Il existe un ouvert V contenant 0 dans l'espace vectoriel des endomorphismes à trace nulle (resp. dans l'espace vectoriel des endomorphismes antisymétriques) tel que $\exp|_U$ soit une paramétrisation de $Sl(n, \mathbb{R})$ (resp. de $O(n)$).*

Preuve – On choisit d'abord un ouvert U contenant 0 dans $End(\mathbb{R}^n)$ tel que $\exp : U \mapsto \exp(U)$ soit un difféomorphisme, et qui soit symétrique par rapport à l'origine (1er cas), et en plus stable par transposition (2e cas). Plaçons-nous par exemple dans le deuxième cas. Soit $B \in \exp(U) \cap O(n)$. Il existe un unique $A \in U$ tel que $B = \exp A$. On a alors

$$B^{-1} = \exp(-A) \quad \text{et} \quad {}^tB = \exp {}^tA,$$

donc $-A = {}^tA$ d'après le choix de U. Il suffit donc de prendre pour V l'intersection de U avec l'espace des endomorphismes antisymétriques ∎

F. Points critiques, valeurs critiques

Les phénomènes type "courbe de Peano" (application continue surjective de $[0, 1]$ sur $[0, 1] \times [0, 1]$, voir par exemple [Dieudonné 1]) ne se produisent pas avec des fonctions différentiables. Donnons quelques précisions. Nous désignerons par μ la mesure de Lebesgue.

44. Proposition – *Soit $M \subset \mathbb{R}^n$ une sous-variété de dimension $p < n$. Alors M est de mesure nulle dans $\mathbb{R}^n$.*

Preuve – Il suffit de montrer que tout $x \in M$ est contenu dans un ouvert U tel que $U \cap M$ soit de mesure nulle. Appliquons directement la définition des sous-variétés, et considérons un ouvert $U \ni x$ et un difféomorphisme $f : U \to V$ tel que

$$f(U \cap M) = V \cap (\mathbb{R}^p \times \{0\}).$$

Le membre de droite étant évidemment de mesure nulle, on est ramené à la propriété suivante.

45. Lemme – *Soit $U \subset \mathbb{R}^n$ un ouvert et $f : U \mapsto \mathbb{R}^n$ une application de classe C^1. L'image par f d'un ensemble de mesure nulle est de mesure nulle.*

Preuve – Soit E un tel ensemble. Il suffit de montrer que pour toute boule fermée $B \subset U$, $f(E \cap B)$ est de mesure nulle. Si

$$K = \sup_{x \in B} \|f'(x)\|,$$

le théorème des accroissements finis montre que f est K-Lipschitzienne sur B, donc transforme tout cube de mesure δ en ensemble de mesure inférieure à $K^n\delta$. Ainsi, si $C \supset E \cap B$ est une réunion de cubes vérifiant $\mu(C) < \epsilon$, on a

$$\mu\big(f(E \cap B)\big) \leq \mu\big(f(C)\big) < K^n\epsilon \quad \blacksquare$$

On peut en fait dire beaucoup mieux. Pour cela, donnons encore une définition.

46. Définitions

a) *Si f est une application lisse d'un ouvert $U \subset \mathbb{R}^m$ dans $\mathbb{R}^n$, un point $x \in U$ est dit* critique *si*

$$\operatorname{rg}\big(f'(x)\big) < n \ ;$$

un point $y \in \mathbb{R}^n$ est une valeur critique s'il existe un point critique x tel que $y = f(x)$.
b) *Un point est dit* régulier *s'il n'est pas critique.*
Si $m = n$, les points réguliers sont ceux où la différentielle est inversible, autrement dit ceux auxquels le théorème d'inversion locale s'applique.
Si l'espace d'arrivée est de dimension 1, un point est critique si et seulement si $f'(x) = 0$.
En voici un exemple important.

47. Proposition – *Soit f une application C^1 d'un ouvert U de $\mathbb{R}^m$ à valeurs dans $\mathbb{R}$. Si f admet un maximum (resp. minimum) local en a, autrement dit s'il existe un sous-ouvert V contenant a tel que*

$$\forall x \in V,\ f(x) \leq f(a) \ (\text{resp. } f(x) \geq f(a)),$$

alors a est un point critique.

Preuve – Supposons le contraire. Soit alors v un vecteur tel que $f'(a) \cdot v \neq 0$. Si le réel t est suffisamment petit, $f(a + tv) - f(a) = f'(a) \cdot tv + o(tv)$ est non nul et a le même signe que $f'(a) \cdot tv$. En choisissant deux valeurs opposées d'un tel t on aboutit à une contradiction $\blacksquare$

48. Théorème (lemme de Sard-Brown) – *L'ensemble des valeurs critiques d'une application lisse d'un ouvert $U \subset \mathbb{R}^m$ dans $\mathbb{R}^n$ est de mesure nulle.*

Nous ne donnerons la preuve que dans le cas, plus facile, où $m \leq n$. Il suffit alors de supposer f de classe C^1. Notons d'abord que le résultat est évident si $m < n$. Tous les points sont critiques, et en appliquant **42** à l'application $f_1 : U \times \mathbb{R}^{n-m} \to \mathbb{R}^n$ définie par $f_1(x, y) = f(x)$ on voit que $f(U)$ est de mesure nulle.
Dans le cas $m = n$, la preuve repose sur le lemme suivant, qui exprime qu'une fonction de classe C^1 est "uniformément différentiable" sur tout compact.

49. Lemme – *Si f est de classe C^1 sur U, pour tout compact convexe $K \subset U$, il existe un réel $\alpha > 0$ et une fonction $\lambda : [0, \alpha] \mapsto \mathbb{R}^+$ telle que*

$$\|f(y) - f(x) - f'(x) \cdot (x - y)\| < \lambda(\|x - y\|)\|x - y\|, \quad \text{avec} \quad \lim_{t \mapsto 0} \lambda(t) = 0,$$

pour tous les points $x, y \in K$ tels que $\|x - y\| < \alpha$.

Preuve – On a

$$f(y) - f(x) = \int_0^1 f'(x + t(y-x)) \cdot (y-x)dt,$$

d'où

$$\|f(y) - f(x) - f'(x) \cdot (y-x)\| = \| \int_0^1 (f'(x+t(y-x)) \cdot (y-x) - f'(x) \cdot (y-x)dt\|$$
$$\leq \int_0^1 \|f'(x+t(y-x)) \cdot (y-x) - f'(x) \cdot (y-x)\|dt.$$

Le résultat est alors une conséquence de la continuité uniforme de f' sur K.

Preuve du théorème – Soit C l'ensemble des points critiques. Il suffit de montrer que $f(C \cap A)$ est de mesure nulle pour tout cube A. Notons d'abord que si $x \in C$, l'espace vectoriel $\mathrm{Im}\, f'(x)$ est contenu dans un hyperplan de $H \subset \mathbb{R}^n$. Soit alors $r > 0$, et y tel que $\|y - x\| < r$.
Alors d'après le lemme la distance de $f(y)$ à l'hyperplan affine H' parallèle à H et contenant $f(x)$ est inférieure à $\lambda(r)$. D'autre part, si $K = \sup_{x \in B} \|f'(x)\|$, on a $\|f(y) - f(x)\| < Kr$. Ainsi, $f\big(B(x,r)\big)$ est inclus dans un cylindre de base $H' \cap B(f(x), Kr)$ et de hauteur $2r\lambda(r)$. A plus forte raison,

$$\mu\big(f(B(x,r)\big) \leq 2^n K^{n-1} r^n \lambda(r).$$

Maintenant, le cube A est inclus dans au plus $(ak)^n$ cubes de côté $\frac{1}{k}$, où l'on a désigné par a le côté de A. Chaque cube qui rencontre C peut être enfermé dans une boule $B(x, 2\frac{\sqrt{n}}{k})$, où $x \in C$. Finalement, si $\omega_n r^n$ désigne le volume d'une boule de rayon r, on trouve que

$$\mu\big(f(A \cap C)\big) \leq (ak)^n 2^n K^{n-1} \omega_n (2\frac{\sqrt{n}}{k})^n \lambda(2\frac{\sqrt{n}}{k}) \leq C(n,a,K)\lambda(2\frac{\sqrt{n}}{k}),$$

d'où la conclusion en faisant tendre k vers l'infini ▪
Pour la preuve (plus difficile) dans le cas où $m > n$, voir par exemple [Hirsch].

G. COMMENTAIRES

CALCUL DIFFÉRENTIEL EN DIMENSION INFINIE

La notion de différentielle, ainsi que le théorème des fonctions composées, s'étendent mot pour mot au cas des espaces vectoriels normés, à condition d'exiger que la différentielle L soit *continue*. Le théorème d'inversion locale s'étend aussi tel que, à condition d'avoir affaire à des espaces de Banach (il faut supposer bien sûr que la différentielle a une inverse continue). En effet la démonstration repose essentiellement sur le théorème du point fixe pour les applications contractantes, valable pour tous les espaces métriques *complets*.
Décrivons sommairement une application relativement récente ($\simeq$ 30 ans ?) aux équations différentielles. On considère l'équation

$$x' = f(t, x),$$

où f est disons une fonction de classe C^1 sur $\mathbb{R}^2$. Si on impose la condition initiale $x(t_0) = x_0$, cette équation équivaut à l'équation intégrale

$$x(t) = x_0 + \int_{t_0}^{t} f(u, x(u))du.$$

La démonstration traditionnelle du théorème d'existence et d'unicité consiste alors à montrer que dans un espace de fonctions convenable, l'application définie par le membre de gauche est contractante et admet donc un point fixe (voir par exemple [Avez], [Demailly] ou [Lang]).
Il est possible d'utiliser directement le théorème d'inversion locale en procédant comme suit. Si $[t_0 - \epsilon, t_0 + \epsilon]$ est un intervalle (inconnu !) d'existence, on pose

$$t = t_0 + \epsilon u \qquad \text{et} \qquad y(u) = x(t_0 + \epsilon u) - x_0.$$

L'équation différentielle est alors équivalente à

$$y'(u) = \epsilon f\big(t_0 + \epsilon u, x_0 + y(u)\big).$$

Soit E l'espace de Banach des fonctions C^1 sur $[-1, 1]$ et nulles en 0, normé par la borne supérieure du module de la dérivée, et $F = C^0([-1, 1])$ muni de la norme uniforme. On définit une application φ de $E \times \mathbb{R} \times \mathbb{R}$ dans $F \times \mathbb{R} \times \mathbb{R}$ en posant

$$\varphi(y, x_0, \epsilon) = \Big(y'(u) - \epsilon f\big(t_0 + \epsilon u, x_0 + y(u)\big), x_0, \epsilon\Big).$$

On vérifie que φ est de classe C^1 (essentiellement parce que f l'est ; il faut utiliser judicieusement le lemme **49**). Sa différentielle en $(0, x_0, 0)$ est l'application linéaire

$$(Y, X, \mathcal{E}) \to (Y' - \mathcal{E} f(t_0, x_0), X, \mathcal{E}) \qquad \text{de } E \times \mathbb{R} \times \mathbb{R} \text{ dans } F \times \mathbb{R} \times \mathbb{R},$$

dont l'inverse est évidemment

$$(Z, X, \mathcal{E}) \to (\int_0^u (\mathcal{E} f(t_0, x_0) + Z(v))dv, X, \mathcal{E}).$$

Le théorème d'inversion locale donne alors directement l'existence et l'unicité locale de la solution, qui sera égale à $\varphi^{-1}(0, x_0, \epsilon)$ pour $\epsilon > 0$ assez petit. On obtient en prime la différentiabilité par rapport à la condition initiale x_0. Bien entendu, tout cela s'étend tel que aux équations différentielles pour les fonctions à valeurs dans $\mathbb{R}^n$, ou même dans un espace de Banach.
Pour plus de détails sur cet argument, voir [Lang], VI.5 (bien que l'auteur démontre l'existence des solutions par la méthode traditionnelle, et n'utilise le théorème fonctions implicites que pour démontrer la différentiabilité par rapport à la condition initiale), ainsi que [Demazure], VI.8.

MODÈLES LOCAUX D'APPLICATIONS

Nous avons vu que toute fonction scalaire à différentielle non nulle en un point a peut se transformer par un changement de variable local de l'espace source en une fonction linéaire. Forts de cette réussite, nous pouvons nous poser en toute généralité la

question suivante : si f est une fonction lisse sur un ouvert contenant $a \in \mathbb{R}^n$, peut-on la ramener par un difféomorphisme local en a à un modèle qui soit le plus simple possible? C'est exactement ce qui a été fait dans le cas des applications dont la différentielle est injective, surjective, ou plus généralement de rang constant au voisinage de a (voir l'exercice **10**).
Par exemple, si la différentielle de f d'une fonction numérique f est nulle, on peut se demander si l'on peut transformer f en une forme quadratique? La réponse est oui si le développement de Taylor à l'ordre 2 de f est une forme quadratique *non dégénérée* (lemme de Morse, cf. exercice **11**). Au-delà, les choses se compliquent vraiment. C'est la théorie des singularités, développée au départ par Whitney et toujours très vivante aujourd'hui, pour laquelle on pourra consulter par exemple [Demazure] (vivant, et accessible), [Arnold 2] (70 pages très riches), et [Golubitsky-Guillemin]. Elle étudie aussi, bien entendu, les modèles locaux d'applications de $\mathbb{R}^p$ dans $\mathbb{R}^q$ au delà du cas simple où la différentielle a un rang constant au voisinage de a.

TRANSVERSALITÉ

Deux sous-variétés X et Y de $\mathbb{R}^n$ sont dites *transverses* si $X \cap Y = \emptyset$ ou si pour tout $p \in X \cap Y$, $T_pX + T_pY = \mathbb{R}^n$ (on ne suppose pas que la somme est directe). Il est alors facile de montrer que $X \cap Y$ est aussi une sous-variété. On a très envie de dire que si on bouge un peu deux sous-variétés transverses, elles restent transverses.
Pour le voir, (et d'abord pour donner un sens précis à cette assertion) il est préférable de généraliser cette définition de la façon suivante : on considère une application lisse f d'un ouvert de $\mathbb{R}^m$ dans $\mathbb{R}^n$ et une sous-variété X de $\mathbb{R}^n$. Alors on dit que *f est transverse* à X en $p \in \mathbb{R}^m$ si $T_{f(p)}X + \mathrm{Im}(T_pf) = \mathbb{R}^n$ ou si $f(p) \notin X$, et que f est transverse à X si cela est vrai pour tout p. Par exemple, une submersion est transverse à tout point de l'espace but, et **27 ii)** admet une généralisation naturelle, et facile : *si f est transverse à X, alors $f^{-1}(X)$ est une sous-variété de $\mathbb{R}^m$ de même codimension que X.*
Le théorème de transversalité de Thom assure notamment que l'ensemble des applications transverses à une sous-variété fermée est un ouvert dense de $C^\infty(\mathbb{R}^m, \mathbb{R}^n)$. Pour un énoncé plus précis et plus général (il faut en particulier définir une topologie adéquate sur $C^\infty(\mathbb{R}^m, \mathbb{R}^n)$, et il s'avère utile de pouvoir remplacer $\mathbb{R}^m$ et $\mathbb{R}^n$ par des variétés) voir [Golubitsky-Guillemin] ou [Demazure]. Voir aussi l'exercice **29** du chapitre **II** pour une forme faible de cet énoncé.

AFFAIBLISSEMENT DES HYPOTHÈSES DE RÉGULARITÉ

Dans ce livre nous travaillons essentiellement avec des fonctions lisses. S'affranchir de cette hypothèse n'a rien de gratuit. ** Par exemple dans la plupart des problèmes variationnels, tels que celui de l'existence de surfaces d'aire minimale s'appuyant sur un contour donné (surfaces minima), on commence par montrer l'existence d'une solution dans un cadre plus général avant de montrer que la solution trouvée est lisse (cf. par exemple [Séminaire Palaiseau]).**
Ces questions sont abordées dans le livre monumental de H. Federer, Geometric Integration theory, Springer, 700 pages! On peut préférer consulter le texte de W. Allard dans le séminaire cité ci-dessus, ainsi que [Morgan].

EXERCICES

1. E et F désignant deux espaces vectoriels, écrire la différentielle d'une application bilinéaire ϕ de $E \times E$ dans F.

2. *Laplacien et isométries*
Soit f une fonction C^2 sur un ouvert de $\mathbb{R}^n$ à valeurs dans $\mathbb{R}$. Le *Laplacien* de f, noté Δf, est défini par

$$\Delta f = \sum_{i=1}^{n} \partial_i^2 f.$$

a) On suppose que f est définie sur $\mathbb{R}^n$ (ou sur $\mathbb{R}^n - \{0\}$), et ne dépend que de la distance à l'origine, autrement dit telle qu'il existe une fonction ϕ définie sur $\mathbb{R}^+$ (ou $\mathbb{R}^+ - 0$) telle que

$$f(x) = \phi(\|x\|)\cdot$$

Montrer que ϕ est de classe C^2 et calculer en fonction des dérivées de ϕ.

* b) Caractériser les applications linéaires A de $\mathbb{R}^n$ dans $\mathbb{R}^n$ telles que, pour toute fonction C^∞ f, on ait

$$\Delta f \circ A = \Delta(f \circ A)\cdot$$

** c) Soit T une application de classe C^2 de $\mathbb{R}^n$ dans $\mathbb{R}^n$ satisfaisant à la propriété ci-dessus. Montrer que la différentielle de T est une application linéaire orthogonale. Que peut-on en déduire pour T ?

3. a) Soient a,b, f des fonctions définies sur $\mathbb{R}$. On suppose a et b dérivables, et f continue. Montrer que la fonction

$$F(x) = \int_{a(x)}^{b(x)} f(t)dt$$

est dérivable et calculer sa dérivée.

b) Même question en remplaçant $f(t)$ par $h(t,x)$, où h est continue sur $\mathbb{R}^2$ et continûment dérivable par rapport à la deuxième variable.

4. Soit f une application différentiable de $\mathbb{R}^n - \{0\}$ dans $\mathbb{R}$ telle que pour tout $t > 0$ on ait

$$f(tx) = t^\alpha f(x) \qquad \text{(où } \alpha \text{ est réel).}$$

On dit alors que f est homogène de degré α. Montrer que

$$f'(x)\cdot x = \alpha f(x) \quad \text{(identité d'Euler).}$$

* **5.** Montrer que $\mathbb{R}^n \setminus \{0\}$ est difféomorphe au complémentaire d'une boule fermée de $\mathbb{R}^n$.

6. Montrer que l'application $f : (x,y) \mapsto (x, y - x^2)$ est un difféomorphisme local au voisinage de 0. Dessiner la courbe $t \mapsto (t^2, t^4 + t^5)$ et sa transformée par f. Que remarque-t-on ?

7. Dessiner l'image par l'application $z \mapsto z^2$ de $\mathbb{C}$ dans $\mathbb{C}$ d'une courbe fermée simple (c'est-à-dire sans points doubles)

a) n'entourant pas l'origine;
b) entourant l'origine;
c) passant par l'origine.

*** 8.** *Décomposition de Cartan du groupe linéaire*
$\mathbb{R}^n$ étant muni d'une structure euclidienne, un endomorphisme symétrique S est dit *positif* si $\langle Sx, x\rangle \geq 0$ pour tout x, *strictement positif* si $\langle Sx, x\rangle$ pour tout $x \neq 0$.

a) Montrer que si S est strictement positif, alors S est inversible; montrer qu'un endomorphisme symétrique est strictement positif si et seulement s'il existe un réel $k > 0$ tel que

$$\forall x \in \mathbb{R}^n, \langle Sx, x\rangle \geq k\|x\|^2$$

(utiliser la diagonalisation des matrices symétriques). En déduire que l'ensemble des endomorphismes strictement positifs est un ouvert de $\mathbb{R}^{\frac{n(n+1)}{2}}$.

b) Montrer que tout endomorphisme strictement positif S a une racine carrée strictement positive T unique, et que l'application

$$S \to T$$

est un difféomorphisme.

c) Soit M un endomorphisme inversible de $\mathbb{R}^n$. Montrer qu'il existe un endomorphisme orthogonal A et un endomorphisme strictement positif S tels que $M = AS$. Montrer que A et S sont uniques et que l'application

$$M \to (A, S)$$

est différentiable. Montrer que l'on a des résultats analogues pour une décomposition de la forme $M = S'A'$.
NB. Cette décomposition est aussi appelée *décomposition polaire.*

*** 9.** Pour $S \in \mathrm{Sym}(n)$ inversible, on définit une application f_S de $M_n(\mathbb{R})$ dans $\mathrm{Sym}(n)$ en posant $f_S(A) = {}^tASA$. Montrer qu'il existe un ouvert U de $\mathrm{Sym}(n)$ contenant S, un ouvert V de $M_n(\mathbb{R})$ contenant I, et une application lisse g de U dans V telle que $T = {}^tg(T)Sg(T)$. Quelle propriété en tire-t-on pour les formes quadratiques $q_S(x) =^t xSx$ et $q_T(x) =^t xTx$ définies par les matrices S et T?

*** 10.** *Théorème du rang constant*
Il s'agit d'une généralisation de **19** et **20** qui s'énonce comme suit :
Soit Ω un ouvert de $\mathbb{R}^n$ et $f : \Omega \longrightarrow \mathbb{R}^m$ une application différentiable de rang r constant (ce qui veut dire que le rang de la différentielle est constant). Alors pour tout $x_0 \in \Omega$, il existe d'une part un difféomorphisme φ d'un ouvert $U \ni 0$ dans $\mathbb{R}^n$ sur un ouvert $U' \ni x_0$ dans Ω, avec $\varphi(0) = x_0$, d'autre part un difféomorphisme ψ d'un ouvert V' contenant $y_0 = f(x_0)$ sur un ouvert $V \ni 0$ dans $\mathbb{R}^m$, avec $\psi(y_0) = 0$, tels que l'application $\psi \circ f \circ \varphi : U \longrightarrow V$ coïncide avec la restriction à U d'une application *linéaire* de $\mathbb{R}^n$ dans $\mathbb{R}^m$.

a) Montrer qu'il suffit d'examiner le cas où $x_0 = 0$, $f(x_0) = 0$, et où $f'(0)$ est de la forme

$$(x^1, ..., x^n) \to (x^1, ..., x^r, 0, ..., 0) \ ,$$

b) Ces conditions étant satisfaites, soit g l'application de Ω dans $\mathbb{R}^m$ définie par

$$g\left(x^1, ..., x^n\right) = \left(f^1(x), ..., f^r(x), x^{r+1}, ..., x^n\right)$$

où f^j désigne la $j^{ème}$ composante de f. Montrer que g définit un difféomorphisme entre deux voisinages ouverts de 0 dans $\mathbb{R}^n$, et que l'application f_1 définie sur un voisinage ouvert convenable de 0 dans $\mathbb{R}^n$ par $f_1(g(x)) = f(x)$ est de la forme

$$f_1\left(x^1, ..., x^n\right) = \left(x^1, ..., x^r, k^1\left(x^1, ..., x^r\right), ..., k^{m-r}\left(x^1, ..., x^r\right)\right)$$

où k est une application différentiable d'un voisinage ouvert de 0 dans $\mathbb{R}^r$ dans $\mathbb{R}^{m-r}$, vérifiant $k(0) = 0$ et $k'(0) = 0$.

c) Sur un voisinage ouvert convenable de 0 dans $\mathbb{R}^m$, on définit l'application h à valeurs dans $\mathbb{R}^m$ par

$$h\left(y^1, ..., y^m\right) = \left(y^1, ..., y^r, y^{r+1} + k^1\left(y^1, ..., y^r\right), y^m + k^{m-r}\left(y^1, ..., y^r\right)\right).$$

Montrer que h définit un difféomorphisme entre deux voisinages ouverts de 0 dans $\mathbb{R}^m$, et que l'application f_2 définie au voisinage de 0 dans $\mathbb{R}^m$ par $h\left(f_2(x)\right) = f_1(x)$ est de la forme

$$f_2\left(x^1, ..., x^n\right) = \left(x^1, ..., x^r, 0, ..., 0\right).$$

En déduire que pour tout $y_0 \in f\left(\mathbb{R}^n\right)$, la préimage $f^{-1}\left(y_0\right)$ est une sous-variété de dimension $n - r$ de $\mathbb{R}^n$.

Application : En considérant l'application f définie par $f(M) = {}^tMM$, montrer que

$$O(n) = \left\{M \in GL(n, \mathbb{R}) \mid {}^tM = M^{-1}\right\}$$

est une sous-variété de dimension $\frac{n(n-1)}{2}$ de $GL(n, \mathbb{R})$. Quelle différence y-a-t-il avec la démonstration du cours ?

** **11.** *Lemme de Morse*

Soit $f : U \mapsto \mathbb{R}$ une fonction lisse sur un ouvert U de $\mathbb{R}^n$. On suppose que $0 \in U$ est un *point critique non dégénéré*. Cela signifie que $df_0 = 0$ et que la forme quadratique définie par la matrice

$$S = \left(\partial^2_{ij} f(0)\right)_{1 \leq i,j \leq n}$$

est non dégénérée. Montrer qu'il existe un difféomorphisme ϕ d'un sous-ouvert contenant 0 sur un autre tel que

$$f\left(\phi^{-1}(x)\right) = f(0) + \sum_{i=1}^{p} x_i^2 - \sum_{i=p+1}^{n} x_i^2,$$

où $(p, n-p)$ est la signature de la forme quadratique associée à S.

Indication : on montrera d'abord, en appliquant deux fois le lemme **14** du chapitre III (lemme de Hadamard) qu'il existe une application lisse h, définie sur un ouvert de $\mathbb{R}^n$ contenant 0 et à valeurs dans $\mathrm{Sym}(n)$, telle que

$$f(x) = f(0) + {}^txh(x)x \text{ et } h(0) = S.$$

Puis on utilisera l'exercice **9.**

12. Montrer que le graphe d'une application lisse de $\mathbb{R}^p$ dans $\mathbb{R}^q$ est une sous-variété de dimension p de $\mathbb{R}^{p+q}$.

13. Ecrire l'équation de la surface de $\mathbb{R}^3$ engendrée par révolution autour de l'axe Oy du cercle de centre $(a, 0, 0)$ et de rayon r du plan xOy. Montrer que c'est une sous-variété si et seulement si $a > r$ (tore de révolution). Montrer, en utilisant une paramétrisation bien choisie, que cette sous variété est homéomorphe, (et même difféomorphe en utilisant les notions du chapitre suivant) à $S^1 \times S^1$.

14. Montrer que le graphe de la fonction $x \longrightarrow |x|$ n'est pas une sous-variété de $\mathbb{R}^2$.

* **15.** Montrer que si X est une sous-variété de $\mathbb{R}^n$, l'ensemble des couples $(x, v) \in \mathbb{R}^n \times \mathbb{R}^n$ tels que $x \in X$ et v est tangent à X en x est une sous-variété de $\mathbb{R}^n \times \mathbb{R}^n$.

16. On considère l'hélice circulaire, d'équation paramétrique

$$t \mapsto (a \cos t, a \sin t, bt)$$

dans un repère orthonormé. Montrer que la surface engendrée par l'ensemble des droites qui rencontrent l'hélice et rencontrent orthogonalement l'axe Oz (*hélicoïde droit*) est une sous-variété de $\mathbb{R}^3$.

17. Montrer que

$$f : t \mapsto \left(\frac{\sin 2t}{1+\cos^2 t}, \frac{2\sin t}{1+\cos^2 t}\right)$$

est une immersion de $\mathbb{R}$ dans $\mathbb{R}^2$ périodique de période 2π. L'image de tout intervalle de longueur inférieure à π est une sous-variété. Par contre, $f(\mathbb{R})$ n'est pas une sous-variété (c'est une courbe fermée en forme de 8, appelée *lemniscate de Bernouilli).*

* **18.** L'intersection de la sphère unité $x^2 + y^2 + z^2 = 1$ et du cylindre d'équation $x^2 + y^2 - x = 0$ est-elle une sous-variété ?

19. *Groupe pseudo-orthogonal*
Soit Q la forme quadratique sur $\mathbb{R}^n$ définie par

$$Q(x) = \sum_{i=1}^{p} x_i^2 - \sum_{i=p+1}^{n} x_i^2.$$

Montrer que l'ensemble des matrices $A \in M_n\mathbb{R}$ telles que $Q(Ax) = Q(x)$ pour tout x est une sous-variété de dimension $n(n-1)/2$.

20. Soit P un polynôme homogène à $n+1$ variables sur $\mathbb{R}$ tel que les $\partial_i P$ n'aient aucun zéro commun autre que 0 (par exemple $P(x) = \sum_{i=0}^{n} x_i^k$). Montrer que l'intersection de la sphère unité et de $P^{-1}(0)$ est une sous-variété.

*** 21.** *Le tore à deux trous*
Montrer que la partie de $\mathbb{R}^3$ définie par l'équation

$$\left(4x^2(1-x^2)-y^2\right)^2+z^2-\frac{1}{4}=0$$

est une sous-variété de dimension 2. Tracer les sections par les plans $z = cte$, et en déduire que cette sous-variété est un "tore à deux trous".

*** 22.** *Position d'une hypersurface par rapport à un plan tangent*
On désigne par $(x^0, \cdot, x^n)$ les coordonnées dans $\mathbb{R}^n + 1$. Soit S une sous-variété de codimension 1, contenant 0, et ayant l'hyperplan $x^0 = 0$ pour plan tangent à l'origine.

a) Montrer que S peut être définie au voisinage de 0 par le graphe d'une fonction $(x^1, \cdots, x^n) \mapsto f(x^1, \cdots, x^n)$ dont 0 est point critique.

b) On suppose que la forme quadratique Q définie par

$$(x^1, \cdots x^n) \mapsto \sum_{i,j=1}^{n} \left(\partial^2_{ij} f(0)\right) x^i x^j$$

est non dégénérée. Montrer que si Q est définie positive (resp. définie négative) f admet un minimum (resp. maximum) local strict en 0.

c) On suppose maintenant que Q est de signature $p, n-p$, avec $0 < p < n$. Montrer, en utilisant l'exercice **10**, que tout voisinage de 0 contient à la fois des points de S situés au-dessus et des points situés au-dessous de T_0S. Montrer qu'il existe un ouvert U contenant 0 tel que $U \cap S \cap T_0S \setminus \{0\}$ soit une sous-variété de dimension $n-1$ de T_0S. Que se passe-t-il si on rajoute 0 ? (On pourra commencer par le cas $n = 2$.)

23. a) Calculer $\exp(A+B)$ et $(\exp A)(\exp B)$ pour les matrices $A = \begin{pmatrix} 0 & 1 \\ 0 & 0 \end{pmatrix}$ et $B = \begin{pmatrix} 0 & 0 \\ 1 & 0 \end{pmatrix}$.

b) Montrer que si $\exp t(A+B) = (\exp tA)(\exp tB)$ pour tout t réel, alors A et B commutent.

24. Justifier en détails l'argument de **38** d) ; donner une autre preuve en calculant la dérivée en 0 de l'application $t \mapsto \det(\exp tA)$.

CHAPITRE II

NOTIONS DE BASE SUR LES VARIÉTÉS

"La notion de variété est assez difficile à définir avec précision". Ce début du chapitre III des "Leçons sur la Géométrie des espaces de Riemann" d'Élie Cartan a connu une certaine célébrité. En fait, il est suivi par une discussion heuristique stimulante de la notion de variété, qui se lit toujours avec plaisir. Il faut signaler aussi la leçon inaugurale de Riemann, traduite et commentée dans [Spivak].
Dans ce chapitre, nous donnons les propriétés de base des variétés, et développons quelques exemples significatifs. Nous en profitons pour donner une preuve due à Milnor du théorème de d'Alembert, remarquable en ce que l'appareil technique est réduit au minimum. Ce qui en tient lieu est une utilisation adéquate de la notion de variété.
Nous étendons ensuite aux variétés les notions et résultats vus au chapitre **I** dans le cadre vectoriel : immersions, submersions, espace tangent, sous-variétés. Les exemples de variétés que nous donnons au passage font apparaître deux notions fondamentales, dont l'introduction dans le cadre des sous-variétés de $\mathbb{R}^n$ aurait été peu commode : celle de *fibration*, et celle de *revêtement*.

A. CARTES, ATLAS

1. DÉFINITION – *Une* variété topologique *de dimension n est un espace topologique séparé* *dont tout point est contenu dans un ouvert homéomorphe à un ouvert de $\mathbb{R}^n$.

Il revient au même, quitte à prendre des ouverts plus petits, de supposer que M admet un recouvrement par des ouverts homéomorphes à des *boules* de $\mathbb{R}^n$. ** Deux variétés homéomorphes ont même dimension d'après le théorème d'invariance du domaine (cf. **I. 17**). **

Exemples – D'après leur définition, les sous-variétés de dimension n d'un espace vectoriel sont des variétés topologiques de dimension n. Le graphe de la fonction $x \mapsto |x|$ (ou celui de n'importe quelle application continue de $\mathbb{R}$ dans $\mathbb{R}$) est une variété topologique de dimension 1, puisque la première projection est un homéomorphisme sur $\mathbb{R}$.
Par contre, la réunion X des droites d'équations $y = x$ et $y = -x$ dans $\mathbb{R}^2$ n'est pas une variété topologique. En effet, le complémentaire de $(0,0)$ dans l'un quelconque de ses

---

* Le lecteur que ce point de vue gênerait peut toujours supposer la topologie définie par une métrique; le prix à payer est une complication de certaines constructions (fibré tangent, quotients)

voisinages a au moins quatre composantes connexes, ce qui exclut l'existence d'ouverts de X contenant $(0,0)$ et homéomorphes à un intervalle.

2. *DÉFINITIONS*

a) *Une carte d'une variété topologique* X *est la donnée d'un couple* (U, φ) *formé d'un ouvert* U *de* X *(le* domaine de la carte*) et d'un homéomorphisme* φ *de* U *sur un ouvert de* $\mathbb{R}^n$.

b) *Un* atlas *de* X *est une famille* $(U_i, \varphi_i)_{i\in I}$ *(pas nécessairement finie) de cartes, dont les domaines* U_i *recouvrent* X.

Il nous arrivera parfois de ne pas mentionner le domaine. L'expression *système de coordonnées locales* est parfois utilisée comme synonyme de carte.
Cette terminologie parle d'elle-même : la surface de la terre est une sphère S^2, que l'on peut considérer comme une variété de dimension 2. Les cartes sont des représentations planes, forcément partielles (un espace compact ne pouvant être homéomorphe à un ouvert de $\mathbb{R}^n$), et un atlas est nécessaire si on veut représenter toute la terre.
Un point peut évidemment appartenir à plusieurs domaines de cartes. On a alors la propriété évidente suivante :

Si deux cartes (U, φ) *et* (V, ψ) *sont telles que* $U \cap V \neq \emptyset$*, alors l'application*

$$\psi \circ \varphi^{-1} \ : \ \varphi(U \cap V) \to \psi(U \cap V)$$

est un homéomorphisme.

Dans le cas des sous-variétés d'un espace euclidien, on peut dire bien plus : l'application ci-dessus est un difféomorphisme. C'est une conséquence immédiate de la proposition suivante.

3. *PROPOSITION* – *Soit* $M \subset \mathbb{R}^n$ *une sous-variété de dimension* p*, et soient* (Ω_1, g_1) *et* (Ω_2, g_2) *deux paramétrisations. Alors*

$$g_2^{-1} \circ g_1 : \Omega_1 \cap g_1^{-1}\big(g_2(\Omega_2)\big) \to \Omega_2 \cap g_2^{-1}\big(g_1(\Omega_1)\big)$$

est un difféomorphisme.

***Preuve* –** Soit $m \in g_1(\Omega_1) \cap g_2(\Omega_2)$ (il n'y a rien à prouver si cette intersection est vide). Par définition (cf. **I. 26**) il existe un ouvert U contenant m et un difféomorphisme f de U dans $\mathbb{R}^n$ tels que $f(U \cap M) = f(U) \cap (\{0\} \times \mathbb{R}^p)$. Alors $f \circ g_1$ et $f \circ g_2$ sont des immersions de Ω_1 et Ω_2 dans $\mathbb{R}^n$. Si maintenant on les considère comme des applications à valeur dans $\mathbb{R}^p$, on obtient des homéomorphismes lisses à différentielle inversible, et donc des difféomorphismes. Il en est alors de même de

$$(f \circ g_2)^{-1} \circ (f \circ g_1) = g_2^{-1} \circ g_1 \quad \blacksquare$$

Comme souvent en Mathématiques, on érige en axiome une propriété vérifiée dans un cadre suffisamment naturel.

4. *Définitions*

a) *Deux cartes (U_1, φ_1) et (U_2, φ_2) d'une variété topologique M sont* compatibles d'ordre k *$(1 \le k \le \infty)$ si $U_1 \cap U_2 = \emptyset$ ou si l'application*

$$\varphi_2 \circ \varphi_1^{-1} : \varphi_1(U_1 \cap U_2) \to \varphi_2(U_1 \cap U_2)$$

(dite fonction de transition*) est un difféomorphisme C^k.*

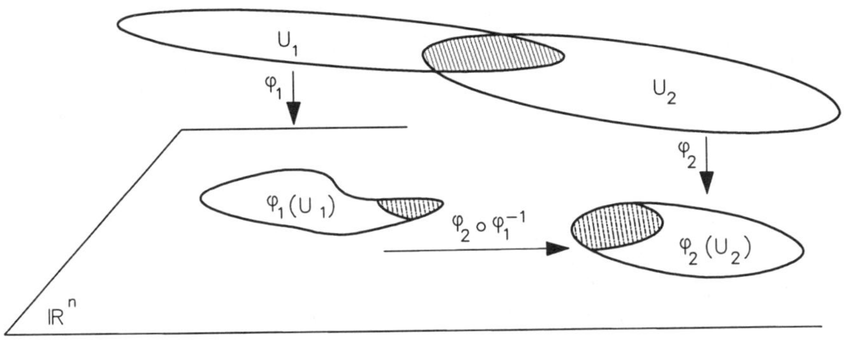

b) *Un* atlas de classe *C^k d'une variété topologique M est un atlas $(U_i, \varphi_i)_{i \in I}$ de M dont deux cartes quelconques sont toujours compatibles d'ordre k.*

Prenons par exemple une sous-variété lisse de codimension 1 de $\mathbb{R}^n$, définie par une submersion $f : \mathbb{R}^n \to \mathbb{R}$. Elle admet un atlas lisse de cardinal au plus n (dont les domaines sont les ouverts U_i de M où la i-ième dérivée partielle de f ne s'annule pas). Mais toute paramétrisation lisse aura pour inverse une carte compatible avec cet atlas. Cela conduit aux définitions suivantes.

5. *Définitions*

a) *Un atlas de classe C^k d'une variété topologique M est dit* maximal *si toute carte compatible avec les cartes de l'atlas appartient elle-même à l'atlas (on trouvera aussi dans la littérature les adjectifs "complet" et "saturé"). Un tel atlas est aussi appelé* structure différentielle de classe C^k.

b) *Une* variété différentielle *de classe C^k est une variété topologique munie d'une structure différentielle de classe C^k.*

Tout atlas est évidemment contenu dans un unique atlas maximal, obtenu en ajoutant toutes les cartes compatibles avec les siennes. Par exemple, d'après **3** une sous-variété lisse de $\mathbb{R}^n$ a une structure lisse naturelle. Elle est obtenue en prenant l'atlas formé par les inverses de *toutes (!)* les paramétrisations.
En pratique, on définit une structure différentielle en partant d'un atlas "pas trop gros" : ce sera celle donnée par l'atlas maximal correspondant. On procède déjà ainsi pour les sous-variétés de $\mathbb{R}^n$.

6. Exemple : la sphère

La structure différentielle de la sphère S^n peut être définie par un atlas comportant deux cartes.
Désignons par N et S les pôles Nord et Sud de S^n (c'est-à-dire $N = (1, 0, .., 0)$ et $S = (-1, 0, ..., 0)$ et posons

$$U_1 = S^n \setminus \{N\} \quad \text{et} \quad U_2 = S^n \setminus \{S\}.$$

On obtient des homéomorphismes notés i_N et i_S, de U_1 et U_2 dans $\mathbb{R}^n$, les *projections stéréographiques* de pôle Nord et Sud, en associant à $x \in U_i$ l'intersection avec l'hyperplan $x_0 = 0$ de la droite passant par x et N ($i = 1$) ou S ($i = 2$). Explicitement,

$$i_N(x) = \frac{(x_1, ..., x_n)}{1 - x_0} \quad \text{et} \quad i_S(x) = \frac{(x_1, ..., x_n)}{1 + x_0},$$

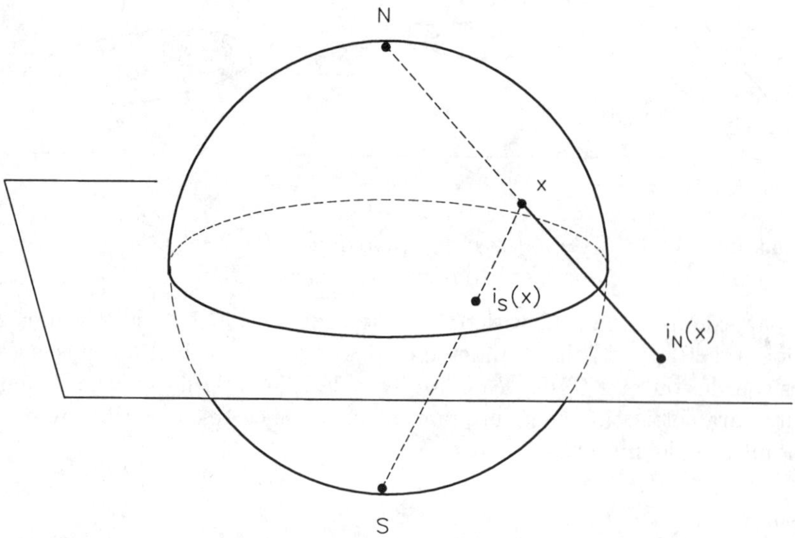

et l'on vérifie directement que

$$i_N^{-1}(y) = \frac{(|y|^2 - 1, 2y_1, \cdots, 2y_n)}{(|y|^2 + 1)} \quad \text{et} \quad i_S^{-1}(y) = \frac{(-|y|^2 + 1, 2y_1, \cdots, 2y_n)}{(|y|^2 + 1)}.$$

Alors $i_S \circ i_N{}^{-1}$ est le difféomorphisme de $\mathbb{R}^n \setminus \{0\}$ sur lui-même donné par

$$y \to \frac{y}{\| y \|^2} \quad \text{(inversion de pôle 0 et de module 1)}\cdot$$

Pour $n = 1$, il y a un atlas encore plus simple.

Le cercle S^1 peut en effet être muni d'un atlas dont les fonctions de transition sont des translations. Partant de la paramétrisation locale $h : t \to (\cos t, \sin t)$, on remarque que $h_{|]0,2\pi[}$ et $h_{|]-\pi,\pi[}$ sont des homéomorphismes sur $U_1 = S^1 \setminus \{(1,0)\}$ et $U_2 = S^1 \setminus \{(-1,0)\}$ respectivement. Appelons ϕ_1 et ϕ_2 les homéomorphismes réciproques. Notons (ce qui rend cet exemple un peu déroutant malgré sa simplicité) que $U_1 \cap U_2$ a deux composantes connexes, que nous noterons U^+ et U^- pour des raisons évidentes. Alors

$$\phi_1(U_1 \cap U_2) = \phi_1(U^+) \cup \phi_1(U^-) =]0, \pi[\cup]\pi, 2\pi[$$

et

$$\varphi_2\big(\varphi_1^{-1}(t)\big) = \begin{cases} t & \text{si } t \in]0, \pi[\\ t - 2\pi & \text{si } t \in]\pi, 2\pi[. \end{cases}$$

Voici maintenant un autre exemple de variété, qui a l'intérêt de ne pas se réaliser de façon évidente comme sous-variété de l'espace euclidien.

7. Exemple : la variété des droites affines du plan

Une droite est donnée par son équation $ax + by + c = 0$, où $(a, b) \neq (0, 0)$, les triplets (a, b, c) proportionnels donnant la même droite. On notera $[(a, b, c)]$ la droite donnée par le triplet (a, b, c). Soit U (resp. V) l'ensemble des droites non parallèles à l'axe $x = 0$ (resp. à l'axe $y = 0$). L'équation d'une droite de U (resp. V) se met sous la forme canonique $mx + y + p = 0$ (resp. $x + my + p = 0$). On a donc des bijections

$$f : [(a, b, c)] \to (\frac{a}{b}, \frac{c}{b}) \qquad \text{et} \qquad g : [(a, b, c)] \to (\frac{b}{a}, \frac{c}{a})$$

de U dans $\mathbb{R}^2$ et V dans $\mathbb{R}^2$ respectivement. Les bijections réciproques sont données par

$$f^{-1}(m, p) = [(m, 1, p)] \qquad \text{et} \qquad g^{-1}(m, p) = [(1, m, p)]$$

respectivement. L'équation d'une droite qui n'est parallèle à aucun axe de coordonnées peut se mettre sous l'une des deux formes canoniques. Le passage de l'une à l'autre est donné par la bijection

$$g \circ f^{-1} : (m, p) \to (\frac{1}{m}, \frac{p}{m}) \qquad \text{de } f(U \cap V) \text{ sur } g(U \cap V).$$

On a obtenu ainsi un difféomorphisme de $(\mathbb{R} \setminus \{0\}) \times \mathbb{R}$ sur lui-même. Tout serait donc terminé si on savait que f et g sont des homéomorphismes. Aucune topologie n'a été donnée a priori sur M, mais nous invitons le lecteur à démontrer que M admet une unique topologie pour laquelle U et V sont des ouverts et les applications f et g des homéomorphismes. De plus, on vérifie que cette topologie est séparée.

Remarques

a) M est en fait le complémentaire d'un point dans le plan projectif, que nous construirons en **D**.

b) Dans le plan euclidien, on peut aussi représenter une droite par son *équation d'Euler*

$$x \cos\theta + y \sin\theta - p = 0,$$

(pour une droite ne passant pas par l'origine, p et θ sont les coordonnées polaires de la projection orthogonale de $(0,0)$ sur la droite). Alors deux couples (θ,p) et (θ',p') représentent la même droite si et seulement si pour un entier $k \in \mathbb{Z}$ on a

$$\theta' = \theta + k\pi \qquad \text{et} \qquad p' = (-1)^k p.$$

Ainsi, M apparait comme le quotient de $\mathbb{R}^2$ par une relation d'équivalence. Il existe bel et bien une notion de variété quotient, qui sera abordée en **F**. On voit déjà en tous cas qu'en tant qu'espace topologique M s'obtient à partir d'une bande limitée par deux droites parallèles en identifiant ces droites au moyen d'une symétrie ponctuelle. Cet espace est la version non compacte du *ruban de Möbius* que nous rencontrerons en **56**.

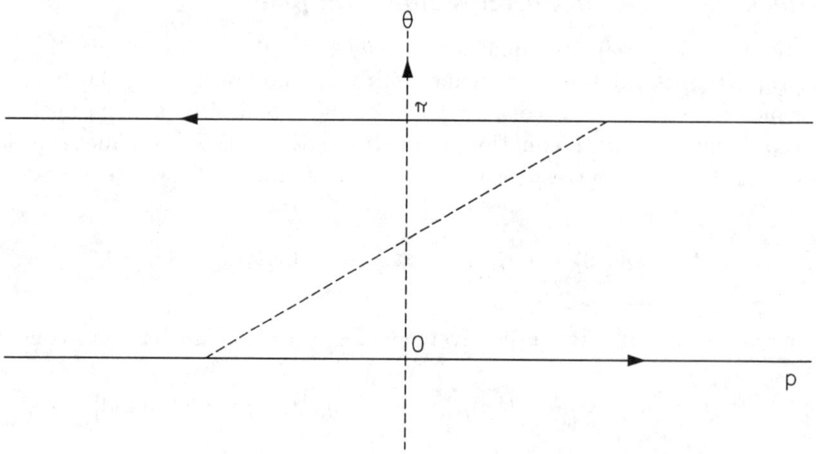

B. Applications différentiables, difféomorphismes

Si on cherche à définir ce qu'est une application de classe C^k entre variétés C^k, il est naturel d'exiger que les cartes et leurs inverses soient C^k, et aussi qu'une composée d'applications C^k soit C^k. Cela impose la définition suivante.

***8. Définition** – Soient M et N deux variétés C^k. Une application continue f de M dans N est dite* de classe C^k *si quel que soit $a \in M$, il existe une carte (U,φ) de M, avec $a \in U$, une carte (V,ψ) de N, avec $f(a) \in N$, telle que l'application*

$$\psi \circ f \circ \varphi^{-1} : \varphi\left(f^{-1}(V) \cap U\right) \to \psi(V)$$

soit de classe C^k.

9. Remarques

a) Cette définition se lit sur le diagramme commutatif

$$\begin{array}{ccc} U & \xrightarrow{\quad f \quad} & V \\ \varphi \Big\downarrow & & \Big\downarrow \psi \\ \varphi(U) & \xrightarrow{\psi \circ f \circ \varphi^{-1}} & \psi(V) \end{array}$$

avec une petite précaution : il faut modifier les ouverts de départ (par exemple considérer non pas U mais $U \cap f^{-1}(V)$) pour que les compositions d'applications soient bien définies.

b) Il est important de supposer f continue pour être sûr que $\psi \circ f \circ \varphi^{-1}$ est définie sur un *ouvert* de $\mathbb{R}^m$ (si $\dim M = m$).

L'une des cartes est inutile si la variété source ou but est un ouvert d'un espace euclidien. Un cas très important est celui où $N = \mathbb{R}$. Une application continue de M dans $\mathbb{R}$ sera C^k si $f \circ \varphi^{-1}$ l'est pour toute carte (U, φ). Il en résulte *que la somme et le produit de deux fonctions numériques C^k sur une variété est C^k.*

c) Il suffit que cette propriété soit vérifiée pour des atlas C^k qui définissent les structures différentielles de M et N.

10. Exemple – Soit M une sous-variété de dimension p de $\mathbb{R}^n$, et $f : \mathbb{R}^n \to N$ une application de classe C^k. Alors la restriction de f à M est de classe C^k : en reprenant la définition **I. 26**, on se ramène au cas évident où $M = U \cap \mathbb{R}^p \times \{0\}$, pour un ouvert $U \subset \mathbb{R}^n$.

11. Exemple : prolongement "à l'infini" des polynômes

Pour $z \in \mathbb{C}$, soit

$$P(z) = a_0 z^n + a_1 z^{n-1} + \cdots ... + a_n,$$

où les a_k sont des constantes complexes, $a_0 \neq 0$, et $n > 0$. On considère la sphère S^2 comme une partie de $\mathbb{C} \times \mathbb{R}$. Désignons par i_N et i_S les projections stéréographiques (cf. **5**) de pôles Nord et Sud respectivement.

On définit $f : S^2 \to S^2$ par

$$f(x) = i_N^{-1}\left(P(i_N(x))\right) \quad \text{si} \quad x \neq N\,, \text{ et} \quad f(N) = N\cdot$$

(Heuristiquement, $\mathbb{C}$ étant difféomorphe à $S^2 \setminus \{N\}$, on peut considérer S^2 comme $\mathbb{C}$ auquel on a rajouté un point à l'infini, et f apparait alors comme le prolongement par continuité de P).

Il est facile de voir que f est continue, et on va montrer qu'elle est lisse. Sur $S^2 \setminus \{N\}$ c'est vrai car $i_N \circ f \circ i_N^{-1} = P$ qui est lisse. Il reste donc à étudier la situation au voisinage de N, ce qui peut se faire avec la carte $(S^2 \setminus \{S\}, i_S)$. Au voisinage de 0 dans $\mathbb{C}$ on a

$$(i_S \circ f \circ i_S^{-1})(z) = \begin{cases} (i_S \circ i_N^{-1} \circ P \circ i_N \circ i_S^{-1})(z) & \text{si} \quad z \neq 0 \\ 0 & \text{si} \quad z = 0. \end{cases}$$

Sachant que $(i_S \circ i_N^{-1})(z) = \dfrac{1}{\overline{z}}$, on voit que

$$
\begin{aligned}
(i_S \circ i_N^{-1} \circ P \circ i_N \circ i_S^{-1})(z) &= \frac{1}{\overline{P\left(\frac{1}{\overline{z}}\right)}} \\
&= \frac{z^n}{\overline{a_0} + \overline{a_1} z + \cdots \overline{a_n} z^n}.
\end{aligned}
$$

Puisque $n > 0$ et $a_0 \neq 0$, l'expression obtenue est lisse au voisinage de 0, et redonne 0 pour $z = 0$, où elle n'était pas définie a priori.
Revenons à la théorie générale. Nous devons vérifier la propriété suivante.

12. Proposition – *Toute composée d'applications C^k est C^k.*

Preuve – Soient M,N,P trois variétés, $f \in C^k(M, N)$ et $g \in C^k(N, P)$. Pour $a \in M$, on prend des cartes (U, φ),(V, ψ),(W, χ) de M, N, P, les ouverts U, V, W contenant respectivement $a, f(a), g(f(a))$. La démonstration se lit alors sur le diagramme commutatif

$$
\begin{array}{ccccc}
U & \xrightarrow{\quad f \quad} & V & \xrightarrow{\quad g \quad} & W \\
\Big\downarrow \varphi & & \Big\downarrow \psi & & \Big\downarrow \chi \\
\varphi(U) & \xrightarrow{\psi \circ f \circ \varphi^{-1}} & \psi(V) & \xrightarrow{\chi \circ g \circ \psi^{-1}} & \chi(W)
\end{array}
$$

Dans la deuxième ligne, on a des applications C^k définies sur des ouverts d'espaces vectoriels, dont la composée est $\chi \circ g \circ f \circ \phi^{-1}$. Mais attention : cette application n'est définie que sur $\varphi\Big(U \cap f^{-1}\big(g^{-1}(W) \cap V\big)\Big)$ (ouf!). Cela n'a pas d'importance, l'essentiel étant d'avoir un ouvert contenant a.
En particulier, si f est une application C^k de $\mathbb{R}^m$ dans une variété M, et si N est une sous-variété de $\mathbb{R}^m$, la *restriction* de f à N est C^k.
Moins immédiate, mais tout aussi importante est la propriété suivante.

13. Proposition – *Si M est une sous-variété de $\mathbb{R}^n$, et si f est une application C^k d'un ouvert $U \subset \mathbb{R}^m$ dans $\mathbb{R}^n$ telle que $f(U) \subset M$, alors f est C^k en tant qu'application de U dans M.*

Preuve – La propriété est évidente quand M est un *sous-espace vectoriel* de $\mathbb{R}^n$. La définition des sous-variétés permet de se ramener à ce cas. Soit $a \in U$, $f(a) \in M$, V un ouvert de $\mathbb{R}^n$ contenant $f(a)$ pour lequel il existe un difféomorphisme g de V sur son image tel que

$$g(V \cap M) = g(V) \cap (\mathbb{R}^p \times \{0\}) \quad (p = \dim M).$$

Alors $f \circ g$ est une application C^k de U dans $\mathbb{R}^p$, d'après la remarque précédente, et la restriction de g à $V \cap M$ est une carte de M ∎

14. EXEMPLE : le groupe orthogonal

Nous avons vu en **I.29** que $O(n)$ est une sous-variété de $End(\mathbb{R}^n)$ (en fait de l'ouvert $Gl(n, \mathbb{R})$ de $End(\mathbb{R}^n)$). Les applications $A \mapsto A^{-1}$ et $(A, B) \mapsto AB$ sont évidemment des applications C^k de $Gl(n, \mathbb{R})$ dans lui-même, et de $Gl(n, \mathbb{R}) \times Gl(n, \mathbb{R})$ dans $Gl(n, \mathbb{R})$ respectivement. D'après **10** et **13**, ces deux applications restent C^k, en tant qu'applications de $O(n)$ dans lui-même, et de $O(n) \times O(n)$ dans $O(n)$ respectivement. Le groupe $O(n)$ apparait ainsi comme une variété pour laquelle les applications multiplication et inverse sont lisses. Un tel groupe s'appelle un *groupe de Lie*. Cette situation sera étudiée plus systématiquement au chapitre **IV**.
Ce qui précède a un sens à condition de définir le *produit* de deux variétés.

***15.* DÉFINITION** – *Si M et N sont deux variétés de classe C^k munies d'atlas $(U_i, \varphi_i)_{i \in I}$ et $(V_j, \psi_j)_{j \in J}$, la structure de variété produit sur $M \times N$ est donnée par l'atlas*

$$(U_i \times V_j, \varphi_i \times \psi_j)_{(i,j) \in I \times J}.$$

Il est très facile de vérifier que les projections $pr_1 : M \times N \to M$ et $pr_2 : M \times N \to N$ sont de classe C^k, et que pour $n \in N$ fixé (par exemple), la restriction de pr_1 à $M \times \{n\}$ est un difféomorphisme sur N.

***16.* DÉFINITION** – *Un* difféomorphisme de classe C^k *entre deux variétés M et N est une bijection qui est C^k, ainsi que la bijection réciproque.*

17. EXEMPLE : quadriques

Dans le produit $E \times F$ de deux espaces euclidiens de dimensions p et q, la *quadrique* Q d'équation $\|x\|^2 - \|y\|^2 = 1$, est une sous-variété de dimension $p + q - 1$. En tant que variété, Q est difféomorphe à $S^{p-1} \times \mathbb{R}^q$.
La différentielle de $f(x, y) = \|x\|^2 - \|y\|^2$ est donnée par

$$df_{(x,y)} \cdot (h, k) = 2\langle x, h\rangle - 2\langle y, k\rangle.$$

Elle est surjective en tout point de Q, qui est donc une sous-variété de codimension 1 de $\mathbb{R}^{p+q}$. D'après **10** et **13**, l'application

$$(x, y) \mapsto \left(\frac{x}{\sqrt{1 + \|y\|^2}}, y\right) \qquad \text{de } Q \text{ dans } S^{p-1} \times \mathbb{R}^q$$

est lisse. Elle admet une application réciproque, donnée par

$$(u, y) \mapsto (\sqrt{1 + \|y\|^2}u, y) \qquad \text{où} \quad u \in S^{p-1},$$

qui est lisse pour les mêmes raisons. En particulier, Q est connexe si $p > 1$, et a deux composantes connexes si $p = 1$: tout cela s'applique aussi bien à

$$S^0 = \{x \in \mathbb{R},\ x^2 = 1\} = \{-1, 1\}!$$

Attention – Deux structures différentielles sur un même ensemble peuvent être difféomorphes, mais distinctes, c'est-à-dire définies par des atlas maximaux différents. Voir l'exercice **27**.

A PARTIR DE MAINTENANT, COMME DANS LE CHAPITRE PRÉCÉDENT, TOUTES LES VARIÉTÉS ET LES APPLICATIONS RENCONTRÉES SERONT SUPPOSÉES LISSES, SAUF MENTION CONTRAIRE EXPRESSE.

De l'utilisation des cartes dans les définitions qui précèdent, on peut retenir un fil directeur : toute définition ou propriété des ouverts de $\mathbb{R}^n$ qui est invariante par difféomorphisme s'étend aux variétés.

18. Définition – *Si M et N sont deux variétés, une application $f : M \mapsto N$ est un* difféomorphisme local *si tout point de M est contenu dans un ouvert U tel que $f_{|U}$ soit un difféomorphisme sur son image.*

A ce stade, on peut se demander s'il existe une version du théorème d'inversion locale adaptée aux variétés. La réponse est bien sûr oui, à condition de savoir ce que c'est qu'une différentielle. Nous verrons cela en **E.** Auparavant, montrons sur un exemple que nous avons d'ores et déjà les moyens de prouver des théorèmes significatifs.

C. Le théorème de d'Alembert

19. Theorème – *Tout polynôme non constant à coefficients complexes admet au moins un zéro dans $\mathbb{C}$.*

Nous utiliserons au cours de la démonstration la notion suivante, qui généralise aux variétés une notion vue en **I. 46**.

20. Définition – *Soient X et Y deux variétés de même dimension, et $f : X \to Y$ une application lisse. Un point $a \in X$ est dit* point régulier *de f si f restreinte à un voisinage convenable de a est un difféomorphisme local. Un point $b \in Y$ est dit* valeur régulière *de f si son image réciproque $f^{-1}(b)$ est formée de points réguliers.*

On convient que tout $b \notin f(X)$ est "valeur régulière".

21. Théorème – *Soient X et Y deux variétés de même dimension, X étant supposée compacte. Soit $f : X \to Y$ une application lisse et y une valeur régulière de f, alors :*

a) *$f^{-1}(y)$ est fini.*

b) *Il existe un voisinage ouvert V de y tel que :*

$$\forall z \in V, \operatorname{card}\{f^{-1}(z)\} = \operatorname{card}\{f^{-1}(y)\}\cdot$$

Preuve – Si $f^{-1}(y) = \emptyset$ il suffit de prouver b). Mais $f(X)$ est l'image du compact X par une application continue : c'est une partie compacte, et donc fermée de Y. Il suffit de prendre $V = Y \setminus f(X)$.
Si $f^{-1}(y) \neq \emptyset$ notons d'abord que c'est un *compact* de X, en tant que fermé dans un compact. Soit $x \in f^{-1}(y)$. Par hypothèse, x est régulier pour f : il existe un ouvert U_x contenant x tel que $f_{|U_x}$ soit un difféomorphisme de U_x sur $f(U_x)$. En particulier, x est le seul point de U_x tel que $f(x) = y$. La famille $(U_x)_{x\in X}$ est un recouvrement ouvert de $f^{-1}(y)$. On peut en extraire un sous-recouvrement fini $(U_{x_i})_{1\leq i\leq p}$, ce qui montre que

$f^{-1}(y)$ est un ensemble fini à p éléments (plus brièvement, on peut dire que l'espace topologique $f^{-1}(y)$ est à la fois compact et discret, donc fini).
Quitte à remplacer chaque ouvert U_{x_i} par un ouvert plus petit, on peut supposer les U_{x_i} deux à deux disjoints. Posons alors

$$V = f\left(U_{x_1} \cap \cdots \cap f(U_{x_n}\right) \setminus f\left(X - U_{x_1} - \cdots - U_{x_n}\right) \cdot$$

C'est une intersection finie d'ouverts contenant y.
Si $z \in V$, alors par construction z a un antécédent et un seul dans chaque U_{x_i}, et n'a pas d'autres antécédents, puisque V est disjoint de $f\left(X \setminus \cup_{1 \leq i \leq p} U_{x_i}\right)$. Autrement dit, $\text{card}\left(f^{-1}(z)\right) = k \cdot$ ∎

Démonstration du théorème de d'Alembert

Soit donc $P(z) = a_0 z^n + a_1 z^{n-1} + \cdots ... + a_n$ un polynôme non constant à coefficients complexes. On lui associe l'application lisse de S^2 dans S^2 définie et étudiée dans l'exemple **10**. Nous allons voir que f n'a qu'un nombre fini de valeurs non régulières.
Sur $S^2 \setminus \{N\}$, f a le même nombre de valeurs non régulières que P (on a composé à droite et à gauche par des difféomorphismes). Mais la différentielle de P en un point z n'est autre que *la multiplication par le nombre complexe* $P'(z)$, *vue comme application linéaire de* $\mathbb{R}^2$ *dans* $\mathbb{R}^2$ (cf **I.6**). Les points non réguliers de P sont ceux où P' s'annule, ils sont en nombre fini, et P n'a qu'un nombre fini de valeurs non régulières. Il en est de même de f vue comme application de $S^2 \setminus \{N\}$ dans elle-même, donc de f comme application S^2 dans S^2 (si besoin est, on rajoute le pôle Nord).
Notons F l'ensemble formé de ces valeurs. Puisque F est fini, $S^2 \setminus F$ est *connexe*. D'après **21**, la fonction

$$x \mapsto \text{card}\left\{f^{-1}(x)\right\}$$

est localement constante sur $S^2 \setminus F$, donc constante en raison de la connexité. Cette constante est non nulle. Sinon, f, et à plus forte raison P n'aurait que des valeurs singulières, ce qui voudrait dire que $P'(z)$ est partout nulle, donc que P est constant contrairement à l'hypothèse.
Tous les points de $S^2 \setminus F$, et donc tous les points de S^2, sont des valeurs prises par f. Revenant à la définition de f, on en déduit que tous les points de $\mathbb{C}$ sont des valeurs prises par P ∎

D. Les espaces projectifs

Quand on pratique le dessin en perspective ou l'optique géométrique, il est naturel d'adjoindre au plan ou à l'espace des directions à l'infini. La situation modèle de la perspective conduit à procéder comme suit : on représente $\mathbb{R}^n$ comme le sous-espace (affine!) $\{1\} \times \mathbb{R}^n$ de $\mathbb{R}^{n+1}$. La perspective par rapport à l'origine est une bijection entre $\{1\} \times \mathbb{R}^n$ et l'ensemble des droites (vectorielles) de $\mathbb{R}^{n+1}$ qui ne sont pas contenues dans $\{0\} \times \mathbb{R}^n$; ce sont les droites de $\{0\} \times \mathbb{R}^n$ qui modélisent les points à l'infini. L'espace projectif formalise cette situation.

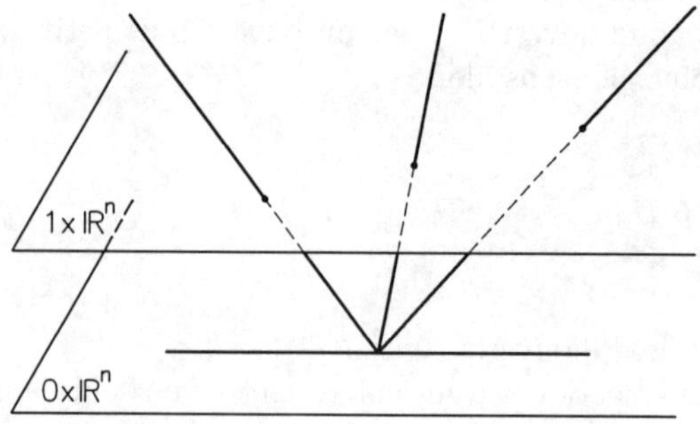

***22. DÉFINITION* –** L'espace projectif réel de dimension n, *noté* $P^n\mathbb{R}$ *est l'espace quotient de* $\mathbb{R}^{n+1} \setminus \{0\}$ *par la relation d'équivalence*

$$x \sim y \quad \text{si et seulement si} \quad x \text{ et } y \text{ sont colinéaires.}$$

On peut donc considérer $P^n\mathbb{R}$ comme l'ensemble des droites vectorielles de $\mathbb{R}^{n+1}$. Une autre interprétation est possible : la restriction de $\sim$ à S^n identifie les points x and $-x$, et l'espace projectif réel est homéomorphe au quotient de S^n par cette identification. On vérifie que $P^n\mathbb{R}$ est *séparé* (voir aussi **53**).
Notant $p : \mathbb{R}^{n+1} \setminus \{0\} \to P^n\mathbb{R}$ l'application de passage au quotient, on en déduit que $P^n\mathbb{R}$ est *compact*, en tant qu'image de S^n par l'application continue p.

***23. DÉFINITION* –** *Le* $(n+1)$*-uple* $x = (x_0, \ldots, x_n)$ *est un* système de coordonnées homogènes *de* $p(x)$.

Il sera commode de noter $[x] = [(x_0, \ldots, x_n)]$ le point de coordonnées homogènes x.

Nous allons munir $P^n\mathbb{R}$ d'un atlas $(U_i, \phi_i)_{0 \leq i \leq n}$ et donc en faire une variété. Posons

$$V_i = \{x = (x_0, ..., x_n) \in \mathbb{R}^{n+1} / x_i \neq 0\} \quad (0 \leq i \leq n)$$

et définissons les applications $\Phi_i : V_i \to \mathbb{R}^n$ par

$$\Phi_i(x) = \left(\frac{x_0}{x_i}, \cdots, \frac{\widehat{x_i}}{x_i}, \cdots, \frac{x_n}{x_i}\right)$$

où le signe $\widehat{\ }$ signifie que le terme correspondant est omis. Ce sont des applications continues et

$$\Phi_i(x) = \Phi_i(y) \quad \text{si et seulement si} \quad p(x) = p(y).$$

D'après les propriétés de la topologie quotient, $U_i = \Phi_i(V_i)$ est un ouvert de $P^n\mathbb{R}$, et Φ_i passe au quotient et donne une application bijective et continue ϕ_i de U_i dans $\mathbb{R}^n$. Explicitement,

$$\phi_i\big(p(x)\big) = \left(\frac{x_0}{x_i}, \cdots, \frac{\widehat{x_i}}{x_i}, \cdots, \frac{x_n}{x_i}\right).$$

L'application réciproque est donnée par

$$\phi_i^{-1}(y_0, \cdots, y_{n-1}) = p(y_0, \cdots, y_{i-1}, 1, y_i, \cdots, y_{n-1}),$$

ce qui montre que ϕ_i est un homéomorphisme de U_i sur $\mathbb{R}^n$.
Les fonctions de transition $\phi_j \circ \phi_i^{-1}$ sont bien des difféomorphismes de $\phi_i(U_i \cap U_j)$ sur $\phi_j(U_i \cap U_j)$, car pour $y_j \neq 0$ on a

$$(\phi_j \circ \phi_i^{-1})(y_0, \cdots, y_{n-1}) = \left(\frac{y_0}{y_j}, \cdots, \frac{y_{i-1}}{y_j}, \frac{1}{y_j}, \cdots, \frac{\widehat{y_j}}{y_j}, \cdots, \frac{y_{n-1}}{y_j}\right).$$

Nous avons ainsi une structure de variété lisse sur $P^n\mathbb{R}$.

On définit d'une façon analogue *l'espace projectif complexe* $P^n\mathbb{C}$. Il suffit dans tout ce qui précède de remplacer $\mathbb{R}$ par $\mathbb{C}$, et de remarquer qu'une application de la forme

$$(z,t) \to \frac{z}{t} \quad \text{de} \quad \mathbb{C} \times \mathbb{C} \setminus \{0\} \quad \text{dans} \quad \mathbb{C}$$

est lisse, si on la considère comme une application de $\mathbb{R}^2 \times \mathbb{R}^2 \setminus \{0\}$ dans $\mathbb{R}^2$.

***24. Remarque* –** ** Il existe, comme le lecteur ayant quelques notions sur les fonctions analytiques s'en convaincra sans peine, une notion de *variété (analytique) complexe*. Une structure complexe sera définie par un atlas à valeur dans $\mathbb{C}^n$ tel que les fonctions de transition soient analytiques complexes. C'est le cas de $P^n\mathbb{C}$. Etant donné les propriétés très particulières des fonctions analytiques complexes (principe du maximum, etc), le monde des variétés complexes est très différent et nous n'en parlerons pratiquement pas.**

D'une façon analogue au cas réel, on peut considérer la trace de la relation d'équivalence sur l'ensemble des vecteurs de $\mathbb{C}^{n+1}$ de norme 1, c'est-à-dire sur la sphère

$$S^{2n+1} = \left\{(z_0, z_1, \cdots, z_n) \in \mathbb{C}^{n+1} / \sum_{i=0}^{n+1} |z_i|^2 = 1\right\}.$$

En désignant toujours par p l'application de passage au quotient, il est clair que $p(S^{2n+1}) = P^n\mathbb{C}$ (ce qui montre au passage la compacité de l'espace projectif complexe), et que, pour $z, z' \in S^{2n+1}$, on a $p(z) = p(z')$ si et seulement si $z = uz'$, où u est un complexe de module 1. Autrement dit, si on considère

$$p : S^{2n+1} \to P^n\mathbb{C}$$

l'image réciproque par p d'un point de $P^n\mathbb{C}$ est un grand cercle de S^{2n+1}. De plus, on a le lemme suivant.

***25. Lemme* –** *L'ouvert $p^{-1}(U_i)$ de S^{2n+1} est difféomorphe à $S^1 \times U_i$.*

***Preuve* –** Prenons le cas $i = 0$ pour alléger les notations. Un point $x \in U_0$ a un système de coordonnées homogènes unique de la forme $(1, \zeta_1, \cdots, \zeta_n)$ (le point $(1, \phi_0^{-1}(x))$ de $\mathbb{C}^{n+1}$). Alors un point $(z_0, \cdots, z_n)$ de S^{2n+1} vérifie $p(z) = x$ si et seulement si

$$(z_0, z_1, \cdots, z_n) = \frac{u}{\sqrt{1 + \sum_{i=1}^n |\zeta_i|^2}}(1, \zeta_1, \cdots, \zeta_n).$$

L'application $(u, \zeta) \mapsto z$ est un difféomorphisme de $S^1 \times \mathbb{C}^n$ sur $p^{-1}(U_0)$, et le difféomorphisme cherché s'obtient en composant par $Id \times \phi_0$ ∎

Nous venons de voir un cas particulier de la situation suivante.

***26. Définition** – Soient E, B, F trois variétés. Une application lisse de E dans B est une* fibration (de base B, de fibre type F et d'espace total E) *si pour tout $x \in B$ il existe un ouvert U contenant x et un difféomorphisme $\phi : p^{-1}(U) \to U \times F$ tel que le diagramme*

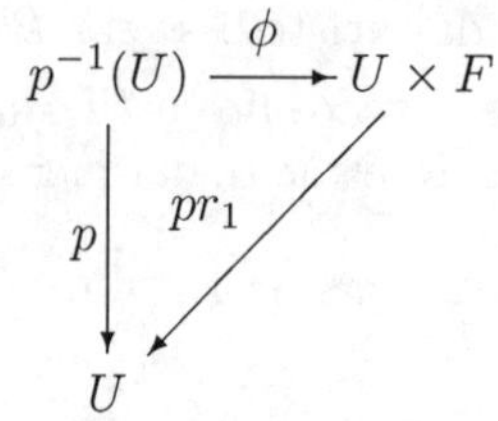

soit commutatif.

On appelle *espace fibré* le quadruplet (E, p, B, F), et l'on s'empressera de le désigner par E s'il n'y a pas d'ambiguïté.
Ainsi,

$$p : S^{2n+1} \to P^n\mathbb{C}$$

est une fibration de fibre type S^1. Un argument analogue à celui de **24** montre de même que

$$p : \mathbb{R}^{n+1} \setminus \{0\} \to P^n\mathbb{R}$$

est une fibration de fibre $\mathbb{R}^*$.

27. Définitions

a) *La fibration* triviale *est celle pour laquelle $E = B \times F$ et $p = \mathrm{pr}_1$; on dira qu'une fibration est trivialisable s'il existe un difféomorphisme ϕ de E sur $B \times F$ tel que $p = \mathrm{pr}_1 \circ \phi$. On dit aussi dans ces conditions que le fibré E est* trivial, *ou* trivialisable, *et que ϕ est une* trivialisation.

b) Un isomorphisme *entre deux fibrés E_1 et E_2 ayant même base B et même fibre type F est un difféomorphisme $f : E_1 \to E_2$ tel que le diagramme*

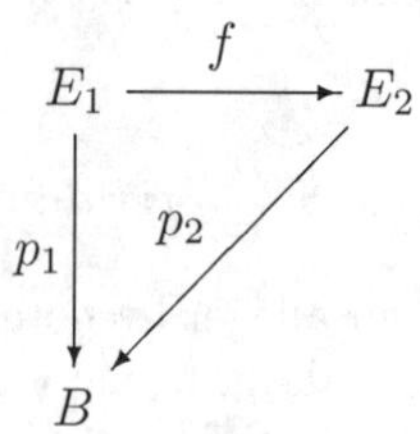

soit commutatif.

Par exemple, un fibré trivialisable est isomorphe au fibré trivial.
La définition **26** dit exactement que toute fibration devient trivialisable au-dessus d'ouverts suffisamment petits de la base (dits *ouverts trivialisants*). Il est d'usage d'appeler "trivialité locale" cette propriété.

28. Exemple : la fibration de Hopf

Pour

$$(u,v) \in S^3 = \{(u,v) \in \mathbb{C}^2, |u|^2 + |v|^2 = 1\},$$

on pose

$$h(u,v) = (2u\overline{v}, |u|^2 - |v|^2).$$

Nous allons voir que h est une fibration de S^3 sur S^2 de fibre S^1.
Il est immédiat que h envoie S^3 dans la sphère S^2 vue comme

$$\{(z,t) \in \mathbb{C} \times \mathbb{R}, |z|^2 + t^2 = 1\}.$$

Si on pose $N = (0,1)$ et $S = (0,-1)$ les calculs de **A** montrent que

$$i_N\big(h(u,v)\big) = \frac{u}{v} \quad \text{et} \quad i_S\big(h(u,v)\big) = \frac{\overline{v}}{\overline{u}}.$$

Il en résulte que $S^2 \setminus \{N\}$ et $S^2 \setminus \{S\}$ sont des ouverts trivialisants pour une fibration dont la fibre type est l'ensemble des complexes de module 1 (cf. la preuve du lemme **24**). On en déduit un difféomorphisme explicite entre $P^1\mathbf{C}$ et S^2, donné par

$$[(u,v)] \to i_N^{-1}(\frac{u}{v}) \quad \text{si} \quad v \neq 0 \qquad \text{et} \qquad [(u,v)] \to i_S^{-1}(\frac{\overline{v}}{\overline{u}}) \quad \text{si} \quad u \neq 0.$$

Le difféomorphisme réciproque s'écrit

$$(z,t) \mapsto [(z, 1-t)] \quad \text{si} \quad t \neq 1 \qquad \text{et} \qquad (z,t) \mapsto [(1+t, \overline{z})] \quad \text{si} \quad t \neq -1.$$

On montre de la même façon que $P^1\mathbb{R}$ est difféomorphe à S^1 : si on se restreint à $\mathbb{R}^2$, on obtient l'application

$$h : (u,v) \to (u^2 - v^2, 2uv) \quad \text{de } S^1 \text{ dans } S^1,$$

qui se lit sur le dessin suivant :

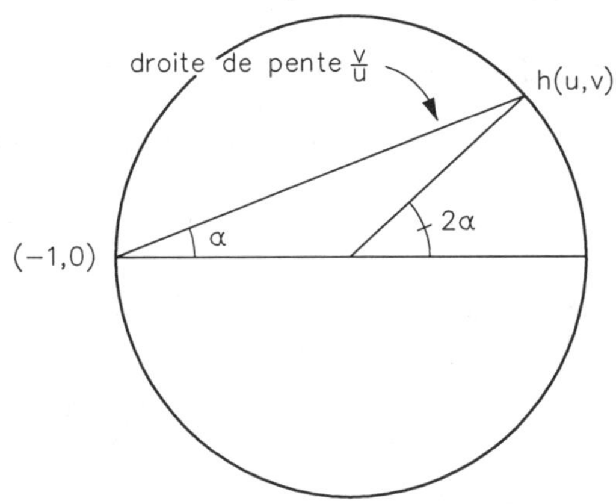

On peut aussi poser $z = u + iv$, et remarquer que l'application $z \mapsto z^2$ de S^1 dans S^1 donne par passage au quotient un difféomorphisme entre $S^1/\pm I$ et S^1 (voir **G**).

E. L'ESPACE VECTORIEL TANGENT

Jusqu'à présent, nous avons parlé d'applications lisses entre variétés mais pas de leur différentielle ! Pour définir cette dernière, il nous faut d'abord définir l'espace tangent en un point m à une variété M. Nous allons nous inspirer de ce qui a été fait pour les sous-variétés de $\mathbb{R}^n$, en utilisant les courbes passant par m. Nous désignerons par $\mathcal{C}_m^M$ (ou simplement $\mathcal{C}_m$ s'il n'y a pas d'ambiguïté) l'ensemble des courbes lisses $c : I \mapsto M$ définies sur un intervalle ouvert I contenant 0 et telles que $c(0) = m$.

29. DÉFINITION – *Deux courbes $c_1 : I_1 \to M$ et $c_2 : I_2 \to M$ de $\mathcal{C}_m$ sont* tangentes *en m si $c_1(0) = c_2(0) = m$ et s'il existe une carte (U, ϕ), telle que $m \in U$ et*

$$(\phi \circ c_1)'(0) = (\phi \circ c_2)'(0).$$

Cette condition ne dépend pas du choix de la carte, puisque, si (V, ψ) est une deuxième carte définie au voisinage de m, le théorème des fonctions composées donne

$$(\psi \circ c_i)'(0) = d(\psi \circ \phi^{-1})_{\phi(m)} \cdot (\phi \circ c)'(0).$$

On a donc défini ainsi une *relation d'équivalence* sur $\mathcal{C}_m$.
En s'inspirant du cas des sous-variétés de $\mathbb{R}^n$, on est conduit à la définition suivante.

30. DÉFINITION – *Soient M une variété lisse et $m \in M$. Un* vecteur tangent *à M en m est une classe d'équivalence de la relation d'équivalence ci-dessus. L'ensemble des vecteurs tangents en m est noté T_mM.*

Une carte (U, ϕ) au voisinage de m étant donnée, on définit une application θ_ϕ de T_mM dans $\mathbb{R}^n$ (si $n = \dim M$), en posant

$$\theta_\phi(\xi) = (\phi \circ c)'(0)$$

(le second membre est bien défini, puisqu'il ne dépend que de la classe d'équivalence de c). D'après sa définition même, θ_ϕ est *injective*. Enfin, θ_ϕ est surjective : un vecteur $v \in \mathbb{R}^n$ est l'image par θ_ϕ de la classe d'équivalence de la courbe $t \mapsto \phi^{-1}(tv)$. Ainsi, l'application $\theta_\phi : T_mM \mapsto \mathbb{R}^n$ est une *bijection*.
Soit maintenant (V, ψ) une autre carte telle que $m \in V$, et $v \in \mathbb{R}^n$. Alors

$$(\theta_\phi \circ \theta_\psi^{-1})(v) = d(\phi \circ \psi^{-1})_{\psi(m)} \cdot v.$$

On obtient une application linéaire. Cela permet de donner à T_mM une structure d'espace vectoriel sur $\mathbb{R}$: si $\xi, \eta \in T_mM$, $\lambda \in \mathbb{R}$, on pose

$$\xi + \eta = \theta_\phi^{-1}\big(\theta_\phi(\xi) + \theta_\phi(\eta)\big) \text{ et } \lambda\xi = \theta_\phi^{-1}\big(\lambda\theta_\phi(\xi)\big),$$

et le résultat ne dépend pas de ϕ.

31. DÉFINITION – L'espace vectoriel tangent *à m en M, noté T_mM, est l'ensemble des vecteurs tangents en m muni de la structure d'espace vectoriel définie ci-dessus.*

32. Exemples

a) Si U est un ouvert d'un variété M, la construction précédente montre que T_mU est canoniquement isomorphe à T_mM.

b) L'espace vectoriel tangent en a à un espace affine E s'identifie au vectorialisé E_a de E en a : à $v \in E_a$ on associe la classe d'équivalence de la courbe $t \mapsto a + tv$.

c) Si M et M' sont deux variétés, l'espace tangent en (m, m') à $M \times M'$ est la somme directe $T_mM \oplus T_{m'}M'$.

Nous sommes maintenant en mesure de définir la différentielle d'une application lisse entre deux variétés.

33. Définition – *Si X et Y sont deux variétés, et $f : X \to Y$ une application lisse,* l'application linéaire tangente *en $x \in X$, notée T_xf, est l'application déduite par passage au quotient de l'application $c \mapsto f \circ c$ de $\mathcal{C}_x^X$ dans $\mathcal{C}_{f(x)}^Y$.*

Soient (U, ϕ) et (V, ψ) des cartes de X et Y, dont les domaines U et V contiennent respectivement x et $f(x)$. De la différentiabilité de $\psi \circ f \circ \phi^{-1}$ (cf. **8**) et du fait que $(\psi \circ f \circ \phi^{-1}) \circ (\phi \circ c) = \psi \circ f \circ c$ on tire immédiatement que les images de deux courbes tangentes sont tangentes. On a de plus le diagramme commutatif

$$\begin{array}{ccc} T_xX & \xrightarrow{\quad T_xf \quad} & T_{f(x)}Y \\ \Big\downarrow{\scriptstyle \theta_\phi} & & \Big\downarrow{\scriptstyle \theta_\psi} \\ \mathbb{R}^p & \xrightarrow{\; d_{\phi(x)}(\psi \circ f \circ \phi^{-1}) \;} & \mathbb{R}^q , \end{array}$$

où $p = \dim X$ et $q = \dim Y$.

Exemples

a) Si M est une sous-variété de $\mathbb{R}^n$, et $i : M \mapsto \mathbb{R}^n$ l'inclusion canonique, T_mi est un isomorphisme entre T_mM et l'espace tangent vu en **I. 35**.

b) Si ϕ est une carte, $T_x\phi$ est l'isomorphisme θ_ϕ défini en **30**.

c) Si f est une application lisse de M dans $\mathbb{R}$, T_xf est une application linéaire de T_xM dans $T_{f(x)}\mathbb{R} \simeq \mathbb{R}$; si (U, ϕ) est une carte dont le domaine contient m, alors $T_xf \circ \theta_\phi^{-1}$ est la différentielle de $f \circ \phi^{-1} : \phi(U) \to \mathbb{R}$. On continuera à noter df_x la différentielle d'une application à valeurs dans $\mathbb{R}$ (notons que dans ce cas certains auteurs, Bourbaki et [Berger-Gostiaux] font la distinction entre T_xf, application linéaire de T_xM dans $T_x\mathbb{R}$, et df_x, application linéaire de T_xM dans $\mathbb{R}$).

34. Proposition – *Si $f : X \to Y$ et $g : Y \to Z$ sont deux applications lisses entre variétés, alors*

$$\forall x \in X, \; T_x(g \circ f) = T_{f(x)}g \circ T_xf \cdot$$

Preuve – Prenons des cartes (U, ϕ), (V, ψ) et (W, χ) au voisinage de x,$f(x)$,$g(f(x))$ respectivement. La propriété annoncée est une conséquence des définitions et du théorème des fonctions composées ordinaire appliqué aux fonctions

$$\phi \circ f \circ \psi^{-1} \quad \text{et} \quad \psi \circ g \circ \chi^{-1} \quad \blacksquare$$

Ce cadre étant établi, les développements de **I.C.** concernant le théorème d'inversion locale et ses conséquences s'étendent mot pour mot aux variétés, d'après la remarque faite à la fin de **B.**

***35. Théorème** – Soient X et Y deux variétés de dimensions respectives m et n et $f : X \to Y$ une application lisse, et $x \in X$.*
i) Si $T_x f$ est bijective, il existe un ouvert U contenant x tel que $f_{|U}$ soit un difféomorphisme sur $f(U)$.
ii) Si $T_x f$ est injective ou surjective, il existe des ouverts U contenant x et V contenant $f(x)$, et des cartes (U, ϕ) et (V, ψ) tels que

$$(\psi \circ f \circ \phi^{-1})(x_1, \cdots, x_n) = \begin{cases} (x_1, \cdots, x_n, 0, \cdots, 0) & \text{si} \quad T_x f \text{ est injective} \\ (x_1, \cdots, x_m) & \text{si} \quad T_x f \text{ est surjective.} \end{cases}$$

***Preuve** –* On exprime f à l'aide de cartes et on applique les résultats de **I.C.**
Il est donc naturel d'étendre aux variétés les définitions vues en **I.C.**

36. Définitions

i) *Une application f d'une variété X dans une variété Y est une* immersion *(resp. une* submersion*) si pour tout $x \in X$ l'application linéaire tangente est injective (resp. surjective).*

ii) Une partie M d'une variété X de dimension n est une sous-variété de dimension p *si pour tout x de M, il existe des voisinages ouverts U et V de x dans X et de 0 dans $\mathbb{R}^n$ respectivement, et un difféomorphisme*

$$f : U \to V \text{ tel que } f(U \cap M) = V \cap (\mathbb{R}^p \times \{0\}).$$

(Il revient bien sûr au même de dire que pour tout $x \in M$ il existe une carte (U, ϕ), où $x \in U$, telle que $\phi(U \cap M)$ soit une sous-variété de $\mathbb{R}^n$).

iii) Une application f de X dans Y est un plongement *si $f(X)$ est une sous-variété de Y et si f est un difféomorphisme de X sur $f(X)$.*

iv) Si $f : X \to Y$ est lisse, un point $x \in X$ est dit point critique *si $\mathrm{rg}(T_x f) < \dim Y$; l'image d'un point critique est une* valeur critique.

37. Exemple : extrema locaux

Pour une application $f : X \to \mathbb{R}$, un point $a \in X$ est critique si et seulement si la différentielle df est nulle en a. Le résultat de **I. 47** s'étend immédiatement : un $a \in X$ où f admet un extremum local est un point critique. On se ramène au cas de $f \circ \phi^{-1}$, où ϕ est une carte dont le domaine contient a.
Notons aussi que dans le cas où X est une sous-variété $\mathbb{R}^n$, la notion de point critique est équivalente à celle *d'extremum lié*. Supposons en effet X de codimension p et définie au voisinage d'un point a par une submersion $g = (g^1, \ldots, g^p)$ dans $\mathbb{R}^p$. Soit f une fonction lisse sur $\mathbb{R}^n$. Le point a sera critique pour $f_{|X}$ si et seulement si df_a s'annule

sur T_aX, ou encore

$$\bigcap_{i=1}^{p} \operatorname{Ker} dg_a^i \subset \operatorname{Ker} df_a.$$

Puisque les formes linéaires dg_a^i sont par hypothèse indépendantes, cela revient à dire qu'il existe des réels $(\lambda_i)_{1\leq i\leq p}$ (appelés *multiplicateurs de Lagrange*) tels que

$$df_a = \sum_{i=1}^{p} \lambda_i dg_a^i$$

38. EXEMPLE : hypersurfaces projectives

Soit P un polynôme homogène à $n+1$ variables, dont les dérivées partielles $\partial_i P$ ne s'annulent jamais simultanément si $x \neq 0$. La partie de $P^n\mathbb{R}$ formée des points dont les coordonnées homogènes vérifient $P(x) = 0$ est une sous-variété de $P^n\mathbb{R}$.
Supposons par exemple la première coordonnée homogène x_0 non nulle, et utilisons les cartes vues en **23**. Alors

$$\phi_0(U_0 \cap M) = \{u \in \mathbb{R}^n \backslash P(1, u_1, \cdots, ..., u_n) = 0\}\cdot$$

D'après l'identité d'Euler (cf. **I.**, ex. **4**),

$$(\deg P)P(1, u_1, \cdots, u_n) = \partial_0 P(1, u_1, \cdots, u_n) + \sum_{i=1}^{n} u_i \partial_i P(1, u_1, \ cdots, u_n)\cdot$$

Donc, en un point de $\phi_0(U_0 \cap M)$, les dérivées $\partial_i P(1, u_1, \cdots, u_n)$ ne peuvent s'annuler simultanément sans que $\partial_0 P(1, u_1, \cdots, u_n)$ ne s'annule aussi. ∎

39. PROPOSITION

i) *Si $f : X \to Y$ est une submersion, alors $\forall y \in Y$, l'image réciproque $f^{-1}(y)$ est une sous-variété de X (éventuellement vide).*
ii) *Si X est compacte et si $f : X \to Y$ est une immersion injective, alors f est un plongement de X dans Y.*

Preuve – i) Soit (U, ϕ) une carte de X dont le domaine contient un x tel que $f(x) = y$, et (V, ψ) une carte de Y dont le domaine contient y. Alors $\psi \circ f \circ \phi^{-1}$ est encore une submersion, et on est ramené au cas des ouverts de $\mathbb{R}^n$ (cf. **I. 27**). Nous laissons les détails au lecteur à titre d'exercice. Pour ii), notons d'abord que, en raison de l'hypothèse de compacité, f est un homéomorphisme sur son image. Si alors (U, ϕ) est une carte au voisinage de $x \in X$, $f \circ \phi^{-1}$ est une immersion et un homéomorphisme local, et les arguments de **I. 27** s'appliquent encore ∎

Attention – Ce dernier résultat est faux quand X n'est pas compacte. Nous avons déjà vu un exemple de cette situation en **I. 32**. Il est maintenant plus simple de présenter cet exemple comme l'immersion

$$t \to (\cos t, \sin t, \cos \sqrt{2}t, \sin \sqrt{2}t) \qquad \text{de } \mathbb{R} \text{ dans } T^2.$$

C'est une *droite de Kronecker* du tore.

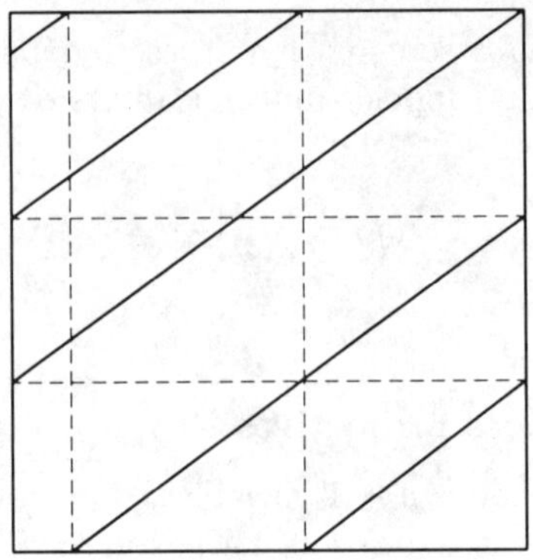

Un autre exemple est celui du "serpent qui se mord le ventre", réalisé par exemple par la restriction à $]-\infty, 1[$ de l'immersion

$$t \to \left(\frac{t^2-1}{t^2+1}, \frac{t(t^2-1)}{t^2+1}\right) \qquad \text{de } \mathbb{R} \text{ dans } \mathbb{R}^2.$$

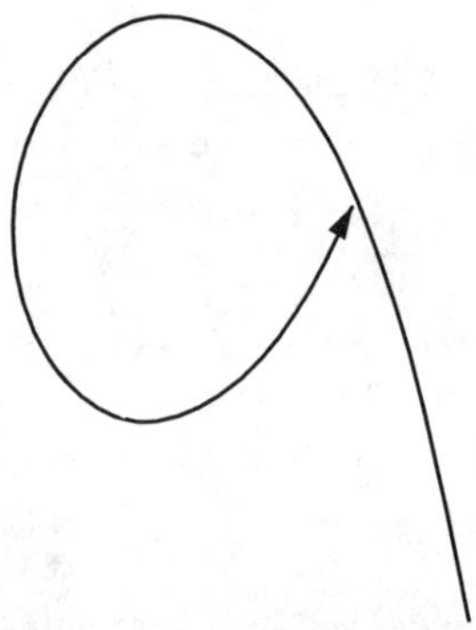

Dans les deux cas la topologie induite sur l'image n'est pas localement euclidienne. Sinon, ces deux exemples n'ont pas grand chose en commun, et le second est passablement artificiel. Cela justifie la définition suivante.

40. Définition – *Une immersion i d'une variété X dans une variété Y est dite* stricte *si pour toute variété Z et toute application lisse $f : Z \to Y$ telle que $f(Z) \subset i(X)$, l'application $i^{-1} \circ f$ est lisse.*

La droite de Kronecker est donnée par une immersion stricte, alors que pour le serpent $i^{-1} \circ f$ peut ne pas être continue.

Remarque – Quand on a une immersion (resp. une immersion stricte) de X dans Y, on dit aussi que X est une *sous-variété immergée* (resp. *strictement immergée*) de Y. Nous n'utiliserons pas cette notion qui est importante surtout en théorie des feuilletages. Nous invitons le lecteur à trouver dans le langage courant des exemples analogues de noms et d'adjectifs où le couple nom + adjectif a un sens très différent de celui du nom seul (justice, démocratie, ...).

F. REVÊTEMENTS

Commençons par quelques rappels sur la topologie quotient. Si X est un espace topologique et $\mathcal{R}$ une relation d'équivalence sur X, il existe sur le quotient $X/\mathcal{R}$ une structure topologique naturelle. Par définition, une partie U de $X/\mathcal{R}$ sera ouverte si et seulement si son image réciproque par l'application de passage au quotient $p : X \mapsto X/\mathcal{R}$ est ouverte dans X. Cette définition est faite pour assurer la propriété suivante : une application de f de $X/\mathcal{R}$ dans un espace topologique Z est continue si et seulement si $f \circ p : X \to Z$ est continue. Autrement dit, les applications continues de source $X/\mathcal{R}$ sont les applications continues de source X qui sont constantes sur les classes d'équivalence.
Si maintenant X est une variété, il n'y a aucune raison pour que $X/\mathcal{R}$, munie de la topologie quotient, soit encore une variété : les contraintes topologiques sont trop fortes. De plus si on veut que les applications lisses de source X qui passent au quotient soient encore lisses, il est naturel d'exiger que si $g = f \circ p$ est une telle application, la différentielle de g détermine celle de f. Comme $T_x g = T_{p(x)} f \circ T_x p$, ce sera bien le cas si p est une submersion (auquel cas les classes d'équivalences seront des sous-variétés fermées).
N'allons pas plus loin, et notons simplement que la notion de variété quotient n'a rien d'immédiat (le lecteur curieux pourra consulter [Dieudonné 1]). Nous ne la traiterons que partiellement, en commençant par un cas particulier important, celui du quotient d'une variété par un groupe discret. Même dans ce cas, des considérations topologiques préalables sont indispensables.

41. DÉFINITIONS

a) *Une* action (ou opération) à gauche *d'un groupe* Γ *sur un ensemble* X *est une application*

$$(\gamma, x) \mapsto \gamma.x \quad \text{de} \quad \Gamma \times X \quad \text{dans} \quad X$$

telle que

$$e \cdot x = x \quad \text{et} \quad \gamma_1 \cdot (\gamma_2 \cdot x) = (\gamma_1 \gamma_2) \cdot x$$

quels que soient $x \in X$, $\gamma_1, \gamma_2 \in \Gamma$.

b) Une action continue *d'un groupe* Γ *sur un espace topologique* X *est une action telle que pour tout* γ *l'application* $x \mapsto \gamma \cdot x$ *soit continue.*

c) Une action lisse *d'un groupe* Γ *sur une variété* X *est une action telle que pour tout* γ *l'application* $x \mapsto \gamma \cdot x$ *soit lisse.*

Remarques
i) La définition a) revient à se donner un homomorphisme de Γ dans le groupe des bijections de X.
ii) Il résulte des définitions que pour γ fixé, l'application $x \mapsto \gamma \cdot x$ est un homéomorphisme dans le cas b), et un difféomorphisme dans le cas c).
iii) On peut reformuler b) (resp. c) en disant que l'application $(\gamma, x) \mapsto \gamma \cdot x$ est une application *continue*, de $\Gamma \times X$ dans X, Γ étant muni de la topologie discrète. Cela permet de faire le lien avec les actions de groupes topologiques et de groupes de Lie, que nous verrons au chapitre **IV**.
Pour éviter les banalités, nous aurons besoin de la définition suivante.

42. Définition – *Une action de groupe est* effective *si pour* $\gamma \neq e$ *l'application* $x \mapsto \gamma \cdot x$ *est différente de l'identité, autrement dit si l'homomorphisme* $\gamma \mapsto (x \mapsto \gamma \cdot x)$ *de* Γ *dans le groupe des bijections de* X *est* injectif.

Dans ce cas, on notera encore γ l'application $x \mapsto \gamma \cdot x$.

Exemple – L'action de $\mathbb{Z}$ sur $\mathbb{R}$ définie par $(n, x) \mapsto (-1)^n x$ n'est pas effective, mais l'action analogue du groupe $\{\pm 1\}$ l'est. C'est un exemple d'une situation générale, décrite dans l'exercice **18**, qui justifie que l'on ne considère que des actions effectives.

43. Définition – *Si E est un espace topologique sur lequel agit un groupe Γ, le quotient de E par Γ, noté E/Γ, est l'espace des orbites de Γ, autrement dit le quotient de E par la relation d'équivalence*

$$x \simeq y \Leftrightarrow \exists \gamma \in \Gamma \,,\, y = \gamma \cdot x \,,$$

muni de la topologie quotient.

On désigne comme toujours par p l'application de passage au quotient. Rappelons que *l'orbite* d'un point x de E est sa classe d'équivalence, c'est-à-dire la partie $\{\gamma \cdot x\}, \gamma \in \Gamma$ de X. On la notera $\Gamma \cdot x$.

Nous avons en vue le cas où E est une variété, et cherchons des conditions suffisantes sur l'action de Γ pour que E/Γ soit une variété. Dans un premier temps, on va s'assurer que E/Γ est localement compact. Le point essentiel est la séparation.

44. Définition – *Un groupe discret* Γ *opère* proprement *sur un espace localement compact X si quels que soient les compacts K et L de X, l'ensemble*

$$\{\gamma \in \Gamma \,,\, \gamma(K) \cap L \neq \emptyset\}$$

est fini (signalons la terminologie synonyme d'action discontinue*).*

Exemples
a) Tout groupe *fini* opère proprement.
b) L'action de $\mathbb{Z}$ sur $\mathbb{R}$ donnée par

$$(n, x) \to x + n$$

est propre, mais celle donnée par

$$(n, x) \to 2^n x$$

ne l'est pas.
c) Le groupe $\mathbb{Z}^n$ opère proprement sur $\mathbb{R}^n$ par translations : il suffit de remarquer que tout compact de $\mathbb{R}^n$ est inclus dans un cube $\{(x_1, \cdots, x_n),\ |x_i| \leq A\}$. Par contre, si α est un nombre irrationnel, l'action de $\mathbb{Z}^2$ sur $\mathbb{R}$ donnée par

$$(m, n, x) \to x + \alpha m + n$$

n'est pas propre. Elle est même tellement épouvantable que penser au sens courant du mot "propre" n'est pas contraire à ce qu'on appelle l'intuition (on vérifiera par exemple que l'espace des orbites est muni de la topologie grossière).
Pour d'autres exemples et contre-exemples, voir l'exercice **19**.

45. Théorème

i) *Pour qu'une application f de E/Γ dans un espace topologique X soit continue, il faut et suffit que $f \circ p$ le soit.*
ii) L'image par p d'un ouvert de E est un ouvert de E/Γ.
iii) Si E est localement compact et si Γ est un groupe discret opérant proprement, alors E/Γ est localement compact.

Preuve – Rappelons que par définition de la topologie quotient, une partie V de E/Γ est ouverte si et seulement si $p^{-1}(U)$ l'est. i) est alors immédiat.
Pour ii), il suffit de remarquer que

$$p^{-1}(p(U)) = \cup_{\gamma \in \Gamma} \gamma(U)$$

est ouvert dès que U est ouvert, les γ donnant des homéomorphismes de E.
Passons à iii). Pour prouver que E/Γ est séparé, ce qui est le point essentiel, il suffit de voir que si $y \notin \Gamma \cdot x$, il existe des voisinages V et W de x et y respectivement tels que

$$\gamma(V) \cap \gamma'(W) = \emptyset$$

quels que soient $\gamma, \gamma' \in \Gamma$, ou encore

$$V \cap \gamma(W) = \emptyset$$

quel que soit $\gamma \in \Gamma$. D'abord, E étant localement compact, x et y admettent des voisinages compacts disjoints K et L. L'action de Γ étant propre, $\gamma(L)$ ne rencontre K que pour un nombre fini de γ, soient

$$\gamma_1, \ldots, \gamma_n.$$

Mais $x \neq \gamma_i(y)$ quel que soit i, donc par continuité x et y sont contenus dans des voisinages compacts A_i et B_i tels que

$$A_i \cap \gamma_i(B_i) = \emptyset.$$

Il suffit maintenant de prendre

$$V = K \cap (\cap_{i=1}^{n} A_i) \qquad \text{et} \qquad W = L \cap (\cap_{i=1}^{n} B_i)\,.$$

La locale compacité résulte immédiatement de ii) ▪

Passons aux variétés. On a avec l'action $x \mapsto \pm x$ de $\mathbb{Z}/2\mathbb{Z}$ sur $\mathbb{R}$) un exemple fort simple d'action propre telle que le quotient ne soit pas une variété. On peut remarquer aussi que si un élément γ autre que l'identité a un point fixe, p risque fort de ne pas être une submersion : si $\gamma(a) = a$ et si par exemple $T_a\gamma - I_a$ est inversible, de l'égalité $T_a p \circ T_a\gamma = T_a p$, déduite par différentiation en a de $p \circ \gamma = p$, on tire $T_a p = 0$!

46. Définition – *Une action d'un groupe* Γ *sur un ensemble* E *est dite* libre *si*

$$\forall \gamma \neq e,\, \forall x \in E,\, \gamma \cdot x \neq x.$$

L'application de passage au quotient pour une action propre et libre d'un groupe discret sur un espace localement compact a des propriétés remarquables qui méritent d'être dégagées pour elles-mêmes.

47. Définition – *Une application continue* $p : X \to B$ *est un* revêtement, *de base* B *et d'espace total* X, *si tout* $b \in B$ *est contenu dans un ouvert* U *tel que* $p^{-1}(U)$ *soit une réunion (finie ou non) d'ouverts* (V_α) *deux à deux disjoints de* X, *tels que la restriction de* p *à chaque* V_α *soit un homéomorphisme sur* U.

Si X et B sont des variétés et p une application lisse, en remplaçant dans ce qui précède homéomorphisme par difféomorphisme, on obtient une notion de revêtement lisse.

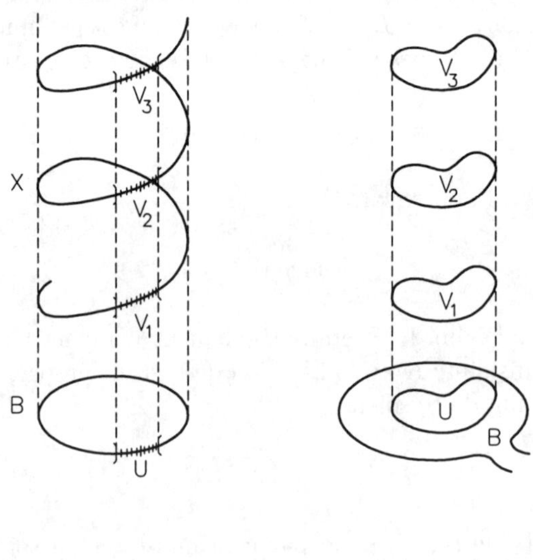

Remarques

a) Un revêtement est en fait une fibration où les fibres sont munies de la topologie discrète (comparer à **II. 21.**)

b) Si X est une variété, ou plus généralement si X et B sont localement connexes (cf. **F**), il revient au même de supposer que tout $b \in B$ est contenu dans un ouvert connexe, tel que la restriction de p à chaque composante connexe de $p^{-1}(U)$ soit un difféomorphisme (ou un homéomorphisme).

48. Exemples

a) Si I est un ensemble quelconque muni de la topologie discrète, la projection de $I \times B$ sur B est un revêtement : pour chaque $i \in I$, $\{i\} \times B$ est une partie ouverte et fermée de l'espace total, qui est homéomorphe à la base. Pour éviter cette situation, nous supposerons que l'espace total est *connexe*.
b) Prenons $X = \mathbb{R}$, $B = S^1$, et

$$p(t) = (\cos t, \sin t).$$

Soit $\tau \in]0, \pi]$. Pour chaque t_0, considérons l'ouvert

$$U = \{(\cos(t_0 + t), \sin(t_0 + t)), t \in] - \tau, \tau[\}.$$

Alors

$$p^{-1}(U) = \cup_{n \in \mathbb{Z}}]t_0 - \tau + 2n\pi, t_0 + \tau + 2n\pi[.$$

Le choix d'un de ces intervalles I_n, et donc d'un homéomorphisme entre U et I_n, correspond à ce qu'on appelle d'habitude une "détermination continue" de l'angle (ou de l'argument, si on écrit $p(t) = \exp it$).

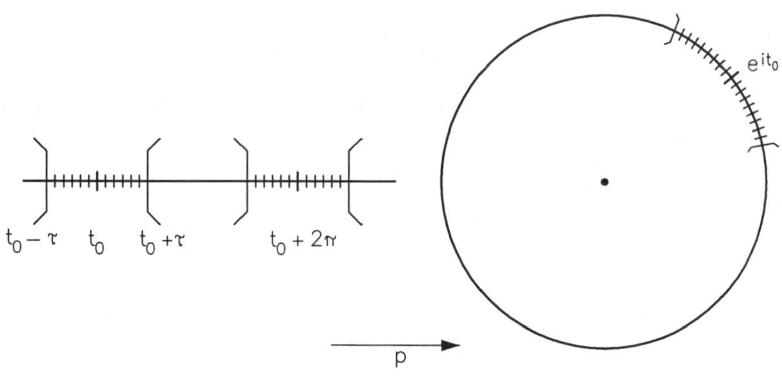

c) On prend $X = B = \mathbb{C}^*$, ou $X = B = S^1$, et dans les deux cas

$$p(z) = z^k.$$

Ici, le même argument qu'en b) montre que tout $b \in B$ est contenu dans un ouvert U tel que $p^{-1}(U)$ se compose de k ouverts homéomorphes à U.
d) Si $f : X \to Y$ est une application lisse entre deux variétés de même dimension, et si X est compacte, f est un revêtement de l'ensemble des points réguliers sur l'ensemble des valeurs régulières. C'est le contenu de l'énoncé **21**.

Dans le cas b), p passe au quotient en un homéomorphisme (et même un difféomorphisme, comme on le verra dans un instant) de $\mathbb{R}/2\pi\mathbb{Z}$ sur S^1. Dans le cas c), deux points ont même image par p si et seulement si ils sont transformés l'un de l'autre par une rotation de centre 0 et d'angle $2r\pi/k$. Ces rotations définissent une action du groupe $\mathbb{Z}_k = \mathbb{Z}/k\mathbb{Z}$, et on en déduit que $S^1/\mathbb{Z}_k$ est homéomorphe à S^1 (comparer à **II.27**). Il s'agit là d'exemples de la situation décrite par le théorème suivant.

49. Théorème

a) *Si un groupe discret* Γ *agit proprement et librement sur un espace localement compact* X*, l'application*

$$p : X \to X/\Gamma$$

est un revêtement.

b) *Si de plus* X *est une variété sur laquelle* Γ *opère différentiablement, il existe sur* X/Γ *une unique structure de variété pour laquelle* p *est un revêtement lisse.*

Preuve – On s'appuie essentiellement sur le lemme suivant.

Lemme – *Sous les mêmes hypothèses, tout* $x \in X$ *est contenu dans un ouvert* V *dont les transformés* $\gamma(V)$ *sont deux à deux disjoints.*

Preuve – Soit W un voisinage compact de x. D'après l'hypothèse de propreté, W ne peut rencontrer qu'un nombre fini de ses transformés par les éléments de Γ, disons $\gamma_1(W)$, $\gamma_2(W)$,..$\gamma_p(W)$. Pour chaque i entre 1 et p, on peut trouver des ouverts disjoints W'_i contenant x et $W"_i$ contenant $\gamma_i(x)$. Il suffit alors de prendre

$$V = W \cap \left(\cap_{1\leq i\leq p} W'_i \cap \gamma_i^{-1}(W"_i)\right).$$

Alors par construction V ne rencontre pas les $\gamma_i(V)$, et puisque $V \subset W$, V ne rencontre pas non plus les autres $\gamma(V)$ ∎

Preuve du théorème – Si on pose $U = p(V)$, on voit que

$$p^{-1}(U) = \cup_{\gamma\in\Gamma}\gamma(V).$$

La restriction de p à chaque $\gamma(V)$ est par construction une bijection sur U. Elle est continue et ouverte, c'est donc un homéomorphisme, ce qui montre la première partie. Si, dans le cas où X est une variété lisse, on veut que p soit un revêtement lisse, la structure de variété sur l'espace quotient est imposée. Soient en effet $y \in X/\Gamma$, et U contenant y tel que $p^{-1}(U)$ soit réunion d'ouverts disjoints difféomorphes à U. D'après a), si V est l'un d'entre eux, les autres sont de la forme $\gamma(V)$, où γ parcourt Γ. Quitte à remplacer V par un ouvert plus petit contenant le point x de V d'image y, on peut toujours supposer que V (et donc $\gamma(V)$ pour tout γ) est difféomorphe à un ouvert de $\mathbb{R}^n$. Alors, si

$$\phi_{\gamma,V} : \gamma(V) \to \mathbb{R}^n$$

est une carte, il doit en être de même de

$$\phi_{\gamma,V} \circ p^{-1}_{|\gamma(V)} : U \to \mathbb{R}^n.$$

La condition de compatibilité est bien satisfaite. Pour le même U, la fonction de transition est

$$\begin{aligned}\left(\phi_{\gamma,V}\circ p_{|\gamma(V)}^{-1}\right)\circ\left(\phi_{\gamma',V}\circ p_{|\gamma'(V)}^{-1}\right)^{-1} &= \phi_{\gamma,V}\circ\left(p_{|\gamma(V)}^{-1}\circ p_{|\gamma'(V)}\right)\circ\phi_{\gamma',V}^{-1}\\ &= \phi_{\gamma,V}\circ\gamma^{-1}\circ\gamma'\circ\phi_{\gamma',V}^{-1},\end{aligned}$$

qui est une expression locale du difféomorphisme $\gamma^{-1}\circ\gamma'$. Pour deux ouverts U et U' différents et se rencontrant, on procède de même, après avoir remarqué qu'il existe un γ_0 tel que

$$p^{-1}(U\cap U') = \bigcup_{\gamma\in\Gamma}\gamma(V\cap\gamma_0(V')) \quad \blacksquare$$

50. Corollaire – *Sous les hypothèses b) ci-dessus, pour qu'une application f de X/Γ dans une variété Y soit lisse, il faut et suffit que $f\circ p$ le soit.*

Preuve – Il suffit d'utiliser le fait que p est un difféomorphisme local ■

51. Exemples : les projectifs réels et les tores

a) Le groupe à deux éléments opère proprement et librement sur S^n par $x\mapsto\pm x$, et la variété quotient est difféomorphe à $P^n\mathbb{R}$. Cela permet une vision plus géométrique du projectif : le plan projectif privé d'un disque ouvert est homéomorphe au quotient de la sphère privée de deux disques diamétralement opposés. Ce quotient s'obtient à partir d'un rectangle en identifiant deux côtés opposés après avoir inversé les sens de parcours. L'espace ainsi obtenu s'appelle *le ruban de Möbius.*

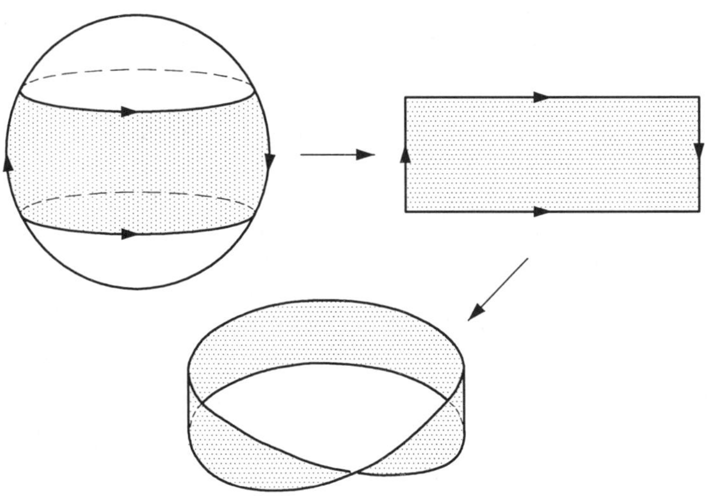

** C'est une variété à bord dont le bord a une seule composante connexe. Le plan projectif lui-même peut se voir comme un ruban de Möbius auquel on a ajouté un disque de même bord. On se doute qu'une telle réalisation est impossible dans l'espace

de dimension 3. En fait, il n'existe pas de plongement de $P^2\mathbb{R}$ dans $\mathbb{R}^3$, car $P^2\mathbb{R}$ n'est pas orientable (ce que nous verrons en **VI**), alors que toute sous-variété compacte de codimension 1 de $\mathbb{R}^n$ est orientable.**
b) L'action $(n, x) \mapsto x + n$ de $\mathbb{Z}$ sur $\mathbb{R}$ est propre et libre, et la variété $\mathbb{R}/\mathbb{Z}$ est difféomorphe à S^1. On obtient un tel difféomorphisme en faisant passer au quotient l'application $x \mapsto \exp 2i\pi x$. De même, $\mathbb{Z}^n$ opère librement sur $\mathbb{R}^n$, et le quotient $\mathbb{R}^n/\mathbb{Z}^n$ est difféomorphe au tore T^n.
** Au lieu de quotienter des variétés par des groupes, on peut procéder à l'envers et chercher les revêtements d'une variété donnée. C'est l'objet de la théorie élémentaire de l'homotopie (cf. [Godbillon 1], [Dieudonné 1], [Pham]). Une variété est dite *simplement connexe* si tout revêtement connexe est trivial. On démontre (mêmes références) que toute variété X est difféomorphe à un quotient Y/Γ, où Y est simplement connexe. Le groupe Γ et la variété Y, uniques à isomorphisme et difféomorphisme près respectivement, s'appellent le *groupe fondamental* et le *revêtement universel* de X. Les exemples a) et b) ci-dessus sont des cas particuliers de cette situation : S^n (pour $n > 1$) et $\mathbb{R}^n$ sont simplement connexes.**

G. DÉNOMBRABILITÉ À L'INFINI

Nous terminons ce chapitre en rassemblant quelques propriétés topologiques des variétés, élémentaires mais utiles.
D'après la définition, une variété lisse (et même une variété topologique) est un espace *localement compact*, *localement connexe* (c'est-à-dire que tout point admet une base de voisinages connexes). En particulier, toute composante connexe d'une variété M est un ouvert de M, donc une sous-variété de même dimension. L'étude d'une variété peut donc se ramener à celle de ses composantes connexes. On a de plus la propriété suivante.

52. Proposition – *Un ouvert connexe d'une variété (topologique) est connexe par arcs.*

Preuve – Sur un tel ouvert U, on définit une relation d'équivalence $\mathcal{R}$ en disant que deux points x et y sont équivalents s'il existe une application continue c d'un intervalle fermé $[a, b]$ dans U telle que $c(a) = x$ et $c(b) = y$. Les classes d'équivalences sont ouvertes, il n'y en a donc qu'une ▪
Comme dans le cas euclidien, on aimerait pouvoir dire qu'une sous-variété de codimension strictement positive est de mesure nulle dans la variété ambiante, et plus généralement avoir un énoncé analogue au théorème de Sard. Tentons une définition.

53. Définition – *Soit X une variété. Une partie $E \subset X$ est* négligeable *si pour tout $x \in X$ il existe une carte (U, ϕ), U contenant x, telle que $\phi(U \cap E)$ soit de mesure nulle dans $\phi(U)$.*

D'après **I. 45**, cette propriété ne dépend pas des cartes choisies. Il est de plus immédiat que toute réunion dénombrable d'ensembles négligeables est négligeable.
La démonstration du théorème de Sard vue en **I. 48** s'étend alors telle que, mais à une condition : comme nous allons appliquer ces arguments à des domaines de cartes de

l'espace de départ, nous aurons besoin de supposer l'existence d'un atlas *dénombrable.* On est conduit à la définition suivante.

***54. Définition** – Une variété X est* dénombrable à l'infini *si elle est réunion dénombrable de compacts.*

** Cela revient à dire que le point à l'infini du compactifié d'Alexandroff $\hat{X}$ de X a une base dénombrable de voisinages, ce qui explique la terminologie. Rappelons que $\hat{X}$ est la réunion disjointe de X et d'un point ω, "le point à l'infini". On définit une topologie sur $\hat{X}$ en prenant une base d'ouverts formée par les ouverts de X et les ensembles $\omega \cup (X \setminus K)$, où K parcourt l'ensemble des parties compactes de X.**
Cette hypothèse étant satisfaite, la structure de variété peut être définie par un atlas au plus dénombrable. Si $X = \cup_{n\in\mathbb{N}} K_n$, où les K_n sont compacts, et si $(U_i, \phi_i)_{i\in I}$ est un atlas qui définit la structure différentielle de X, chaque K_n peut être recouvert par un nombre fini d'ouverts U_i. Alors la variété X elle-même peut être recouverte par une infinité dénombrable de U_i, puisque toute réunion dénombrable d'ensembles finis est dénombrable. Nous avons donc montré le résultat suivant.

***55. Théorème** – Soient X et Y deux variétés, et $f : X \to Y$ une application lisse. Si X est dénombrable à l'infini, l'ensemble des valeurs critiques de f est une partie négligeable de Y* ▪

Nous n'utiliserons ce résultat que dans le cas où $\dim X \leq \dim Y$, où nous l'avons démontré. Pour le cas général, voir [Hirsch].

DORÉNAVANT, TOUTES LES VARIÉTÉS CONSIDÉRÉES SERONT SUPPOSÉES DÉNOMBRABLES À L'INFINI.

Les variétés non dénombrables à l'infini sont des êtres mathématiques relativement tératologiques. Pour des exemples, voir notamment [Berger-Gostiaux], p. 69 et 139.

H. Commentaires

Variétés topologiques et variétés lisses

Après avoir défini les variétés, nous avons été très discrets sur les questions d'existence et d'unicité. Nous serons très brefs à leur sujet. Il s'agit de questions difficiles. En dimension 2, on démontre que toute variété topologique a une unique structure de variété lisse à difféomorphisme près. Ce résultat est faux en dimension supérieure : il existe des variétés topologiques qui n'ont même pas de structure C^1, et d'autres qui ont plusieurs structures lisses non difféomorphes. Le premier exemple, celui de la sphère S^7, fut découvert par Kervaire et Milnor dans les années 50. Cette variété admet des descriptions assez simples : on peut la réaliser (à l'instar de la sphère S^7 "standard", cf. **7**, ex. **16**) comme l'espace total d'une fibration convenable sur S^4 à fibres S^3 ou comme une sous-variété de codimension 3 de $\mathbb{R}^{10}$ donnée par des équations polynomiales. Il est par contre difficile de montrer que la variété ainsi obtenue n'est pas difféomorphe à S^7 munie de sa structure standard. Pour quelques détails, voir par exemple [Dieudonné 2, VII. B].

Si $n \neq 4$, la structure différentielle de $\mathbb{R}^n$ est unique (toujours à difféomorphisme près, voir [Stalling]), mais on sait depuis les années 1980 qu'il existe sur $\mathbb{R}^4$ une infinité de structures lisses non difféomorphes ! Pour une idée de cette construction, voir [Lawson].

Pour revenir à des considérations plus accessibles, qui sont à la base de théories géométriques très riches, on peut s'intéresser à des atlas dont les fonctions de transition conservent une propriété géométrique locale de $\mathbb{R}^n$ plus ou moins forte. On obtient alors des structures plus riches que la simple structure de variété, dont voici quelques exemples.

FEUILLETAGES

Un feuilletage de codimension q sur une variété M de dimension n est la donnée sur M de cartes à valeurs dans des ouverts de la forme $U \times V$, où U et V sont ouverts dans $\mathbb{R}^p$ et $\mathbb{R}^q$ respectivement, les fonctions de transition étant de la forme

$$(x,y) \to \big(f(x,y), g(y)\big) \qquad \text{où } x \in U,\ y \in V.$$

Les équations $y = cte$ définissent alors dans la variété ambiante X des *sous-variétés strictement immergées* (qui ne seront pas en général des sous-variétés) de codimension q, les *feuilles*, qui forment une partition de X. Les coordonnées y montrent que localement, on peut paramétrer les feuilles par une sous-variété "transverse" de dimension q. Même dans le cas simple où les feuilles sont définies par une submersion globale, leur type topologique peut changer : la fonction $f(x,y,z) = (1 - x^2 - y^2)e^z$ définit ainsi un feuilletage de codimension 1 sur $\mathbb{R}^3$ dont les feuilles $f^{-1}(c)$ sont difféomorphes à $\mathbb{R}^2$ si $c > 0$, et à $S^1 \times \mathbb{R}$ si $c \leq 0$. Pour en savoir plus à ce sujet, voir par exemple [Hector-Hirsch].

STRUCTURES PLATES

On peut imposer aux fonctions de transition des contraintes encore plus plus fortes. Un cas extrême consisterait, à l'instar de **5**, à leur imposer d'être des translations. C'est vraiment trop restrictif : on peut démontrer qu'une variété compacte de ce type est un tore.

Si les fonctions de transition sont des isométries affines de $\mathbb{R}^n$, la situation est plus intéressante, mais encore restrictive. On obtient les *variétés riemanniennes plates*. Ce sont les quotients de $\mathbb{R}^n$ par un sous-groupe discret d'isométries sans point fixe. Pour chaque n, il n'y a qu'un nombre fini de types topologiques de telles variétés, et ce sont toutes des quotients de tores (pour plus de détails, voir [Wolf]).

Les *variétés affines* celles que l'on obtient en imposant aux fonctions de transition d'être des transformations affines de $\mathbb{R}^n$. La situation est beaucoup plus riche, et encore mystérieuse aujourd'hui : on est amené à étudier non seulement les quotients de $\mathbb{R}^n$ sous l'action de sous-groupes discrets du groupe affine, mais aussi les quotients de certains ouverts de $\mathbb{R}^n$ par de telles actions. L'exemple le plus simple d'une telle sitation est celui du quotient de $\mathbb{R}^n \setminus \{0\}$ par le groupe engendré par l'homothétie $x \mapsto \lambda x$ $(\lambda \neq 1)$.

D'une façon analogue, on peut prendre des cartes à valeurs dans des ouverts de $P^n\mathbb{R}$ ou de S^n, et imposer aux fonctions de transition d'être données par des éléments de $PGl(n+1, \mathbb{R})$ – cf. l'exercice **5** ci-dessous – dans le premier cas (variétés projectives), ou du groupe de Möbius – cf. l'exercice **12** – dans le second (variétés conformément plates). Pour ces questions, voir par exemple [Kulkarni-Pinkall].

Exercices

1. *Un espace non séparé localement homéomorphe à* $\mathbb{R}$
Soit X la droite réelle avec l'origine dédoublée. Autrement dit, $X = \mathbb{R} \coprod \{\alpha\}$, les ouverts de X étant des réunions d'ouverts de $\mathbb{R}$ et d'ensembles de la forme $U \setminus \{0\} \cup \{\alpha\}$, où U est ouvert dans $\mathbb{R}$. Montrer que tout point de X est contenu dans un ouvert difféomorphe à $\mathbb{R}$, mais que X n'est pas séparé.

2. On munit $\mathbb{R}^2$ de sa structure euclidienne canonique. A tout point a, on associe la fonction f_a, définie sur la variété M des droites par la formule

$$f_a(d) = (\mathrm{dist}(a,d))^2.$$

Montrer que la fonction f_a est lisse.

3. Montrer que l'ensemble des points $(x,y,z,t) \in \mathbb{R}^4$ tels que

$$x^2 + y^2 = z^2 + t^2 = \frac{1}{2}$$

est une sous-variété de S^3, difféomorphe à $S^1 \times S^1$. Donner de même des exemples de sous-variétés de S^{2n-1} difféomorphes à $(S^1)^n$.

4. a) Montrer, en utilisant une submersion convenable, que l'ensemble $U(n)$ des matrices unitaires (matrices à coefficients complexes d'ordre n telles que ${}^t\overline{A}A = I$) est une sous-variété de $\mathbb{R}^{2n^2}$ de dimension n^2. Utiliser l'application exponentielle pour obtenir des paramétrisations de $U(n)$.

b) Montrer de même que l'ensemble $SU(n)$ des matrices *spéciales unitaires* (défini par les conditions $A \in U(n)$ et $\det A = 1$) est une sous-variété de dimension $n^2 - 1$.

c) Montrer que $SU(2)$ est difféomorphe à S^3.

5. Montrer que toute application linéaire inversible $A \in Gl(n+1, \mathbb{R})$ définit par passage au quotient $P^n\mathbb{R}$ un difféomorphisme, et que le groupe des difféomorphismes ainsi obtenu est isomorphe à $Gl(n+1,\mathbb{R})/\mathbb{R}^* I$.
* Ecrire explicitement l'action de $Sl(2,\mathbb{R})$ sur S^1 ainsi obtenue.
N.B. Ce groupe est noté $PGl(n+1,\mathbb{R})$, et appelé bien sûr le groupe projectif. Tout se passe de même si on remplace $\mathbb{R}$ par $\mathbb{C}$.

6. *Quadriques projectives.*

a) Soit q une forme quadratique de rang maximum sur $\mathbb{R}^4$, et soit p la projection canonique de $\mathbb{R}^4 \setminus \{0\}$ sur $P^3\mathbb{R}$. Montrer que $p(q^{-1}(0))$ est une sous-variété de $P^3\mathbb{R}$ (éventuellement vide).

b) Montrer que si q est de type $(1,3)$ ou $(3,1)$ cette sous-variété est difféomorphe à S^2.

c) Montrer que si q est de type $(2,2)$ cette sous-variété est difféomorphe à $P^1\mathbb{R} \times P^1\mathbb{R}$, c'est-à-dire à $S^1 \times S^1$.

* d) Plus généralement, étant donné une forme quadratique non dégénérée q sur $\mathbb{R}^{n+1}$, étudier la topologie de la variété $p\big(q^{-1}(0)\big)$.

7. a) Montrer que la composée de deux immersions (resp. submersions) est une immersion (resp. une submersion).

b) Soient X et Y deux variétés, et $f : X \to Y$ une application lisse. Montrer que le graphe de f est une sous-variété fermée de $X \times Y$, et que l'application $g : x \mapsto (x, f(x))$ est un plongement.

* **8.** Donner un exemple de plongement de T^3 dans $\mathbb{R}^4$; de $S^2 \times S^2$ dans $\mathbb{R}^5$.

9. Soient $v : I \mapsto \mathbb{R}^{n+1} \setminus \{0\}$ une application lisse ($I \subset \mathbb{R}$ désignant un intervalle ouvert) et $p : \mathbb{R}^{n+1} \setminus \{0\} \mapsto P^n\mathbb{R}$ la projection canonique. Montrer que $p \circ v$ est une immersion en t si et seulement si les vecteurs $v(t)$ et $v'(t)$ sont indépendants.

10. a) Soit f une application lisse T-périodique de $\mathbb{R}$ dans une variété X, injective sur $[0, T[$. Montrer que $f(\mathbb{R})$ est une sous-variété de X difféomorphisme à S^1. (On appelle courbe fermée une telle sous-variété).

b) Montrer que l'application

$$(u, v) \to (u^n, \cdots, u^{n-k}v^k, \cdots, v^n) \qquad \text{de } \mathbb{R}^2 \setminus \{0\} \text{ dans } \mathbb{R}^{n+1}$$

définit une immersion de $P^1\mathbb{R}$ dans $P^n\mathbb{R}$. Cette immersion est-elle un plongement ?

11. a) Soit $f : X \mapsto Y$ une submersion d'une variété X dans une variété Y. Montrer que $f(X)$ est ouvert dans Y. En déduire que si X est compacte et Y connexe, f est surjective. Cette propriété subsiste-t-elle si X n'est pas compacte ?

b) Soit Z une sous-variété de Y. Montrer (toujours en supposant que f est une submersion) que $f^{-1}(Z)$ est une sous-variété de X.

* c) Exemple : si $h : S^3 \mapsto S^2$ est la fibration de Hopf, montrer que l'image réciproque d'une courbe fermée de S^2 est une sous-variété de S^3 qui est difféomorphe à $S^1 \times S^1$.

12. Soit M une variété. Montrer que l'espace tangent à la diagonale de $M \times M$ est la diagonale de $T_mM \times T_mM$.

13. *Un plongement du plan projectif dans* $\mathbb{R}^4$ *: la surface de Veronese*

a) Montrer que l'application v de $\mathbb{R}^3$ dans $\mathbb{R}^6$ donnée par

$$v(x, y, z) = (x^2, y^2, z^2, \sqrt{2}xy, \sqrt{2}yz, \sqrt{2}zx)$$

définit une immersion de S^2 dans $\mathbb{R}^6$.
Indication : montrer d'abord que v est une immersion de $\mathbb{R}^3 \setminus \{0\}$ dans $\mathbb{R}^6$.

b) L'application v est-elle injective ? Montrer qu'elle définit un homéomorphisme V de $P^2\mathbb{R}$ sur $v(S^2)$.

c) Montrer que $v(S^2)$ est une sous-variété de $\mathbb{R}^6$ et que V est un plongement de $P^2\mathbb{R}$ dans $\mathbb{R}^6$ (on pourra utiliser le fait que l'application $p : (x, y, z) \mapsto [(x, y, z)]$ de S^2 dans $P^2\mathbb{R}$ est un difféomorphisme local.)

d) Montrer que $v(S^2) = V(P^2\mathbb{R})$ est inclus dans $H \cap S^5$, où H est un hyperplan (affine) de $\mathbb{R}^6$ et S^5 la sphère unité. * En déduire qu'il existe un plongement de $P^2\mathbb{R}$ dans $\mathbb{R}^5$ et même dans $\mathbb{R}^4$.

** Par contre, il n'existe pas de plongement de $P^2\mathbb{R}$ dans $\mathbb{R}^3$. En effet, toute hypersurface compacte de $\mathbb{R}^n$ est orientable (voir [Hirsch]), alors que $P^2\mathbb{R}$ ne l'est pas (voir **VI** pour cette notion et ce résultat). Il existe par contre une foule d'*immersions* du plan projectif dans $\mathbb{R}^3$. On trouvera dans [Apéry] des exemples explicites et des beaux dessins.**

14. On définit une application p de $SO(n+1)$ dans S^n en posant

$$p(g) = g \cdot e_0 \,,$$

où e_0 désigne le premier vecteur de la base canonique de $\mathbb{R}^{n+1}$.

a) Montrer que p est lisse, et que l'image réciproque d'un point est une sous-variété de $SO(n+1)$ difféomorphe à $SO(n)$.

* b) Montrer que p est une fibration.

15. *Une surjection du projectif sur la sphère de même dimension*

a) Montrer que le sous-ensemble des points de $P^n\mathbb{R}$ dont une coordonnée homogène (la première par exemple) est nulle forme une sous-variété difféomorphe à $P^{n-1}\mathbb{R}$.

b) On considère l'application de $\mathbb{R}^{n+1} \setminus \{0\}$ dans $\mathbb{R}^{n+1}$ définie par

$$(t, x_1, \cdots, x_n) \to \left(\frac{2tx_1}{t^2 + \|x\|^2}, \cdots, \frac{2tx_n}{t^2 + \|x\|^2}, \frac{-t^2 + \|x\|^2}{t^2 + \|x\|^2} \right),$$

où l'on a posé

$$\|x\|^2 = \sum_{i=1}^{n} x_i^2.$$

Montrer que cette application définit par passage au quotient une application p de $P^n\mathbb{R}$ dans S^n, et que p est lisse. Quelle est l'image réciproque du pôle Nord $N = (0, \cdots, 0, 1)$? du pôle Sud $(0, \cdots, 0, -1)$?

c) En utilisant la projection stéréographique de pôle N, montrer que p induit un difféomorphisme de $P^n\mathbb{R} \setminus p^{-1}(N)$ sur $S^n \setminus \{N\}$.

d) Que peut-on dire de p pour $n = 1$?

e) Montrer que l'ensemble des points de $P^n\mathbb{R}$ dont une coordonnée homogène (la première par exemple) est non nulle est connexe. En admettant le fait que le complémentaire dans S^2 d'une courbe fermée simple a deux composantes connexes, en déduire que $P^2\mathbb{R}$ n'est pas homéomorphe à S^2.

f) On considère maintenant l'application de $\mathbb{C}^{n+1} \setminus \{0\}$ dans $\mathbb{C}^n \times \mathbb{R}$ définie par

$$(\zeta, z_1, \cdots, z_n) \to \left(\frac{2\overline{\zeta} z_1}{|\zeta|^2 + \|z\|^2}, \cdots, \frac{2\overline{\zeta} z_n}{|\zeta|^2 + \|z\|^2}, \frac{\|z\|^2 - |\zeta|^2}{|\zeta|^2 + \|z\|^2} \right),$$

où l'on a posé

$$\|z\|^2 = \sum_{i=1}^{n} |z_i^2|.$$

En imitant ce qui précède, montrer qu'on peut définir ainsi une application lisse q de $P^n\mathbb{C}$ dans S^{2n}, qui induit un difféomorphisme entre $P^n\mathbb{C} \setminus P^{n-1}\mathbb{C}$ et $S^{2n} \setminus \{N\}$. Que se passe-t-il pour $n = 1$?

*** 16.** *Compactification conforme de* $\mathbb{R}^n$, *groupe de Möbius* *

a) L'espace $\mathbb{R}^n$ étant muni de la norme euclidienne habituelle, on définit une application p de $\mathbb{R}^n$ dans $P^{n+1}\mathbb{R}$ par la formule

$$p(x) = [(\frac{1}{2}, x, \frac{1}{2}\|x\|^2)].$$

Montrer que p est un difféomorphisme de $\mathbb{R}^n$ sur la "quadrique" Q_n de $P^{n+1}\mathbb{R}$ d'équation

$$4X_0X_{n+1} - \sum_{i=1}^{n} X_i^2 = 0$$

privée du point $[(1, 0, \ldots, 0)]$.

b) Montrer que Q_n est difféomorphe à S^n.

c) On appelle $O(1, n+1)$ le sous-groupe de $Gl(n+2, \mathbb{R})$ qui laisse la forme quadratique

$$4X_0X_{n+1} - \sum_{i=1}^{n} X_i^2$$

(de signature $(1, n+1)$!) invariante, et $PO(1, n+1)$ le sous-groupe correspondant de $PGl(n+2, \mathbb{R})$ (voir l'exercice **5**). Montrer que $PO(1, n+1)$ est le sous-groupe de $PGl(n+2, \mathbb{R})$ qui laisse Q_n globalement invariante. En utilisant le transport par p donné par a), montrer que les transformations suivantes se prolongent d'une façon unique en des transformations de $PO(1, n+1)$ que l'on explicitera :

i) les isométries linéaires ;
ii) les homothéties ;
iii) les translations ;
iv) l'inversion $x \to \dfrac{x}{\|x\|^2}$.

Inversement, soit $r \in O(1, n+1)$ une *réflexion*. (Rappelons qu'on entend par là que $r^2 = 1$, $r \neq I$, et que r laisse un hyperplan invariant point par point). Montrer que la transformation projective associée à r est obtenue en prolongeant une inversion.

*** 17.** *Eclatement*

Soit E le sous-ensemble de $P^1\mathbb{R} \times \mathbb{R}^2$ donné par l'équation

$$xY - yX = 0$$

(On a désigné par (x, y) les coordonnées d'un point de $\mathbb{R}^2$, et par (X, Y) les coordonnées homogènes d'un point de $P^1\mathbb{R}$. Autrement dit, E est l'ensemble des couples (p, D) formés d'un point $p \in \mathbb{R}^2$ et d'une droite D passant par l'origine tels que $p \in D$).

a) Montrer que E est sous-variété de dimension 2 de $P^1\mathbb{R} \times \mathbb{R}^2$ (E s'appelle l'éclaté de $\mathbb{R}^2$ en 0 ; les questions c) et d) donnent le pourquoi de cette terminologie).

---

* Cet exercice s'adresse de préférence aux lecteurs ayant quelques notions de "géométrie élémentaire", telles qu'elles ont exposées dans [Berger] par exemple.

b) Montrer que les restrictions à E des projections de $P^1\mathbb{R} \times \mathbb{R}^2$ sur les espaces facteurs sont des applications lisses.

c) Soit π la restriction à E de la deuxième projection. Montrer que $\pi^{-1}(0)$ est difféomorphe à $P^1\mathbb{R}$. Montrer que π induit un difféomorphisme de $E \setminus \pi^{-1}(0)$ sur $\mathbb{R}^2 \setminus \{0\}$.

d) Notons r le difféomorphisme réciproque du difféomorphisme vu en c). Soit alors c une application lisse de $I =]-\epsilon, \epsilon[$ dans $\mathbb{R}^2$ telle que

$$c(t) \neq 0 \quad \text{pour} \quad t \neq 0\,,\, c(0) = 0\,,\, c'(0) \neq 0.$$

Montrer que l'application

$$r \circ c : I \setminus \{0\} \to E$$

se prolonge d'une manière unique en une application continue $c : I \mapsto E$. Montrer que c est lisse (utiliser le lemme de Hadamard, cf. **III. 14**).
Application : si par exemple F est le "folium de Descartes" d'équation

$$x^3 + y^3 - 3xy = 0$$

dans $\mathbb{R}^2$ (que l'on dessinera), il existe une unique sous-variété lisse $\tilde{F}$ de E telle que $\tilde{F} \cap \pi^{-1}(0)$ soit formé de deux points et que la restriction de π à $\tilde{F} \setminus \tilde{F} \cap \pi^{-1}(0)$ soit un difféomorphisme sur son image.

e) Montrer que E est difféomorphe à la variété des droites M vue en **A.**

f) Si ϕ est un difféomorphisme d'un ouvert U de $\mathbb{R}^2$ contenant 0, tel que $\phi(0) = 0$, montrer qu'il existe un unique difféomorphisme $\hat{\phi}$ de $\pi^{-1}(U)$ tel que $\pi \circ \hat{\phi} = \phi \circ \pi$. En déduire une définition de l'éclaté en un point d'une variété de dimension 2 quelconque.

18. Soit Γ un groupe agissant sur un ensemble X, et soit Γ_o le noyau du morphisme de groupes $\gamma \mapsto (x \mapsto \gamma \cdot x)$ de Γ dans le groupe des bijections de X. Montrer que l'on a une action "naturelle" du groupe quotient Γ/Γ_o sur X, et que cette action est effective. Comparer à l'exercice **5**.
L'action de $SO(n+1)$ sur $X = P^n\mathbb{R}$ obtenue par passage au quotient de l'action naturelle sur $\mathbb{R}^{n+1}$ est-elle effective ?

19. Montrer que l'action de $\mathbb{Z}$ sur $\mathbb{R}^2$ définie par

$$n.(x, y) = (2^n x, 2^{-n} y)$$

n'est pas propre, et que l'action induite sur $\mathbb{R}^2 \setminus \{0\}$ ne l'est pas non plus. Montrer que l'on obtient une action propre si l'on se restreint au demi-plan $y > 0$.

20. On fait opérer $\Gamma = \mathbb{Z}/n\mathbb{Z}$ sur $\mathbb{R}^2 \simeq \mathbb{C}$ par rotations d'angle $2k\pi/n$ par rapport à l'origine. Montrer que l'espace quotient est une variété (difféomorphe à $\mathbb{R}^2$), que l'application de passage au quotient est lisse mais n'est pas une submersion.

21. *Le ruban de Möbius*
On prend $\Gamma = \mathbb{Z}$, $X = \mathbb{R} \times \mathbb{R}$, et on pose

$$n.(x, y) = (x + n, (-1)^n y).$$

Montrer que c'est une action propre et libre, et que $\mathbb{R}^2/\Gamma$ est difféomorphe au quotient de $S^1 \times \mathbb{R}$ par l'action du groupe à deux éléments engendré par la transformation

$$(u, y) \to (-u, -y).$$

Soit M la variété ainsi obtenue. Montrer que M est difféomorphe à la variété des droites du plan vue en **II. 7**, ainsi qu'à $P^2\mathbb{R}$ privé d'un point.

22. *Espaces lenticulaires*

a) Montrer que le seul sous-groupe (non réduit à l'élément neutre) de $O(2n+1)$ opérant librement sur S^{2n} (pour l'action induite par l'action linéaire sur $\mathbb{R}^{2n+1}$ est le groupe à deux éléments $\{Id, -Id\}$.

b) On considère S^3 comme l'ensemble des

$$\{(z, z') \in \mathbb{C} \times \mathbb{C}, |z|^2 + |z'|^2 = 1\}.$$

Soit p entier positif, et u une racine primitive p-ième de l'unité dans $\mathbb{C}$. Montrer qu'en posant

$$k.(z, z') = (u^k z, u^k z'),$$

on définit une action libre du groupe $\Gamma = \mathbb{Z}/p\mathbb{Z}$ sur S^3 , et donc que S^3/Γ est une variété.

23. *Suspension d'un difféomorphisme*

a) Si X est une variété et ϕ un difféomorphisme de X, on définit une action propre et libre de $\mathbb{Z}$ sur $\mathbb{R} \times X$ en posant

$$n \cdot (t, x) = \big(t + n, \phi^n(x)\big).$$

Montrer que cette action est propre et libre.

* b) Montrer que la variété quotient est un espace fibré dont la base est S^1 et la fibre type X.

* **24.** a) Soit $f : X \to Y$ un difféomorphisme local. Montrer que si X est compacte et Y connexe, f est un revetêment.

* b) Donner un exemple d'un difféomorphisme local surjectif d'une variété connexe sur une variété compacte qui n'est pas un revêtement.

25. Essayer de reprendre la démonstration du théorème de d'Alembert pour les polynômes à coefficients *réels*. Qu'est-ce qui ne marche pas ?

26. Supposons les structures différentielles de M et N données par des atlas *maximaux* $(U_i, \varphi_i)_{i \in I}$ et $(V_j, \psi_j)_{j \in J}$. L'atlas

$$(U_i \times V_j, \varphi_i \times \psi_j)_{(i,j) \in I \times J}.$$

sur $M \times N$ est-il maximal ?

27. *Structures difféomorphes distinctes*

Montrer que l'atlas $(\mathbb{R}, \sqrt[3]{t})$ définit sur $\mathbb{R}$ une structure de variété différentielle difféomorphe à la structure canonique donnée par $(\mathbb{R}, t)$, mais différente de cette dernière.

** **28.** *Somme connexe*

Soient M_1 et M_2 deux variétés lisses de dimension n, et (U_1, ϕ_1) (resp. (U_2, ϕ_2)) une carte de M_1 (resp. M_2) telle que ϕ_i soit un difféomorphisme de U_i sur la boule ouverte $B(0,2)$ ($\mathbb{R}^n$ étant muni de la norme euclidienne canonique). Soit C la couronne $\{x \in \mathbb{R}^n, \frac{1}{2} < \|x\| < 2\}$.

a) Montrer que $x \mapsto \frac{x}{\|x\|^2}$ est un difféomorphisme de C (comparer à **I. 11**).

b) On considère l'espace topologique X obtenu à partir de la somme disjointe

$$M_1 \setminus \phi_1^{-1}\big(\overline{B(0,1/2)}\big) \coprod M_2 \setminus \phi_2^{-1}\big(\overline{B(0,1/2)}\big)$$

en identifiant $\phi_1^{-1}(C)$ et $\phi_2^{-1}(C)$ au moyen du difféomorphisme $\phi_2 \circ f \circ \phi_1^{-1}$ (autrement dit, on quotiente cette somme disjointe par la relation d'équivalence : x et y sont équivalents s'ils sont égaux, ou si l'un (disons x) est dans $\phi_1^{-1}(C)$, l'autre dans $\phi_2^{-1}(C)$ et si $y = (\phi_2 \circ f \circ \phi_1^{-1})(x)$.

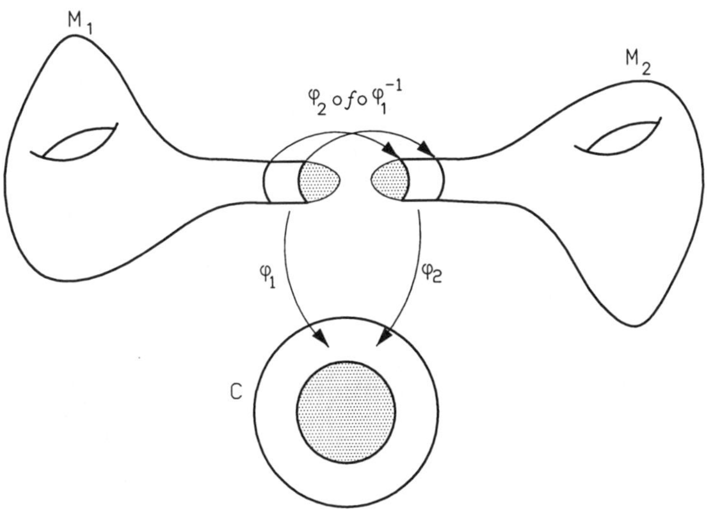

Montrer que $M_i \setminus \phi_i^{-1}\big(\overline{B(0,1/2)}\big)$ est homéomorphe à son image par l'application de passage au quotient.

Soit V_i cette image, munie de la structure différentielle transportée par cet homéomorphisme (c'est-à-dire l'unique structure différentielle telle que cet homéomorphisme soit un difféomorphisme). Montrer qu'il existe sur X une structure différentielle (et une seule) telle que les inclusions $V_i \to X$ soient des difféomorphismes sur leur image dans X. L'espace X, muni de cette structure différentielle, est la *somme connexe* de M_1 et M_2, et se note $M_1 \sharp M_2$.

c) Montrer que $M \sharp S^n$ est difféomorphe à M, et que $T^2 \sharp T^2$ est difféomorphe au "tore à deux trous" de l'exercice **20** de **I**.

** d) Montrer que $\mathbb{R}^2 \sharp P^2\mathbb{R}$ est difféomorphe à l'éclaté de $\mathbb{R}^2$ en 0 (cf. exercice **17**).

* **29.** *Théorème de transversalité faible*
Soient X, T et Y trois variétés, et $f : X \times T \to Y$ une application lisse. On suppose f transverse à une sous-variété M de Y. Montrer que pour presque tout $t \in T$, l'application $f_t : X \to Y$ est transverse à M (utiliser le théorème de Sard dans le cas ou la dimension de la source est supérieure à celle du but).

CHAPITRE III

DU LOCAL AU GLOBAL

Dans ce chapitre, nous exploitons le parti que l'on peut tirer, pour l'étude des variétés, de l'existence de *fonctions plateau* sur $\mathbb{R}^n$, c'est-à-dire de fonctions lisses à support compact et égales à 1 sur un ouvert. L'utilisation de ces fonctions permet de montrer que sur toute variété il y a "beaucoup" de fonctions lisses (assez par exemple pour plonger toute variété dans un espace euclidien).
Nous construisons ensuite le *fibré tangent* à une variété, qui est la réunion disjointe de tous les espaces tangents. C'est un cas particulier de fibré vectoriel : un fibré vectoriel est, grosso modo, une famille d'espaces vectoriels dépendant différentiablement d'un paramètre.
Le fibré tangent permet de généraliser aux variétés la notion bien connue de champ de vecteurs sur un ouvert de $\mathbb{R}^n$. Le théorème d'existence des courbes intégrales des champs de vecteurs, essentiellement le même dans ces deux cas, permet de voir les champs de vecteurs comme les versions infinitésimales des difféomorphismes. Bien plus, l'intégration des champs de vecteurs est un moyen efficace d'obtenir des difféomorphismes ayant telle ou telle propriété. Nous en donnons plusieurs exemples.
Enfin, nous revenons au théorème de plongement, pour en déduire que toute variété (dénombrable à l'infini) de dimension 1 est difféomorphe au cercle ou à la droite. La surprise, s'agissant d'un résultat aussi naturel, est la relative difficulté de la peuve.

A. FONCTIONS PLATEAU, PLONGEMENTS DE VARIÉTÉS

Il n'est pas évident a priori que toute variété lisse admet des fonctions lisses. En fait, on en obtient assez facilement en transportant à l'aide de cartes des fonctions sur $\mathbb{R}^n$ convenablement choisies.

1. DÉFINITION – *Une* fonction plateau *sur une variété M est une fonction lisse à valeurs dans $[0,1]$ pour laquelle il existe deux ouverts relativement compacts U et V, avec $\overline{U} \subset V$, tels que*

$$\mathrm{supp} f \subset V \quad \text{et} \quad f(x) = 1 \quad \text{pour} \quad x \in U.$$

(Rappelons que le *support* d'une fonction continue est l'adhérence de l'ensemble des points où elle est non nulle.)

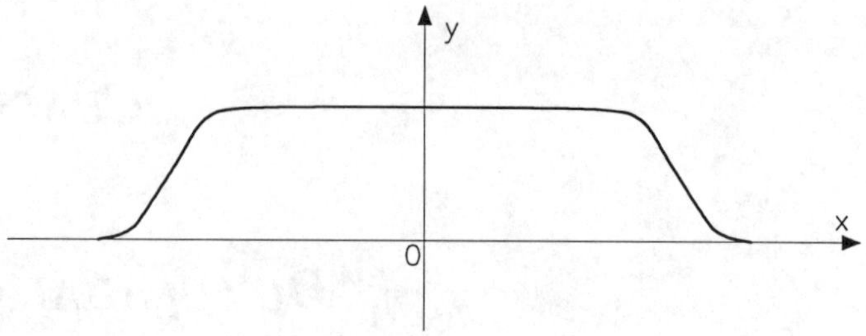

2. Proposition – *Si U et V sont deux boules ouvertes de $\mathbb{R}^n$ de même centre, avec $\overline{U} \subset V$, il existe une fonction lisse égale à 1 sur U et à support inclus dans V.*

Preuve – On commence par remarquer que la fonction f_a d'une variable réelle définie par

$$f_a(t) = \exp \frac{1}{t^2 - a^2} \quad \text{si} \quad |t| < a, \quad \text{et} \quad f_a(t) = 0 \quad \text{si} \quad |t| \geq a,$$

est lisse. Il en est de même de

$$g_a(t) = \frac{\int_{-\infty}^{t} f_a(u)du}{\int_{-\infty}^{+\infty} f_a(u)du}$$

qui est nulle pour $t \leq -a$, et égale à 1 pour $t \geq a$. Alors si $b > a$, la fonction $g_a(b-t)$ vaut 1 sur $[0, b-a]$ et 0 si $t > a+b$. Sur $\mathbb{R}^n$, il suffit alors de prendre une fonction de la forme $g_a(b - \|x\|^2)$ ▪

Donnons tout de suite un exemple spectaculaire de l'utilisation des fonctions plateau : la démonstration du théorème de Borel, qui assure que l'on peut prescrire arbitrairement la suite des dérivées d'une fonction lisse en un point donné. Ce résultat n'étant pas utilisé dans la suite, nous nous contenterons d'un résumé de la preuve.

3. Théorème – *Soit $(a_n)_{n\geq 0}$ une suite de nombres réels. Alors il existe une fonction lisse $f \in C^\infty(\mathbb{R})$ telle que*

$$f^{(n)}(0) = a_n \qquad \textit{quel que soit } n.$$

Preuve – Soit ρ une fonction plateau sur $\mathbb{R}$ telle que

$$\rho(x) = 1 \quad \text{si} \quad |x| < \frac{1}{2}$$
$$\rho(x) = 0 \quad \text{si} \quad |x| > 1.$$

On pose

$$f(x) = \sum_{n=0}^{\infty} a_n \frac{x^n}{n!} \rho(b_n x), \qquad \text{où } b_n = |a_n| + n.$$

On vérifie que f est lisse, et que

$$\forall n\,,\ f^{(n)}(0) = a_n \quad \blacksquare$$

Pour obtenir l'existence de fonctions lisses sur une variété quelconque, nous utiliserons de façon répétée la propriété suivante, élémentaire mais fondamentale.

4. Proposition – *Soient U et V deux ouverts d'une variété M, tels que $M = U \cup V$, et soient $f : U \to N$ et $g : V \to N$ deux applications lisses dans une variété N, dont les restrictions à $U \cap V$ sont égales. Il existe alors une fonction lisse $h : M \to N$ telle que*

$$h_{|U} = f \quad \text{et} \quad h_{|V} = g.$$

En particulier, si U est un ouvert de M, et si $N = \mathbb{R}$, toute fonction lisse à support dans U se prolonge à M en une fonction lisse nulle en dehors de U : il suffit d'appliquer ce qui précède à U et $M \setminus \mathrm{supp} f$.

5. Corollaire

i) *Soit U un ouvert d'une variété M. Alors pour tout $a \in U$, il existe un ouvert relativement compact V contenant a tel que $\overline{V} \subset U$, et une fonction plateau égale à 1 sur V et à support dans U.*
ii) Si K est un compact de M, et $U \supset K$ un ouvert, il existe une fonction plateau à support dans U et valant 1 sur K.

Preuve

i) Soit (U', φ) une carte de domaine inclus dans U telle que $\varphi(a) = 0$. On peut alors trouver deux réels strictement positifs r_1 et r_2 tels que

$$B(0, r_1) \subset B(0, r_2) \subset \varphi(U'),$$

et g une fonction plateau sur $\mathbb{R}^n$ valant 1 sur $B(0, r_1)$ et 0 hors de $B(0, r_2)$. La fonction $g \circ \varphi$ n'est a priori définie que sur U. Mais comme son support est inclus dans $\varphi^{-1}\left(\overline{B(0, r_2)}\right)$, elle se prolonge donc d'après ce qui précède en une fonction lisse sur M nulle hors de U. Par construction, elle vaut 1 sur $\varphi^{-1}\left(\overline{B(0, r_1)}\right)$.

ii) Tout point $x \in K$ est contenu dans un ouvert de carte $V_x \subset U$ auquel on peut appliquer i). On obtient pour chaque x un ouvert $W_x \ni x$ tels que $\overline{W_x} \subset V_x$, et une fonction plateau f_x valant 1 sur W_x, et à support contenu dans V_x. Les ouverts W_x forment un recouvrement de K, dont on extrait un sous-recouvrement fini $(W_{x_i})_{1 \le i \le k}$. Alors la fonction

$$g = 1 - \prod_{i=1}^{k} (1 - f_{x_i})$$

vaut 1 sur la réunion des (W_{x_i}), et

$$\mathrm{supp} g \subset \bigcup_{i=1}^{k} V_{x_i} \quad \blacksquare$$

Pour utiliser pleinement ce résultat, nous aurons besoin de la propriété suivante, purement topologique.

6. Lemme – *Soit $(U_i)_{i\in I}$ un recouvrement ouvert fini d'une variété compacte M. Il existe alors un recouvrement ouvert $(V_i)_{i\in I}$ tel que $\overline{V_i} \subset U_i$ pour tout i.*

Preuve – Pour tout $x \in M$ il existe un ouvert W_x contenant x et un indice $i(x) \in I$ tels que

$$\overline{W_x} \subset U_{i(x)}.$$

(Dans une variété comme dans $\mathbb{R}^n$, tout point admet un système fondamental de voisinages fermés.) Alors les $(W_x)_{x\in M}$ forment un recouvrement ouvert de M, dont on extrait un sous-recouvrement fini $(W_{x_k})_{1\leq k\leq p}$. Le résultat s'ensuit, en prenant

$$V_i = (\cup W_{x_k})_{i(x_k)=i} \quad \blacksquare$$

Ces outils somme toute assez frustes nous permettent de montrer que toute variété est en fait une sous-variété d'un espace $\mathbb{R}^N$ convenable. Ce résultat sera peu utilisé, mais son importance conceptuelle se passe de commentaire.

7. Théorème – *Toute variété compacte admet un plongement dans un espace vectoriel.*

Preuve – Soit $(U_i, \varphi_i)_{1\leq i\leq N}$ un atlas fini de M. D'après **4** et **5** il existe un recouvrement ouvert $(V_i)_{1\leq i\leq N}$ tel que $\overline{V_i} \subset U_i$ pour tout i, et pour chaque i une fonction plateau f_i à support dans U_i et valant 1 sur V_i. D'après **4**, la fonction

$$f_i\varphi_i,$$

prolongée par 0 hors de U_i, donne une application lisse de M dans $\mathbb{R}^n$, où $n = \dim M$. En posant

$$F = (f_1\varphi_1, \cdots, f_N\varphi_N, f_1, \cdots, f_N)$$

on obtient une application lisse de M dans $\mathbb{R}^{N(n+1)}$. C'est une immersion. En effet, chaque x appartient à un ouvert V_i, et le i-ième bloc de T_xF est alors égal à $T_x\varphi_i$, qui est bijective, ce qui montre que T_xF est injective.
Montrons maintenant que F est injective. Soient x et y deux points de M tels que $F(x) = F(y)$. En particulier,

$$\forall i,\ f_i(x) = f_i(y).$$

Les V_i recouvrant M, il existe un i tel que $f_i(x) \neq 0$. Alors x et y sont dans U_i, et pour cet i, l'égalité

$$f_i(x)\varphi_i(x) = f_i(y)\varphi_i(y)$$

donne $\varphi_i(x) = \varphi_i(y)$, puis $x = y$ puisque φ est bijective. On conclut en appliquant **II. 39** : une immersion injective d'une variété compacte est un plongement. ∎
En utilisant des techniques complètement différentes, on peut améliorer ce résultat.

***8. Corollaire* (théorème de Whitney "facile")** – *Toute variété compacte lisse de dimension n se plonge dans $\mathbb{R}^{2n+1}$.*

***Preuve* –** On part du plongement f de X dans un $\mathbb{R}^N$. On va voir qu'en composant f avec une projection bien choisie, on obtient un plongement dans $\mathbb{R}^{N-1}$. Pour ce faire, on munit $\mathbb{R}^N$ d'un produit scalaire euclidien, et on introduit, pour tout vecteur unitaire $v \in S^{N_1}$, la projection p_v sur l'orthogonal de v dans $\mathbb{R}^n$.
Posons $Y = f(X)$. Pour que la restriction de p_v à Y soit injective, il faut et suffit que, quels que soient x et y distincts dans Y, le vecteur

$$\frac{x-y}{\|x-y\|}$$

soit différent de v, ou encore que v n'appartienne pas à l'image de l'application

$$(x,y) \to \frac{x-y}{\|x-y\|} \qquad \text{de } Y \times Y \setminus \Delta \text{ dans } S^{N_1},$$

où l'on a désigné par Δ la diagonale de Y. D'après le théorème de Sard (cf. **II. 44**), et même la version élémentaire de **I. 45**, il existe de tels v dès que $2n < N-1$.

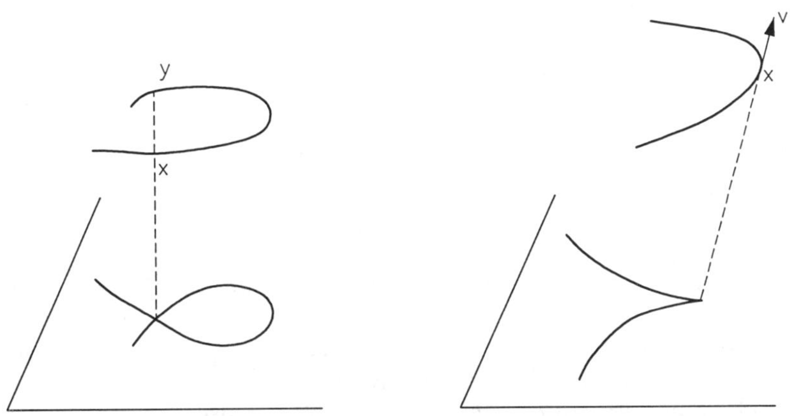

Pour que $p_{v|Y}$ soit une immersion, il faut et suffit que v n'appartienne à aucun sous-espace tangent à Y (remarquons que c'est la version infinitésimale de la condition précédente). Introduisons

$$Z = \{(x,v) \in X \times S^{N-1} v \in T_{f(x)}Y\}.$$

On vérifie que Z est une sous-variété de dimension $2n-1$ de $X \times S^{N-1}$ (voir l'exercice **15** du chapitre **I**). En particulier $pr_2(Z)$ est de mesure nulle dès que $2n < N$.
En itérant ce procédé, on voit que X admet une immersion dans $\mathbb{R}^{2n}$ et un plongement dans $\mathbb{R}^{2n+1}$ ∎

9. *Remarques*

a) La même propriété reste vraie pour les variétés dénombrables à l'infini, et la preuve est essentiellement la même (voir [Hirsch]).
b) On peut montrer de plus (voir encore [Hirsch]) que les immersions dans $\mathbb{R}^{2n}$ (resp. les plongements dans $\mathbb{R}^{2n+1}$) sont denses, pour une topologie convenable, dans l'ensemble des applications lisses de X dans $\mathbb{R}^{2n}$ (resp. dans $\mathbb{R}^{2n+1}$).

c) Avec beaucoup plus de travail et des techniques complètement différentes, Whitney a démontré que toute variété compacte lisse de dimension n se plonge dans $\mathbb{R}^{2n}$ (voir [Adashi]). Ce résultat est optimal, mais on peut faire mieux dans certains cas : par exemple $P^2\mathbb{R}$ n'est pas plongeable dans $\mathbb{R}^3$, mais toute surface orientable 2 l'est, comme on le voit en utilisant la classification des surfaces (cf. **VII. K**).

B. DÉRIVATIONS

Nous allons maintenant revenir sur l'espace tangent d'un point de vue différent, en exploitant le fait, déjà utilisé en **4**, que la lissité est une propriété locale.

10. DÉFINITION – *Soit X un espace topologique et $x \in X$. Deux fonctions définies chacune sur un ouvert contenant x sont dites* avoir même germe en *x s'il existe un sous-ouvert contenant x sur lequel elles sont égales.*

Autrement dit, on introduit sur l'ensemble des fonctions définies sur un voisinage de x la relation d'équivalence

$$(f : U \to \mathbb{R}) \sim (g : V \to \mathbb{R}),$$

si et seulement si il existe un ouvert W contenant x, $W \subset U \cap V$, tel que

$$f_{|W} = g_{|W}.$$

L'ensemble des germes est l'ensemble quotient de cette relation d'équivalence. La continuité en x, par exemple, ne dépend que du germe. Si f est une fonction définie sur un ouvert U contenant x, nous noterons $\dot{f}$ son germe. Mais nous ferons souvent l'abus de noter un germe par l'un de ses représentants. L'ensemble des germes est muni naturellement *d'une structure d'anneau* : on définit l'addition et la multiplication par l'intermédiaire des réprésentants.
Nous nous intéresserons au cas des variétés, et désignerons par $\mathcal{F}_m M$ l'ensemble des germes en m des fonctions lisses sur la variété M. C'est évidemment un sous-anneau de l'anneau des germes.

11. REMARQUES

a) Cette notion de germe présente aussi un intérêt pour les fonctions continues, C^p, ou analytiques. Par exemple, l'anneau des germes en 0 des fonctions holomorphes d'une variable complexe s'identifie à l'anneau des séries entières à rayon de convergence non nul. Pour les fonctions lisses, la situation est bien sûr plus compliquée : si $m \in \mathbb{R}^n$, le développement de Taylor en m d'une fonction lisse au voisinage de m ne dépend que du germe de f, mais la connaissance de ce développement ne détermine pas le germe. Témoin la fonction f_a de la Proposition **2**, dont toutes les dérivées en a sont nulles.
b) Pour toute variété M et tout point $m \in M$, l'espace $\mathcal{F}_m M$ est isomorphe à $\mathcal{F}_0\mathbb{R}^n$. Prenons en effet une carte (U, φ) avec $m \in M$ et $\varphi(m) = 0$, et associons à toute fonction f, définie sur un ouvert V contenant m, la fonction $f \circ \varphi^{-1}$, définie sur $\varphi(U \cap V)$. L'application $f \to f \circ \varphi^{-1}$ passe au quotient et donne un isomorphisme (parmi bien d'autres!) entre $\mathcal{F}_m M$ et $\mathcal{F}_0\mathbb{R}^n$.

Soit v un vecteur de $\mathbb{R}^n$. Si f est une fonction lisse sur un ouvert contenant 0, la dérivée directionnelle de f par rapport à v, c'est-à-dire le nombre

$$f'(0) \cdot v = \sum_{j=1}^{n} \partial_j f(0) v^j$$

ne dépend bien sûr que du germe de f en 0. Nous allons utiliser les propriétés algébriques de l'application $\dot{f} \mapsto f'(0) \cdot v$ pour donner une définition de l'espace tangent à une variété qui n'utilise ni cartes, ni même coordonnées sur $\mathbb{R}^n$.

12. Définition – Une dérivation ponctuelle *en un point m de M est une application linéaire $\delta : \mathcal{F}_m M \to \mathbb{R}$ telle que pour $\dot{f}, \dot{g} \in \mathcal{F}_m M$ on ait*

$$\delta(\dot{f}.\dot{g}) = f(m)\delta(\dot{g}) + g(m)\delta(\dot{f}).$$

Le nom de dérivation est justifié par le résultat suivant :

13. Théorème – *Il existe une bijection naturelle entre $\mathbb{R}^n$ et les dérivations de $\mathcal{F}_m \mathbb{R}^n$. Plus précisément, pour une telle dérivation δ, il existe un unique vecteur $v \in \mathbb{R}^n$ tel que*

$$\delta(f) = f'(m) \cdot v = \sum_{j=1}^{n} \partial_j f(0) v^j.$$

Nous utiliserons le lemme suivant, qui présente un intérêt en lui-même.

***14. Lemme* (lemme de Hadamard)** – *Toute fonction C^p $(1 \leq p \leq +\infty)$ définie sur une boule ouverte de centre 0 dans $\mathbb{R}^n$ peut se mettre sous la forme*

$$f(x) = f(0) + \sum_{j=1}^{n} x^j h_j(x),$$

où les h_j sont C^{p-1}. De plus, $h_j(0) = \partial_i f(0)$.

Preuve – On a

$$f(x) - f(0) = \int_0^1 \frac{d}{dt} f(tx) dt = \sum_{j=1}^{n} x^j \int_0^1 \partial_j f(tx) dt\,,$$

et l'existence des h_j résulte alors du théorème de dérivation sous le signe somme. Un calcul direct montre que nécessairement $h_j(0) = \partial_j f(0)$. (Notons que les h_j ne sont pas uniques, même si notre démonstration donne un choix explicite possible).

Preuve du théorème – Soient $\dot{f} \in \mathcal{F}_m \mathbb{R}^n$, et f un représentant de $\dot{f}$. On a $\delta(f) = \delta(f - f(m))$, puisque d'après la définition

$$\delta(1.1) = \delta(1) + \delta(1) \quad \text{et donc} \quad \delta(\text{constante}) = 0.$$

D'après le lemme,

$$\delta(f) = \sum_{j=1}^{n} \delta(x^j - m^j) h_j(m) \quad \text{et} \quad h_j(m) = \partial_j f(m).$$

Il est clair que l'application

$$f \to \partial_j f(m)$$

ne dépend que de $\dot{f}$, et qu'elle est elle-même une dérivation ▪

Ce résultat s'étend directement aux variétés, et permet de donner une nouvelle définition de l'espace tangent, qui ne fait pas appel aux cartes.

15. Théorème – *Si M est une variété lisse et $m \in M$, l'ensemble des dérivations sur $\mathcal{F}_m M$ est isomorphe à $T_m M$: pour toute dérivation δ, il existe un unique $\xi \in T_m M$ tel que*

$$\delta(f) = df_m.\xi.$$

Preuve – Soit (U, φ) une carte telle que $m \in U$ et $\varphi(m) = 0$. Si δ est une dérivation de $\mathcal{F}_m M$, l'application

$$g \to \delta(g \circ \varphi)$$

est une dérivation de $\mathcal{F}_0 \mathbb{R}^n$. Soit donc v le vecteur tel que $\delta(g \circ \varphi) = g'(0).v$. Alors, si $f = g \circ \varphi$, on a

$$\delta f = df_m \cdot \xi\,,$$

où $\xi = \theta_\varphi^{-1}(v)$ (cf. **II. 30**) ▪

Nous allons maintenant "globaliser" la situation précédente.

16. Définition – *Une* dérivation *(on dira parfois* dérivation globale *si on veut insister sur la différence avec ce qui précède) sur une variété lisse M est une application linéaire δ de $C^\infty(M)$ dans lui-même telle que*

$$\textit{pour} \quad f, g \in C^\infty(M), \quad \delta(f.g) = f.\delta(g) + g.\delta(f).$$

Cette définition d'apparence purement algébrique permet de "localiser" les dérivations.

17. Théorème

i) *Soient f et g deux fonctions lisses dont les restrictions à un ouvert $U \subset M$ sont égales. Alors, si δ est une dérivation sur M, on a*

$$(\delta f)_{|U} = (\delta g)_{|U}\,.$$

ii) *Pour tout ouvert $U \subset M$, il existe une unique dérivation sur U, notée $\delta_{|U}$, telle que*

$$\delta_{|U}\left(f_{|U}\right) = (\delta f)_{|U} \text{ pour } f \in C^\infty(M).$$

Preuve
i) En raison de la linéarité, il suffit de montrer que si f s'annule sur U, il en est de même de δf. Pour chaque $x \in U$, prenons un ouvert V contenant x tel que $\overline{V} \subset U$ et une fonction plateau h à support dans U, égale à 1 sur V. Alors $f = (1-h)f$ et par suite
$$\delta f = (1-h)\delta f + f\delta(1-h).$$
Donc δf est nulle sur tous les ouverts V, c'est-à-dire sur U.
ii) Il y a une (petite !) difficulté qui vient de ce qu'une fonction lisse sur U ne se prolonge pas en général à M. Pour tout x de U, on prend un ouvert V et une fonction h comme dans i). Alors, si $f \in C^\infty(U)$, d'après **4** la fonction fh est définie et lisse sur tout M, et pour $y \in V$ on pose $(\delta_{|U} f)(y) = \big(\delta(fh)\big)(y)$. D'après i), la fonction $\delta_{|U} f$ est ainsi définie sans ambiguïté, et on obtient bien une dérivation ayant les propriétés stipulées ∎

Venons-en à la caractérisation des dérivations sur les ouverts $U \subset \mathbb{R}^n$. Il est clair que pour $i \in [1,n]$, l'application $f \mapsto \partial_i f$ est une dérivation, et que plus généralement, si $X_1, \cdots, X_n$ sont des fonctions lisses,
$$f \to L_X f = \sum_{i=1}^n X_i \partial_i f$$
est une dérivation. Mieux :

***18.* Théorème** – *L'espace vectoriel des dérivations sur un ouvert U de $\mathbb{R}^n$ est isomorphe à $C^\infty(U, \mathbb{R}^n)$.*

Preuve – A X dans $C^\infty(U, \mathbb{R}^n)$ on associe la dérivation L_X donnée par la formule ci-dessus. L'application $X \mapsto L_X$ est injective : si X ne s'annule pas en $a \in U$, il existe une fonction lisse f telle que $(L_X f)(a) = f'(a) \cdot X(a) \neq 0$.
Montrons maintenant la surjectivité dans le cas de $\mathbb{R}^n$. Si δ est un dérivation, remarquons d'abord que comme dans le cas des dérivations ponctuelles, δ s'annule pour les fonctions constantes. Pour $y \in \mathbb{R}^n$, écrivons la décomposition
$$f(x) - f(y) = \sum_{i=1}^n (x^i - y^i) h_{i,y}(x)$$
du lemme **10**. Alors
$$(\delta f)(y) = \Big(\delta\big(f - f(y)\big)\Big)(y) = \sum_{i=1}^n \delta(x^i - y^i)(y) h_{i,y}(y) = \sum_{i=1}^n \delta(x^i)(y)\partial_i f(y).$$
Le même argument s'applique tel que à un ouvert *convexe* : c'est la convexité qui permet d'appliquer le lemme de Hadamard à la fonction $x \mapsto f(x) - f(y)$. On passe au cas général en appliquant **17** aux boules ouvertes de U ∎
Ce résultat, confronté au résultat analogue sur les dérivations ponctuelles, nous conduit à l'adoption d'une nouvelle terminologie.

***19.* Définition** – *Un* champ de vecteurs *sur un ouvert U de $\mathbb{R}^n$ est une application lisse de U dans $\mathbb{R}^n$. L'application L_X de $C^\infty(U, \mathbb{R})$ dans lui-même introduite ci-dessus est la* dérivation associée *à X.*

Nous venons de voir que si δ est une dérivation sur $U \subset \mathbb{R}^n$, l'application $X : U \to \mathbb{R}^n$ qui lui est associée dans **18** s'interprète comme attachant à $x \in U$ un vecteur $X(x)$ de $T_xU \simeq \mathbb{R}^n$, et cela de façon lisse, ce qui justifie le nom de champ de vecteurs. Nous allons voir que les dérivations sur une variété quelconque admettent une caractérisation analogue à celle du Théorème **18**. Cela nécessite quelques développements sur les dérivations et les champs de vecteurs sur les ouverts de $\mathbb{R}^n$, qui s'étendront facilement au cas général.

C. IMAGE D'UN CHAMP DE VECTEURS, CROCHET

Si $X \in C^\infty(U, \mathbb{R}^n)$ est un champ de vecteurs sur un ouvert U de $\mathbb{R}^n$, nous noterons désormais X_x sa valeur en un point x. Ainsi, la dérivation associée est donnée par

$$(L_X f)(x) = T_x f \cdot X_x.$$

La dérivation associée au champ constant égal au i-ième vecteur de la base canonique de $\mathbb{R}^n$ étant tout simplement $f \mapsto \partial_i f$, nous désignerons par ∂_i (ou parfois par $\frac{\partial}{\partial x^i}$, il faut bien faire des concessions aux usages) ce champ de vecteur. Ainsi, X pourra s'écrire

$$\sum_{i=1}^n X^i \partial_i, \quad \text{où les} \quad X^i \quad \text{sont des fonctions lisses.}$$

Si $\varphi : U \to V$ est un difféomorphisme, la composition $g \mapsto g \circ \varphi$ est un isomorphisme d'anneaux entre $C^\infty(V)$ et $C^\infty(U)$. La conjugaison par cet isomorphisme permet de passer d'une dérivation sur U à une dérivation sur V.

20. DÉFINITIONS – *Soit $\varphi : U \to V$ un difféomorphisme entre ouverts de $\mathbb{R}^n$, et δ une dérivation sur U.* L'image de δ par φ *est la dérivation*

$$g \to \big(\delta(g \circ \varphi)\big) \circ \varphi^{-1}$$

sur V. Si X est le champ de vecteurs associé à δ, nous noterons $\varphi_* X$ le champ associé à l'image de δ, et dirons aussi que ce champ est l'image de X par φ.

Par définition,

$$L_{\varphi_* X} f = \big(L_X(f \circ \varphi)\big) \circ \varphi^{-1}.$$

21. PROPOSITION – *On a*

$$(\varphi_* X)_y = T_{\varphi^{-1}(y)} \varphi \cdot X_{\varphi^{-1}(y)}.$$

Preuve – D'après le théorème des fonctions composées,

$$\big(\delta(g \circ \varphi)\big)(x) = T_x(g \circ \varphi) \cdot X_x = T_{\varphi(x)} g \,(T_x \varphi \cdot X_x)\ ,$$

d'où le résultat en remplaçant x par $\varphi^{-1}(y)$ ∎

Exemples – L'image par translation du champ ∂_i est le champ lui-même. L'image par l'homothétie $h_\lambda : x \mapsto \lambda x$ du champ

$$\sum_{i=1}^{n} X^i \partial_i$$

est le champ

$$\sum_{i=1}^{n} \lambda (X^i \circ h_\lambda) \partial_i .$$

L'image par l'exponentielle du champ $\dfrac{d}{dx}$ sur $\mathbb{R}$ est le champ $x\dfrac{d}{dx}$ sur $\mathbb{R}_+^*$.

22. Remarque – Le lecteur vérifiera facilement que pour une application lisse $\varphi : U \mapsto V$ on peut définir l'image d'une dérivation *ponctuelle* δ_m par

$$\delta_{\varphi(m)} \cdot g = \delta_m \cdot (g \circ \varphi) ,$$

et que si δ_m est donnée par un vecteur tangent $v \in T_m U$, alors $\delta_{\varphi(m)}$ est donnée par $T_m \varphi \cdot v$. Par contre, pour définir l'image d'une dérivation globale, on est en général obligé de "remonter" de V à U, donc de supposer que φ est inversible, et même que φ^{-1} est lisse. On vérifiera par exemple que si φ est l'application $t \mapsto t^3$ de $\mathbb{R}$ dans $\mathbb{R}$, il n'existe pas de champ de vecteur X sur $\mathbb{R}$ tel que $X_{\varphi(t)} = T_t \varphi \cdot (d/dt)_t$.

Si δ_1 et δ_2 sont deux dérivations, leur composée ne sera pas une dérivation, puisque

$$\delta_1(\delta_2(fg)) = \delta_1(\delta_2 f) g + (\delta_1 f)(\delta_2 g) + (\delta_1 g)(\delta_2 f) + \delta_1(\delta_2 g) f .$$

Par contre une conséquence directe de cette formule est le lemme suivant.

23. Lemme – *Si δ_1 and δ_2 sont deux dérivations, alors*

$$\delta_1 \circ \delta_2 - \delta_2 \circ \delta_1$$

est une dérivation.

24. Définition – *Le crochet de deux champs de vecteurs X et Y, noté $[X, Y]$, est le champ de vecteurs correspondant à la dérivation $L_X L_Y - L_Y L_X$.*

25. Proposition – *Si X et Y sont donnés sur un ouvert U de $\mathbb{R}^n$ par*

$$X = \sum_{i=1}^{n} X^i \partial_i \quad \text{et} \quad Y = \sum_{i=1}^{n} Y^i \partial_i$$

alors

$$[X, Y] = \sum_{i=1}^{n} Z^i \partial_i , \quad \text{où} \quad Z^i = \sum_{j=1}^{n} \left(X^j \partial_j Y^i - Y^j \partial_j X^i \right) .$$

Preuve – Si f est une fonction lisse,

$$\begin{aligned} L_X L_Y f &= L_X \left(\sum_{i=1}^{n} Y^i \partial_i f \right) \\ &= \sum_{i,j=1}^{n} \left(X^j \partial_j Y^i \partial_i f + X^j Y^i \partial^2_{ij} f \right). \end{aligned}$$

En intervertissant les rôles de X et Y et en appliquant le théorème de Schwarz, on obtient le résultat cherché ∎

Remarques

a) Il est souvent commode, pour éviter les erreurs de calcul, d'utiliser la définition du crochet plutôt que la formule ci-dessus. On voit ainsi beaucoup plus vite, par exemple, que

$$[fX, gY] = f(L_X g)Y - g(L_Y f)X + fg[X, Y].$$

b) Le crochet a un caractère local : si V est un sous-ouvert de U, et si X et Y sont deux champs de vecteurs sur U, $[X_{|V}, Y_{|V}] = [X, Y]_{|V}$. Cette propriété peut se voir en utilisant la formule explicite, mais il est plus instructif de remarquer qu'elle résulte de **17**.

26. Exemple – Soit $\overline{A}$ le champ de vecteurs $x \mapsto Ax$ sur $\mathbb{R}^n$, où A est une matrice (n, n). (Un tel champ est dit *linéaire*). En coordonnées,

$$\overline{A}_x = \sum_{i=1}^{n} \left(\sum_{j=1}^{n} a^i_j x^j \right) \partial_i.$$

Alors

$$[\overline{A}, \overline{B}]_x = (BA - AB) \cdot x.$$

(Attention au signe !)

***27. Lemme* (identité de Jacobi)** – *Si X, Y, Z sont trois champs de vecteurs sur M, alors*

$$[X, [Y, Z]] + [Y, [Z, X]] + [Z, [X, Y]] = 0.$$

Preuve – Sur les dérivations correspondantes, la vérification algébrique est immédiate ∎

Ce même point de vue réduit la preuve du résultat suivant à une vérification fastidieuse, mais facile.

28. Proposition – *Si X et Y sont deux champs de vecteurs sur U et si φ est un difféomorphisme de U sur V, alors*

$$\varphi_*[X, Y] = [\varphi_* X, \varphi_* Y].$$

D. LE FIBRÉ TANGENT

Sur une variété, comme nous l'avons vu, la notion de dérivation garde un sens. Dans ces conditions, on aimerait bien avoir un résultat analogue à celui obtenu en **13** pour les dérivations ponctuelles : une dérivation sur une variété M devrait pouvoir nous permettre d'associer à chaque point m de M un vecteur tangent X_m de T_mM, cette correspondance étant lisse en un sens à préciser. Pour ce faire, nous allons montrer que l'ensemble des vecteurs tangents est lui-même une variété d'une façon naturelle. Posons tout d'abord

$$TM = \coprod_{m \in M} T_mM.$$

Pour le moment, TM est la somme ensembliste des différents espaces vectoriels tangents à M, sans aucune topologie. Pour chaque carte (U, φ), l'application

$$\Phi : (x, \xi) \to (\varphi(x), T_x\varphi \cdot \xi)$$

est une bijection de TU sur $\varphi(U) \times \mathbb{R}^n$.
Un atlas $(U_i, \varphi_i)_{i \in I}$ de M étant donné, on munit TM d'une topologie en imposant les conditions suivantes :
a) les TU_i sont des ouverts de TM.
b) les applications Φ_i sont des homéomorphismes.
Autrement dit, $\Omega \subset TM$ est ouvert si et seulement si $\Phi_i(\Omega \cap TU_i)$ est pour tout i un ouvert de $\varphi(U_i) \times \mathbb{R}^n$. Pour voir que ces conditions sont cohérentes, on remarque que, d'après la définition même de l'espace tangent, si $U_i \cap U_j \neq \emptyset$, l'application

$$\Phi_i \circ \Phi_j^{-1} : \varphi_j(U_i \cap U_j) \times \mathbb{R}^n \to \varphi_i(U_i \cap U_j) \times \mathbb{R}^n$$

donnée par

$$(y, v) \to \big((\varphi_i \circ \varphi_j^{-1})(y), T_y(\varphi_i \circ \varphi_j^{-1}) \cdot v\big)$$

est un homéomorphisme, et même un difféomorphisme. On a donc défini une topologie sur TM qui en fait une variété topologique munie de l'atlas $(TU_i, \Phi_i)_{i \in I}$. Cet atlas étant lisse, TM est une variété lisse de dimension $2 \dim M$ (à ce stade, il est bon de remarquer que si M est une variété C^p – avec $p > 0$ –, alors TM est une variété C^{p-1}). Cette variété s'appelle le *fibré tangent* à M. Justifions ce nom.

29. PROPOSITION – *La projection canonique p de TM sur M est une fibration.*

Preuve – Il suffit d'introduire l'application

$$\psi_i : p^{-1}(U_i) = TU_i \to U_i \times \mathbb{R}^n \qquad \text{donnée par} \qquad \psi_i(\xi_x) = (x, T_x\varphi_i \cdot \xi) \quad \blacksquare$$

On peut dire mieux : la restriction de ψ_i à la fibre $T_xM$de x est un isomorphisme d'espaces vectoriels de T_xM sur $\mathbb{R}^n$. Si maintenant M_1 et M_2 sont deux variétés, et si $f : TM_1 \to TM_2$ une application lisse, en considérant tous les $(T_xf)_{x \in M}$ simultanément, on trouve une application que nous noterons Tf de TM dans TN, qui est lisse (et C^{p-1} si f est C^p) et dont la restriction à chaque fibre T_xM est l'application linéaire T_xf. Cela se traduit par le diagramme commutatif

$$\begin{array}{ccc} TM_1 & \xrightarrow{Tf} & TM_2 \\ {\scriptstyle p_1}\downarrow & & \downarrow{\scriptstyle p_2} \\ M_1 & \xrightarrow{f} & M_2 \end{array}$$

De plus, si M_3 est une troisième variété, et $g : M_2 \to M_3$ une application lisse, d'après le théorème des fonctions composées dans la version de **II. 33**, $T(g \circ f) = Tg \circ Tf$.

Cette situation est le prototype d'une situation plus générale qui mérite d'être dégagée.

30. Définition – *Un* fibré vectoriel réel *(resp.* complexe*) de rang k sur une variété B est un espace fibré (E, p, B, F) tel que*

a) *la fibre type F et les fibres $p^{-1}(b), b \in B$ sont des espaces vectoriels réels (resp. complexes) de dimension k ;*

b) *pour toute trivialisation locale φ, la restriction de φ à $p^{-1}(b)$ (qui envoie $p^{-1}(b)$ dans $\{b\} \times F$) induit un isomorphisme d'espaces vectoriels sur F.*

La fibre $p^{-1}(b)$ est notée E_b.

31. Exemples

a) Le fibré produit $M \times \mathbb{R}^k$, dit *fibré trivial de rang k* sur M.
b) Le fibré tangent à une variété de dimension n est un fibré vectoriel réel de rang n.
c) Si M est une sous-variété plongée dans un espace euclidien E, le *fibré normal* à M, noté $N(M)$, est l'ensemble des couples (x, v) de $M \times E$ tels que v soit orthogonal à T_xM ; la projection sur M est la restriction à $M \times E$ de pr_1. Ce fibré a pour rang la codimension de M dans E. Voir l'exercice **20**.

Les définitions suivantes sont à mettre en parallèle avec celles que nous avons vues en **II. D** pour les fibrés.

32. Définitions

a) *Un* morphisme *entre deux fibrés vectoriels (E_1, p_1, B_1) et (E_2, p_2, B_2) (n'ayant pas nécessairement le même rang) est une application lisse $f : E_1 \to E_2$ qui f envoie fibre sur fibre (ce qui veut dire qu'il existe une application $g : B_1 \to B_2$ rendant le diagramme*

$$\begin{array}{ccc} E_1 & \xrightarrow{f} & E_2 \\ {\scriptstyle p_1}\downarrow & & \downarrow{\scriptstyle p_2} \\ B_1 & \xrightarrow{g} & B_2 \end{array}$$

commutatif), et dont la restriction à chaque fibre $(E_1)_b$ est une application linéaire de $(E_1)_b$ dans $(E_2)_{g(b)}$.

b) *Si f est un difféomorphisme (auquel cas les applications fibre sur fibre seront des isomorphismes d'espaces vectoriels), on dit que f est un* isomorphisme de fibrés vectoriels.

c) *Un fibré est* trivialisable *s'il est isomorphe à un fibré trivial. Une variété dont le fibré tangent est trivialisable est dite* parallélisable.

33. EXEMPLE – Le cercle S^1 est parallélisable, comme le montre par exemple le dessin suivant.

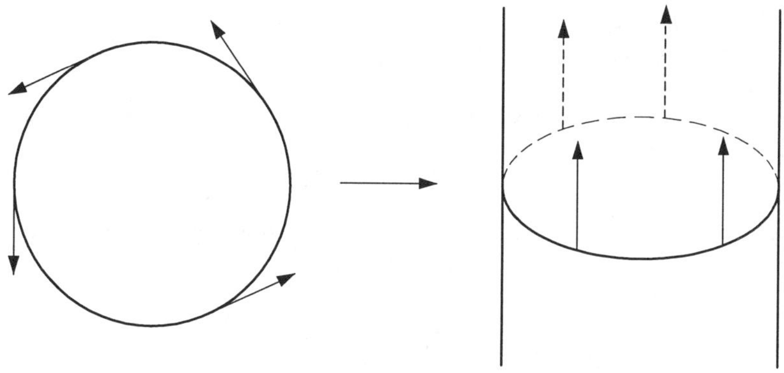

Pour d'autres exemples, voir l'exercice **12**, **36** infra et le chapitre **IV**. Cette situation est assez exceptionnelle. La notion suivante est une notion clé pour mieux comprendre le fibré tangent, et plus généralement les fibrés vectoriels.

34. DÉFINITIONS

a) *Une* section *d'un fibré vectoriel E de base B est une* application *lisse s de B dans E telle que $p \circ s = Id_B$ (ce qui revient à dire que $s(x) \in E_x$ pour tout x de B).*

b) *Un* champ de vecteurs *sur une variété est une section du fibré tangent.*

On notera $\Gamma(E)$ l'ensemble des sections de E, et donc $\Gamma(TM)$ l'ensemble des champs de vecteurs sur M. Il existe sur $\Gamma(E)$ une structure naturelle d'espace vectoriel, obtenue en posant

$$(s+t)(x) = s(x) + t(x) \quad \text{(addition dans la fibre } E_x\text{)}.$$

La *section nulle* définit un plongement de B dans E.
Si $E = TM$, une section s'appelle un *champ de vecteurs* sur M.
Les sections d'un fibré trivial $B \times \mathbb{R}^k$ sont de la forme $x \mapsto \big(x, f(x)\big)$, et s'identifient donc aux fonctions définies sur B à valeurs dans $\mathbb{R}^k$. En particulier, si U est un ouvert de $\mathbb{R}^n$, $\Gamma(TU)$ s'identifie à $C^\infty(U, \mathbb{R}^n)$. Comme dans le cas des ouverts de $\mathbb{R}^n$, nous noterons désormais X_x au lieu de $X(x)$ la valeur en x d'un champ X.
Si (U_i, φ_i) est un atlas de M, on voit en utilisant l'atlas correspondant de TM qu'un champ de vecteurs peut être donné par une famille d'applications $X_i \in C^\infty(U_i, \mathbb{R}^n)$ telle que

$$\forall x \in U_i \cap U_j, \quad X_i(x) = \left(\varphi_i \circ \varphi_j^{-1}\right)'_{\varphi_j(x)} \cdot X_j(x).$$

On peut aussi se donner les fonctions $\overline{X}_i = X_i \circ \varphi_i^{-1}$. Pour chaque i, on a ainsi un champ de vecteurs sur $\varphi_i(U_i)$, et la condition ci-dessus équivaut à

$$\left(\varphi_j \circ \varphi_i^{-1}\right)_* \overline{X}_i = \overline{X}_j \qquad \text{sur} \quad \varphi_j(U_i \cap U_j).$$

(Cela exprime simplement que sur U_i, $\varphi_{i*}X = \overline{X}_i$.)

35. Proposition – *Pour qu'un fibré vectoriel E de rang k sur une variété B soit trivialisable, il faut et suffit qu'il existe k sections dont les valeurs en tout point $x \in B$ forment une base de E_x.*

Preuve – Si $(e_i)_{1\leq i\leq k}$ est la base canonique de $\mathbb{R}^k$, et si φ est une trivialisation de E, on introduit les k sections

$$x \to \varphi^{-1}(x, e_i).$$

Inversement, soient $(s^\alpha)_{1\leq\alpha\leq k}$ k sections partout linéairement indépendantes. Décomposons $e_x \in E$ suivant la base $s^\alpha(x)$, autrement dit posons

$$\xi_x = \sum_{\alpha=1}^{n} \lambda_\alpha(\xi_x) X_x^\alpha.$$

Nous laissons au lecteur le soin de vérifier, en utilisant la propriété de trivialité locale, que les fonctions λ_α sont lisses sur E. On en déduit une trivialisation φ en posant

$$\varphi(x) = (p(x), \lambda_1(x), \cdots, \lambda_n(x)).$$

Nous venons de voir que φ est lisse; il en est de même de son inverse, donnée explicitement par

$$\varphi^{-1}(x, v_1, \cdots, v_k) = \sum_{\alpha=1}^{k} v_\alpha s^\alpha(x) \quad \blacksquare$$

36. Exemples

a) Pour qu'un fibré vectoriel de rang 1 soit trivialisable, il faut et suffit qu'il admette une section partout non nulle. Un exemple important de fibré de rang 1 non trivialisable est le *ruban de Möbius*, vu comme fibré sur S^1 (voir l'exercice **21**).

b) Nous verrons au chapitre **VII** que pour tout champ de vecteurs sur S^{2n}, il existe un point x tel que $X_x = 0_x$ (un tel point s'appelle *un zéro* du champ de vecteurs considéré). A fortiori, les sphères de dimension paire ne sont pas parallélisables. Par contre, la sphère de dimension 3 est parallélisable : elle est difféomorphe à $SU(2)$ (cf.**II**, ex. **4**), ainsi qu'au groupe multiplicatif des quaternions de norme 1, et nous verrons au prochain chapitre que *tout groupe de Lie est parallélisable.*

c) ** Pour des raisons algébriques analogues, mais plus subtiles, S^7 est parallélisable (voir [Steenrood] par exemple). Inversement, les seules sphères parallélisables sont S^1, S^3 et S^7. C'est un résultat profond dû à Dold (voir [Bott-Milnor]).**

Comme dans le cas des ouverts de $\mathbb{R}^n$, on associe à tout champ de vecteurs l'application $f \mapsto L_X f$ de $C^\infty(M)$ dans lui même définie par

$$(L_X f)(x) = T_x f \cdot X_x$$

et on a la même caractérisation des dérivations.

37. Théorème – *L'application $L : X \mapsto L_X$ est une bijection de $\Gamma(TM)$ sur l'ensemble des dérivations de M.*

Preuve – Notons d'abord que L est injective. Soit en effet $a \in M$ tel que $X_a \neq 0$. Alors, si (U, φ) est une carte dont le domaine contient a, il existe une fonction $f \in C^\infty(U)$ telle que $L_X f(a) \neq 0$: le vecteur $T_a\varphi \cdot X_a$ a au moins une coordonnée non nulle, disons la k-ième, et on prend pour f la k-ième composante de la carte φ. Si V est un ouvert contenant a tel que $\overline{V} \subset U$, il existe d'après **4** une fonction lisse f égale à 1 sur V et à support contenu dans U. Alors $fg \in C^\infty(\mathbb{R}^n)$ et $L_X(fg)(a) = L_X(f)(a)$.
Montrons maintenant que L est surjective. Soit (U_i, φ_i) un atlas de M, et soit δ une dérivation. D'après **15**, pour tout ouvert $U \subset M$, δ induit une dérivation de $C^\infty(U)$. Alors l'application

$$h \to \varphi_i^{-1}\big(\delta(h \circ \varphi_i)\big)$$

est une dérivation de $C^\infty\left(\varphi_i\left(U_i\right)\right)$. On sait déjà dans ce cas (cf. **18**) qu'il existe $Y^i \in \mathcal{X}(\varphi_i(U_i))$ tel que $\delta(h \circ \varphi_i^{-1}) = L_{Y^i} h$. Alors, si $X^i = {\varphi_i^{-1}}_* Y^i$, bien évidemment $\delta_{U_i} = L_{X^i}$. Donc si $U_i \cap U_j \neq \emptyset$, les dérivations L_{X^i} et L_{X^j} induisent la même dérivation sur $U_i \cap U_j$, et d'après la première partie les champs X^i et X^j ont même restriction à $U_i \cap U_j$ ∎

IL RÉSULTE IMMÉDIATEMENT DE CE THÉORÈME QUE LES DÉFINITIONS ET LES PROPRIÉTÉS DE L'IMAGE DIRECTE ET DU CROCHET DES CHAMPS DE VECTEURS SUR LES OUVERTS DE $\mathbb{R}^n$ S'ÉTENDENT AUX VARIÉTÉS.

(Cela peut se voir aussi d'une façon plus pédestre, mais instructive, en utilisant les conditions de compatibilité données à la fin de **34**.)

38. Remarque – Le point de vue des dérivations permet aussi de justifier un abus de notation très commode : si (U, φ) est une carte locale de M, on notera encore ∂_i ou $\frac{\partial}{\partial x^i}$ le champ sur U qui est l'image par φ^{-1} du champ de vecteurs ∂_i sur $\varphi(U)$. Une telle écriture sous-entend bien entendu le choix d'une carte. Un champ de vecteurs sur U s'écrit alors d'une manière unique sous la forme

$$\sum_{i=1}^{n} X^i \partial_i \quad \text{avec } X^i \in C^\infty(U).$$

E. Le flot d'un champ de vecteurs

Il est temps d'aborder un aspect plus géométrique des champs de vecteurs : pour un champ de vecteurs $x \mapsto V_x$ du plan, le simple tracé des vecteurs V_x vus comme vecteurs d'origine x (mais cela n'est-il pas lié au fibré tangent) permet de voir une famille de courbes auxquelles ces vecteurs sont tangents.

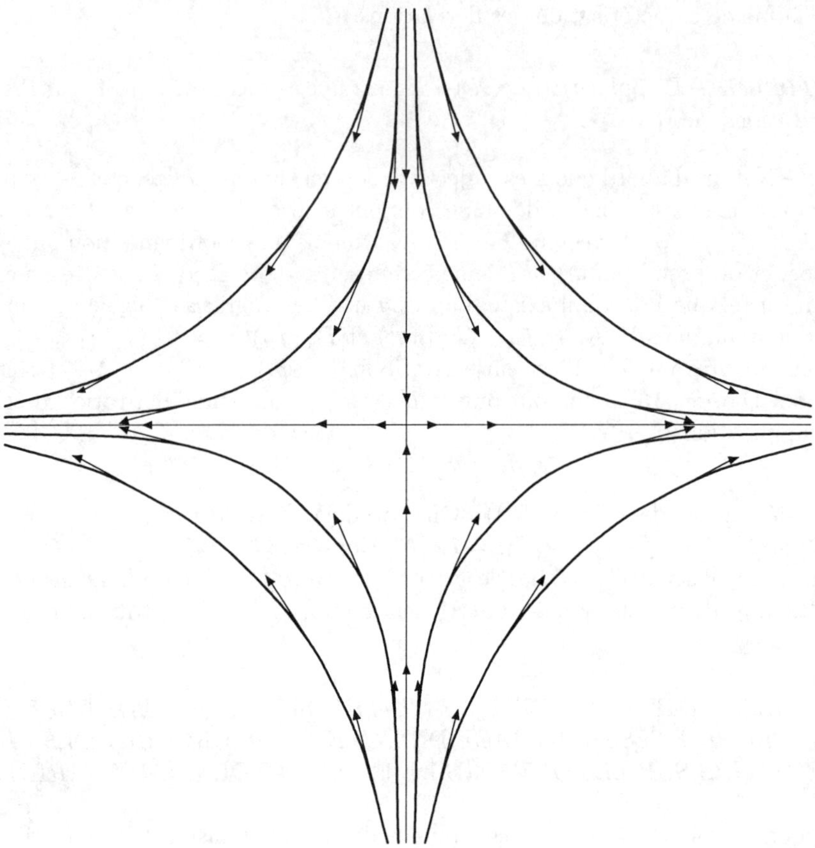

39. DÉFINITION – *On appelle* trajectoire *ou* courbe intégrale *d'un champ de vecteurs X sur une variété M toute courbe $t \mapsto c(t)$, définie sur un intervalle ouvert $I \subset \mathbb{R}$ et à valeurs dans M, de classe C^1, et telle que*

$$\forall t \in I,\ c'(t) = X_{c(t)}.$$

Pour un ouvert U de $\mathbb{R}^n$, si $X = \sum_{i=1}^n X^i \partial_i$, cela revient à dire que les composantes de c sont solutions du système différentiel du premier ordre

$$\frac{dc^i}{dt} = X^i(c^1, \cdots, c^n) \qquad (1 \le i \le n).$$

Les fonctions X^i étant lisses, on peut appliquer les résultats classiques d'existence et d'unicité pour les systèmes différentiels (voir [Demailly], [Lang], [Berger-Gostiaux] ou même **I.G**).

40. Théorème – *Soit X un champ de vecteurs sur un ouvert U de $\mathbb{R}^n$ et x un point de U. Alors il existe un intervalle ouvert I contenant 0 et une trajectoire $c : I \to U$ de X telle que $c(0) = x$; si $c_1 : I_1 \to U$ est une autre trajectoire ayant la même propriété, c et c_1 coïncident sur $I \cap I_1$.*

En utilisant la terminologie du paragraphe **B**, cela signifie que le germe de c est unique. On démontre ensuite qu'il existe un unique intervalle de définition *maximal* de c. Nous noterons c_x la trajectoire correspondante. On peut alors préciser l'énoncé précédent ("dépendance des conditions initiales") :
Si I_x est l'intervalle de définition (maximal) de c_x, la réunion des $I_x \times \{x\}$, quand x parcourt U, est un ouvert Ω de $\mathbb{R} \times U$, contenant $\{0\} \times U$, pour lequel l'application

$$(x,t) \to c_x(t)$$

est lisse.

41. Exemples (pour mémoire). Si $U = \mathbb{R}, X_x = x$, on a $c_x(t) = xe^t$, et $\Omega = \mathbb{R} \times \mathbb{R}$. Si $X(x) = x^2$, alors

$$c_x(t) = \frac{x}{1-tx} \qquad \text{et} \qquad \Omega = \{(x,t) \in \mathbb{R}^2,\ xt < 1\}.$$

(Les trajectoires ne sont pas forcément définies sur tout $\mathbb{R}$.)

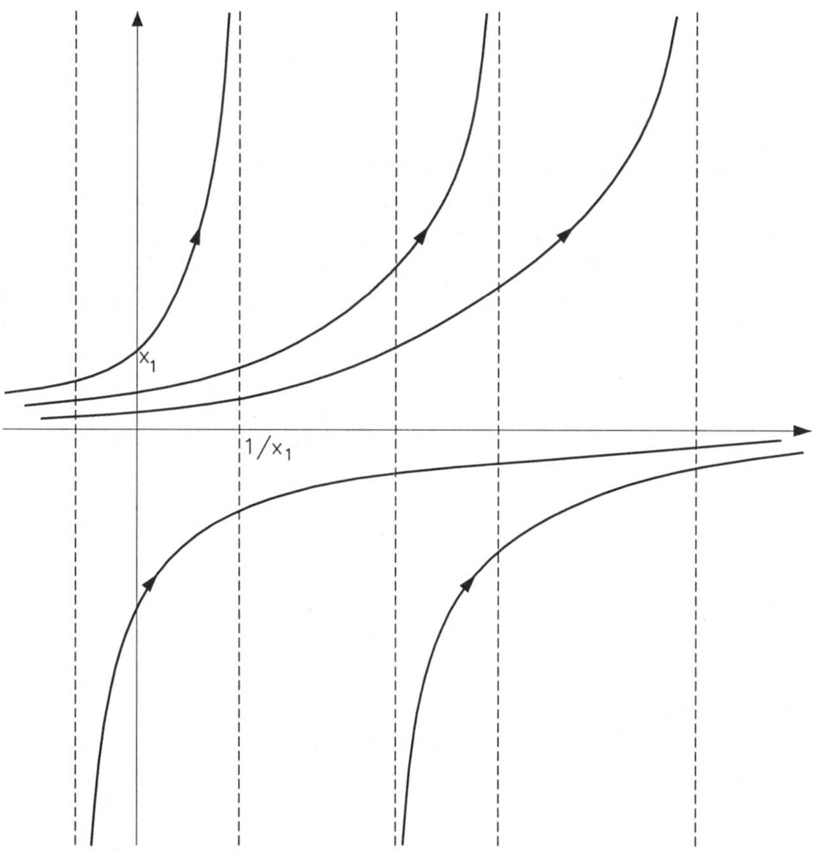

Revenons au cas général. Le système différentiel donné par **39** est un système *autonome* (c'est-à-dire que la variable t n'intervient pas dans le membre de droite). Par conséquent, si $t \mapsto c(t)$ est une trajectoire, il en est de même de $t \mapsto c(t+a)$ pour n'importe quel réel a. Tenant compte de l'unicité, on obtient l'identité

$$c_x(t+a) = c_{c_x(a)}(t).$$

Nous allons réécrire cette relation (valable sous la seule condition que les deux membres aient un sens) en mettant l'accent sur la variable "espace" plutôt que la variable "temps". Autrement dit, on pose

$$\varphi_t^X(x) = c_x(t).$$

En particulier $\varphi_0^X(x) = x$, et l'identité ci-dessus donne

$$\varphi_{t+t'}^X(x) = \varphi_t^X\left(\varphi_{t'}^X(x)\right).$$

C'est un abus d'écriture pour l'assertion suivante : si le membre de droite est défini (c'est-à-dire si (t', x) et $\left(t, \varphi_{t'}^X(x)\right)$ sont dans Ω) le membre de gauche l'est aussi, et ils sont égaux. On écrit alors, avec un abus évident

$$\varphi_{t+t'}^X = \varphi_t^X \circ \varphi_{t'}^X = \varphi_{t'}^X \circ \varphi_t^X.$$

42. Définition – *L'application $\varphi^X : \Omega \to U$ s'appelle le* flot *du champ de vecteurs X.*

Les φ_t^X sont des *difféomorphismes* sur leur image (mais attention : leur domaine de définition peut être différent de U si $t \neq 0$; cf. **41**). En raison de l'identité ci-dessus, on appelle aussi φ^X le *groupe local à un paramètre de difféomorphismes* associé au champ X. Ce n'est pas un groupe ! Le mot local est là pour rappeler les restrictions éventuelles sur les domaines de définition de φ^X et des φ_t^X. Nous omettrons X dans cette notation dès qu'il n'y aura pas ambiguïté. Avant de poursuivre, donnons ou rappelons quelques exemples typiques sur $\mathbb{R}^n$.

Si $X = \sum_{i=1}^n a^i \partial_i$ (champ constant), $\varphi_t(x) = x + ta$; si $X = \sum_{i=1}^n x^i \partial_i$ (champ *radial*), $\varphi_t(x) = e^t x$; enfin, si $\overline{A}$ est le champ linéaire associé à l'endomorphisme A, défini par $\overline{A}_x = Ax$, on a $\varphi_t(x) = (\exp tA).x$. Notons que la discussion qui précède fournit en prime une démonstration du fait que

$$\exp(t+t')A = (\exp tA)(\exp t'A).$$

La propriété suivante, très utile en pratique, permet le passage inverse du flot au champ.

43. Lemme – *Soit h une application lisse définie sur un ouvert de $I \times U$ contenant $\{0\} \times U$ et à valeurs dans U telle que*
i) $h(t, h(t', x)) = h(t+t', x)$ dès que les deux membres ont un sens.
ii) $h(0, x) = x$.
iii) $\dfrac{d}{dt} h(t, x)_{|t=0} = X_x$.
Alors $h(t, x) = \varphi_t^X(x)$ partout où h est définie.

Preuve – Il suffit de remarquer que

$$\frac{d}{dt}h(t,x)_{|t=t_0} = \frac{d}{dt}h(t+t_0,x)_{|t=0} = \frac{d}{dt}h(t,h(t_0,x))_{|t=0} = X_{h(t_0,x)} \quad \blacksquare$$

44. Définition – *Une application h satisfaisant aux conditions de* **42** *est un* groupe local à un paramètre, *et le champ de vecteurs*

$$X_x = \frac{d}{dt}h(t,x)_{|t=0}$$

est le générateur infinitésimal *de h.*

Etudions maintenant le flot de l'image d'un champ de vecteurs.

45. Proposition – *Soit X un champ de vecteurs sur un ouvert $U \subset \mathbb{R}^n$ un champ de vecteurs, et $\psi : U \mapsto V$ un difféomorphisme. Si φ_t est le flot de X, celui du champ image $\psi_* X$ est*

$$\psi \circ \varphi_t \circ \psi^{-1}.$$

Preuve – D'après **43** appliqué à $h(t,x) = \psi \circ \varphi_t \circ \psi^{-1}(x)$, il suffit de remarquer que

$$\frac{d}{dt}\psi \circ \varphi_t \circ \psi^{-1}(x)_{|t=0} = T_{\psi^{-1}(x)}\psi \cdot X_{\psi^{-1}(x)} = \psi_* X_x \quad \blacksquare$$

46. Exemple – Reprenons le champ linéaire $\overline{A}$ associé à $A \in End(\mathbb{R}^n)$, et considérons le difféomorphisme donné par une matrice inversible P. Alors

$$P_*\overline{A}_x = PAP^{-1} \cdot x\,,$$

et on retrouve le fait que $\exp PAP^{-1} = P(\exp A)P^{-1}$.
Si de plus la matrice P est elle-même de la forme $\exp tB$, alors

$$\begin{aligned}(\exp tB)(\exp A)(\exp -tB) &= (1 + tB + O(t^2))A(1 - tB + O(t^2)) \\ &= A + t(BA - AB) + O(t^2)\,,\end{aligned}$$

et par suite

$$\frac{d}{dt}(\exp tB)(\exp A)(\exp -tB) \cdot x = (BA - AB) \cdot x.$$

D'après **26**, cela s'écrit aussi

$$\frac{d}{dt}\left(\left(\exp tB_*\overline{A}\right)_x\right)_{t=0} = [\overline{A},\overline{B}]_x\,.$$

Cette dernière propriété est vraie dans un contexte bien plus général.

47. Théorème – *Soient X et Y deux champs de vecteurs sur un ouvert $U \subset \mathbb{R}^n$, et soit φ_t^Y le flot de Y. Alors*

$$\left(\frac{d}{dt}\right)(\varphi^Y_{t*}X)_{|t=0} = [X,Y].$$

***Preuve* –** Nous utiliserons la propriété suivante, qui est une version "à paramètres" du lemme de Hadamard (cf. **14**).
Soit $f : [-\epsilon, \epsilon] \times U \to \mathbb{R}$ *une application lisse telle que* $f(0, x) = 0$. *Alors* f *peut s'écrire*

$$f(t, x) = tg(t, x)$$

où g *est lisse et*

$$\frac{\partial f}{\partial t}(0, x) = g(0, x).$$

Nous allons raisonner sur les dérivations, et regarder l'effet de $\varphi_{t*}X$ sur une fonction f. Soit donc $f(t, x) = f(\varphi_t(x)) - f(x)$, et posons $g_t = g(t, .)$ avec $g_0 = L_Y f$. Alors

$$\begin{aligned}(L_{\varphi_{t*}X})f &= \big(L_X(f \circ \varphi_t)\big) \circ \varphi_{-t} \quad \text{d'après } \mathbf{18})\\ &= \big(L_X(f + tg_t)\big) \circ \varphi_{-t}\\ &= (L_X f) \circ \varphi_{-t} + t(L_X g_t) \circ \varphi_{-t}.\end{aligned}$$

La dérivée par rapport à t du premier terme pour $t = 0$ est $-L_Y(L_X f,)$ celle du second $L_X g_0 = L_X L_Y f$ ■

***48. Remarque* –** Soient X, Y et Z trois champs de vecteurs, et φ_t le flot de Z. En dérivant par rapport à t l'identité

$$\varphi^Z_{t*}[X, Y] = [\varphi^Z_{t*}X, \varphi^Z_{t*}Y]$$

on obtient

$$[[X, Y], Z] = [[X, Z], Y] + [X, [Z, Y]],$$

retrouvant ainsi l'identité de Jacobi.

TOUT CE QUE NOUS AVONS VU DANS CE PARAGRAPHE S'APPLIQUE AUX VARIÉTÉS.

Le seul endroit où nous utilisons un résultat spécifique (en apparence) aux ouverts de $\mathbb{R}^n$ est **40**, qui fait appel à la théorie classique des équations différentielles. Mais si X est un champ de vecteurs sur une variété M munie d'un atlas (U_i, φ_i), et si $\theta_{i,t}$ est le flot du champ $\varphi_{i*}X$ sur $\varphi_i(U_i)$, alors

$$\varphi_i^{-1} \circ \theta_{i,t} \circ \varphi_i$$

est un groupe à un paramètre de difféomorphismes de U_i, et par construction son générateur infinitésimal est X. On en déduit que

$$\varphi_i^{-1} \circ \theta_{i,t} \circ \varphi_i = \varphi_j^{-1} \circ \theta_{j,t} \circ \varphi_j$$

sur $U_i \cap U_j$, puisqu'un groupe à un paramètre est déterminé par son générateur infinitésimal.
De plus, pour l'étude des flots de champs de vecteurs, les variétés compactes sont un cadre plus naturel et plus agréable que les ouverts de $\mathbb{R}^n$, en raison de la propriété suivante.

49. Théorème – *Si X est un champ de vecteurs sur une variété M compacte, alors le flot de X est défini sur $\mathbb{R} \times M$. En particulier, φ_t est pour tout t un difféomorphisme de M.*

***Preuve* –** A priori, le domaine de définition du flot φ est un ouvert $\Omega \subset \mathbb{R} \times M$, contenant $\{0\} \times M$, et le domaine de définition de la trajectoire c_x est l'intervalle $I_x = \Omega \cap \mathbb{R} \times \{x\}$. Posons $I_x =]\alpha, \beta[$, et supposons par exemple que $\beta < +\infty$. Si (t_n) est une suite de réels qui tend en croissant vers β, en raison de la compacité de M, la suite $\big(c_x(t_n)\big)$ admet une valeur d'adhérence y. Il existe alors un $\epsilon > 0$ et un ouvert U contenant M tels que $]\epsilon, \epsilon[\times U \subset \Omega$. Soit alors t_n tel que $|t_n - \beta| < \epsilon$ et $c_x(t_n) \in U$. La trajectoire $s \mapsto d(s)$ satisfaisant à la condition initiale $d(0) = c_x(t_n)$ est définie sur l'intervalle $]\epsilon, \epsilon[$, et d'après **40**, $d(s) = c_x(t_n + s)$ si $t_n + s \in I_x$. En posant

$$\tilde{c}_x(t) = \begin{cases} c_x(t) & \text{si } t \in I_x \\ d(t - t_n) & \text{si } t_n \leq t < t_n + \epsilon, \end{cases}$$

on obtient une trajectoire qui prolonge c_x strictement au delà de l'extrémité β de I_x, contrairement à l'hypothèse de maximalité de I_x. La relation

$$\varphi^X_{t+t'} = \varphi^X_t \circ \varphi^X_{t'} = \varphi^X_{t'} \circ \varphi^X_t$$

est maintenant vérifiée quels que soient t, t' et x. En particulier, φ_t est un difféomorphisme d'inverse φ_{-t} ∎

Remarques

a) Ce résultat est encore vrai pour les champs de vecteurs à support compact sur une variété non compacte : il suffit de remarquer que les trajectoires non constantes d'un champ de vecteurs sont contenues dans son support.

b) On en déduit qu'une variété lisse, compacte ou non, admet "beaucoup" de difféomorphismes. Il suffit de voir, en utilisant une carte et une fonction plateau à support dans l'ouvert de carte, qu'une variété admet toujours des champs de vecteurs non triviaux à support compact.

Le résultat suivant, dont nous ne ferons qu'esquisser la preuve, montre combien il est utile de pouvoir construire ainsi des difféomorphismes.

50. Théorème – *Soit f une fonction lisse à valeurs réelles sur une variété compacte M. Pour tout réel a, on pose*

$$M^a = \{x \in M,\ f(x) \leq a.\}$$

Si $a < b$ et si $f^{-1}([a, b])$ ne contient aucun point critique, il existe un difféomorphisme de M envoyant M^a sur M^b.

***Preuve* –** Supposons M plongée dans un espace euclidien $\mathbb{R}^N$, ce qui est possible d'après **7**. Alors on va envoyer M^a sur M^b en "tirant" le long des trajectoires orthogonales aux sous-variétés $f = cte$.

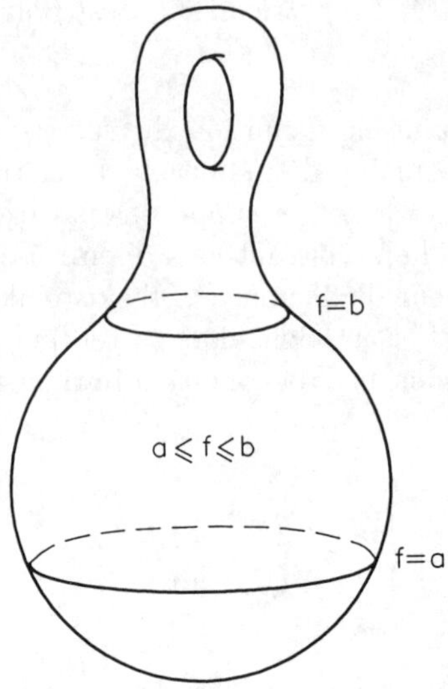

Plus précisément, on définit à partir de f un champ de vecteurs ∇f en imposant la relation

$$\langle \nabla_m, u \rangle = df_m(u),\ \forall m \in M,\ u \in T_m M,$$

où l'on a désigné par $\langle , \rangle$ le produit scalaire euclidien de $\mathbb{R}^N$. L'ensemble des points critiques de f est fermé, donc $f^{-1}([a,b])$ est contenu dans un ouvert U sans points critiques. Soit alors g une fonction plateau, égale à 1 sur $f^{-1}([a,b])$ et à support contenu dans U. On définit un champ de vecteurs sur M en posant

$$X_m = \frac{g(m)}{\langle \nabla f_m, \nabla f_m \rangle} \nabla f_m.$$

Si φ_t est son flot, on a

$$\frac{d}{dt} f\big(\varphi_t(m)\big) = df_{\varphi_t(m)} \cdot X_{\varphi_t(m)} = g(m) \geq 0,$$

et

$$\frac{d}{dt} f\big(\varphi_t(m)\big) = 1 \quad \text{si } m \in f^{-1}([a,b]).$$

Il en résulte que $\varphi_{b-a}(M^a) = M^b$ et $\varphi_{a-b}(M^b) = M^a$ ∎

Remarques

** a) Le plongement de M dans un $\mathbb{R}^N$ n'a rien d'essentiel. En réalité, nous avons pris le *gradient* de f par rapport à la métrique riemannienne $\langle , \rangle_{|M}$, mais toute autre métrique riemannienne aurait aussi bien fait l'affaire.**

b) Si l'on dispose de la notion de variété à bord, on peut dire que M^a et M^b sont difféomorphes.

c) Le même résultat subsiste si M n'est pas compacte, pourvu que $f^{-1}([a,b])$ le soit. Cette dernière hypothèse est par contre essentielle, comme on s'en rend compte en enlevant un point.

F. CHAMPS DE VECTEURS DÉPENDANT DU TEMPS

Chercher les trajectoires d'un champ de vecteurs sur un ouvert de $\mathbb{R}^n$, ou même sur une variété, revient comme nous l'avons vu à résoudre un système différentiel autonome. Par ailleurs, un système différentiel sur un ouvert de $\mathbb{R}^n$ a priori non autonome, c'est-à-dire de la forme

$$\frac{dc^i}{dt} = X^i\big(t, c^1(t), \cdots, c^n(t)\big) \quad (1 \leq i \leq n)$$

se ramène au système autonome sur $\mathbb{R} \times U$ donné par

$$\frac{d\tau}{dt} = 1$$
$$\frac{dc^i}{dt} = X^i\big(\tau, c^1(t), \cdots, c^n(t)\big) \quad (1 \leq i \leq n).$$

Ce procédé s'étend sans difficulté aux variétés.

51. DÉFINITION – *Si M est une variété et $I \subset \mathbb{R}$ un intervalle, on appelle* champ de vecteurs sur M dépendant du temps *une application lisse X de $I \times M$ dans TM telle que $p\big(X(t,x)\big) = x$ (on a désigné par p la projection de TM sur M).*

On s'empresse bien sûr d'associer à X le champ de vecteurs $\tilde{X} \in \Gamma(I \times M)$ défini par

$$\tilde{X}_{(t,x)} = \big(1, X(t,x)\big).$$

On adapte la définition **39**, et on appelle *trajectoire* de X toute courbe $c : J \mapsto M$, où $J \subset I$, telle que $c'(t) = X_{c(t)}(t)$. Les trajectoires de X sont alors les projections sur M des trajectoires de $\tilde{X}$ sur $I \times M$. Le théorème d'existence et d'unicité locales des trajectoires s'étend alors immédiatement : ce n'est pas plus difficile que de passer des systèmes différentiels autonomes aux systèmes non autonomes. Du point de vue des flots, notons que si c est la trajectoire telle que

$$c'(s) = X\big(s, c(s)\big) \quad \text{et} \quad c(t) = x,$$

on a

$$\varphi_s^{\tilde{X}}(t,x) = \big(t+s, c(t+s)\big).$$

Si la variété M est compacte, on a une version affaiblie (il n'y a plus de groupe à un paramètre de difféomorphismes) mais très utile du résultat vu en **50**.

52. THÉORÈME – *Soit X un champ de vecteurs dépendant du temps sur une variété compacte M. On suppose X défini sur $]\alpha, \beta[\times M$ $(-\infty \leq \alpha < \beta \leq +\infty)$. Alors*
a) les trajectoires de X sont définies pour tout $t \in I$;
b) si $s \mapsto F_s(t,x)$ est la position à l'instant $t+s$ de la trajectoire qui passe par x à l'instant t, alors $x \mapsto F_s(t,x)$ est pour tout $s \in]\alpha - t, \beta - t[$ un difféomorphisme de M.
c) Inversement, soit $s \mapsto G_s$ un chemin de difféomorphismes de M (autrement dit, $(s,x) \mapsto G_s(x)$ est une application lisse de $J \times M$ dans M et $x \mapsto G_s(x)$ est un difféomorphisme pour tout $s \in J$). On suppose que $0 \in J$ et que $G_0 = Id_M$. Alors

$$Y(t,x) = \frac{d}{ds}\Big(G_s\big(G_t^{-1}(x)\big)\Big)_{s=t}$$

est un champ de vecteurs sur M dépendant du temps, dont $s \mapsto G_s(x)$ est la trajectoire qui passe par x à l'instant 0.

Preuve

a) Il suffit de reprendre l'argument de **50**, qui n'utilisait nulle part le fait que l'équation différentielle considérée était alors autonome.

b) Soit alors φ_s le flot de $(1, X)$ sur $I \times M$. On a

$$\varphi_s(t,x) = \big(s+t, F_s(t,x)\big).$$

En lisant sur la composante en M la propriété de groupe à un paramètre, on obtient

$$F_{s_1+s_2}(t,x) = F_{s_1}\big(t+s_2, F_{s_2}(t,x)\big).$$

On voit en particulier que pour $t \in]\alpha,\beta[$ et $s \in]\alpha - t, \beta - t[$ fixés, $x \mapsto F_s(t,x)$ est un difféomorphisme ayant pour inverse $x \mapsto F_{-s}(s+t,x)$.

c) Réciproquement, soit $s \mapsto G_s$ un chemin lisse de difféomorphismes, et

$$Y(t,x) = \frac{d}{ds}\Big(G_s\big(G_t^{-1}(x)\big)\Big)_{|s=t}$$

le champ dépendant du temps associé. Alors

$$Y\big(t, G_t(x)\big) = \frac{d}{ds}G_s(x)_{|s=t},$$

ce qui montre que la courbe $t \mapsto G_t(x)$ est une trajectoire du champ Y. C'est donc d'après l'hypothèse la trajectoire qui passe par x à l'instant 0 ■

Ainsi, de même qu'un champ de vecteurs engendre un groupe à un paramètre de difféomorphismes, un champ de vecteurs dépendant du temps engendre une famille à un paramètre de difféomorphismes. Cela justifie la définition suivante.

53. Définition – *Le champ de vecteurs dépendant du temps défini dans* **52.** *c) s'appelle le* générateur infinitésimal *de la famille de difféomorphismes* $s \mapsto G_s$.

La construction de familles de difféomorphismes à partir de leur générateur infinitésimal est un outil très efficace, appelé *méthode du chemin*. A titre d'exemple, nous allons en tirer une démonstration du lemme de Morse (comparer à **I. K** et à **I**, exercice **11**).

54. Théorème – *Soit* $f : U \mapsto \mathbb{R}$ *une application lisse définie sur un ouvet de* $\mathbb{R}^n$, *et soit* $a \in U$ *un point critique non dégénéré. Alors il existe des ouverts* V *et* W *contenant* a *et contenus dans* U, *et un difféomorphisme* φ *de* W *sur* V *tel que* $\varphi(a) = a$ *et*

$$f\big(\varphi(x)\big) - f(a) = \sum_{i,j} \partial^2_{ij} f(a) x^i x^j.$$

Preuve – On peut toujours supposer que $a = 0$ et $f(a) = 0$. Une double application du lemme de Hadamard permet de mettre f sous la forme

$$f(x) = \sum_{1 \le i,j \le n} h_{ij}(x) x^i x^j,$$

avec $h_{ij} = h_{ji}$ et $h_{ij}(0) = \partial^2_{ij} f(0)$, les fonctions h_{ij} étant lisses. Dans une boule de centre 0 contenue dans U on pose, pour $t \in [0,1]$,

$$f_t(x) = \sum_{1\leq i,j\leq n} h_{ij}(tx)(x^i - a^i)(x^j - a^j).$$

Ainsi, $f_1 = f$, alors que f_0 est le modèle local cherché. Nous allons montrer qu'il existe un chemin de difféomorphismes $t \mapsto \varphi_t$, tel que

$$f_t \circ \varphi_t = f_0 \quad \text{et} \quad \varphi_0 = Id.$$

Soit $f'_t(x)$ la dérivée partielle par rapport à t de la fonction $(t,x) \mapsto f_t(x)$. En dérivant par rapport à t la relation précédente, on voit que le générateur infinitésimal X de φ_t vérifie

$$f'_t\big(\varphi_t(x)\big) + (df_t)_{\varphi_t(x)} \cdot X_{\varphi_t(x)}(t) = 0.$$

Il faut donc trouver un champ dépendant du temps tel que

$$f'_t(y) + (df_t)_y \cdot X_y(t) = f'_t(y) + \sum_k \partial_k f_t(y) X^k(t,y) = 0.$$

La difficulté vient de ce que $(df_t)_0 = 0$. Mais sachant que

$$f'_t(y) = \sum_{k,i,j} \partial_k h_{ij}(ty) y^k y^i y^j,$$

et

$$\partial_k f_t(y) = \sum_{i,j} t h_{ij}(ty) y^i y^j + 2\sum_i h_{ki}(ty) y^i,$$

on est assuré de trouvé un tel champ si ses coordonnées X^k sont solutions du système linéaire

$$\sum_k \Big(2h_{ki}(ty) + t\sum_j \partial_k h_{ij}(ty) y^j\Big) X^k(t,y) + \sum_{k,j} \partial_k h_{ij}(ty) y^k y^j = 0. \qquad (1 \leq i \leq n)$$

Il résulte de l'hypothèse de non dégénérescence du point critique 0 que le déterminant de la matrice $\big(h_{ki}(0)\big)_{1\leq k,i\leq n}$ est non nul. Il en sera donc de même du déterminant du système linéaire que nous venons d'écrire si y est assez proche de 0, disons si $\|y\| < r$. Pour être assuré que le champ dépendant du temps ainsi obtenu est le générateur infinitésimal d'un chemin de difféomorphismes défini jusqu'au temps 1, on emploie un procédé maintes fois éprouvé dans ce chapitre : on le multiplie par une fonction plateau à support dans $B(0,r)$ et valant 1 sur $B(0,r/2)$ ∎

Remarque – En particulier, la forme réduite obtenue montre que les points critiques non dégénérés sont isolés.

G. VARIÉTÉS DE DIMENSION UN

Nous allons utiliser le théorème de plongement vu dans ce chapitre pour montrer le résultat suivant.

55. Théorème – *Une variété connexe et dénombrable à l'infini de dimension* 1 *est difféomorphe à* S^1 *si elle est compacte, à* $\mathbb{R}$ *si elle n'est pas compacte.*

La démonstration de ce résultat tout à fait "intuitif" est assez délicate. D'après **7**, une telle variété C admet un plongement dans un espace $\mathbb{R}^n$ (on pourrait même dire dans $\mathbb{R}^3$, mais cela ne servirait strictement à rien). On part d'un tel plongement. Donnons quelques préliminaires sur les paramétrisations des courbes.

56. Définition – *Soit* $\varphi :]a,b[\to C$ *une paramétrisation d'une sous-variété de dimension* 1 *d'un espace euclidien. On dit que* φ *est une* paramétrisation par longueur d'arc *si pour tout* t *de* $]a,b[$ *le vecteur vitesse* $\varphi'(t)$ *est de norme* 1.

De telles paramétrisations existent toujours, et on a unicité, à changement de sens et d'origine près. Plus précisément :

57. Lemme – *Soit* $\psi : J \to C$ *une paramétrisation de* C. *Il existe alors une paramétrisation par longueur d'arc de même image* $\psi(J)$. *De plus, si* $\varphi_1 : I_1 \to C$ *et* $\varphi_2 : I_2 \to C$ *sont deux telles paramétrisations, il existe un* c *tel que* $\varphi_2(t) = \varphi_1(c+t)$ *ou* $\varphi_2(t) = \varphi_1(c-t)$.

Preuve – On choisit un $t_o \in J$ et on pose

$$S(t) = \int_{t_o}^{t} \|\psi'(u)\| du.$$

La fonction S est lisse et sa dérivée est partout non nulle. Si $I = S(J)$, la fonction $\psi \circ S^{-1} : I \to C$ donne une paramétrisation par longueur d'arc. Soient maintenant φ_1 et φ_2 deux paramétrisations d'image $\psi(J)$, définies sur des intervalles ouverts I_1 et I_2. La fonction $\varphi_1^{-1} \circ \varphi_2$ est un difféomorphisme de I_2 sur I_1. De plus, en dérivant la relation

$$\varphi_2 = \varphi_1 \circ (\varphi_1^{-1} \circ \varphi_2),$$

on voit que $|\varphi_1^{-1} \circ \varphi_2)'(t)| = 1$, donc que la dérivée $(\varphi_1^{-1} \circ \varphi_2)'(t)|$ est une constante égale à 1 ou -1 ∎

Démonstration du théorème – Soit $\varphi :]a,b[\mapsto C$ une paramétrisation par longueur d'arc. On peut la supposer maximale (éventuellement $a = -\infty$ ou $b = -\infty$). Nous allons voir que φ est surjective en montrant que son image $\varphi(]a,b[)$ est ouverte et fermée dans C. D'abord $\varphi(]a,b[)$ est ouverte car $\varphi :]a,b[\to C$ est un difféomorphisme local. Soit maintenant

$$x \in \overline{\varphi(]a,b[)} \setminus \varphi(]a,b[).$$

On a $x = \lim_{n \mapsto +\infty} \varphi(t_n)$, où (t_n) est une suite de points de $]a,b[$. Après extraction d'une sous-suite, on peut supposer que (t_n) converge. La limite est soit un point de $]a,b[$, soit a, soit b. Le premier cas est exclus, puisque nous avons supposé que x n'appartient pas à l'image de φ. Supposons par exemple que la limite est b, et soit $\psi :]-\epsilon, \epsilon[\to C$ une paramétrisation par longueur d'arc d'un voisinage de x dans C, telle que $\psi(0) = x$. Alors $\varphi(t_n) \in \psi(J)$ pour n assez grand. Plus précisément, on a $\varphi(t_n) = \psi(\eta_n)$, pour un unique η_n qui tend vers 0 quand n tend vers l'infini. D'après le lemme,

$$\varphi(t) = \psi(\eta_n \pm (t - t_n)).$$

Pour n assez grand, le membre de droite fournit un prolongement de φ au delà de b, contrairement à l'hypothèse de maximalité.
Si φ est injective, on a une immersion injective d'un intervalle $]a,b[$ dans E, dont l'image est une sous-variété. Une telle immersion est un plongement (nous laissons au lecteur de dernier point, qui n'est pas tout à fait évident), et réalise un difféomorphisme entre $]a,b[$ et C, ce qui prouve que C est difféomorphe à $\mathbb{R}$.
Supposons maintenant que φ ne soit pas injective, et considérons t_1 et t_2 tels que $\varphi_(t_1) = \varphi_(t_2)$. Après translation du paramètre t, on peut supposer que t_1 est nul et $t_2 = c > 0$. Les vecteurs $\varphi'(0)$ et $\varphi'(c)$ sont deux vecteurs de norme 1 tangents à C en un même point, donc $\varphi'(0) = \pm\varphi'(c)$. Le second cas est exclus : le lemme, appliqué aux deux paramétrisations $\varphi(t)$ et $\varphi(c-t)$ sur $[0,c]$, donne $\varphi(t) = \varphi(c-t)$, soit en dérivant $\varphi'(t) = -\varphi'(c-t)$, puis $\varphi'(c/2) = 0$, ce qui est impossible.
Donc $\varphi'(0) = \varphi'(c)$. Le lemme donne alors $\varphi(t) = \varphi(c+t)$ tant que $c+t \in]a,b[$; mais si $]a,b[\neq \mathbb{R}$, cette relation donne aussi un prolongement de φ au delà de $]a,b[$. Donc $]a,b[= \mathbb{R}$ et φ est périodique. Soit T sa plus petite période. Si $\varphi(t_1) = \varphi(t_2)$, d'après le raisonnement précédent $\varphi(t_2 - t_1 + t) = \varphi(t)$ quel que soit t, et $t_2 - t_1$ est un multiple entier de T. Ainsi, par passage au quotient, φ donne une immersion *injective* de $\mathbb{R}/T\mathbb{Z}$ sur C, donc un plongement ∎

Remarque – On a donc une caractérisation "intrinsèque" très simple des variétés de dimension 1. Par contre leurs plongements dans $\mathbb{R}^3$ peuvent être beaucoup plus compliqués que le plongement "standard" $t \mapsto (\cos t, \sin t, 0)$. Ce plongement se prolonge en un plongement du disque fermé. Il n'en est pas de même pour le *nœud de trèfle*

$$t \mapsto \big((2+\cos 3t)\cos 2t, (2+\cos 3t)\sin 2t, \sin 3t\big)$$

(cette assertion n'a rien d'évident, malgré le dessin).

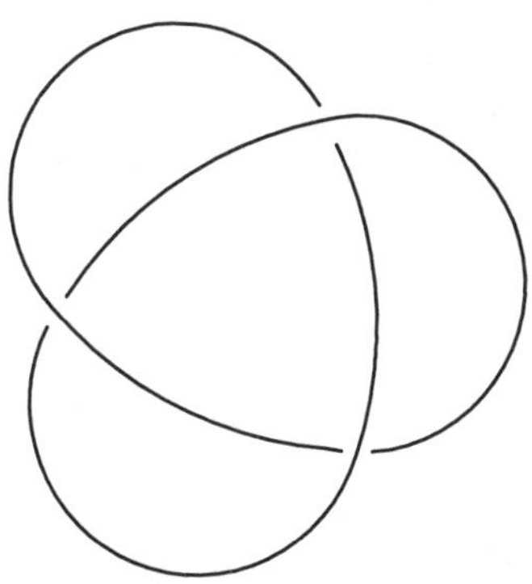

Pour un avant-goût de la théorie des nœuds, qui est en pleine explosion aujourd'hui, voir la fin de [Gramain] ; pour plus de détails et des informations récentes, voir [Adams].

H. COMMENTAIRES

A PROPOS DES IMMERSIONS ET DES PLONGEMENTS

La démonstration du théorème de Whitney fait pressentir que les immersions et les plongements d'une variété donnée, une fois qu'ils existent, sont assez nombreux. Par exemple on démontre (cf.[Hirsch, ch. 2]) que si M est compacte l'ensemble des immersions d'une variété M dans $\mathbb{R}^{2\dim M}$ est un ouvert dense de $C^\infty(M, \mathbb{R}^{2\dim M})^{**}$ pour la topologie compacte-ouverte.**
D'où la question de la classification de ces immersions. On introduit pour y répondre la notion *d'isotopie.* Deux immersions f, g de M dans N sont isotopes s'il existe une application lisse $H : [0,1] \times M \to N$ telle que $H(0,x) = f(x)$, $H(1,x) = g(x)$, et que l'application partielle $x \mapsto H(t,x)$ soit une immersion pour tout t. Il est facile de voir par exemple que 2 immersions suffisamment C^1-proches d'une variété compacte sont isotopes. La classification des immersions à isotopie près est abordée par exemple dans [Adashi].
Bornons-nous à décrire ce qui se passe pour $M = S^1$. C'est moins difficile qu'en dimension supérieure, mais déjà intéressant.
a) Deux immersions de S^1 dans $\mathbb{R}^n$ sont toujours isotopes si $n \geq 3$ (nous invitons le lecteur à le démontrer en imitant la preuve du théorème de Whitney).
b) Deux immersions f et g de S^1 dans $\mathbb{R}^2$ sont isotopes si et seulement si leurs "hodographes" $t \mapsto f'(t)/\|f'(t)\|$ et $t \mapsto g'(t)/\|g'(t)\|$ sont homotopes (autrement dit si les tangentes orientées font "le même nombre de tours"). C'est le théorème de Whitney-Grauenstein, montré par exemple dans [Adashi] ou [Berger-Gostiaux].
Si maintenant dans la définition d'une isotopie on remplace immersion par plongement, on montre (ibidem) qu'il y a deux classes d'isotopie de plongements de S^1 dans $\mathbb{R}^2$ (le sens trigonométrique et le sens des aiguilles d'une montre). Et si on remplace $\mathbb{R}^2$ par $\mathbb{R}^3$, le problème de la classification des isotopies de plongement de S^1 est à peu de choses près le problème de la classification des nœuds évoqué au paragraphe précédent.

THÉORIE DE MORSE

Nous avons vu dans ce chapitre que le type topologique d'un "sous-niveau" $\{f \leq a\}$ d'une fonction lisse sur une variété ne change pas tant qu'on ne franchit pas de niveau critique (c'est-à-dire contenant un point critique). Que se passe-t-il quand on rencontre un point critique? Le cas le plus simple est celui où il y a seulement deux points critiques (le nombre minimum sur une variété compacte, une fonction non constante ayant un maximum et un minimum distincts). La réponse est fournie par le théorème de Reeb :
S'il existe sur une variété compacte M une fonction admettant deux points critiques, alors M est homéomorphe à une sphère.
On ne peut pas conclure que M est difféomorphe à S^n (on pressent pourquoi en faisant l'exercice **26**, où il s'agit de montrer le théorème de Reeb dans le cas plus facile où les points critiques sont non dégénérés).
Dans le cas général, si $p \in M$ est un point critique *non dégénéré* (et donc isolé d'après **54**), le lemme de Morse permet de contrôler le changement de topologie quand on passe du sous-niveau $f \leq f(p) - \epsilon$ au sous-niveau $f \leq f(p) + \epsilon$, en fonction de *l'indice* du point critique p, défini comme le nombre de carrés négatifs intervenant dans le lemme de Morse (voir [Milnor 2] et [Hirsch] pour des énoncés précis et des dessins suggestifs). On en déduit par exemple les inégalités de Morse faibles (ibidem) :

Si f est une fonction sur M n'ayant que des points critiques non dégénérés, et si $c_k(f)$ est le nombre de points critiques d'indice k, on a

$$\dim H^k(M, \mathbb{R}) \leq c_k(f)$$

et

$$\sum_k (-1)^k c_k(f) = \sum_k (-1)^k \dim H^k(M, \mathbb{R}).$$

Les espaces de cohomologie $\dim H^k(M, \mathbb{R})$ seront définis au chapitre VII. ** Mais il se trouve que le point de vue des formes différentielles que nous utilisons est assez mal adapté à la démonstration des inégalités de Morse, qui sont par contre faciles à montrer avec un peu de topologie algébrique.**

SYSTÈMES DYNAMIQUES

On entend par là l'étude globale des trajectoires des champs de vecteurs (et plus généralement l'étude des itérés d'un difféomorphisme, qu'il soit obtenu à l'aide d'un flot ou non).
Les exercices **6**, **7** et **10** traitent de quelques uns des rares cas où la structure des trajectoires est bien comprise. Un autre exemple "trivial" est celui du champ $\partial_x + \alpha\partial_y$ sur $T^2 = \mathbb{R}^2/\mathbb{Z}^2$: si α est rationnel les trajectoires sont toutes des courbes fermées, si α est irrationnel ce sont toutes des sous-variétés strictement immergées et partout denses (comparer à **II. 39**).
Dans le cas général, il est hors de question, même pour un champ de vecteurs sur $\mathbb{R}^2$ à coefficients polynômiaux *, d'espérer une expression explicite des trajectoires. D'où l'importance, déjà vue par Poincaré, d'une étude *qualitative* : comportement des trajectoires quand t tend vers l'infini, stabilité, existence d'orbites denses, ou périodiques, etc... Pour ces questions, voir [Godbillon 2], [Demazure], [Arnold 1] et [Arnold 2].

EXERCICES

1. Montrer que si M est une variété lisse compacte, l'ensemble des fonctions lisses est dense dans $C^0(M)$ pour la topologie de la convergence uniforme (utiliser le théorème de Stone-Weierstrass).

* **2.** *Théorème de Whitney*

a) Montrer que tout ouvert de $\mathbb{R}^n$ est une réunion dénombrable de boules ouvertes.

b) Soit donc F une partie fermée de $\mathbb{R}^n$. On peut donc écrire, pour des points x_p et des nombres positifs r_p convenables,

$$\mathbb{R}^n \setminus F = \cup_{p\in\mathbf{N}} B(x_p, r_p).$$

Soit f_p une fonction non-négative et lisse, strictement positive sur $B(x_p, r_p)$ et à support égal à $\overline{B(x_p, r_p)}$ (on donnera un exemple explicite d'une telle fonction.) Soit

* Cet exemple n'est pas donné au hasard : le fait qu'il n'existe alors qu'un nombre fini de trajectoires fermées est un résultat récent($\simeq$ 1987) et difficile.

$$M_p = \sup_{x \in \mathbb{R}^n, |\alpha| \leq p} \left| \frac{\partial^\alpha f_p}{\partial x_1^{\alpha_1} \cdots \partial x_n^{\alpha_n}}(x) \right|, \quad \text{où} \quad |\alpha| = \sum_{i=1}^{n} \alpha_i.$$

Montrer que la fonction

$$f(x) = \sum_{p \in \mathbb{N}} \frac{1}{p! M_p} f_p(x)$$

est lisse, et que $f^{-1}(0) = F$. (Autrement dit, tout fermé de $\mathbb{R}^n$ est l'ensemble des zéros d'une fonction lisse).

3. Soit f une fonction lisse sur $\mathbb{R}$ telle que $f(\frac{1}{n}) = 0$ pour tout entier n. (D'après l'exercice précédent, il existe de telles fonctions dont la restriction à tout voisinage de zéro est non identiquement nulle). Montrer que toutes les dérivées de f sont nulles à l'origine.

4. Montrer que l'anneau des germes en 0 de fonctions *continues* sur $\mathbb{R}^n$ n'admet pas de dérivations non nulles.

5. Montrer que l'anneau des germes en 0 de fonctions lisses n'est pas intègre. * Qu'en est-il de l'anneau des germes de fonctions analytiques ?

6. *Le produit vectoriel vu comme un crochet.*
On se donne sur $\mathbb{R}^3$ les champs de vecteurs

$$X = z\partial_y - y\partial_z \quad ; \; Y = x\partial_z - z\partial_x \quad ; \; Z = y\partial_x - x\partial_y.$$

a) Montrer qu'ils sont linéairement indépendants sur $\mathbb{R}$. Soit E l'espace vectoriel sur $\mathbb{R}$ qu'ils engendrent. Montrer que E est stable par le crochet.

b) Soit $\varphi : E \mapsto \mathbb{R}$ donnée par

$$\varphi(aX + bY + cZ) = (a, b, c).$$

Montrer que φ est un isomorphisme, et que

$$\varphi([V, W]) = \varphi(V) \wedge \varphi(W),$$

où $\wedge$ désigne le produit vectoriel.

c) Quel est le flot de $aX + bY + cZ$?

7. On considère la sphère S^2 plongée dans $\mathbb{R}^3$ de la façon habituelle. On désigne par i_N la projection stéréographique de pôle Nord, et par h_t l'homothétie de centre $(0, 0, 0)$ et de rapport e^t du plan $z = 0$.

a) Montrer que $i_N^{-1} \circ h_t \circ i_N$ se prolonge d'une manière unique en un difféomorphisme g_t de S^2 , et que $g_t \circ g_{t'} = g_{t+t'}$.

b) Montrer que les seuls points fixes de g_t sont les pôles Nord et Sud. Vérifier que pour tout $x \in S^2$ on a

$$\lim_{t \mapsto +\infty} g_t(x) = N \qquad \text{et} \qquad \lim_{t \mapsto -\infty} g_t(x) = S.$$

c) Vérifier que le générateur infinitésimal du groupe à un paramètre g_t est donné pour tout $x \in S^2$ par la projection orthogonale sur $T_x S^2$ du vecteur $(0, 0, 1)$.

* d) En s'inspirant de la construction faite en a), donner un exemple de champ de vecteurs sur S^2 ayant un seul zéro, et dessiner ses trajectoires.

8. Soient X et Y deux champs de vecteurs sur une variété, φ et ψ leurs flots. Montrer que φ_s et ψ_t commutent quels que soient s et t assez petits si et seulement si $[X, Y] = 0$.

9. Soit X un champ de vecteurs sur une variété tel que $[X, Y] = 0$ quel que soit le champ Y. Montrer que $X = 0$.

10. Donner un exemple de champ de vecteurs sur S^{2n-1} qui ne s'annule nulle part. (Remarquer que

$$S^{2n-1} = \left\{ (z_1, \cdots, z_n) \in \mathbb{C}^n, \sum_{i=1}^{n} |z_i|^2 = 1 \right\},$$

et utiliser le groupe à un paramètre $v_t(z) = (e^{it} z_1, \cdots, e^{it} z_n)$.)
N.B. On verra plus tard que sur les sphères de dimension paire tout champ de vecteurs a au moins un zéro.

* **11.** Montrer que TS^{n-1} est difféomorphe à la sous-variété de $\mathbf{C}^n$ définie par l'équation

$$\sum_{i=1}^{n} z_i^2 = 1.$$

12. *Exemples de variétés parallélisables*

* a) Expliciter trois champs de vecteurs partout indépendants sur S^3.

** b) Montrer que la variété $S^1 \times S^n$ est parallélisable.

13. Soient $\varphi : M \mapsto N$ et $\psi : N \mapsto P$ des difféomorphismes. Montrer que

$$\psi_* \circ \varphi_* = (\psi \circ \varphi)_* .$$

* **14.** Démontrer le théorème d'inversion locale par la méthode du chemin.

* **15.** *Transitivité du groupe des difféomorphismes*

a) Montrer que quels que soient les réels positifs r et r' (avec $r' > r$), et les points x et y dans la boule ouverte $B(0, r)$, il existe un difféomorphisme v de $\mathbb{R}^n$ tel que $v(x) = y$ et $v(z) = z$ si $\|z\| > r'$. (Utiliser le flot d'un champ de vecteurs adéquat.)

b) Soit M une variété. Montrer que tout point $x \in M$ admet un voisinage V satisfaisant à la propriété suivante :
pour tout $y \in V$, il existe un difféomorphisme j de M tel que $j(x) = y$ (on pourra se ramener à a) en utilisant des cartes convenables).

c) Montrer que si M est connexe, le groupe des difféomorphismes opère transitivement sur M.

d) Montrer que si $\dim M > 1$, ce groupe est *k-transitif* quel que soit k, autrement dit que si $(x_1, \ldots, x_k)$ et $(y_1, \ldots, y_k)$ sont deux k-uples de points deux à deux distincts, il existe un difféomorphisme φ de M tel que $\varphi(x_i) = y_i$ pour tout $i \in [1, k]$.

*** 16.** *Théorème de redressement d'un champ de vecteurs*

a) Soit $X = \sum_{i=1}^{n} X^i \partial_i$ un champ de vecteurs sur un ouvert U de $\mathbb{R}^n$ contenant l'origine. On suppose que $X^1(0) \neq 0$. Soit φ_t le flot local de X. Montrer que l'application

$$F : (x^1, \ldots, x^n) \to \varphi_{x^1}(0, x^2, \ldots, x^n)$$

est un difféomorphisme local au voisinage de 0.

b) Montrer que $F_*^{-1} X = \partial_1$. Indication : utiliser **45**.

c) Soit M une variété lisse, et $X \in \Gamma(TM)$. Montrer que pour tout point a tel que $X_a \neq 0$, il existe une carte (U, φ), où U contient a, telle que $X_{|U} = \partial_1$. ** La classification locale des champs de vecteurs ayant un zéro isolé est loin d'être aussi élémentaire. Elle fait intervenir des conditions arithmétiques sur la différentielle de X au zéro. Voir [Demazure].**

*** 17.** *Réduction simultanée d'un système de champs de vecteurs commutant entre eux*

Soient p champs de vecteurs sur une variété M, notés $L_1 \ldots, L_p$, partout linéairement indépendants, et tels que

$$\forall i, j \; [L_i, L_j] = 0.$$

On se propose de démontrer que pour tout $m \in M$, il existe un ouvert U contenant m et un système de coordonnées locales sur U tel que $L_{i|U} = \frac{\partial}{\partial x^i}$ si $1 \leq i \leq p$.

L'exercice précédent montre que cette propriété est vraie pour $p = 1$, et on va procéder par récurrence.

a) La propriété étant supposée vraie pour p, soient $L_1, \ldots, L_{p+1}$ $p+1$ champs de vecteurs indépendants et commutant entre eux. Montrer qu'il existe au voisinage de tout point m des coordonnées locales (x, y), où $x = (x^1, \ldots x^p)$ et $y = (y^1 \ldots y^{n-p})$ telles que

$$L_i = \frac{\partial}{\partial x^i} \quad \text{si } 1 \leq i \leq p;$$
$$L_{p+1} = \sum_{i=1}^{p} a^i(y) \frac{\partial}{\partial x^i} + \sum_{j=1}^{n-p} b^j(y) \frac{\partial}{\partial y^j}.$$

b) En utilisant l'exercice précédent, montrer que l'on peut prendre ce système (x, y) de façon que

$$L_{p+1} = \sum_{i=1}^{p} a_i(y) \frac{\partial}{\partial x^i} + \frac{\partial}{\partial y^1}.$$

c) Conclure, à l'aide d'un changement de coordonnées de la forme

$$\xi^i = x^i + \varphi^i(y) \; (1 \leq i \leq p), \quad \eta^j = y^j \; (1 \leq j \leq n-p).$$

*** 18.** *Théorème de Frobenius*

Un système de p champs de vecteurs $L_1, \ldots, L_p$ partout indépendants sur une variété M est dit *complètement intégrable* si pour tout $m \in M$ il existe un ouvert U contenant M et une sous-variété Y de dimension p (dite *variété intégrale*), contenue dans U, contenant m, et telle que $L_i(y) \in T_y Y$ pour tout

$y \in Y$ et pour tout $i \in [1,p]$. (L'adverbe complètement exprime qu'on peut trouver des sous-variétés tangentes au "champ de p-plans" engendré par les L_i dont la dimension soit la plus grande possible.)
On va montrer qu'un système de p vecteurs est complètement intégrable si et seulement si il existe p^3 fonctions lisses c^i_{jk} telle que

$$[L_j, L_k] = \sum_{i=1}^{p} c^i_{jk} L_i \qquad \text{(F)}.$$

(Cette condition est banale pour $p = 1$: on a vu en **40** qu'un champ de vecteurs non nul est un "système" complètement intégrable.)

a) Soit $L'_1 \ldots, L'_p$ un second système de champs de vecteurs tel que pour tout $m \in M$ les vecteurs $L'_i(m)$ engendrent le même sous-espace vectoriel que les $L_i(m)$ (ce qui fait que ce système est complètement intégrable si et seulement si le premier l'est). Montrer que

$$L'_i(m) = \sum_{j=1}^{p} a^j_i(m) L_i(m),$$

où les a^j_i sont des fonctions lisses. En déduire que les systèmes $L_1, \ldots, L_p$ et $L'_1 \ldots, L'_p$ satisfont simultanément à la condition (F).

b) Montrer que la condition est nécessaire.

c) Pour montrer que la condition est suffisante, on se ramène à l'exercice précédent, en montrant que si le système $L_1, \ldots, L_p$ satisfait à (F), tout point de M est contenu dans un ouvert U sur lequel il existe un système $L'_1 \ldots, L'_p$ tel que :

i) les $L'_i(x)$ sont indépendants pour tout $x \in U$.
ii) $L'_i = \sum_{k=1}^{p} a^k_i L_k$, où $a^k_i \in C^\infty(U)$.
iii) Quels que soient i et j dans $[1,p]$, $[L'_i, L'_j] = 0$.

La question étant locale, il suffit de travailler sur un ouvert de $\mathbb{R}^n$. Quitte à effectuer un changement linéaire de variable, on peut supposer que $L_i(0) = \partial_i$ quel que soit $i \in [1,p]$. Si

$$L_i(x) = \sum_{i=1}^{n} a^j_i(x) \partial_j,$$

il existe donc un ouvert contenant 0 où la matrice

$$\big(a^j_i(x)\big)_{1 \le i,j \le p}$$

est inversible. Soit (b^j_i) la matrice inverse, et soit

$$L'_i = \sum_{j=1}^{p} b^j_i L_i.$$

c1) Montrer que

$$L'_i(x) = \partial_i + \sum_{k>p} c^k_i(x) \partial_k.$$

c2) En utilisant (F), montrer que $[L'_i, L'_j] = 0$.

*** 19.** *Géométrie des systèmes complètement intégrables*

Soit M une variété munie d'un système complétement intégrable. On dira que deux point $x, y \in M$ sont équivalents s'il existe une suite finie $Y_1, \ldots, Y_k$ de sous-variétés intégrales telles que $x \in Y_1$, $y \in Y_k$ et $Y_i \cap Y_{i+1} \neq \emptyset$ pour $1 \leq i \leq k-1$. Montrer que les classes d'équivalence sont des sous-variétés strictement immergées.

N.B. Ces classes d'équivalence s'appellent les *intégrales maximales* du système.

20. *Fibré normal*

a) Soit f une immersion, pas nécessairement injective, d'une variété M dans un espace euclidien E. Montrer que l'ensemble des couples (x, v) de $M \times E$ tels que v soit orthogonal à $T_x f(T_x M)$ est un fibré vectoriel sur M de rang $\dim E - \dim M$ (la projection est bien sûr la restriction de pr_1). Ce fibré s'appelle le fibré normal, comme dans le cas des sous-variétés.

b) Montrer que le fibré normal à S^n vue comme l'ensemble des vecteurs de norme 1 dans un espace euclidien de dimension $n+1$ est trivialisable.

c) Même question pour une sous-variété de X de $\mathbb{R}^n$ de la forme $f^{-1}(0)$, où f est une submersion de $\mathbb{R}^n$ dans $\mathbb{R}^p$.

*** 21.** *Fibré tautologique*

a) On définit un fibré vectoriel de rang 1 sur $P^n\mathbb{R}$, dit *fibré tautologique*, et noté γ_n, comme suit. L'espace total ξ est la partie de $P^n\mathbb{R} \times \mathbb{R}^{n+1}$ formée des couples (x, v) tels que v appartient à la droite définie par x, la projection est la restriction de pr_1. Il revient au même de dire que, si $x = (x^0, \cdots, x^n)$ est un système de coordonnées homogènes de $[x] \in P^n\mathbb{R}$, l'espace total est caractérisé par les équations

$$x^i v^j - x^j v^i = 0 \qquad (0 \leq i < j \leq n)$$

(comparer à la première question de l'exercice **17** du chapitre **II**).

b) Montrer que pour $n = 1$ l'espace total est difféomorphe à la variété des droites affines du plan, et que la projection consiste à associer à chaque droite sa direction (non orientée!!).

** c) Montrer que γ_n n'est pas trivialisable.

*** 22.** *Quelques constructions de fibrés vectoriels*

a) *Produit cartésien.*

Si $\xi_1 = (E_1, p_1, B_1)$ et $\xi_2 = (E_2, p_2, B_2)$ sont deux fibrés vectoriels, montrer qu'il en est de même de

$$(E_2 \times E_2, p_1 \times p_2, B_1 \times B_2),$$

chaque fibre

$$(p_1 \times p_2)^{-1}(b_1, b_2) = (E_1)_{b_1} \times (E_2)_{b_2}$$

étant munie de la stucture vectorielle produit. Ce fibré se note $\xi_1 \times \xi_2$.

b) *Image réciproque.*

Si $\xi = (E, p, B)$ est un fibré vectoriel et $f : B' \to B$ une application lisse,

$$E' = \{(b', e) \in B' \times E,\ f(b') = p(e)\},$$

muni de la restriction de la première projection, est l'espace total d'un fibré vectoriel sur B', noté $f^*\xi$. La restriction de la deuxième projection donne un morphisme de fibrés. Exemple idiot mais important : si M est une sous-variété de $\mathbb{R}^n$, ou plus généralement si $f : M \to \mathbb{R}^n$ est une immersion, l'image réciproque de $T\mathbb{R}^n$ par f est le fibré trivial $M \times \mathbb{R}^n$.

c) *Somme directe, ou somme de Whitney.*
Si $\xi_1 = (E_1, p_1, B)$ et $\xi_2 = (E_2, p_2, B)$ sont deux fibrés vectoriels de même base B, c'est le fibré $\Delta^*(\xi_1 \times \xi_2)$, où $\Delta : B \to B \times B$ est l'application diagonale. Il est noté $\xi_1 \oplus \xi_2$.
Exemple : la somme de Whitney du fibré tangent et du fibré normal à une sous-variété de $\mathbb{R}^n$ est le fibré trivial.

** **23.** *Fibré tangent à $P^n\mathbb{R}$*

a) On identifie TS^n à l'ensemble des $(x, v) \in \mathbb{R}^{n+1} \times \mathbb{R}^{n+1}$ tels que $\|x\| = 1$ et $\langle x, v\rangle = 0$. Montrer que $TP^n\mathbb{R}$ s'identifie au quotient de TS^n obtenu en identifiant (x, v) et $(-x, -v)$, et que l'application de passage au quotient est un morphisme de fibrés vectoriels.

b) On définit un fibré de rang n sur $P^n\mathbb{R}$, noté $\gamma_n^\perp$, dont l'espace total est

$$\{([x], v) \in P^n\mathbb{R} \times \mathbb{R}^{n+1},\ \langle x, v\rangle = 0\}.$$

Ainsi, la somme de Whitney $\gamma_n \oplus \gamma_n^\perp$ (voir l'exercice **21**) est le fibré trivial de rang $(n + 1)$ sur $P^n\mathbb{R}$.
Montrer que $TP^n\mathbb{R}$ est isomorphe à $Hom(\gamma_n, \gamma_n^\perp)$.

* **24.** *Voisinage tubulaire d'une sous-variété*
Soit M une sous-variété compacte d'un espace euclidien de dimension, et $N(M)$ le fibré normal à M. On définit une application $f : N(M) \to E$ en posant

$$f(x, v) = x + v \quad (\text{pour } (x, v) \in N(M) \subset M \times E,\ \text{cf. ex. } \mathbf{20}).$$

a) Montrer que f est étale en $(x, 0)$.

b) Pour $r > 0$, on pose

$$N_r(M) = \{(x, v) \in N(M),\ \|v\| < r\}.$$

Montrer qu'il existe un $\epsilon > 0$ tel que f soit un difféomorphisme de $N_r(M)$ sur son image si $r < \epsilon$ (s'inspirer de la preuve de **6. 16**)

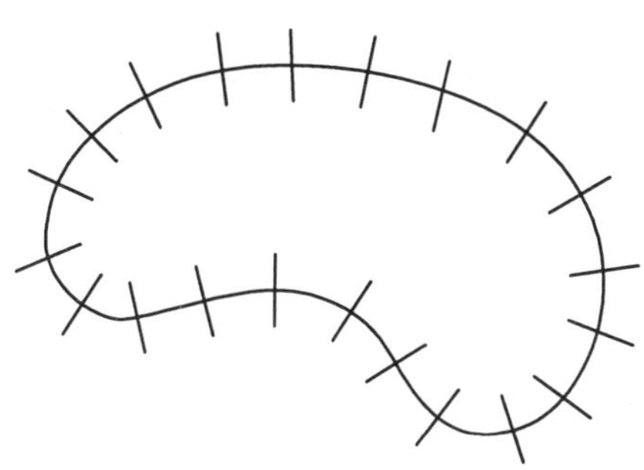

L'image $f(N_r(M))$ s'appelle alors un voisinage tubulaire de M, et se note $V_r(M)$.

On montrera au passage que si y est dans un voisinage tubulaire, et si $y = f(x, v)$, alors $\mathrm{dist}(y, M) = \|v\|$.

*** 25.** *Théorème de Reeb : le cas facile*
Soit M une variété compacte de dimension n et f une fonction lisse sur M à valeurs réelles, admettant exactement deux points critiques, ces points critiques étant *non dégénérés*. Montrer que M est homéomorphe à S^n.
Indication : en utilisant **50** et **54**), on décompose M en trois morceaux, dont deux sont homéomorphes au disque fermé D^n, et le troisième à un produit $I \times S^{n-1}$. On peut recoller ces homéomorphismes et obtenir un homéomorphisme de M sur S^n en remarquant que tout homéomorphisme de S^{n-1} peut se prolonger en un homéomorphisme de D^n.

CHAPITRE IV

AUTOUR DES GROUPES DE LIE

La notion de groupe de Lie a été dégagée dans le courant du XIXième siècle, donc bien avant celle de variété, par le mathématicien norvégien Sophus Lie, à l'occasion de l'étude des transformations laissant invariant l'ensemble des solutions d'une équation différentielle *. On donnait jadis à ces groupes le nom délicieux de "groupes finis et continus", ce qui signifie dans le langage d'aujourd'hui que ce sont à la fois des groupes et des variétés C^0.
En fait, il a été démontré (la preuve occupe un livre entier, [Montgomery-Zippin]) que toute variété C^0 munie d'une loi de groupe continue est un groupe de Lie, c'est-à-dire une variété lisse munie d'une loi de groupe lisse. Il n'est donc pas étonnant que tous les groupes qui interviennent en géométrie ou en physique soient des groupes de Lie (les groupes discrets étant de dimension zéro !).
Les nombreux exemples que nous allons voir sont tous des sous-groupes d'un groupe linéaire $Gl(n, \mathbb{R})$, et inversement on démontre que tout groupe de Lie est localement isomorphe à un tel sous-groupe. La théorie générale n'en garde pas moins toute sa pertinence : c'est elle qui permet d'aboutir au résultat que nous venons de citer, qui est loin d'être évident. Et même au niveau élémentaire où nous nous plaçons, elle met mieux en lumière le phénomène essentiel qui intervient, à savoir le lien entre les propriétés du groupe et celle d'une structure algébrique *ad hoc* sur l'espace tangent à l'élément neutre, appelée structure d'algèbre de Lie.

A. CHAMPS INVARIANTS À GAUCHE

1. DÉFINITION – *Un* groupe de Lie *est un groupe G muni d'une structure de variété lisse telle que les applications*

$$(g, h) \to gh \qquad \text{de } G \times G \text{ dans } G$$

et

$$g \to g^{-1} \qquad \text{de } G \text{ dans } G$$

soient lisses.

Il revient au même bien sûr de supposer que l'application

$$(g, h) \to gh^{-1} \qquad \text{de } G \times G \text{ dans } G$$

est lisse.

---

* Signalons à ce propos l'exemple intéressant de l'équation de Ricatti, cf. [Berger], 6.8.7.

2. *Exemples*

a) Le groupe additif $\mathbb{R}^n$ est un groupe de Lie.

b) Le *groupe linéaire* $Gl(n, \mathbb{R})$ des automorphismes de l'espace vectoriel $\mathbb{R}^n$ est un groupe de Lie : nous avons vu en **I. 7** que c'est un ouvert de $End(\mathbb{R}^n)$, donc une variété de dimension n^2, et la lissité des opérations de groupe se voit sur les formules explicites.

c) Si G et H sont deux groupes de Lie, $G \times H$, muni de la structure de groupe produit et de la structure de variété produit, est un groupe de Lie.

d) Le cercle S^1, vu comme le groupe multiplicatif des complexes de module 1, est un groupe de Lie. Le groupe de Lie produit $(S^1)^n$ s'appelle le *tore de dimension* n (par analogie avec le cas $n = 2$). Nous verrons que c'est, à isomorphisme près, le seul groupe de Lie compact connexe abélien de dimension n.

e) Il résulte de **I.29** et **II. 14** que $O(n)$ est un groupe de Lie, et de **II**, ex. **4** que $U(n)$ et $SU(n)$ sont des groupes de Lie.

f) Le groupe $A(n, \mathbb{R})$ des automorphismes *affines* de $\mathbb{R}^n$, c'est-à-dire des transformations

$$x \to Ax + b, \quad \text{où } A \in Gl(n, \mathbb{R})$$

est un groupe de Lie. En effet, $A(n)$ s'identifie à $Gl(n, \mathbb{R}) \times \mathbb{R}^n$ muni de la loi de composition

$$(A, b) \times (A', b') = (AA', Ab' + b).$$

En particulier,

$$(A, b)^{-1} = (A^{-1}, -A^{-1}b).$$

Il est commode de voir $A(n, \mathbb{R})$ comme le sous-groupe de $Gl(n+1, \mathbb{R})$ formé des matrices

$$\begin{pmatrix} A & b \\ 0 \cdots 0 & 1 \end{pmatrix}.$$

g) Citons encore le *groupe de Heisenberg* $\mathcal{H}$ (voir l'exercice **11** pour une justification de ce nom) formé des matrices

$$\begin{pmatrix} 1 & x & z \\ 0 & 1 & y \\ 0 & 0 & 1 \end{pmatrix},$$

et le *groupe de Galilée* $\mathcal{G}$ de l'espace temps de la mécanique classique. L'action d'un élément de $\mathcal{G}$ sur l'espace temps paramétré par $(x, t) \in \mathbb{R}^3 \times \mathbb{R}$ est définie par

$$(A, b, c, \tau) \cdot (x, t) = (Ax + bt + c, t + \tau), \quad \text{où } A \in SO(3),\ b, c \in \mathbb{R}^3,\ \tau \in \mathbb{R}.$$

D'une façon analogue à f), $\mathcal{G}$ peut être considéré comme le sous-groupe de $Gl(5, \mathbb{R})$ formé des matrices

$$\begin{pmatrix} & A & & b & c \\ 0 & 0 & 0 & 1 & \tau \\ 0 & 0 & 0 & 0 & 1 \end{pmatrix}.$$

h) Donnons enfin l'exemple du *groupe de Lorentz* $O(3, 1)$ des automorphismes de la forme quadratique

$$x^2 + y^2 + z^2 - t^2$$

(voir l'exercice **I. 19** pour une justification). Le groupe affine correspondant se construit comme dans f), et se réalise à l'instar du groupe de Galilée comme un sous-groupe de $Gl(5, \mathbb{R})$. C'est le *groupe de Poincaré* de la relativité restreinte.

3. Définitions

a) *Un* morphisme *entre deux groupes de Lie G et H est une application $f : G \to H$ qui est à la fois un morphisme de groupes et une application lisse.*

b) *Les groupes de Lie G et H seront dits* isomorphes *si f est à la fois un isomorphisme de groupes et un difféomorphisme.*

c) *Un* sous-groupe de Lie *de G est une sous-variété qui est aussi un sous-groupe.*

4. Exemples

a) Bien entendu, $O(n)$ est un sous-groupe de Lie de $Gl(n, \mathbb{R})$. Le groupe $SO(n)$ (dit *groupe spécial orthogonal*) des tranformations orthogonales de déterminant 1 est un sous-groupe de Lie de $O(n)$, car c'est un sous-groupe et une partie ouverte de $SO(n)$: on a une partition

$$O(n) = SO(n) \cup O^-(n) \quad \text{où} \quad O^-(n) = \{A \in O(n), \det(A) = -1\}.$$

b) La composante connexe de l'élément neutre d'un groupe de Lie G est un sous-groupe de Lie de G (de même dimension puisqu'elle est ouverte dans G ; nous verrons en **C** pourquoi c'est un sous-groupe). On l'appelle *la composante neutre* de On la note G_o. On verra par exemple en **37** que $O(n)_o = SO(n)$.

A tout élément g d'un groupe de Lie G, on associe les *translations à droite et à gauche*, notées respectivement R_g et L_g, définies par

$$R_g \cdot x = xg \qquad \text{et} \qquad L_g \cdot x = gx.$$

Un mot sur ces conventions : L comme "left" et R comme "right", un hasard malheureux faisant que les mots "gauche" et "groupe" ont la même initiale en français ! En vertu de l'associativité de la loi de groupe, on a

$$L_g \circ L_h = L_{gh} \qquad \text{et} \qquad R_g \circ R_h = R_{hg}.$$

En particulier, R_g et L_g sont des difféomorphismes de G. De plus, toujours à cause de l'associativité, R_g et L_h *commutent*, puisque $h(xg) = (hx)g$!
D'après **III. C**, si X est un champ de vecteurs sur G, on peut définir pour tout $g \in G$ les champs $L_{g*}X$ et $R_{g*}X$.

5. Définition – *Un champ de vecteurs $X \in \Gamma(TG)$ est* invariant à gauche *(resp.* à droite*) si*

$$\forall g \in G, \; L_{g*}X = X \quad (\text{resp.} \quad R_{g*}X = X).$$

Nous désignerons par $\mathcal{I}$ le difféomorphisme $x \mapsto x^{-1}$ de G.

6. Proposition

i) Si X et Y sont deux champs invariants à gauche sur un groupe de Lie G, il en est de même de leur somme et de leur crochet.
ii) Si X est invariant à gauche (resp. à droite), alors $\mathcal{I}_*X$ est invariant à droite (resp. à gauche).
iii) Si X est invariant à gauche (resp. à droite), il en est de même de $R_{g*}X$ (resp. $L_{g*}X$).

Preuve – i) est une conséquence directe de **III. 28**. Pour ii), il suffit de remarquer que la relation

$$(gx)^{-1} = x^{-1}g^{-1}$$

s'écrit

$$\mathcal{I} \circ L_g = R_{g^{-1}} \circ \mathcal{I}.$$

Enfin, les translations à droite commutant avec les translations à gauche, si X est invariant à gauche, on a

$$L_{h*}\left(R_{g*}X\right) = R_{g*}\left(L_{h*}X\right) = R_{g*}X.$$

On déduit évidemment de ii) les propriétés analogues pour les champs invariants à droite ∎

Reste à s'assurer de l'existence de champs invariants à gauche. C'est chose facile, grâce au résultat suivant.

7. Proposition – *Si G est un groupe de Lie, l'application $X \mapsto X_e$ est un isomorphisme entre l'espace vectoriel des champs de vecteurs invariants à gauche sur G et l'espace tangent T_eG.*

Preuve – Si $X \in \Gamma(TG)$ est invariant à gauche, nécessairement

$$X_g = T_eL_g \cdot X_e\,,$$

ce qui montre l'injectivité. Inversement, un vecteur $v \in T_eG$ étant donné, il faut vérifier que l'application de G dans TG donnée par

$$g \to T_eL_g \cdot v$$

est un champ de vecteurs (qui sera alors invariant à gauche par construction). Il suffit de vérifier que cette application définit une dérivation. Pour $f \in C^\infty G$, désignons par L_vf la fonction

$$g \to T_gf \cdot (T_eL_g \cdot v)\,.$$

Il est clair que $L_v(fg) = (L_vf)g + f(L_vg)$, et il reste à montrer que la fonction L_vf est lisse.
Soit $c :]-\epsilon, \epsilon[\mapsto G$ une courbe lisse telle que $c(0) = e$ et $c'(0) = v$. Alors, d'après le théorème des fonctions composées,

$$L_vf(g) = \frac{d}{dt}f(gc(t))_{|t=0}.$$

Mais la fonction $(t, g) \mapsto f(gc(t))$ étant lisse sur $]-\epsilon, \epsilon[\times G$, il en est de même de sa dérivée partielle par rapport à t ▪

8. COROLLAIRE – *Tout groupe de Lie est une variété parallélisable.*

Preuve – Il suffit de prendre les champs de vecteurs associés par la proposition précédente à une base de T_eG, et d'appliquer **III. 35** ▪
En particulier, $\Gamma(TG)$ est engendré (en tant que module sur $C^\infty(G)$) par les champs invariants à gauche (ou à droite).

Examinons maintenant les trajectoires d'un champ de vecteurs invariant à gauche.

9. DÉFINITION – *Un* sous-groupe à un paramètre *d'un groupe de Lie G est un morphisme de $(\mathbb{R}, +)$ dans G, autrement dit une application lisse h de $\mathbb{R}$ dans G telle que*

$$h(t+s) = h(t)h(s)$$

quels que soient $t, s \in \mathbb{R}$.

Exemples

a) Si $A \in M_n(\mathbb{R})$, alors $t \mapsto \exp tA$ est un sous-groupe à un paramètre de $Gl(n, \mathbb{R})$ d'après **I. 37**. Si A est antisymétrique (resp. à trace nulle) on obtient des sous-groupes à un paramètre de $O(n)$ (resp. $Sl(n, \mathbb{R})$).
b) Si G est un sous-groupe de Lie de $Gl(n, \mathbb{R})$ et ϕ est un homomorphisme *continu* de $(\mathbb{R}, +)$ dans G, alors ϕ est un sous-groupe à un paramètre de G, et il existe un unique $A \in T_IG \subset End(\mathbb{R}^n)$ tel que $\phi(t) = \exp(tA)$. En effet nous savons d'après **I.40** que $\phi(t) = \exp(tA)$ pour un A de $End(\mathbb{R}^n)$. Alors $t \mapsto \phi(t)$ est une courbe lisse contenue dans G, et $A = \phi'(0) \in T_IG$.

Un sous-groupe à un paramètre de G étant donné, on peut lui associer le groupe à un paramètre de difféomorphismes de G défini par

$$\phi_t(x) = xh(t)$$

Autrement dit, ϕ_t est la translation à *droite* $R_{h(t)}$.

10. THÉORÈME – *Si h est un sous-groupe à un paramètre d'un groupe de Lie G, le générateur infinitésimal de*

$$\phi_t(x) = xh(t)$$

est un champ de vecteurs invariant à gauche. *Inversement, le flot ϕ d'un champ de vecteurs X invariant à gauche sur G est défini sur $\mathbb{R} \times G$, et il existe un unique sous-groupe à un paramètre h_X tel que*

$$\phi_t(g) = gh_X(t)$$

quels que soient $t \in \mathbb{R}$ et $g \in G$. De plus, $h_X(t) = \phi_t(e)$.

Preuve – Si X est le générateur infinitésimal de ϕ_t. D'après **III. 45**, le flot de $L_{g*}X$ est $L_g \circ \phi_t \circ (L_g)^{-1}$. Mais

$$L_g \circ \phi_t \circ (L_g)^{-1}(x) = g\phi_t(g^{-1}x) = gg^{-1}xh(t) = \phi_t(x)\,,$$

ce qui prouve que $L_{g*}X = X$.
Inversement, si X est invariant à gauche et si ϕ_t est son flot, le même argument montre que

$$\phi_t(g) = g\phi_t(e).$$

Le domaine de définition de ϕ contient donc un ouvert de la forme $]-\epsilon,\epsilon[\times G$. De la relation

$$\phi_{t+t'} = \phi_t \circ \phi_{t'} \qquad \text{pour} \quad |t|,|t'| < \frac{\epsilon}{2},$$

on tire que dans les mêmes conditions

$$\phi_t(e)\phi_{t'}(e) = \phi_{t+t'}(e).$$

Posant $h_X(t) = \phi_t(e)$, le même argument que celui de **III. 49** permet alors de prolonger h_X en un homomorphisme de $\mathbb{R}$ dans G, et donc ϕ à $\mathbb{R} \times G$ tout entier ▪

B. L'ALGÈBRE DE LIE D'UN GROUPE DE LIE

Nous venons donc de voir qu'il revient au même de se donner
- un champ de vecteur sur G invariant à gauche;
- un vecteur de l'espace tangent T_eG;
- un sous-groupe à un paramètre de G.

En particulier, toute opération algébrique définie sur l'un de ces ensembles, comme ici le crochet pour les champs de vecteurs invariants à gauche, se transporte aux deux autres.

11. DÉFINITION – *Une* algèbre de Lie *sur un corps K est un espace vectoriel L sur K, muni d'une application bilinéaire de $L \times L$ dans L, appelée le* crochet *et notée* $[,]$, *telle que*

i) $\forall X \in L,\ [X,X] = 0$.

ii) $\forall X,Y,Z \in L,\ [[X,[Y,Z]] + [Y,[Z,X]] + [Z,[X,Y]] = 0$ (Identité de Jacobi).

12. EXEMPLES

a) N'importe quel espace vectoriel muni du crochet nul est une algèbre de Lie. C'est le seul cas (du moins en caractéristique différente de 2) où une algèbre de Lie est commutative, le calcul de $[X+Y,X+Y]$ montrant que $[X,Y]+[Y,X]=0$.
b) Les résultats de **III.E** se reformulent en disant que pour toute variété lisse M, l'espace vectoriel $\Gamma(TM)$ muni du crochet est une algèbre de Lie (de dimension infinie, puisque $C^\infty(M)$ l'est déjà).
c) En particulier, d'après **6**, les champs de vecteurs invariants à gauche (ou à droite) sur un groupe de Lie forment une algèbre de Lie.

13. DÉFINITION – *Un* morphisme *d'algèbres de Lie L et L' sur un même corps K est une application linéaire f de L dans L' telle que*

$$\forall X,Y \in L,\ f([X,Y]) = [f(X),f(Y)].$$

Si f est inversible, il est clair que f^{-1} est aussi un morphisme. On dit alors que f est un *isomorphisme* d'algèbres de Lie.

Exemple – Toujours d'après **6**, $\mathcal{I}_*$ est isomorphisme entre l'algèbre de Lie des champs invariants à gauche sur G, et celle des champs invariants à droite.
Par transport de structure, l'espace tangent à l'élément neutre d'un groupe de Lie est muni d'une structure d'algèbre de Lie.

14. Définition – L'algèbre de Lie d'un groupe de Lie G, *notée* $\mathfrak{G}$, *est* T_eG *muni du crochet ci-dessus.*

Dans la suite, nous utiliserons librement l'identification entre T_eG et les champs invariants à gauche.

Remarque – Un groupe de Lie et sa composante neutre ont même algèbre de Lie, puisque d'après **4**, $T_eG = T_eG_o$.

15. Définition – *Etant donné un groupe de Lie G d'algèbre de Lie* $\mathfrak{G}$, *l'application qui à* $X \in \mathfrak{G}$ *associe la valeur au temps* 1 *du groupe à un paramètre associé à* X *s'appelle* l'application exponentielle, *et se note* exp.

Si par exemple $G = Gl(n, \mathbb{R})$, $T_eGl(n, \mathbb{R}) = End(\mathbb{R}^n)$, et $X \in End(\mathbb{R}^n) = \mathfrak{G}$ donne naissance au champ dont la valeur en A est AX (avec les identifications d'usage quand on travaille avec des ouverts de $\mathbb{R}^n$). L'exponentielle s'obtient en intégrant l'équation différentielle

$$A'(t) = A(t)X \qquad \text{avec la condition initiale } A(0) = I.$$

On retrouve l'exponentielle des matrices vue au chapitre **I**. Il est immédiat, mais quelque peu pédestre, de vérifier que dans ce cas $[A, B] = AB - BA$. Nous en verrons bientôt une démonstration plus "conceptuelle". Revenant au cas général, on vérifie facilement que les principales propriétés de l'exponentielle des matrices subsistent.

16. Proposition – exp *est une application lisse de* $\mathfrak{G}$ *dans* G, *et un difféomorphisme local d'un voisinage de* $0 \in \mathfrak{G}$ *sur un voisinage de* $e \in G$.

Preuve – Le fait que exp est lisse vient de la lissité des solutions d'une famille d'équations différentielles dépendant de façon lisse d'un paramètre (ici l'espace des paramètres est $\mathfrak{G}$!). D'après la définition même de exp, on a

$$\frac{d}{dt} \exp tX_{|t=0} = X.$$

La différentielle de exp en 0 est donc l'identité, et on applique le théorème d'inversion locale ▪

Nous avons vu que si $X \in \Gamma(TG)$ est invariant à gauche, il en de même de $R_{g*}X$. La question se pose d'interpréter cette propriété en termes de vecteurs tangents à e, et en termes de sous-groupes à un paramètre.

17. Proposition – *On a*

$$(R_{g*}X)_e = \frac{d}{dt}\left(g^{-1} \exp tXg\right)_{|t=0}.$$

Preuve – Le flot de X est donné par $\phi_t(x) = x \exp tX$, et d'après **III.45** celui de $R_{g*}X$ par

$$\left(R_g \circ \phi_t \circ R_{g^{-1}}\right)(x) = xg^{-1} \exp tXg$$

Le sous-groupe à un paramètre de G associé à $R_{g*}X$ est donc

$$t \to g^{-1} \exp tXg \quad \blacksquare$$

Nous poserons

$$\mathrm{Ad}\, g \cdot X = \left(R_{g^{-1}*}X\right)_e = \frac{d}{dt} g \exp tXg^{-1}_{|t=0}.$$

Alors, pour $X, Y \in \mathfrak{G}$ on a

$$\mathrm{Ad}\, g \cdot [X, Y] = [\mathrm{Ad}\, g \cdot X, \mathrm{Ad}\, g \cdot Y].$$

De plus

$$\mathrm{Ad}\, g_1 g_2 = \mathrm{Ad}\, g_1 \circ \mathrm{Ad}\, g_2.$$

(C'est cette relation qui explique le choix de $R_{g^{-1}}$ plutôt que de R_g.) Autrement dit, Ad est un homomorphisme de G dans le groupe des automorphismes de l'algèbre de Lie $\mathfrak{G}$.

18. Définition – *L'application* Ad *s'appelle la* représentation adjointe *de G.*

Quand on fait du calcul différentiel sur un groupe de Lie, il est très commode de tout ramener à l'élément neutre, et la représentation adjointe est faite pour cela.

19. Proposition – *Pour $X, Y \in \mathfrak{G}$, on a*

$$\frac{d}{dt} \mathrm{Ad}(\exp tX).Y_{|t=0} = [X, Y].$$

En particulier, si G est commutatif, le crochet est identiquement nul.

Preuve – Ce résultat est un cas particulier de **III. 47** ▪

20. Exemple – Si $G = Gl(n, \mathbb{R})$, nous avons vu que T_eG s'identifie à $End(\mathbb{R}^n)$, et exp à l'exponentielle des endomorphismes. Alors

$$\mathrm{Ad}\, g \cdot A = \frac{d}{dt}\left(g \exp tAg^{-1}\right)_{|t=0} = gAg^{-1}.$$

et

$$[B, A] = \frac{d}{dt}\left((\exp tB)A(\exp -tB)\right)_{|t=0} = BA - AB.$$

Nous sommes maintenant en mesure d'énoncer l'un des résultats de base de la théorie, qui fait espérer l'existence d'un dictionnaire entre les propriétés des groupes de Lie et celles de leurs algèbres de Lie.

21. Théorème – *Soient G et H deux groupes de Lie, et $f : G \to H$ un morphisme. Alors $T_ef : \mathfrak{G} \mapsto \mathfrak{H}$ est un morphisme d'algèbres de Lie. De plus, si f est un isomorphisme, T_ef est un isomorphisme.*

Preuve – Le point de départ est la remarque – évidente – que l'image par f d'un sous-groupe à un paramètre $t \mapsto h(t)$ de G est un sous-groupe à un paramètre de H. Donc si $Y \in T_eG$, il existe un unique $Z \in T_eH$ tel que

$$f(\exp tY) = \exp tZ$$

et en prenant la dérivée par rapport à t des deux membres pour $t = 0$ on voit que $Z = T_e f \cdot Y$. Maintenant, pour $g \in G$ fixé,

$$f(g \exp tY g^{-1}) = f(g)(\exp tZ) f(g^{-1}).$$

D'après la définition même de Ad, on a aussi

$$f(g \exp tY g^{-1}) = f\big(\exp t(\operatorname{Ad} g \cdot Y)\big).$$

En prenant la dérivée en $t = 0$ des deux membres de l'égalité

$$f\big(\exp t(\operatorname{Ad} g \cdot Y)\big) = f(g)(\exp tZ) f(g^{-1})$$

on trouve

$$T_e f(\operatorname{Ad} g \cdot Y) = \operatorname{Ad} f(g) \cdot (T_e f \cdot Y).$$

Il suffit maintenant d'écrire cette égalité pour $g = \exp tY$, et de prendre la dérivée en $t = 0$ tout en appliquant la proposition précédente. Enfin, si f est un isomorphisme, $T_e f$ est bijective ▪

22. Exemple : déterminant et trace

Considérons le morphisme $\det : Gl(n, \mathbb{R}) \mapsto \mathbb{R}^*$. On a $T_e \det = \operatorname{tr}$ (voir **I.7**). D'autre part, l'algèbre de Lie de $\mathbb{R}^*$ est $\mathbb{R}$ avec le crochet nul. On déduit donc de **21** que, pour $A, B \in End(\mathbb{R}^n)$,

$$\operatorname{tr}[A, B] = 0 \qquad \text{ou encore} \qquad \operatorname{tr}(AB) = \operatorname{tr}(BA).$$

Ce résultat est bien connu, mais l'argument ci-dessus en donne une raison conceptuelle.

23. Remarque – L'exemple de $Gl(n, \mathbb{R})$ permet de se rendre compte que l'application exponentielle n'a aucune raison d'être un homomorphisme de groupes, ni d'être injective ou surjective. Elle est surjective pour les groupes de Lie compacts et connexes. La preuve générale la plus simple utilise de la géométrie riemannienne (cf. [Spivak] ou [Gallot-Hulin-Lafontaine]), c'est pourquoi nous ne la donnons pas ici. Voir l'exercice **7** pour différents exemples et contre-exemples.
Une autre application de **21** est le résultat suivant.

24. Proposition – *Si H est un sous-groupe de Lie de G, l'algèbre de Lie de H est une sous-algèbre de Lie de celle de G.*

Preuve – C'est immédiat : si i est l'injection canonique de $T_eH = \mathfrak{H}$ dans $T_eG = \mathfrak{G}$, d'après **21** $i[X, Y] = [iX, iY]$.
L'utilisation des algèbres de Lie permet de montrer le résultat suivant, qui est une belle généralisation de **I. 40**.

25. THÉORÈME – *Tout homomorphisme continu d'un groupe de Lie dans un autre est nécessairement lisse. En particulier, un groupe topologique a au plus une structure de groupe de Lie.*

Preuve – C'est une conséquence des trois résultats suivants, qui ont leur importance en eux-mêmes.

26. PROPOSITION – *Si h est un homomorphisme continu de $\mathbb{R}$ dans un groupe de Lie G, il existe un $X \in \mathfrak{G}$ et un seul tel que $h(t) = \exp tX$.*

Preuve – Le fait que exp soit étale en 0 permet de reprendre les arguments de **I. 40** tels quels ▪

27. LEMME – *Soit $(X_1, \cdots, X_n)$ une base de $\mathfrak{G}$. Alors l'application de $\mathbb{R}^n$ dans G donnée par*

$$(t_1, \cdots, t_n) \to (\exp t_1 X_1) \cdots (\exp t_n X_n)$$

est un difféomorphisme local au voisinage de 0.

Preuve – C'est une application lisse, et l'image par la différentielle en 0 du i-ième vecteur de la base canonique de $\mathbb{R}^n$ est évidemment X_i ▪

28. LEMME

i) Soit $f : G \to H$ un morphisme de groupes de Lie. Pour que f soit lisse, il suffit qu'il le soit au voisinage de l'élément neutre de la source.
ii) Pour que f, supposé lisse, soit un difféomorphisme local (resp. une immersion, une submersion), il suffit que sa différentielle en l'élément neutre soit un isomorphisme (resp. une injection, une surjection).

Preuve – Nous ne nous servirons dans l'immédiat que de *i)*, mais nous avons regroupé ces deux résultats, en raison de la similitude de leurs preuves. Il suffit d'exprimer le fait que f est un homomorphisme sous la forme

$$f(gh) = L_{f(g)} f(h).$$

Cela montre que si f est lisse sur un ouvert U contenant e, elle l'est aussi sur gU quel que soit g, donc sur tout le groupe.
ii) s'obtient de la même façon, puisque sous les hypothèse faites f est déjà un difféomorphisme local (resp. une immersion, une submersion) au voisinage de $e \in G$ ▪

Fin de la preuve de 25. – Soit $X_1, \cdots, X_n$ une base de $\mathfrak{G}$. Pour chaque $i \in [1, n]$, l'application

$$t \to f(\exp tX_i)$$

est un sous-groupe à un paramètre de H, et il existe un $Y_i \in \mathfrak{H}$ tel que

$$f(\exp tX_i) = \exp tY_i$$

quel que soit t. Par conséquent,

$$\begin{aligned} f\left((\exp t_1 X_1) \cdots (\exp t_n X_n)\right) &= f(\exp t_1 X_1) \cdots f(\exp t_n X_n) \\ &= (\exp t_1 Y_1) \cdots (\exp t_n Y_n). \end{aligned}$$

Posant

$$\phi(t_1, \cdots, t_n) = (\exp t_1 X_1) \cdots (\exp t_n X_n),$$

cela signifie que $f \circ \phi$ est lisse. D'après le premier lemme, f est alors lisse au voisinage de e, donc partout d'après le second ▪

La question essentielle qui se pose maintenant est de remonter des algèbres de Lie aux groupes de Lie. Plus précisément :
a) une algèbre de Lie $\mathfrak{G}$ donnée est-elle l'algèbre de Lie d'un groupe de Lie?
b) une sous-algèbre $\mathfrak{H}$ de l'algèbre de Lie $\mathfrak{G}$ de G étant donnée, existe-t-il un sous-groupe de Lie H de G dont l'algèbre de Lie soit $\mathfrak{H}$?
c) deux groupes de Lie G_1 et G_2 étant donnés, ainsi qu'un homomorphisme d'algèbres de Lie $\phi : \mathfrak{G}_1 \mapsto \mathfrak{G}_2$, existe-t-il un homomorphisme de groupes $F : G_1 \mapsto G_2$ tel que $T_e F = \phi$?
La réponse à la question a) est positive. Elle est connue sous le nom de *troisième théorème de Lie*. La preuve en est longue et difficile. La question c) peut en principe se ramener à b) : si F existe, son graphe sera un sous-groupe de Lie de $G_1 \times G_2$ dont l'algèbre de Lie sera le graphe de ϕ. D'autre part, F étant continue, son graphe sera *fermé*. Et là les choses se gâtent : il y a des sous-algèbres de Lie qui ne peuvent être l'algèbre de Lie d'un sous-groupe fermé. La réponse aux questions b) et c) est donc en général *négative*.

29. Contre-exemples

Pour b), il suffit de prendre $G_1 = G_2 = S^1$, et l'homomorphisme (d'algèbres de Lie commutatives!) $x \mapsto \alpha x$ de $\mathbb{R}$ dans $\mathbb{R}$, où $\alpha \notin \mathbb{Z}$. Les morphismes de S^1 étant de la forme $t \mapsto t^k$, où $k \in \mathbb{Z}$ (cf. exercice **8**), il est impossible de remonter ϕ en un homomorphisme de S^1.
Pour a), on prend $G = S^1 \times S^1$ et pour $\mathfrak{H}$ une droite de pente irrationnelle α dans $\mathbb{R}^2$. Comme le sous-groupe à un paramètre

$$x \to (e^{ix}, e^{i\alpha x})$$

est tangent à $\mathfrak{H}$ en l'élément neutre, le seul candidat possible pour H est l'image de ce sous-groupe à un paramètre, qui n'est pas une sous-variété comme nous l'avons vu en **I. 32**, mais seulement une sous-variété *strictement immergée*. Et la réponse à la question a) est donnée par le résultat suivant, dont nous nous contenterons d'esquisser la démonstration (les résultats de cette fin de paragraphe ne seront pas utilisés dans la suite).

30. Théorème – *Soit G un groupe de Lie et soit $\mathfrak{H}$ une sous-algèbre de Lie de l'algèbre de Lie $\mathfrak{G}$ de G. Il existe un groupe de Lie H et une immersion injective stricte de H dans G dont l'image est le sous-groupe de G engendré par* $\exp \mathfrak{H}$.

Preuve – Si $X_1, \ldots X_d$ (où $d = \dim \mathfrak{H}$) est une base de $\mathfrak{H}$, d'après la définition même d'une sous-algèbre de Lie, le système de champs de vecteurs associé, que l'on note de la même façon, satisfait à la condition de Frobenius. Il est donc complètement intégrable (cf. **III**, exercice **18**). Par ailleurs, en raison de l'invariance à gauche des champs X_i, si Y est une variété intégrale ou une intégrale maximale (cf. l'exercice **19** du même chapitre), gY aussi.

Soit alors H l'intégrale maximale passant par l'élément neutre. Si $g \in H$, alors $H \cap gH \neq \emptyset$, donc $H = gH$, ce qui montre que H est un sous-groupe de G, qui est connexe d'après les propriétés des intégrales maximales. On conclut en utililisant encore l'exercice **19** de **III**, et **37** ci-dessous, qui assure que H est engendré par $\exp \mathfrak{H}$ ■

Remarque – Cette propriété justifie la terminologie employée dans le cas o l'image de H n'est pas un sous-groupe de Lie. La donnée d'une immersion injective de H dans G est appelée sous-groupe de Lie *immergé* ou encore de sous-groupe *intégral.*
On peut tirer de ce résultat une réponse partielle (et optimale au vu de **29**) à la question de savoir si l'on peut "remonter" aux groupes les morphismes d'algèbres de Lie.

31. Corollaire – *Soient G et H deux groupes de Lie, et $f : \mathfrak{G} \to \mathfrak{H}$ un morphisme d'algèbres de Lie. Alors il existe des voisinages U et V des éléments neutres de G et H, et une application lisse f de U dans V telle que*
a) $T_eF = f$;
b) Si x_1, x_2 et x_1x_2 sont dans U, alors $F(x_1)F(x_2) = F(x_1x_2)$.
De plus le germe de f en e est déterminé de façon unique par ces propriétés.

Preuve – Le graphe de F est une sous-algèbre de Lie de $\mathfrak{G} \times \mathfrak{H}$, à laquelle on applique la première partie de **30**. Soit Y une sous-variété intégrale passant par l'élément neutre de $G \times H$. Quitte à restreindre Y, on peut supposer que c'est un graphe : en effet, la projection sur G, restreinte à Y, a pour différentielle en e la projection du graphe de f sur $\mathfrak{G}$, qui est un isomorphisme. Cette projection est donc localement inversible, et l'inverse est de la forme $x \mapsto \big(x, F(x)\big)$, où F est une application lisse d'un ouvert U de G contenant e dans un ouvert analogue V de H. Toujours d'après **30**, si x_1 et x_2 sont dans U, le produit $(x_1, F(x_1)(x_2, F(x_2) = \big(x_1x_2, F(x_1)F(x_2)\big)$ est dans Y, et comme Y est le graphe de F, on a bien $F(x_1x_2) = F(x_1)F(x_2)$. L'unicité du germe de F vient de l'unicité du germe de la variété intégrale du graphe de f ■

Remarque – ** Il est des situations où l'on peut dire mieux : si G est *simplement connexe*, toute sous-algèbre de Lie de $\mathfrak{G}$ est l'algèbre d'un sous-groupe de Lie de G, et tout morphisme d'algèbres de Lie de $\mathfrak{G}$ dans l'algèbre de Lie $\mathfrak{H}$ d'un groupe de Lie H se relève en un morphisme de G dans H (voir [Onishschik-Vinberg], page 30).**

Les difficultés que nous venons de rencontrer justifient quelques compléments de topologie.

C. Digression sur les groupes topologiques

Rappelons qu'un *groupe topologique* est un groupe muni d'une topologie pour laquelle la multiplication et l'inverse sont continues. En particulier, les translations à droite et à gauche sont des homéomorphismes, ainsi que l'application inverse.
Pour deux parties A et B, on pose

$$\begin{aligned} AB &= \{ab\,, a \in a\,, b \in B\};\\ A^n &= \{a_1a_2\cdots a_n\,, a_i \in A\};\\ A^{-1} &= \{a^{-1}\,, a \in A\}. \end{aligned}$$

Alors, si $U \subset G$ est ouvert, AU et UA sont toujours ouverts : ce sont visiblement des réunions d'ouverts. De plus, la continuité de la multiplication et de l'inverse s'expriment de la façon suivante :

32. Lemme **–** *Pour tout ouvert U contenant e, il existe un ouvert V contenant e tel que $V^2 \subset U$, et un ouvert W contenant e tel que $W^{-1} \subset U$. En particulier, les ouverts symétriques (tels que $U = U^{-1}$) forment une base de voisinages de e* ■

Par conséquent :

33. Théorème **–** *Pour un groupe topologique G, les conditions suivantes sont équivalentes :*
i) G est séparé.
ii) L'ensemble $\{e\}$ réduit à l'élément neutre est fermé.
iii) Pour tout $g \in G$, $\{g\}$ est fermé.

Preuve **–** Il est clair que *i)* implique *ii)*. De plus, les translations étant des homéomorphismes, les propriétés *ii)* et *iii)* sont équivalentes, et il suffit, pour prouver que *ii)* implique *iii)*, de séparer l'élément neutre d'un $g \neq e$.
Soit donc V un ouvert contenant e mais pas g. En vertu de la continuité de la multiplication, il existe un ouvert W contenant e tel que $W \cdot W \subset V$, ouvert que l'on peut supposer symétrique en utilisant la continuité de $x \mapsto x^{-1}$. Alors W et $g \cdot W$ sont deux ouverts disjoints contenant e et g respectivement ■

Pour étudier les sous-groupes d'un groupe topologique, il est utile de reprendre la même démarche qu'en algèbre, c'est-à-dire de faire opérer le sous-groupe sur le groupe. Rappelons que G opère sur lui-même à gauche et à droite (au moyen des translations à gauche et à droite respectivement), et que ces actions sont transitives. Les actions d'un sous-groupe $H \subset G$ n'ont aucune raison d'être transitives. On introduit alors la relation d'équivalence

$$\begin{aligned} x\mathcal{R}y &\Leftrightarrow \exists h \in H \quad \text{tel que} \quad y = R_h x \\ &\Leftrightarrow x^{-1}y \in H. \end{aligned}$$

Les classes d'équivalence sont de la forme gH ; ce sont les *orbites* de l'action par translation à droite de H sur G. On les appelle aussi *classes à gauche de G modulo H*, ce qui est naturel puisque chacune d'elles est de la forme $L_g H$. L'ensemble quotient est noté G/H (G est écrit à gauche et H à droite, pour rappeler la situation que nous venons de décrire).
Les translatés à gauche de deux éléments équivalents sont équivalents, donc les translations à gauche passent au quotient. Si l'on continue noter L_g les transformations de G/H ainsi obtenues, on a encore

$$L_{g_1} \circ L_{g_2} = L_{g_1 g_2}.$$

Autrement dit, G opère à *gauche* sur G/H. Cette action est *transitive*. En effet, si $\overline{x}, \overline{y} \in G/H$ sont représentés par $x, y \in G$, on a

$$y = yx^{-1}x \qquad \text{et par suite} \qquad \overline{y} = L_{yx^{-1}}\overline{x}.$$

Notons enfin que L_g laisse fixe la classe de l'élément neutre (ce qui revient à dire au niveau du groupe que H est globalement invariant) si et seulement si $g \in H$.

34. Exemple – Prenons pour G le groupe $SO(n+1)$ et pour H le sous-groupe formé des matrices

$$\begin{pmatrix} 1 & 0 \cdots 0 \\ 0 & \\ \vdots & A \\ 0 & \end{pmatrix}$$

où $A \in SO(n)$. Alors g et g' sont équivalents modulo H si et seulement les matrices qui les représentent ont même première colonne. G/H est en bijection avec S^n, et l'action de G sur G/H est tout simplement l'action habituelle de $SO(n+1)$ sur S^n (comparer à l'exercice **14** du chapitre **II**).
Si maintenant on étudie la situation du point de vue topologique, on munit G/H de la topologie quotient : si $p : G \mapsto G/H$ est l'application canonique, $U \subset G/H$ est ouvert si et seulement si $p^{-1}(U)$ est ouvert dans G. Alors, toute application continue de G dans un espace topologique X, qui est constante sur les classes d'équivalence, passe au quotient en une application continue de G/H dans X.

35. Théorème

i) L'application p est ouverte.
ii) Pour que G/H soit séparé, il faut et suffit que H soit un sous-groupe fermé de G.
iii) Si H est ouvert, G/H est muni de la topologie discrète. En particulier, tout sous-groupe ouvert d'un groupe topologique est fermé.

Preuve
i) Si U est ouvert, il en est de même de UH. Mais

$$p^{-1}(p(U)) = UH.$$

ii) Si G/H est séparé, tout point est fermé, donc les classes d'équivalence sont des fermés de G. Supposons inversement H fermé. Soient $\overline{x}, \overline{y}$ deux points distincts de G/H, et $x, y \in G$ tels que $p(x) = \overline{x}$ et $p(y) = \overline{y}$. Alors x et y ne sont pas équivalents : x n'appartient pas au fermé yH. Il existe un ouvert U contenant e tel que

$$Ux \cap yH = \emptyset,$$

et un ouvert V contenant e tel que $V^2 \subset U$. On a

$$V^2xH \cap yH = \emptyset \qquad \text{et par suite} \qquad VxH \cap VyH = \emptyset.$$

Alors $p(VxH)$ et $p(VyH)$ contiennent respectivement $\overline{x}$ et $\overline{y}$, sont ouverts d'après *i)*, et disjoints par construction.
iii) Si H est ouvert, toute classe d'équivalence est ouverte, et les points de G/H sont ouverts d'après i) ■

36. Exemple – L'espace $SO(n+1)/SO(n)$ (notation abusive pour désigner l'exemple de **34**) est homéomorphe à S^n, l'homéomorphisme étant donné par l'application de

$SO(n+1)$ dans S^n qui, à une matrice orthogonale, associe sa première colonne. On en déduit le résultat suivant.

37. Théorème – *$SO(n)$ est connexe pour tout n.*

Preuve – On procède par récurrence sur n. D'abord $SO(1)$ est le groupe à un élément, et $SO(2) \simeq S^1$. La récurrence est mise en œuvre en appliquant le lemme suivant, important en lui-même.

38. Lemme – *Soit H un sous-groupe d'un groupe topologique G. Si G/H et H sont connexes, G l'est aussi.*

Preuve – Il suffit de vérifier que toute application continue f de G dans un ensemble discret à deux éléments D est constante. D'abord, H étant connexe, toutes les classes d'équivalence de G modulo H le sont, donc f est constante sur les classes d'équivalence, et passe au quotient en une application continue $\overline{f} : G/H \to D$. Mais G/H étant connexe, $\overline{f}$ est constante, ainsi que $f = \overline{f} \circ p$ ∎

Remarque – Le lecteur démontrera sans peine, suivant la même idée, que l'espace total d'une fibration est connexe, dès que la base et la fibre sont connexes. En fait, le lemme **38** n'est qu'un cas particulier de ce dernier résultat : nous verrons que $p : G \mapsto G/H$ est une fibration. L'énoncé suivant, par contre, est spécifique aux groupes.

39. Proposition – *Soit V contenant e un ouvert connexe symétrique ($V^{-1} = V$) et G_0 la composante connexe de l'élément neutre de G. Alors*

$$G_0 = \cup_{n=1}^{\infty} V^n ,$$

et G_0 est un sous-groupe distingué de G.

Preuve – Tout d'abord, $\cup_{n=1}^{\infty} V^n$ est un sous-groupe de G, ouvert puisque c'est une réunion d'ouverts, donc fermé d'après **32**. C'est aussi une partie connexe de G : en effet, V^n est l'image du connexe

$$\overbrace{V \times \cdots V}^{n \text{ fois}} \quad \text{par l'application continue} \quad (g_1, g_2, \ldots, g_n) \to g_1 g_2 \ldots g_n$$

de G^n dans G. On a donc une réunion de connexes dont l'intersection contient e. Finalement, $\cup_{n=1}^{\infty} V^n$, est ouvert, fermé et connexe, c'est donc la composante connexe de G.
De plus, quel que soit $g \in G$, le conjugué gG_0g^{-1} de G_o est connexe et contient e (c'est un sous-groupe !), donc est inclus dans G_0 ∎

40. Corollaire – *Si G est un groupe de Lie, G_0 est engendré par* $\exp \mathfrak{G}$. *En particulier, G_0 est dénombrable à l'infini.*

Preuve – On applique ce qui précède à $V = \exp U$, où $U \subset \mathfrak{G}$ est un ouvert symétrique contenant 0, sur lequel exp est un difféomorphisme.

Donnons maintenant quelques informations sur les sous-groupes discrets des groupes topologiques et des groupes de Lie.

41. Définition – *Un sous-groupe Γ d'un groupe topologique G est* discret *si la topologie induite par G sur Γ est la topologie discrète.*

Commençons par une propriété élémentaire.

42. Proposition – *Dans un groupe topologique séparé, tout sous-groupe discret est fermé.*

Preuve – Soit Γ un sous-groupe discret de G, et $x \in \overline{\Gamma} \setminus \Gamma$. Pour tout ouvert symétrique contenant e, l'ouvert xV rencontre Γ. Soit $\gamma \in xV \cap \Gamma$. D'après l'hypothèse de séparation, il existe un ouvert symétrique W contenant e, tel que $\gamma \notin xW$. Mais xW contient lui aussi un γ' de Γ. Alors $\gamma^{-1}\gamma' \in V^2$. Mais $\gamma \neq \gamma'$, et Γ est discret : cela est impossible pour un bon choix de V ■

Pour en dire un peu plus, il est naturel de supposer le groupe ambient connexe : sinon, en prenant le produit d'un groupe par un autre muni de la topologie discrète, on peut réaliser n'importe quel groupe comme sous-groupe discret d'un groupe de Lie.

43. Proposition – *Soit G un groupe connexe, et Γ un sous-groupe distingué et discret. Alors Γ est inclus dans le centre de G.*

Preuve – Pour γ dans Γ fixé, l'application $x \mapsto x\gamma x^{-1}$ envoie G dans Γ puisque Γ est distingué. C'est une application continue, donc son image est connexe. Comme elle est aussi discrète, elle est réduite à un point. En prenant $x = e$, on voit que ce point est γ ■

De tels groupes jouent un rôle important quand on considère les revêtements de groupes topologiques. Nous ne parlerons ici (un peu) que des revêtements de groupes de Lie, laissant les généralisations (faciles) au lecteur.

44. Définition – *Un* revêtement *de groupes de Lie est un morphisme $p : G \to H$ qui est un revêtement des variétés sous-jacentes.*

Leur caractérisation est très simple.

45. Théorème – *Soit Γ un sous-groupe distingué et discret d'un groupe de Lie G. Alors il existe sur le quotient G/Γ une unique structure de groupe de Lie telle que l'application canonique $\pi : G \to G/\Gamma$ soit un revêtement de groupes de Lie.*
Inversement, pour tout revêtement de groupes de Lie $p : G \to H$, le noyau $p^{-1}(e)$ est un sous-groupe distingué et discret, et p donne par passage au quotient un isomorphisme de groupes de Lie entre $G/p^{-1}(e)$ et H.

Preuve – L'action de $\Gamma = p^{-1}(e)$ par translations (disons à droite) est évidemment libre, elle est aussi propre : si A et B sont deux compacts de G, l'ensemble des $\gamma \in \Gamma$ tels que $\gamma(A)$ rencontre B est égal à $\Gamma \cap AB^{-1}$. C'est l'intersection d'un compact avec une partie discrète, donc un ensemble fini. D'après **II. 53**, le quotient G/Γ admet une unique structure de variété telle que $\pi : G \to G/\Gamma$ soit un revêtement.

Par ailleurs, π est un morphisme de groupe car Γ est distingué. Reste à vérifier que G/Γ est un groupe de Lie. Il suffit de remarquer que l'action de $\Gamma \times \Gamma$ sur $G \times G$ obtenue en posant $(\gamma, \gamma')(x, y) = \big(\gamma(x), \gamma'(y)\big)$ est encore propre et libre. L'application $(x, y) \mapsto \pi(xy)$ donne par passage au quotient une application lisse qui est justement la multiplication dans G/Γ.
Inversement, si $p : G \to H$ est un revêtement de groupes de Lie, $p^{-1}(e)$ est un sous-groupe distingué (parce que p est un morphisme de groupes) et discret (parce que p est un revêtement). Soit $\pi : G \to G/p^{-1}(e)$ le revêtement obtenu plus haut. On a un diagramme commutatif

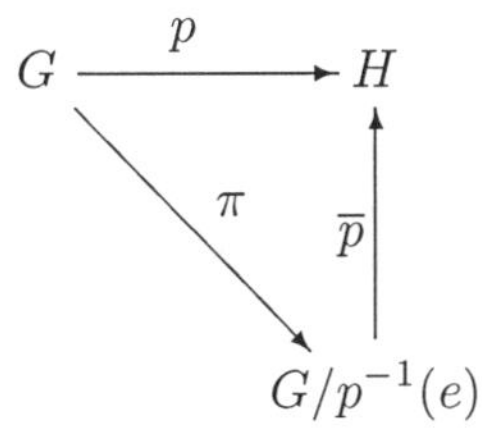

de morphismes de groupes et d'applications lisses. Comme π et p sont des difféomorphismes locaux, $\overline{p}$ aussi. Par ailleurs, pour des raisons algébriques, $\overline{p}$ est un isomorphisme de groupes. C'est donc bien un isomorphisme de groupes de Lie ∎

46. Remarques

a) Le fait que dans cette situation $p^{-1}(e)$ soit abélien et même contenu dans le centre n'a pas servi. ** Mais cette propriété a son importance, elle montre que le groupe fondamental d'un groupe de Lie est abélien.**
b) Le début de la démonstration n'utilise pas le fait que Γ est distingué. On en déduit que si Γ est un sous-groupe discret d'un groupe de Lie G, il existe sur le quotient G/Γ une unique structure de variété telle que $\pi : G \to G/\Gamma$ soit un revêtement. On peut en principe construire ainsi une foule de variété. Mais il est en général très difficile de construire des sous-groupes discrets "assez gros" (c'est-à-dire par exemple tels que G/Γ soit compact) d'un groupe de Lie donné. Pour quelques idées sur ce problème, voir [Vinberg].
c) Des exemples de la situation de **45** sont donnés dans les exercices **5** et **9**. Il faut noter aussi que si $p : G \to H$ est un revêtement de groupes de Lie, $T_e p$ est un *isomorphisme* d'algèbres de Lie. Il y a donc peu d'espoir de caractériser un groupe de Lie, même connexe, par son algèbre de Lie. On peut cependant préciser le "troisième théorème de Lie" (appelé aussi théorème de Cartan) de la façon suivante.

47. Théorème – *Soit $\mathfrak{G}$ une algèbre de Lie de dimension finie. Il existe, à isomorphisme près, un unique groupe de Lie* simplement connexe *G dont $\mathfrak{G}$ est l'algèbre de Lie. De plus, tout groupe de Lie connexe d'algèbre de Lie $\mathfrak{G}$ est isomorphe au quotient de G par un sous-groupe distingué et discret.*

Pour la preuve, qui utilise de longs développements de la théorie, voir par exemple [Postnikov].

D. GROUPES DE LIE COMMUTATIFS

Nous allons maintenant voir un exemple simple, mais important, où l'on peut décrire à l'aide des techniques ci-dessus tous les groupes de Lie connexes d'algèbre de Lie donnée.

48. Théorème – *L'algèbre de Lie $\mathfrak{G}$ d'un groupe de Lie commutatif est abélienne. Inversement, un groupe de Lie connexe dont l'algèbre de Lie est abélienne est commutatif. Plus précisément, un tel groupe est isomorphe au quotient de son algèbre de Lie (vue comme groupe additif) par un sous-groupe discret.*

Preuve – Si G est commutatif, en particulier $g \exp tXg^{-1} = \exp tX$ quels que soient $g \in G$ et $X \in \mathfrak{G}$, et en dérivant par rapport à t il vient pour $t = 0$:

$$\operatorname{Ad} g \cdot X = X.$$

En écrivant cette relation pour $g = \exp tY$ et en redérivant par rapport à t, on trouve que $[X, Y] = 0$. Inversement, on a le

49. Lemme – *Si deux éléments X et Y de l'algèbre de Lie d'un groupe G commutent, alors $\exp X$ et $\exp Y$ commutent, et $\exp(X + Y) = (\exp X)(\exp Y)$.*

Preuve – Il suffit de "remonter" le raisonnement précédent. Posant $f(t) = \operatorname{Ad} \exp tX$, on voit d'abord que

$$\frac{d}{dt} f(t) \cdot Y_{|t=0} = 0,$$

puis que

$$\begin{aligned} \frac{d}{dt} f(t) \cdot Y_{|t=u} &= \frac{d}{dt} f(t+u) \cdot Y_{|u=0} \\ &= f(u) \cdot \frac{d}{dt} f(t) \cdot Y_{|t=0} = 0. \end{aligned}$$

Ainsi, $\operatorname{Ad} \exp tX \cdot Y = Y$ pour tout t, ce qui veut dire que les sous-groupes à un paramètre

$$s \mapsto \exp sY \qquad \text{et} \qquad s \mapsto \exp tX \exp sY \exp -tX$$

ont même générateur infinitésimal, et donc sont égaux. Pour prouver la deuxième assertion, il suffit de remarquer que dans ces conditions, $t \mapsto (\exp tX)(\exp tY)$ est encore un sous-groupe à un paramètre. On a donc

$$(\exp tX)(\exp tY) = \exp tZ\,, \text{ où } \quad Z = \frac{d}{dt} (\exp tX)(\exp tY)_{t=0} = X + Y \quad \blacksquare$$

Fin de la preuve de 48 – Nous venons de voir que exp est un morphisme du groupe additif de $\mathfrak{G}$ dans G. C'est un difféomorphisme local en 0, donc partout d'après **28**. Par conséquent, $\exp \mathfrak{G}$ est un sous-groupe ouvert de G_0, donc fermé d'après **35**, et égal à G tout entier puisque G est connexe. De plus, exp est un revêtement d'après l'exercice **4**. D'après **45**, G est donc isomorphe, en tant que groupe de Lie, au quotient de $\mathfrak{G}$ par le sous-groupe discret Ker(exp) ▪

Reste à déterminer la structure des sous-groupes discrets d'un espace vectoriel réel.

50. Théorème – *Si Γ est un sous-groupe discret d'un espace vectoriel réel de dimension n, il existe k vecteurs indépendants $v_1, \ldots, v_k$ tels que*

$$G = \bigoplus_{i=1}^{k} \mathbb{Z} v_i .$$

Preuve – On procède par récurrence sur n. Il résulte de l'hypothèse que tout voisinage compact de 0 ne contient qu'un nombre fini d'éléments de Γ. Si $n = 1$ et $\Gamma \neq \{0\}$, il existe alors un $v \in \Gamma$ non nul et de valeur absolue minimale, qu'on peut supposer positif. Pour $x \in \Gamma$, on écrit

$$x = nv + r \qquad \text{avec} \quad n \in \mathbb{Z}, 0 \leq r < v.$$

Alors $r = x - nv \in \Gamma$, ce qui n'est possible que si $r = 0$.
Supposons maintenant le résultat vrai pour n, et montrons qu'il est vrai pour $n + 1$. Comme Γ est discret, il contient, s'il n'est pas réduit à $\{0\}$, un élément non nul v_0 de norme minimale. Alors la distance de $\Gamma \setminus \mathbb{Z}v_0$ à la droite $\mathbb{R}v_0$ est strictement positive. Sinon il existerait une suite (w_k) de points de $\Gamma \setminus \mathbb{Z}v_0$, et une suite λ_k de réels telles que

$$\lim_{k \to \infty} \|w_k - \lambda_k v_0\| = 0.$$

On écrit $\lambda_k = [\lambda_k] + \mu_k$, avec $[\lambda_k] \in \mathbb{Z}$ et $|\mu_k| < 1/2$, et on en tire que

$$\lim_{k \to \infty} \|(w_k - [\lambda_k] v_0) - \mu_k v_0\| = 0.$$

Alors pour k assez grand l'élément $w_k - [\lambda_k]v_0)$ de $\Gamma \setminus \mathbb{Z}v_0$ a une norme strictement inférieure à celle de v_0, ce qui est contraire à l'hypothèse.
Si p désigne l'application de passage au quotient de E dans $E/\mathbb{R}v_0$, le sous-groupe $p(\Gamma)$ de $E/\mathbb{R}v_0$ est alors discret. D'après l'hypothèse de récurrence, il existe des vecteurs $f_1, \ldots, f_k$ de $E/\mathbb{R}v_0$ tels que

$$p(\Gamma) = \bigoplus_{i=1}^{k} \mathbb{Z} f_i .$$

Soient $v_1, \ldots, v_k \in \Gamma$ tels que $p(v_i) = f_i$. Alors, si $x \in \Gamma$, on a

$$p(x) = \sum_{i=1}^{k} n_i f_i \,, \qquad \text{avec} \quad n_i \in \mathbb{Z},$$

et par suite

$$x - \sum_{i=1}^{k} n_i v_i \in \mathbb{R}e \cap \Gamma = \mathbb{Z}v_0 \quad \blacksquare$$

51. Définitions – *L'entier k, qui ne dépend pas du choix des v_i puisque c'est la dimension de l'espace vectoriel engendré par Γ, est* le rang *de* Γ. *Un sous-groupe discret de rang maximum d'un espace vectoriel s'appelle* un réseau.

L'utilisation simultanée des deux théorèmes ci-dessus donne le résultat suivant.

52. Corollaire – *Tout groupe de Lie commutatif connexe est isomorphe à $\mathbb{R}^p \times (S^1)^q$, et à $(S^1)^q$ s'il est compact.*

En souvenir de la dimension 2, il est d'usage d'appeler *tores* les groupes de Lie compacts connexes commutatifs, et de *noter* T^q le tore de dimension q.

Remarques

** a) Ces résultats ne touchent pas à la classification *métrique* des réseaux, qui est un problème arithmétique profond.

b) Au vu de **52** on appelle réseau d'un groupe de Lie G tout sous-groupe discret Γ tel que le quotient G/Γ soit compact. L'existence d'un réseau est presque toujours une question difficile. Pour un avant-goût d'une théorie passionnante, voir [Vinberg]. **

E. Espaces homogènes

Nous avons vu que si G est un groupe topologique et $H \subset G$ un sous-groupe fermé, l'espace quotient G/H des classes à gauche de G modulo H est un espace topologique séparé, et que les translations à gauche de G passent au quotient, en donnant une action à gauche transitive de G sur G/H. Si on suppose de plus que G est un groupe de Lie, beaucoup plus peut être dit. Notons d'abord que H est automatiquement un sous-groupe de Lie, en vertu du résultat suivant, que nous admettrons (voir par exemple [Mneimé-Testard]).

53. Théorème – *Tout sous-groupe fermé d'un groupe de Lie est un sous-groupe de Lie.*

Exemples

a) Le groupe des automorphismes d'une algèbre de Lie $\mathfrak{G}$ de dimension finie est un groupe de Lie : c'est évidemment un sous-groupe fermé de $Gl(\mathfrak{G})$.

b) Ce résultat nous dispense apparemment de démontrer que $SO(n)$, $U(n)$, $SU(n)$, sont des groupes de Lie, puisque ce sont des sous-groupes fermés du groupe linéaire réel ou complexe. Il ne nous dispense pas de déterminer l'algèbre de Lie si nous voulons en savoir plus sur le groupe étudié (ne fût-ce que la dimension).

54. Théorème – *Si H est un sous-groupe fermé d'un groupe de Lie G, il existe sur l'espace quotient G/H une unique structure de variété lisse telle que l'application de passage au quotient*

$$p : G \to G/H$$

soit une submersion.

L'idée, comme toujours avec les variétés, est de se laisser guider par l'algèbre linéaire, et plus précisément ici, par le fait que l'espace vectoriel quotient $\mathfrak{G}/\mathfrak{H}$ est isomorphe à un supplémentaire de $\mathfrak{H}$ dans $\mathfrak{G}$.

55. Lemme – *Soit $\mathfrak{M} \subset \mathfrak{G}$ un supplémentaire de $\mathfrak{H}$. Alors il existe des ouverts $U \subset \mathfrak{M}$ et $V \subset \mathfrak{H}$, contenant 0, tels que l'application f définie par*

$$f(X,Y) = (\exp X)(\exp Y)$$

soit un difféomorphisme de $U \times V$ sur son image dans G.

Preuve – C'est immédiat d'après le théorème d'inversion locale, la différentielle de f en 0 étant l'application

$$(X,Y) \to X + Y \quad \text{de} \quad \mathfrak{G} \quad \text{dans} \quad \mathfrak{M} \bigoplus \mathfrak{H}.$$

56. Lemme – *Avec les mêmes hypothèses, il existe un ouvert U contenant 0 dans $\mathfrak{M}$ tel que pour tout $g \in G$, l'application ϕ_g donnée*

$$X \to p(g \exp X)$$

soit un homéomorphisme de U sur son image.

Preuve – Il suffit d'étudier le cas $g = e$. Choisissons U, V comme dans le lemme précédent, avec la condition supplémentaire que, si $W = f(U \times V)$, W^3 est encore contenu dans un ouvert auquel ce lemme s'applique. Alors si X, X' ont même image par ϕ, on a

$$\exp X' = \exp Xh \qquad \text{avec} \qquad h \in H \cap W^2,$$

et en appliquant **54** à W^3, on voit que $X = X'$ et $h = e$. De plus, ϕ est ouverte, car si U' est un sous-ouvert de U, alors $f(U' \times V)$ est ouvert dans G, et donc son image par p l'est aussi d'après **35**. Mais

$$\phi(U') = p(f(U' \times V)).$$

Démonstration du théorème – Choisissons un ouvert U contenant 0 dans $\mathfrak{M}$ comme dans le lemme précédent. Ce lemme dit précisément que G/H est une variété C^0 de cartes

$$(p(g \exp U), \phi_g^{-1}).$$

Si nous voulons que p soit une submersion pour une structure C^∞, il faut que les ϕ_g soient des difféomorphismes. Cela donne l'unicité de la structure lisse, et pour montrer son existence, il suffit de vérifier la condition de compatibilité.
Soient g et g' tels que

$$T = p(g \exp U) \cap p(g' \exp U) \neq \emptyset.$$

Un $x \in T$ s'écrit d'une façon unique sous la forme $p(g \exp X)$ ou $p(g' \exp X')$, et nous devons vérifier que l'application $X \mapsto X'$ de $\phi_g^{-1}(T)$ dans $\phi_{g'}^{-1}(T)$ est lisse. Pour $X_0 \in \phi_g^{-1}(T)$, il existe un (unique) $h \in H$ tel que

$$g \exp X_0 h = g' \exp X_0'.$$

La translation à droite R_h est un difféomorphisme, et on peut donc trouver des sous-ouverts W_1 et W_1' de $g\exp W$ et $g'\exp W$ respectivement, contenant respectivement $g\exp X_0$ et $g'\exp X_0'$, tels que $R_h W_1 = W_1'$. Mais si X est tel que $g\exp X \in W_1$, le lemme **55** et le théorème des fonctions composées nous disent que $g\exp Xh$ s'écrit $g'\exp X'\exp Y$, l'application $X \mapsto X'$ étant lisse, et d'autre part

$$p(g\exp X) = p(g\exp Xh) = p(g'\exp X'\exp Y) = p(g'\exp X') \quad \blacksquare$$

57. Corollaire – *Sous les mêmes hypothèses :*
a) p admet des sections locales, autrement dit pour tout $x \in G/H$ il existe un ouvert U contenant x et une application lisse

$$\sigma : U \to G \qquad \text{telle que} \qquad p \circ \sigma = Id_{|U} \, ;$$

b) en particulier, p est une fibration de fibre type H ;
c) Si X est une variété et f une application de G/H dans X, alors f est lisse si et seulement si $f \circ p : G \to X$ est lisse.

Preuve – D'après la preuve qui précède, et avec les mêmes notations, l'application $\sigma : p(g\exp U) \mapsto G$ qui à $x \in g\exp U$ associe $g\exp\phi_g^{-1}(x)$, (ou moins formellement, qui à $p(g\exp X)$ associe $g\exp X$) est une section lisse au dessus de $p(\exp U)$. Dans ces conditions, on a un difféomorphisme explicite entre $p^{-1}(p(\exp U))$ et $p(\exp(U) \times H$, donné par

$$h(g) = \Big(p(g), g\big(\sigma(p(g))\big)^{-1}\Big) .$$

Enfin, si $f : G/H \mapsto X$ est telle que $f \circ p$ soit lisse, et si U est un ouvert de G/H au dessus duquel p admet une section,

$$f_{|U} = f_{|U} \circ (p \circ \sigma_{|U}) = (f_{|U} \circ p) \circ \sigma_{|U}$$

est bien lisse $\blacksquare$

Nous allons voir maintenant que toute variété lisse sur laquelle un groupe de Lie opère transitivement est de la forme décrite en **54.**

58. Théorème – *Soit X une variété munie d'une action lisse et transitive d'un groupe de Lie G ayant un nombre fini de composantes connexes. Pour $a \in X$, le stabilisateur*

$$G_a = \{g \in G \, , \, g \cdot a = a\}$$

de a est un sous-groupe de Lie, et l'application $F : g \to g \cdot a$ passe au quotient en un difféomorphisme de G/G_a sur X.

59. Lemme – *F est une submersion.*

Preuve – Du fait que les applications $x \mapsto g \cdot x$ sont des difféomorphismes de X, le rang r de F est constant. Posons $n = \dim G$, $p = \dim X$. D'après le théorème du rang constant (voir l'exercice **10** du chapitre I), il existe pour tout $g \in G$ un ouvert U de G

contenant g, un ouvert V de X contenant $g \cdot a$, et des difféomorphismes ϕ, ψ de U et V sur des ouverts de $\mathbb{R}^n$ et $\mathbb{R}^p$ respectivement tels que

$$(\psi \circ F \circ \phi^{-1})(u_1, \cdots, u_n) = (u_1, \cdots, u_r, 0, \cdots, 0).$$

Cette formule montre que $F(U)$ est une sous-variété de X de dimension $p - r$, donc une partie négligeable de X si $r < p$. Mais les ouverts U forment un recouvrement de G, dont on peut extraire un sous-recouvrement dénombrable d'après **II. 42**. Donc $F(G)$ est une partie négligeable de X. Comme d'autre part $F(G) = X$ en raison de la transitivité, on aboutit à une contradiction ■

Preuve du théorème – D'après le lemme, $G_a = F^{-1}(a)$ est une sous-variété de dimension $n - p$ (notons que l'utilisation du théorème du rang constant rend inutile l'utilisation du résultat général sur les sous-groupes fermés des groupes de Lie). Si $h \in G_a$, on a

$$F(gh) = gh \cdot a = g \cdot (h \cdot a) = g \cdot a = F(g),$$

donc F passe au quotient, et donne une application lisse f de G/G_a dans X d'après **57** c). Comme

$$T_g F = T_{p(g)} f \circ T_g p,$$

on voit que f est une submersion, donc un difféomorphisme local pour des raisons de dimension, et enfin du difféomorphisme, puisque c'est une bijection ■

Remarque – Si b est un autre point de X, et si $g \in G$ est tel que $g \cdot a = b$, alors la conjugaison

$$h \mapsto ghg^{-1}$$

donne un isomorphisme entre G_a et G_b, et aussi par passages aux quotients un difféomorphisme de G/G_a sur G/G_b.

60. DÉFINITION – *On appelle* espace homogène différentiel *(ce dernier adjectif sera le plus souvent omis) de groupe G (mention facultative) une variété lisse sur laquelle un groupe de Lie G opère transitivement.*

Il est important de noter qu'il peut très bien exister plusieurs actions transitives sur la même variété (pour des exemples, voir l'exercice **14**).

61. EXEMPLE : grassmanniennes

La p-grassmannienne d'un espace vectoriel E, notée $G_p(E)$, est l'ensemble de ses sous-espaces vectoriels de dimension p. Si $E = \mathbb{R}^n$, on écrit $G_{n,p}$. Il est clair que l'action naturelle de $Gl(n, \mathbb{R})$ sur $\mathbb{R}^n$ donne une action transitive sur $G_{n,p}$. Le sous-groupe $T_{n,p}$, formé des applications linéaires qui laissent stable le plan P_0 engendré par les p premiers vecteurs de la base canonique, est donné par les matrices de la forme

$$\begin{pmatrix} A & B \\ 0 & C \end{pmatrix},$$

où A et C sont des matrices inversibles d'ordres respectifs p et $n-p$, et B une matrice à p lignes et $n-p$ colonnes. Ainsi, $G_{n,p}$ est en bijection avec $Gl(n, \mathbb{R})/T_{n,p}$, et en hérite une structure de variété lisse.

On peut aussi munir $\mathbb{R}^n$ du produit scalaire naturel et faire opérer le groupe orthogonal sur $G_{n,p}$. L'action est toujours transitive, puisque tout système orthonormé de vecteurs peut être complété en une base orthonormée. Un $g \in O(n)$ qui laisse P_0 stable laisse aussi stable $P_0^\perp$, et est donc de la forme

$$\begin{pmatrix} A & 0 \\ 0 & C \end{pmatrix}$$

où $A \in O(p)$ et $C \in O(n-p)$. Ainsi, $G_{n,p}$ apparaît également comme l'espace homogène $O(n)/O(p) \times O(n-p)$. Le lecteur est invité à vérifier à l'aide de **53** que ces deux représentations donnent la même structure de variété. Au passage, il est utile de noter que $G_{n,1} = P^{n-1}\mathbb{R}$ et que $\dim G_{n,p} = p(n-p)$.

F. COMMENTAIRES

Pour aller plus loin, une étude approfondie des algèbres de Lie est nécessaire. Par exemple, le résultat annoncé dans l'introduction, suivant lequel tout groupe de Lie est localement isomorphe à un sous-groupe du groupe linéaire, s'obtient en combinant le résultat analogue sur les algèbres de Lie (théorème d'Ado, voir [Postnikov]) et le troisième théorème de Lie.

On trouvera dans [Doubrovine-Novikov-Fomenko] (tome 2, chap. I, §3) un exemple explicite de groupe de Lie qui n'est isomorphe à aucun sous-groupe d'un groupe linéaire : il s'agit du revêtement universel de $Sl(2, \mathbb{R})$, qui peut être décrit de façon très géométrique.

L'un des aboutissements de la théorie est la classification des algèbres de Lie simples (c'est-à-dire sans idéal non trivial), d'où l'on déduit entre autres la classification des groupes compacts *presque simples* (c'est-à-dire sans sous-groupe distingué non discret). Modulo des revêtements finis, ou des quotients par un groupe fini, on obtient la liste suivante :

$$SO(n),\ n \neq 4;\ SU(n)\ ;\ Sp(n)$$

(ce dernier groupe est défini dans le corrigé de l'exercice **13**), et cinq groupes dits exceptionnels (voir [Onishschik-Vinberg]). On trouvera dans [Berger] une démonstration purement géométrique de la simplicité de $SO(n)$ pour $n = 3$ ou $n > 4$; pour la non simplicité de $SO(4)$, voir la dernière question de l'exercice **5**.

Nous verrons encore dans les exercices du chapitre **VI** une propriété élémentaire (et importante) des groupes de Lie : l'existence d'une mesure invariante par translation. Cette mesure, appelée mesure de Haar, existe pour tout groupe localement compact, mais le cas des groupes de Lie est sensiblement plus facile à traiter.

Nous terminons ce chapitre en mettant en garde le lecteur contre une analogie trompeuse. Un champ de vecteurs X sur une variété compacte M donnant naissance à un groupe à un paramètre de difféomorphismes, il est très tentant de dire que le groupe $\mathrm{Diff}(M)$ des difféomorphismes de M est un groupe de Lie, son algèbre de Lie étant $\Gamma(TM)$. Après tout, $\Gamma(TM)$ est bel et bien une algèbre de Lie, et on peut définir l'exponentielle comme dans le cas classique, en posant $\exp X = \phi_1^X$. Hélas, même pour la variété compacte la plus simple qui soit, le cercle S^1, il existe des difféomorphismes arbitrairement proches de l'identité qui ne sont pas la valeur au temps 1 d'un flot (pour un exemple, voir [Pressley-Segal], 3.3).

L'application exponentielle n'est donc pas un difféomorphisme local en 0, ce qui est très gênant. Cela n'empêche pas les groupes des difféomorphismes des variétés d'être très activement étudiés, mais c'est une autre histoire. Pour deux aspects très différents de l'étude de Diff(S^1), voir [Hector-Hirsch] (pour l'aspect "systèmes dynamiques") et [Pressley-Segal] (pour l'aspect "théorie des représentations").

EXERCICES

1. a) Montrer que les matrices de la forme

$$\begin{pmatrix} \mathrm{ch}t & \mathrm{sh}t \\ \mathrm{sh}t & \mathrm{ch}t \end{pmatrix}$$

forment un groupe de Lie isomorphe à $\mathbb{R}$.

b) Montrer que ce groupe est la composante neutre du groupe $O(1,1)$ des matrices qui conservent la forme quadratique $x^2 - y^2$.

c) Montrer que $O(1,1)$ a quatre composantes connexes.

2. *Le corps des quaternions*

a) Montrer que les matrices complexes de la forme

$$\begin{pmatrix} u & -\overline{v} \\ v & \overline{u} \end{pmatrix}$$

forment un sous-anneau de $M_2(\mathbb{C})$ dont tout élément non nul est inversible, donc un corps. Ce corps s'appelle *corps des quaternions* et se note $\mathbb{H}$.

b) Il est traditionnel (et commode) de poser

$$I = \begin{pmatrix} 0 & -1 \\ 1 & 0 \end{pmatrix} \; ; \; J = \begin{pmatrix} i & 0 \\ 0 & -i \end{pmatrix} \; ; \; K = \begin{pmatrix} 0 & i \\ i & 0 \end{pmatrix} .$$

(NB. Ces matrices sont appelées matrices de Pauli par les physiciens; ces matrices ainsi que le revêtement de $SO(3)$ par $SU(2)$ de l'exercice **5**, jouent un rôle fondamental en mécanique quantique, cf. par exemple [Feynmann]). En désignant par E la matrice unité $(2,2)$, montrer que tout quaternion q s'écrit d'une manière unique sous la forme $aE + bI + cJ + dK$, où a, b, c, d sont réels, et que

$$I^2 = J^2 = K^2 = -E, \; IJ = -JI = K, \; JK = -KJ = I, \; KI = -IK = J.$$

c) On écrit désormais les quaternions sous cette dernière forme. On remplace alors E, I, J et K par les minuscules correspondantes. Le sous-ensemble $\mathbb{R}E$ de $\mathbb{H}$ est un sous-anneau isomorphe à $\mathbb{R}$, et on l'identifiera à $\mathbb{R}$. On pose

$$\overline{q} = aE - bI - cJ - dK.$$

Vérifier que

$$q\overline{q} = \overline{q}q = (a^2 + b^2 + c^2 + d^2),$$

(ce qui redémontre que tout élément non nul de $\mathbb{H}$ est inversible), et que

$$\overline{q_1 q_2} = \overline{q_2}\,\overline{q_1}.$$

On vérifiera aussi que *le centre* de $\mathbb{H}$ (c'est-à-dire l'ensemble des éléments de $\mathbb{H}$ qui commutent avec tout autre) est égal à $\mathbb{R}$. On pose

$$\mathrm{Re}(q) = a,\ \mathrm{Im}(q) = bI + cJ + dK.$$

Un quaternion est dit *réel* si $\mathrm{Im}(q) = 0$, (ce qui équivaut à $\overline{q} = q$), *imaginaire pur*, ou plus brièvement *pur* si $\mathrm{Re}(q) = 0$ (ce qui équivaut à $q + \overline{q} = 0$).

d) On pose enfin $\|q\| = \sqrt{q\overline{q}}$. C'est une norme sur $\mathbb{H}$ vu comme $\mathbb{R}$-espace vectoriel d'après c).
Montrer que

$$\|q_1 q_2\| = \|q_1\|\|q_2\|.$$

3. *Le groupe multiplicatif des quaternions*

a) Montrer que le groupe multiplicatif $\mathbb{H}^*$ de $\mathbb{H}$ est un groupe de Lie.

b) Pour tout quaternion q, on pose

$$\exp(q) = \sum_{n=0}^{\infty} q^n/n!.$$

Montrer que le second membre est une série normalement convergente, et que si q et q' commutent, on a

$$\exp(q + q') = (\exp(q))(\exp(q'))$$

c) Montrer que tout sous-groupe à un paramètre du groupe multiplicatif $\mathbb{H}^*$ est de la forme

$$t \to \exp(tq).$$

En déduire que l'algèbre de Lie de $\mathbb{H}^*$ est $\mathbb{H}$ muni de sa structure d'espace vectoriel sur $\mathbb{R}$ et du crochet

$$[q, q'] = qq' - q'q.$$

d) Montrer que le groupe multiplicatif des quaternions de norme 1 est isomorphe à $SU(2)$. Enoncer et démontrer le résultat correspondant au niveau des algèbres de Lie.

4. Montrer qu'un morphisme étale de groupes de Lie est un revêtement.

* **5.** *Quaternions et rotations*

a) On identifie $\mathbb{R}^3$(en tant qu'espace vectoriel) aux quaternions purs. Si s est un quaternion de norme 1 et h un quaternion pur, on pose

$$\rho(s) \cdot h = sh\overline{s}.$$

Montrer que $\rho(s).h$ est encore un quaternion pur, et que l'application linéaire $\rho(s)$ est dans $O(3)$.

b) Montrer que $\rho(s) \in SO(3)$ (utiliser un argument de connexité).

c) Montrer que

$$\rho(s)\rho(s') = \rho(ss').$$

Calculer la différentielle de ρ en e, et en déduire que ρ est un difféomorphisme local.

d) Montrer que ρ est surjective, et que $\mathrm{Ker}(\rho) = \pm e$. En déduire que $SO(3)$ est isomorphe à $S^3/\pm e$, ou encore à $SU(2)/\pm I$.

e) Montrer que l'axe de la rotation $\rho(s)$ est donné par la partie pure du quaternion s. Pour déterminer *l'angle* on procède comme suit :

1) Montrer que deux rotations conjuguées ont même angle.

2) Montrer que pour tout quaternion pur t de norme 1, il existe un quaternion q de norme 1 tel que $qt\overline{q} = i$(utiliser la question d)).

3) Tout quaternion s de norme 1 s'écrit d'une façon unique sous la forme $\alpha e+\beta t$, où t est un quaternion pur de norme 1, α et β étant des réels tels que $\alpha^2+\beta^2 = 1$. Montrer que l'angle de la rotation $\rho(s)$ ne dépend que de α et β et le calculer.

4) Application numérique : soient R_1 et R_2 les rotations d'angle $2\pi/3$ d'axes respectifs $(1, 1, 1)$ et $(1, 1, -1)$. Déterminer la rotation $R_1 \circ R_2$.

f) On considère de même l'application ρ_1 de $S^3 \times S^3$ dans $Gl(\mathbb{R}^4)$ définie par

$$\rho_1(s, t).q = sq\bar{t}.$$

En imitant ce qui précède, montrer que ρ_1 est un homomorphisme surjectif de groupes de Lie de $S^3 \times S^3$ sur $SO(4)$, et en déduire que $SO(4)$ est isomorphe à $S^3 \times S^3/\pm I$.

6. *Idéaux et sous-groupes distingués*

Soit G un groupe de Lie et H un sous-groupe de Lie distingué de G. Montrer, en imitant **24**, que l'algèbre de Lie $\mathfrak{H}$ de H est un idéal de l'algèbre de lie $\mathfrak{G}$ de G. Montrer qu'inversement, un sous-groupe de Lie *connexe* dont l'algèbre de Lie est un idéal est distingué.

7. *Exemples d'exponentielles*

* a) Vérifier que exp est surjective pour les groupes suivants :
$Gl(n, \mathbb{C})$; $SO(n)$; $U(n)$; le groupe des transformations affines $x \to ax + b$ de la droite réelle telles que $a > 0$.

b) Montrer que le sous-ensemble $N \subset Gl(3, \mathbb{R})$ des matrices de la forme

$$\begin{pmatrix} 1 & x & z \\ 0 & 1 & y \\ 0 & 0 & 1 \end{pmatrix}$$

est un sous-groupe de Lie, pour lequel l'application exponentielle est un difféomorphisme.

c) Montrer que si $A \in Sl(2, \mathbb{R})$, on a

$$\mathrm{tr}(A^2) \geq -2.$$

(Utiliser le théorème de Hamilton-Cayley). En déduire que pour $Sl(2, \mathbb{R})$ l'exponentielle n'est pas surjective. Déterminer son image.

8. Montrer que tout morphisme de S^1 vu comme l'ensemble des complexes de module 1 est de la forme $t \mapsto t^k$, où $k \in \mathbb{Z}$.

9. a) Montrer que sur l'espace vectoriel $Sym(2)$ des matrices symétriques d'ordre 2, le déterminant définit une forme quadratique de type $(1, 2)$.

b) Pour $A \in Sl(2, \mathbb{R})$, et $M \in S$ on pose

$$\rho(A) \cdot M = {}^tAMA.$$

Montrer que ρ définit un morphisme entre $Sl(2, \mathbb{R})$ et $O(1, 2)$.

c) Montrer que $\operatorname{Ker} \rho = \{\pm Id\}$, et que ρ est un revêtement. En déduire l'isomorphisme

$$Sl(2, \mathbb{R})/\{\pm I\} \simeq SO_o(1, 2).$$

* d) Donner une autre démonstration de cet isomorphisme en utilisant l'exercice **16** du chapitre **II.**

* **10.** Soit N le groupe de la question **6** b). Montrer que le sous-groupe $N_{\mathbb{Z}}$ de N formé par matrices à coefficients entiers est discret, et que la variété $N/N_{\mathbb{Z}}$ est compacte.

* **11.** Combien le groupe pseudo-orthogonal $O(p, q)$ a-t-il de composantes connexes ? Indication : faire opérer $O(p, q)$ sur la sous-variété de $\mathbb{R}^{p+q}$ d'équation

$$-x_1^2 - \cdots - x_p^2 + x_{p+1}^2 + \cdots + x_{p+q}^2 = 1.$$

12. a) Soit

$$\tilde{U}(n) = \{(A, t) \in U(n) \times \mathbb{R}, \ \det(A) = e^{2i\pi t}\}.$$

Montrer que la restriction à $\tilde{U}(n)$ de la première projection est un revêtement de groupes de Lie, de base $U(n)$, et de noyau est $I \times \mathbb{Z}$.

* b) Montrer que $\tilde{U}(n)$ est isomorphe à $SU(n) \times \mathbb{R}$.

** Cela montre que $\tilde{U}(n)$ est le revêtement universel de $U(n)$.**

13. a) Montrer les homéomorphismes suivants :

$$S^{2n+1} \simeq U(n+1)/U(n) \simeq SU(n+1)/SU(n).$$

En déduire que les groupes $SU(n)$ et $U(n)$ sont connexes quel que soit n.

b) Montrer que l'ensemble des matrices de la forme

$$\begin{pmatrix} \det(A) & 0 \cdots 0 \\ 0 & \\ \vdots & A \\ 0 & \end{pmatrix},$$

où $A \in O(n)$ forment un sous-groupe de $SO(n+1)$ isomorphe à $O(n)$. Notant abusivement $O(n)$ ce sous-groupe, établir l'homéomorphisme

$$SO(n+1)/O(n) \simeq P^n\mathbb{R}.$$

c) Avec des notations analogues que l'on expliquera, établir l'homéomorphisme

$$SU(n+1)/U(n) \simeq P^n\mathbb{C}.$$

d) Montrer que tous ces homéomorphismes sont des difféomorphismes.

* **14.** *Orbites de l'action d'un groupe compact*
Soit G un groupe de Lie compact agissant différentiablement sur une variété lisse M. Montrer que les orbites de G (c'est-à-dire les parties de M de la forme $G \cdot x$, où $x \in M$ est fixé) sont des sous-variétés de M (indication : utiliser le théorème du rang constant et **IV. 58**).
On prend pour G le stabilisateur d'un point pour l'action naturelle de $SO(n+1)$ sur $P^n\mathbb{R}$. A quelles variétés les orbites de G dans $P^n\mathbb{R}$ sont-elles difféomorphes ? Même question en remplaçant $P^n\mathbb{R}$ par $P^n\mathbb{C}$ et $SO(n+1)$ par $SU(n+1)$.

15. Montrer que sur l'espace vectoriel des polynômes (ou des fonctions à décroissance rapide), les opérateurs linéaires

$$P \mapsto P' \qquad P \mapsto XP \qquad \text{et} \qquad Id$$

engendrent une algèbre de Lie isomorphe à celle du groupe de Heisenberg vu en **2** (il s'agit là, sous une forme à peine simplifiée, la relation de commutation satisfaite par les opérateurs position – multiplication par x – et impulsion – dérivée – en mécanique quantique).

* **16.** *Variété des matrices de rang donné*
Etudier les orbites de l'action de $Gl(p,\mathbb{R}) \times Gl(q,\mathbb{R})$ sur $M_{p,q}(\mathbb{R})$ donnée par

$$(P,Q).M = PMQ^{-1}.$$

* **17.** ** Un groupe de Lie complexe est une variété analytique complexe (cf. **II. 24**) munie d'une structure de groupe telle que l'application $(g,h) \mapsto gh^{-1}$ soit analytique complexe (c'est le cas de $Gl(n,\mathbb{C})$ et $Sl(n,\mathbb{C})$). Montrer que tout groupe de Lie *complexe* compact et connexe est commutatif (utiliser la représentation adjointe).**

CHAPITRE V

FORMES DIFFÉRENTIELLES

Existe-t-il une théorie de l'intégration disons par exemple pour les sous-variétés de dimension p de l'espace euclidien ? On peut partir de ce que l'on appelait autrefois l'intégrale curviligne, c'est-à-dire la circulation d'un champ de vecteurs V le long d'une courbe. Celle-ci est définie classiquement comme l'intégrale

$$\int_a^b \langle V_{c(t)}, c'(t)\rangle dt.$$

Ici, $c = [a,b] \mapsto \mathbb{R}^n$ est une paramétrisation de la courbe – en fait d'un morceau de la courbe, puisque nous avons restreint le paramétrage à un intervalle $[a,b]$ –, et $\langle , \rangle$ le produit scalaire euclidien sur $\mathbb{R}^n$. Le remplacement des vecteurs $V_{c(t)}$ par des *formes linéaires* $\alpha_{c(t)}$ a l'avantage de ne plus faire intervenir de produit scalaire. On peut alors intégrer, pour des courbes d'une variété quelconque, les "champs de formes linéaires" $x \mapsto \alpha_x$, où α_x est pour tout $x \in X$ une forme linéaire sur le tangent T_xX, en posant

$$\int_c \alpha = \int_a^b \alpha_{c(t)}\big(c'(t)\big)dt.$$

Il nous faudra bien sûr préciser la régularité par rapport à x de la famille α_x. Cette question sera résolue de la même façon que pour les champs de vecteurs.
Le passage aux sous-variétés de dimension $p > 1$ se fait en deux temps. Pour x fixé, c'est-à-dire du point de vue infinitésimal, on est ramené à un problème algébrique : définir un élément de volume, pour tous les espaces vectoriels de dimension p (les différents T_xY possibles) d'un espace vectoriel de dimension n (en l'occurrence $\mathbb{R}^n \simeq T_x\mathbb{R}^n$ ou T_xX, si X est la variété de dimension n ambiante). L'algèbre extérieure, qui fait l'objet du premier paragraphe de ce chapitre, répond parfaitement à la question. Une fois cette construction faite, le problème de donner un sens à la dépendance par rapport à $x \in X$ n'est pas vraiment plus difficile que pour $p = 1$. On construit les formes différentielles de degré p, qui ont vocation à être intégrées sur les sous-variétés de dimension p de X, ou plutôt, comme nous l'avons déjà vu en dimension 1, sur des parties compactes de ces sous-variétés. Notons au passage que les formes de degré zéro sont les fonctions lisses, et que l'intégration se ramène alors à l'évaluation d'une fonction sur des points, puisqu'une variété compacte de dimension zéroest tout simplement un ensemble fini de points (mais attention : il y a une question de signe qui sera discutée au prochain chapitre).
L'intégration des formes différentielles fera l'objet du chapitre **VI**. Il nous faut auparavant, c'est l'objet de ce chapitre, étudier les propriétés de base des formes différentielles.

La principale est l'existence d'un opérateur linéaire *naturel* (c'est-à-dire "commutant avec toutes les applications lisses", cf. **26** pour un énoncé précis) qui associe à toute forme de degré p une forme de degré $p+1$. Cet opérateur est la généralisation de la différentielle des fonctions (cas où $p=0$).
Le lecteur que cette introduction longue et néanmoins incomplète laisserait sur sa faim est fortement incité à lire l'introduction (au moins) de [Whitney].

A. ALGÈBRE TENSORIELLE

Rappelons que si E est un espace vectoriel sur un corps K, *l'espace dual* $\mathcal{L}(E,K)=E^*$ est l'espace vectoriel des applications K-linéaires de E dans K, appelées aussi *formes linéaires*. Supposons E de dimension finie n, et soit $(e_i)_{1\leq i\leq n}$ une base. Si

$$v=\sum_{i=1}^{n} v^i e_i$$

est la décomposition d'un vecteur dans cette base, on note e^{i*} la forme linéaire $v\mapsto v^i$, qui à tout vecteur associe sa i-ième coordonnée. Alors, si $\alpha\in E^*$, on a

$$\alpha(v)=\sum_{i=1}^{n} v^i\alpha(e_i)=\sum_{i=1}^{n}\alpha(e_i)e^{i*}(v)$$

quel que soit v. Autrement dit la forme linéaire α apparait comme la combinaison linéaire

$$\alpha=\sum_{i=1}^{n}\alpha(e_i)e^{i*}.$$

En particulier, $(e^{i*})_{1\leq i\leq n}$ est une base de E^*, appelée *base duale* de $(e_i)_{1\leq i\leq n}$.

1. Convention d'Einstein – Quand on indexe une famille de vecteurs ou de champs de vecteurs, on écrit l'indice *en bas* (moyen mnémotechnique : penser au champ ∂_i) ; quand on indexe des formes, on place l'indice *en haut*, qu'il s'agisse de formes proprement dites comme les e^{i*}, ou de leurs valeurs sur un vecteur comme les nombres v^i. Quand on décompose un vecteur (resp. une forme) dans une base, on place les indices des coefficients en position supérieure (resp. inférieure), comme nous venons de le faire. Les physiciens en profitent pour convenir qu'une expression où un même indice figure en position supérieure et inférieure est une somme par rapport à cet indice. Nous n'omettrons jamais pour notre part les signes de sommation, mais adopterons la convention que nous venons de décrire pour l'emplacement des indices. Cet usage permet de rappeler brièvement au lecteur à quel type d'être mathématique, vecteur ou forme, on a affaire.

2. Définition – *On appelle* forme k-linéaire *sur E toute application*

$$L:\overbrace{E\times\cdots E}^{k \text{ fois}}\to K$$

telle que les applications partielles

$$x_r \to L(x_1, \dots, x_k)$$

soient des formes linéaires sur E.

Les formes k-linéaires forment un espace vectoriel sur K. De plus, si on exprime les vecteurs $(x_r)_{1 \leq r \leq k}$ par rapport à une base $(e_r)_{1 \leq r \leq k}$ donnée, on voit que L est déterminée par la donnée des n^k nombres

$$L(e_{i_1}, e_{i_2}, \dots, e_{i_k})$$

donc que les formes k-linéaires constituent un espace vectoriel de dimension n^k.

3. Définition – *Le* produit tensoriel *d'une forme k-linéaire f et d'une forme l-linéaire g est la forme $k+l$-linéaire donnée par*

$$(f \otimes g)(v_1, \dots, v_{k+l}) = f(v_1, \dots, v_k) g(v_{k+1}, \dots, v_{k+l}).$$

Par exemple, si α et β sont deux formes linéaires,

$$(\alpha \otimes \beta)(u, v) = \alpha(u)\beta(v),$$

ce qui montre au passage que $\alpha \otimes \beta \neq \beta \otimes \alpha$ dès que α et β ne sont pas proportionnelles. La formule de définition montre que $\otimes$ définit quels que soient k et l une application bilinéaire de $\mathcal{L}^k(E, K) \times \mathcal{L}^l(E, K)$ dans $\mathcal{L}^{k+l}(E, K)$, et que l'on a toujours

$$f \otimes (g \otimes h) = (f \otimes g) \otimes h,$$

la valeur des deux membres pour le système $(x_1, \dots, x_{k+l+m})$ étant

$$f(x_1, \dots, x_k) g(x_{k+1}, \dots, x_{k+l}) h(x_{k+l+1}, \dots, x_{k+l+m}).$$

Une base de E et la base duale de E^* étant données, cette propriété d'associativité permet d'introduire les n^k produits tensoriels

$$e^{i_1 *} \otimes \cdots e^{i_p *}.$$

Si k vecteurs x_i s'écrivent

$$x_i = \sum_{j=1}^{n} \xi_i^j e_j$$

alors

$$(e^{i_1 *} \otimes \cdots e^{i_k *})(x_1, \dots, x_k) = \xi_1^{i_1} \xi_2^{i_2} \dots \xi_k^{i_k}.$$

Ainsi, comme dans le cas plus simple de $E^* = \mathcal{L}(E, K)$, les $e^{i_1 *} \otimes \cdots e^{i_k *}$ forment une base de $\mathcal{L}^k(E, K)$. Nous appellerons donc aussi cet espace *la puissance tensorielle k-ième* de E^*, et le noterons $\bigotimes^k E^*$.

4. DÉFINITION – *On appelle* algèbre tensorielle *de E^*, et l'on désigne par $T(E^*)$, la somme directe*

$$\bigoplus_{i=0}^{\infty} \bigotimes^{k} E^*$$

munie du produit obtenu en prolongeant $\otimes$ par linéarité.

C'est une algèbre associative. ** Le lecteur vérifiera à titre d'exercice que la propriété suivante, dite “universelle”, caractérise $T(E^*)$: *toute application linéaire de E^* dans une algèbre associative A se prolonge d'une manière unique en un morphisme d'algèbres de $T(E^*)$ dans A.***

5. DÉFINITION – *Une forme k-linéaire f sera dite* alternée *si pour toute permutation σ de $[1, k]$ on a*

$$f(x_1, \ldots, x_k) = \epsilon(\sigma) f(x_{\sigma(1)}, \ldots, x_{\sigma(k)}),$$

où l'on a désigné par $\epsilon(\sigma)$ la signature de σ. L'entier k est le degré *de f.*

Exemple – Toute forme linéaire est alternée. Une 2-forme f est alternée si et seulement si

$$f(x, y) = -f(y, x) \quad \text{quels que soient } x, y \in E.$$

Il revient au même de dire (si K n'est pas de caractéristique 2, par exemple si $K = \mathbb{R}$ ou $\mathbb{C}$, *ce que nous supposerons désormais*) que $f(x, x) = 0$ quel que soit x. En effet, dans ce cas

$$f(x + y, x + y) = 0 = f(x, x) + f(x, y) + f(y, x) + f(y, y) = f(x, y) + f(y, x).$$

En utilisant le fait que toute permutation est un produit de transposition, on en déduit la propriété importante suivante.

6. PROPOSITION

a) *Une forme k-linéaire est alternée si et seulement si*

$$f(x_1, \ldots, x_k) = 0 \qquad \text{dès que deux des } x_i \text{ sont égaux.}$$

b) *Si les vecteurs $x_1, \ldots, x_k$ sont linéairement dépendants,*

$$f(x_1, \ldots, x_k) = 0 \qquad \text{pour toute } k\text{-forme alternée } f.$$

Preuve

a) est une conséquence directe de ce qui précède.
Pour b), notons que si les x_i ne sont pas tous nuls l'un au moins est combinaison linéaire des autres. Quitte à effectuer une permutation entre les variables (f est alternée!) on peut supposer que c'est x_1. Alors

$$x_1 = \sum_{i=2}^{k} \lambda^i x_i$$

donc

$$f(x_1,\ldots,x_k) = \sum_{i=2}^{k} \lambda^i f(x_i, x_2, \ldots, x_i, \ldots x_k) = 0 \quad \blacksquare$$

L'espace vectoriel des formes k-linéaires alternées est noté $\bigwedge^k E^*$. On a

$$\bigotimes^1 E^* = \bigwedge^1 E^* = E^*,$$

et on convient que

$$\bigotimes^0 E^* = \bigwedge^0 E^* = K.$$

Un cas important est celui où $k = \dim E$: la théorie des déterminants dit exactement que $\dim \bigwedge^n E^* = 1$, et plus précisément que

$$f(x_1,\ldots,x_n) = \begin{vmatrix} \xi_1^1 & \ldots & \xi_1^n \\ \vdots & \vdots & \vdots \\ \xi_n^1 & \ldots & \xi_n^n \end{vmatrix} f(e_1,\ldots,e_n).$$

Plus généralement

7. Proposition – *Si $f \in \bigwedge^k E^*$ et si $(e_i)_{1\le i\le n}$ est une base de E, on a*

$$f(x_1,\ldots,x_k) = \sum_{1\le i_1<\ldots<i_k\le n} \begin{vmatrix} \xi_1^{i_1} & \ldots & \xi_1^{i_k} \\ \vdots & \vdots & \vdots \\ \xi_n^{i_1} & \ldots & \xi_k^{i_k} \end{vmatrix} f(e_{i_1},\ldots,e_{i_k}).$$

Preuve – La multilinéarité donne d'abord

$$f(x_1,\ldots,x_k) = \sum_{i_1,\ldots,i_k} \xi_1^{i_1}\cdots\xi_k^{i_k} f(e_{i_1},\ldots,e_{i_k}).$$

Si de plus f est alternée, d'après **5** seuls subsistent les termes où les indices i_r sont deux à deux distincts, et la formule cherchée s'obtient en regroupant les suites $i_1,\ldots,i_k$ correspondant à une même partie à k éléments de $[1,n]$, et en appliquant la formule qui donne le développement d'un déterminant $\blacksquare$

8. Corollaire – $\dim \bigwedge^k E^* = \binom{n}{k}$. *En particulier,* $\bigwedge^k E^* = 0$ *si* $k > n$.

L'exemple de deux formes de degré 1 montre que le produit tensoriel de deux formes alternées n'est pas une forme alternée. Un peu de travail permet néanmoins de munir l'ensemble des formes alternées d'une structure multiplicative.

9. Définition – L'antisymétrisée *d'une forme k-linéaire f, notée* $\mathrm{Alt}\, f$, *est donnée par*

$$(\mathrm{Alt}\, f)(x_1,\ldots,x_k) = \frac{1}{k!}\sum_{\sigma\in\mathbf{S}_k} \epsilon(\sigma) f(x_{\sigma(1)},\ldots, f(x_{\sigma(k)}),$$

où l'on a désigné par $\mathbf{S}_k$ *le groupe des permutations de* $\{1, 2, \cdots k\}$, *et par* $\epsilon(\sigma)$ *la signature de la permutation* σ.

Attention – Cette définition n'a un sens que si l'on peut diviser par $k!$, c'est-à-dire si le corps K est de caractéristique 0.
On vérifie facilement que $f = \mathrm{Alt}\, f$ si et seulement si f est alternée.

Exemple – Si $f \in \bigwedge^2 E^*$,

$$(\mathrm{Alt}\, f)(x, y) = \frac{1}{2}\big(f(x, y) - f(y, x)\big).$$

10. Définition – Le produit extérieur *de* $f \in \bigwedge^k E^*$ *et* $g \in \bigwedge^l E^*$, *noté* $f \wedge g$, *est la* $(k+l)$*-forme*

$$f \wedge g = \frac{(k+l)!}{k!l!} \mathrm{Alt}(f \otimes g).$$

Exemple – Si $k = l = 1$, $(f \wedge g)(x, y) = f(x)g(y) - f(y)g(x)$.

Ce produit a les propriétés suivantes, que nous admettrons, et dont la preuve (pour laquelle on pourra consulter l'appendice de [Dieudonné 1]) utilise essentiellement des propriétés des groupes de permutations.
a) *Anticommutativité :*

$$g \wedge f = (-1)^{kl} f \wedge g \qquad \text{si } f \in \bigwedge^k E^* \text{ et } g \in \bigwedge^l E^*.$$

b) *Associativité :*

$$f \wedge (g \wedge h) = (f \wedge g) \wedge h \qquad \text{si } f \in \bigwedge^k E^*, g \in \bigwedge^l E^*, h \in \bigwedge^m E^*.$$

En particulier $f \wedge f = 0$ si f est d'ordre impair. Cette propriété est fausse pour les formes d'ordre pair : si α, β, γ et δ sont des formes linéaires linéairement indépendantes, et si $\omega = \alpha \wedge \beta + \gamma \wedge \delta$, on a

$$\omega \wedge \omega = 2\alpha \wedge \beta \wedge \gamma \wedge \delta \neq 0.$$

(Voir les exercices **1** et **2** pour plus de détails sur ces questions).
Un autre cas important est celui du produit de k formes de degré 1. Les propriétés ci-dessus, ou une vérification directe par récurrence, montrent que

$$(f^1 \wedge \ldots \wedge f^k)(x_1, \ldots, x_k) = \begin{vmatrix} f^1(x_1) & \ldots & f^k(x_1) \\ \ldots & \ldots & \ldots \\ f^1(x_k) & \ldots & f^k(x_k) \end{vmatrix}.$$

Cela permet de réinterpréter la Proposition **7** en écrivant

$$f = \sum_{1 \leq i_1 < \ldots < i_k \leq n} f(e_{i_1}, \ldots, e_{i_k}) e^{i_1 *} \wedge \ldots \wedge e^{i_k^*}.$$

En particulier, le déterminant par rapport à la base $(e_i)_{1\leq i\leq n}$ est la forme alternée de degré n donnée par $e^{1*}\wedge\ldots\wedge e^{n*}$.

11. Définition – L'algèbre extérieure de E^* *est l'espace vectoriel*

$$\bigwedge E^* = \bigoplus_{k=0}^{\infty}\bigwedge^k E^* = \bigoplus_{k=0}^{n}\bigwedge^k E^*,$$

muni du produit obtenu en prolongeant $\wedge$ *par linéarité.*

Le fait que $\bigwedge^k E^* = 0$ si $k > \dim E$ était déjà une conséquence de **6** b). Mais la première écriture de $\bigwedge E^*$ a l'intérêt de ne pas faire intervenir la dimension explicitement. Notons aussi que $\dim\bigwedge E^* = 2^n$, et que les formes de degré pair commutent entre elles. ** Autrement dit, elles engendrent une sous-algèbre *commutative* de $\bigwedge E^*$. **

12. Définition – *Soient* E *et* F *deux espaces vectoriels, et* $f : E\mapsto F$ *une application linéaire. La* transposée *de* f*, notée* ${}^t f$*, est l'application de* F^* *dans* E^* *donnée par*

$${}^t f(L) = L\circ f.$$

Il est immédiat que ${}^t f$ est linéaire, et que l'application $f\mapsto {}^t f$ est elle aussi linéaire. De plus, si E, F, G sont trois espaces vectoriels et si $f\in\mathcal{L}(E,F)$, $g\in\mathcal{L}(F,G)$, une application directe de la définition montre que

$${}^t(f\circ g) = {}^t g\circ {}^t f.$$

La définition s'étend immédiatement au cas où L est une application multilinéaire, en posant de même

$$\big({}^t f(L)\big)(x_1,\ldots,x_k) = L\big(f(x_1),\ldots,f(x_k)\big).$$

Notons que

$${}^t f(S\otimes T) = {}^t f(S)\otimes {}^t f(T),$$

et que ${}^t f(S)$ est *alternée* dès que S l'est. On a encore

$${}^t f(S\wedge T) = {}^t f(S)\wedge {}^t f(T).$$

Si $f\in\mathcal{L}(E,E)$, la transposée ${}^t f$ donne ainsi pour tout k un endomorphisme de $\bigwedge^k E^*$. Pour $k=\dim E$, c'est un endomorphisme entre espaces de dimension 1, qui doit donc être de la forme $\omega\mapsto c\omega$, où c est un scalaire. Si $(e_i)_{1\leq i\leq \dim E}$ est une base de E, ce scalaire est d'après **7** le *déterminant* des $f(e_i)$ par rapport aux e_i, qui ne dépend donc pas de la base choisie. Nous retrouvons ainsi le *déterminant* d'un endomorphisme. Ici, la formule ${}^t(f\circ g) = {}^t g\circ {}^t f$ exprime que

$$\det(f\circ g) = (\det g)(\det f).$$

13. Remarque – Il est bon de signaler, en conclusion de cet exposé algébrique volontairement naïf *, qu'il n'est nullement nécessaire pour définir l'algèbre tensorielle

---

* Il est par exemple possible, et préférable si on veut travailler en caractéristique quelconque, de donner une définition “sans dénominateurs” du produit extérieur.

ou l'algèbre extérieure, d'avoir affaire à un espace vectoriel considéré comme un espace dual. La remarque qui suit la définition **4** permet de définir directement l'algèbre tensorielle, puis l'algèbre extérieure d'un espace vectoriel. D'une façon plus terre à terre, il suffit de reprendre tout ce qui précède en supprimant les étoiles : si $(e_i)_{1\leq i\leq n}$ est une base d'un espace vectoriel de dimension n, une base de $T(E)$ sera fournie par les n^k symboles

$$e_{i_1}\otimes\cdots\otimes e_{i_k},$$

et on pose

$$(e_{i_1}\otimes\cdots\otimes e_{i_k})\otimes(e_{j_1}\otimes\cdots e_{j_l})=e_{i_1}\otimes\cdots e_{i_k}\otimes e_{j_1}\otimes\cdots e_{j_l}.$$

L'algèbre extérieure $\bigwedge E$ se définit de la même façon. Il faut bien sûr prouver dans les deux cas, ce qui n'est pas difficile, que la structure algébrique obtenue ne dépend pas du choix de la base qui a servi à la définir. Une solution de facilité est de se ramener au point de vue du début de cette section : en dimension finie $E\simeq(E^*)^*$. Notons enfin que toute application linéaire de E dans F se prolonge en une application $f^\otimes$ de $\bigotimes E$ dans $\bigotimes F$ et en une application $f^\wedge$ de $\bigwedge E$ dans $\bigwedge F$; on a

$$(f\circ g)^\otimes=f^\otimes\circ g^\otimes\qquad\text{et}\qquad(f\circ g)^\wedge=f^\wedge\circ g^\wedge.$$

14. ***Exemple : la grassmannienne des** 2**-plans en dimension*** 4

Soit E un espace vectoriel de dimension 4, et ω un élément non nul de $\bigwedge^4 E$. On définit une forme bilinéaire B sur $\bigwedge^2 E$ en posant

$$u\wedge v=B(u,v)\omega.$$

Nous allons montrer que B est symétrique, non dégénérée et de signature $(3,3)$, et en déduire que l'ensemble des 2-plans de E est en bijection avec l'hypersurface de $P^5(\mathbb{R})$ d'équation

$$x_1y_1+x_2y_2+x_3y_3=0$$

en coordonnées homogènes.
Soit (a,b,c,d) une base de E telle que $a\wedge b\wedge c\wedge d=\frac{1}{2}\omega$. On introduit une base u_1,u_2,u_3,v_1,v_2,v_3 de $\bigwedge^2 E$ en posant

$$\begin{aligned}u_1&=a\wedge b+c\wedge d &\qquad v_1&=a\wedge b-c\wedge d\\ u_2&=a\wedge c-b\wedge d & v_2&=a\wedge c+b\wedge d\\ u_3&=a\wedge d+b\wedge c & v_3&=a\wedge d-b\wedge c.\end{aligned}$$

En utilisant la commutativité du produit extérieur pour les formes de degré pair, et des relations du genre

$$(a\wedge b)\wedge(a\wedge c)=-(a\wedge a)\wedge b\wedge c)=0,$$

on voit que

$$B(u_i,u_j)=-B(v_i,v_j)=\delta_{ij}\quad\text{et}\quad B(u_i,v_j)=0,$$

ce qui prouve notre première assertion.

Si maintenant $P \subset E$ un 2-plan, et (e, f) une base de E, on introduit le 2-vecteur $e \wedge f$. Si (e', f') est une autre base, on a

$$e' \wedge f' = (\det(e', f')/(e, f))(e \wedge f).$$

On associe ainsi à tout 2-plan l'élément $[e \wedge f]$ de l'espace projectif associé à $\bigwedge^2 E$. De plus, d'après l'exercice **2**, un 2-vecteur w est de la forme $e \wedge f$ si et seulement si $w \wedge w = 0$. Le résultat s'en déduit, en écrivant w sous la forme

$$x_1u_1 + x_2u_2 + x_3u_3 + y_1v_1 + y_2v_2 + y_3v_3.$$

On peut démontrer que la variété en question est difféomorphe à $S^2 \times S^2/\{I, \sigma\}$, où $\sigma(x, y) = (-x, -y)$.

B. FORMES DIFFÉRENTIELLES SUR UN OUVERT D'UN ESPACE VECTORIEL

Nous avons vu au chapitre **I** pourquoi la différentielle d'une fonction $f \in C^\infty(U)$ (où U est un ouvert de $\mathbb{R}^n$, ou plus généralement d'un espace vectoriel de dimension n) s'écrivait sous la forme

$$df = \sum_{i=1}^{n} \partial_i f(x) dx^i.$$

Si on s'intéresse à la dépendance en fonction de $x \in U$, on obtient une application lisse de U dans $E^* = \mathcal{L}(E, \mathbb{R})$. Plus généralement, on a la définition suivante.

15. Définition – Une forme différentielle de degré 1 *sur un ouvert U d'un espace vectoriel est une application lisse de U dans E^*.*

On notera $\Omega^1(U)$ l'ensemble de ces formes. Une forme α s'écrit

$$\sum_{i=1}^{n} \alpha_i dx^i,$$

$\alpha_i \in C^\infty(U)$ pour tout i. Nous noterons α_x la valeur de α en x. Une première justification de ce point de vue est la possibilité d'une définition de l'intégrale curviligne qui ne fait pas appel aux coordonnées.

16. Définition – *Soit $I \subset \mathbb{R}$ un intervalle fermé, et $c : I \mapsto U$ une courbe paramétrée* C^1. L'intégrale d'une forme différentielle α le long de c *est l'expression*

$$\int_c \alpha = \int_I \sum_{i=1}^{n} \alpha_i(c^i(t)) c'^i(t) dt = \int_I \alpha_{c(t)} \cdot c'(t)\, dt.$$

(Pour tout t on applique la forme linéaire $\alpha_{c(t)}$ au vecteur $c'(t)$.)

17. REMARQUE : passage des champs de vecteurs aux formes différentielles dans un espace euclidien, gradient

Si E est muni d'un produit scalaire $\langle , \rangle$, c'est-à-dire si E un espace euclidien, et si X un champ de vecteurs sur E, on définit la *circulation de X le long de c* comme

$$\oint_c X = \int_I \langle X_{c(t)}, c'(t) \rangle dt$$

Le produit scalaire définit un isomorphisme entre E et E^*, noté $v \mapsto v^\flat$ (parce qu'il fait descendre les indices des coordonnées, voir **1**). L'isomorphisme réciproque est noté $\alpha \mapsto \alpha^\sharp$. Ces isomorphismes sont définis par les relations

$$\forall w \in E, v^\flat(w) = \langle v, w \rangle \quad \text{et} \quad \langle \alpha^\sharp, w \rangle = \alpha(w).$$

On en déduit un isomorphisme entre les champs de vecteurs et les formes différentielles de degré 1, qui se note de la même façon. Ainsi, dans un espace euclidien, la circulation d'un champ de vecteurs et l'intégrale d'une forme différentielle de degré 1 le long d'une courbe sont deux notions équivalentes. Mais seule cette dernière peut être définie dans le cas où E est simplement un espace vectoriel. Elle sera la seule à s'étendre directement aux variétés, ** alors que la circulation d'un champ de vecteurs se définit à l'aide de la donnée supplémentaire d'une métrique riemannienne.**
Profitons de l'occasion pour définir le *gradient* d'une fonction f sur un espace euclidien. C'est le champ de vecteurs, noté ∇f, défini par $\nabla f = df^\sharp$.

L'intégrale des formes différentielles permet d'aborder le problème suivant, qui, comme nous le verrons systématiquement plus tard, met en jeu des propriétés topologiques : une forme différentielle $\alpha \in \Omega^1(U)$ étant donnée, à quelle condition existe-t-il une fonction $f \in C^\infty(U)$ telle que $\alpha = df$?
En vertu du théorème de Schwarz sur l'interversion des dérivées, une condition nécessaire est

$$\partial_i \alpha_j(x) = \partial_j \alpha_i(x) \quad \text{quels que soient } x \in U \text{ et } i, j \in [1, n].$$

Mais cette condition n'est nullement suffisante.

18. THÉORÈME – *Sur* $\mathbb{R}^2 \setminus \{0\}$, *il n'existe pas de fonction f de classe C^1 telle que la forme différentielle*

$$\alpha = \frac{xdy - ydx}{x^2 + y^2}$$

soit égale à df.

C'est une conséquence du lemme suivant.

19. LEMME – *Pour toute courbe paramétrée $c : [a, b] \to U$ telle que $c(a) = c(b)$ et toute fonction $f \in C^1([a, b], U)$ on a*

$$\int_c df = 0.$$

Preuve – Il suffit de remarquer que

$$\int_c df = \int_a^b \sum_{i=1}^n \partial_i f\big(c(t)\big)c'^i(t)dt = f\big(c(b)\big) - f\big(c(a)\big) \quad ■$$

Démonstration du théorème – Il suffit d'intégrer α le long de $c : [0, 2\pi] \to \mathbb{R}^2 \setminus \{0\}$ défini par $c(t) = (\cos t, \sin t)$. On trouve que $\int_c \alpha = 2\pi$ ■

Nous n'allons pas plus loin pour le moment : tant l'intégration définie en **13.** que le problème de mettre α sous la forme *df* se généralisent à des objets plus généraux que les formes de degré 1, que nous allons définir maintenant.

20. **DÉFINITION** – Une forme différentielle de degré p *sur un ouvert* U *d'un espace vectoriel* E *est une application lisse de* U *dans* $\bigwedge^p E^*$.

L'espace vectoriel des formes de degré p sur U est noté $\Omega^p(U)$.
Ainsi, E étant rapporté à une base $(e_i)_{1 \leq i \leq n}$, si $\alpha \in \Omega^p(U)$, on a pour tout $x \in U$ une forme alternée α_x de degré p, qui s'écrit

$$\alpha_x = \sum_{1 \leq i_1 < \ldots < i_p \leq n} \alpha_{i_1, \ldots, i_p}(x) e^*_{i_1} \wedge \ldots \wedge e^*_{i_k}.$$

Nous rappelant que la forme linéaire e^{i*} est la différentielle de la fonction $x \mapsto x^i$, on écrit

$$\alpha = \sum_{1 \leq i_1 < \ldots < i_p \leq n} \alpha_{i_1 \ldots i_p}(x) dx^{i_1} \wedge \ldots \wedge dx^{i_p}.$$

Les opérations algébriques définies en **A** pour les formes alternées s'étendent naturellement : pour $\alpha \in \Omega^p(U)$ et $\beta \in \Omega^q(U)$, on définit $\alpha \wedge \beta$ comme la forme de degré $p+q$ dont la valeur en x est

$$(\alpha \wedge \beta)_x = \alpha_x \wedge \beta_x.$$

Notons que, puisque par convention $\bigwedge^0 E^* = \mathbb{R}$, les formes de degré 0 sont tout simplement les fonctions lisses, et que la définition du produit d'une forme de degré p par une fonction rentre dans le cadre ci-dessus. Enfin, les propriétés d'anticommutativité et d'associativité restent bien entendu valables.
De façon analogue à **10**, on pose

$$\Omega(U) = \bigoplus_{k=0}^{\infty} \Omega^k(U) = \bigoplus_{k=0}^{\dim(U)} \Omega^k(U).$$

Une forme qui appartient à une composante de cette somme directe est dite *homogène*.

Notons enfin une propriété évidente, dont nous ferons constamment usage dans la suite.

21. **LEMME** – $\Omega(U)$ *est engendré, en tant qu'algèbre, par les fonctions et leurs différentielles.*

Remarque – On peut dire un peu mieux, puisque $\Omega(U)$ est visiblement engendré par les fonctions lisses et les dx^i. Mais la formulation du lemme, qui ne fait pas jouer de rôle particulier aux coordonnées, se généralisera directement au cas des variétés.

22. Définition – *Soient U et V des ouverts d'espaces vectoriels, et $f \in C^\infty(U,V)$. L'image réciproque par f de $\alpha \in \Omega(V)$, notée $f^*\alpha$, est la forme sur U définie par*

$$(f^*\alpha)_x = {}^t(T_xf) \cdot \alpha_{f(x)}.$$

Autrement dit, si α est de degré p, d'après la définition même de la transposition

$$(f^*\alpha)_x(v_1, \ldots, v_p) = \alpha_{f(x)}(T_xf \cdot v_1, \ldots, T_xf \cdot v_p).$$

Ou encore, si $\dim V = m$, si $f^1, \ldots, f^m$ sont les coordonnées de f et si

$$\alpha_y = \sum_{1 \leq i_1 < \ldots < i_p \leq m} \alpha_{i_1,\ldots,i_p}(y) dy^{i_1} \wedge \ldots \wedge dy^{i_p},$$

nous aurons

$$(f^*\alpha)_x = \sum_{1 \leq i_1 < \ldots < i_p \leq m} \alpha_{i_1,\ldots,i_p}(f(x)) df^{i_1} \wedge \ldots \wedge df^{i_p}.$$

(On a remplacé y par $f(x)$ et dy^i par df^i.)

Exemples

a) Prenons $U = \mathbb{R}$, $V = \mathbb{R}_+^*$ et $f(t) = \exp t$. Alors $f^*(dx/x) = dt$.
b) Si $U = V = \mathbb{R}^2$, et $f(r,\theta) = (r\cos\theta, r\sin\theta)$, on a

$$f^*(dx \wedge dy) = r dr \wedge d\theta.$$

c) Plus généralement, si U et V sont deux ouverts de même dimension n, alors

$$f^*(dx^1 \wedge \ldots \wedge dx^n) = (\det T_xf)(dx^1 \wedge \ldots \wedge dx^n).$$

d) D'après la définition de l'intégrale curviligne, si $c : [a,b] \to U$ est une courbe paramétrée,

$$\int_c \alpha = \int_a^b c^*\alpha.$$

Les propriétés algébriques de la transposition s'étendent à f^*.

23. Proposition

a) *Si $f \in C^\infty(U,V)$ et si $\alpha, \beta \in \Omega(V)$, alors*

$$f^*(\alpha \wedge \beta) = (f^*\alpha) \wedge (f^*\beta).$$

b) *Si $f \in C^\infty(U,V)$ et $g \in C^\infty(V,W)$, alors*

$$(g \circ f)^* = f^* \circ g^*.$$

Preuve

a) est une conséquence immédiate des propriétés algébriques de la transposition vues en **A.**

Pour montrer b), nous inaugurons une méthode qui sera employée systématiquement dans ce chapitre, et s'appuie sur le lemme **20.**

La propriété est vraie pour les fonctions : si $\alpha \in C^\infty(W)$, on a

$$(g \circ f)^*\alpha = \alpha \circ (g \circ f) = (\alpha \circ g) \circ f = f^*(\alpha \circ g) = f^*(g^*\alpha).$$

Elle l'est aussi pour les formes de degré 1, d'après le théorème des fonctions composées. En effet si $\alpha \in \Omega^1(W)$ et si $\beta = g^*\alpha$, on a

$$\beta_x(v) = \alpha_{g(x)}(T_x g \cdot v)$$

puis

$$\begin{aligned}(f^*\beta)_y(w) &= \beta_{f(y)}(T_y f \cdot w)\\ &= \alpha_{g\left(f(y)\right)}(T_{f(y)}g \cdot (T_y f \cdot w))\\ &= \alpha_{(g\circ f)(y)}\big(T_y(g \circ f) \cdot w\big).\end{aligned}$$

D'après a), b) est alors vrai pour tout degré ∎

C. DIFFÉRENTIELLE DES FORMES

La définition de l'image réciproque que nous avons vue au paragraphe précédent s'applique parfaitement aux *tenseurs covariants*, c'est-à-dire aux applications lisses d'un ouvert U de $\mathbb{R}^n$ dans $T(\mathbb{R}^{n*})$. Par contre, une propriété spécifique des formes différentielles est la possibilité de leur étendre la différentielle des fonctions.

24. THÉORÈME – *Il existe une application linéaire* $d : \Omega(U) \mapsto \Omega(U)$ *et une seule ayant les propriétés suivantes :*

a) $\deg d\alpha = p + 1$ *si* $\deg \alpha = p$.

b) *Sur* $\Omega^0(U)$, d *est la différentielle des fonctions.*

c) *Si* α *est homogène,* $d(\alpha \wedge \beta) = d\alpha \wedge \beta + (-1)^{\deg \alpha}\alpha \wedge \beta$.

d) $d \circ d = 0$.

Preuve – Montrons d'abord l'unicité. On doit avoir $d(dx^i) = 0$ quel que soit $i \in [1, n]$, et en utilisant c) on voit par récurrence sur k que

$$d\left(dx^{i_1} \wedge \ldots \wedge dx^{i_k}\right) = 0 \quad \text{quels que soient} \quad i_1, \ldots i_k \in [1, n].$$

En utilisant b), et c) à nouveau, on voit que nécessairement

$$d(f dx^{i_1} \wedge \ldots \wedge dx^{i_k}) = df \wedge dx^{i_1} \wedge \ldots \wedge dx^{i_k}.$$

Par conséquent, si α est une forme différentielle de degré p, s'écrivant

$$\alpha = \sum_{1\leq i_1<\ldots<i_p\leq n} \alpha_{i_1,\ldots,i_p} dx^{i_1} \wedge \ldots \wedge dx^{i_p},$$

nous devons avoir

$$d\alpha = \sum_{1\leq i_1<\ldots<i_p\leq n} d\alpha_{i_1,\ldots,i_p} \wedge dx^{i_1} \wedge \ldots \wedge dx^{i_p} \qquad (*)$$

Il s'agit maintenant de vérifier qu'une telle formule convient. Les propriétés a) et b) sont évidentes. Pour prouver c), il suffit, en utilisant la linéarité, d'examiner le cas où

$$\alpha = f dx^{i_1} \wedge \ldots \wedge dx^{i_p} \qquad \text{et} \qquad \beta = g dx^{j_1} \wedge \ldots \wedge dx^{j_q}.$$

Alors

$$d(\alpha \wedge \beta) = d(fg) \wedge dx^{i_1} \wedge \ldots \wedge dx^{i_p} \wedge dx^{j_1} \wedge \ldots \wedge dx^{j_q},$$
$$d\alpha \wedge \beta = g df \wedge dx^{i_1} \wedge \ldots \wedge dx^{i_p} \wedge dx^{j_1} \wedge \ldots \wedge dx^{j_q},$$
$$\alpha \wedge d\beta = f dx^{i_1} \wedge \ldots \wedge dx^{i_q} \wedge dg \wedge dx^{j_1} \wedge \ldots \wedge dx^{j_q}.$$

Mais d'après les propriétés de la différentielle des fonctions, $d(fg) = gdf + fdg$. Le second membre de la première égalité se décompose ainsi en deux termes. Le premier est le second membre de la deuxième égalité, et compte tenu des propriétés de commutation du produit extérieur vues en **A.**, le second est le second membre de la troisième égalité, multiplié par $(-1)^p$.
Reste à prouver que $d \circ d = 0$. On voit d'abord en utilisant $(*)$ que les formes à coefficients constants ont une différentielle nulle. Donc, en utilisant à nouveau $(*)$, on est ramené à prouver que $d(df) = 0$ *pour toute fonction*. Mais

$$\begin{aligned} d(df) &= \sum_{j=1}^{n} d(\partial_j f) \wedge dx^j \\ &= \sum_{i,j=1}^{n} \partial_i(\partial_j f) dx^i \wedge dx^j \\ &= \sum_{1\leq i<j\leq n} \big(\partial_i(\partial_j f) - \partial_j(\partial_i f)\big) dx^i \wedge dx^j = 0 \end{aligned}$$

en raison de la symétrie des dérivées secondes ▪

25. Définition – *L'opérateur d s'appelle la* différentielle extérieure, *ou plus brièvement la* différentielle.

Exemple – Pour un ouvert de $\mathbb{R}^3$, il est facile d'expliciter d : si $\alpha = Adx + Bdy + Cdz$,

$$d\alpha = (\partial_x B - \partial_y A) dx \wedge dy + (\partial_y C - \partial_z B) dy \wedge dz + (\partial_z A - \partial_x C) dz \wedge dx,$$

et si $\beta = Pdy \wedge dz + Qdz \wedge dx + Rdx \wedge dy$,

$$d\beta = (\partial_x P + \partial_y Q + \partial_z R) dx \wedge dy \wedge dz.$$

Avec les conventions que nous avons choisies, ces formules évoquent le rotationnel et la divergence. Nous y reviendrons plus loin. Voir aussi l'exercice **4.**

26. Proposition – *La différentielle et l'image réciproque commutent. Autrement dit, si U et V sont des ouverts d'espaces vectoriels et si $\varphi \in C^\infty(U, V)$, on a*

$$\varphi^*(d\alpha) = d(\varphi^*\alpha) \qquad \forall \alpha \in \Omega(V).$$

Preuve – $\varphi^* d$ et $d\varphi^*$ sont des applications linéaires de $\Omega(V)$ dans $\Omega(U)$, qui augmentent le degré de 1. Elles sont égales sur les fonctions : en degré 0, l'égalité $d(\varphi \circ f) = \varphi^* df$ équivaut au théorème des fonctions composées pour les fonctions f et φ. Elles sont aussi égales pour les formes de degré 1 : en raison de la linéarité il suffit de faire la vérification pour fdg, où $f, g \in C^\infty(V)$. Mais

$$\begin{aligned}(\varphi^* d)(fdg) &= \varphi^*(df \wedge dg) = \varphi^* df \wedge \varphi^* dg \\ &= d(\varphi^* f) \wedge d(\varphi^* g) = d\big((\varphi^* f) d(\varphi^* g)\big) = d\big(\varphi^*(fdg)\big).\end{aligned}$$

De plus, si α est de degré p, on a

$$\begin{aligned}(\varphi^* d)(\alpha \wedge \beta) &= (\varphi^* d\alpha) \wedge \varphi^* \beta + (-1)^p \varphi^* \alpha \wedge (\varphi^* d\beta)\,; \\ (d\varphi^*)(\alpha \wedge \beta) &= (d\varphi^* \alpha) \wedge \varphi^* \beta + (-1)^p \varphi^* \alpha \wedge (d\varphi^* \beta)\,.\end{aligned}$$

Cela permet de procéder par récurrence sur le degré ∎

27. Exemple : forme angulaire

a) Ce point de vue permet de donner une autre démonstration du fait que la forme

$$\alpha = \frac{xdy - ydx}{x^2 + y^2}$$

n'est pas exacte sur $\mathbb{R}^2 \setminus \{0\}$. Soit S^1 le cercle d'équation $x^2 + y^2 = 1$, et $i : S^1 \to \mathbb{R}^2$ l'injection canonique. D'après **26**, si α était exacte, $i^*\alpha$ le serait aussi. Mais il ne peut exister de fonction $f \in C^\infty(S^1)$ telle que $i^*\alpha = df$: la différentielle d'une fonction lisse sur une variété compacte s'annule en un point de la variété (là où disons le maximum est atteint), alors que $i^*\alpha$ ne s'annule jamais sur S^1 : un vecteur tangent à S^1 au point $(\cos\theta, \sin\theta)$ est de la forme $a(-\sin\theta, \cos\theta)$, et sur ce vecteur α vaut a. Bien sûr on a très envie de passer en coordonnées polaires. En posant $f(r, \theta) = (r\cos\theta, r\sin\theta)$, il vient

$$f^*(xdy - ydx) = r\cos\theta(\sin\theta dr + r\cos\theta d\theta) - r\sin\theta(\cos\theta dr + r\cos\theta d\theta) = r^2 d\theta.$$

Ainsi $f^*\alpha = d\theta$. Hélas f n'est pas un difféomorphisme mais seulement un difféomorphisme local de $\mathbb{R}_+^* \times \mathbb{R}$ sur $\mathbb{R}^2 \setminus \{0\}$. Le fait que α ne soit pas exacte signifie précisément qu'il n'y a pas de "fonction angle" définie sur $\mathbb{R}^2 \setminus \{0\}$. L'écriture $d\theta$ se justifie par le fait qu'il existe des déterminations locales de l'angle, données par les inverses locales de f, et que deux d'entre elles, restreintes à un ouvert connexe où elles sont définies, diffèrent d'une constante.

b) Il existe une généralisation en dimension supérieure de la forme α. C'est la forme *angle solide* $\alpha_n \in \Omega^{n-1}(\mathbb{R}^n \setminus \{0\})$, définie par

$$\alpha_n = \frac{1}{\|x\|^n} \sum_{i=1}^{n} (-1)^{i-1} x^i dx^1 \wedge \cdots \widehat{dx^i} \cdots dx^n.$$

On peut vérifier directement que $d\alpha_n = 0$. Esquissons une démonstration plus instructive. Si $R \in SO(n)$, $R^*\alpha_n = \alpha_n$; et si h_t est l'homothétie de centre 0 et de rapport t, $h_t^*\alpha_n = \alpha_n$ pour $t > 0$. D'après **25**, la forme $d\alpha_n$ jouit des mêmes propriétés. Mais en s'inspirant des techniques employées dans l'exercice **6**, on peut montrer qu'il n'existe pas de forme de degré n sur $\mathbb{R}^n \setminus \{0\}$ qui soit invariante par homothéties et par rotations de centre 0. Il en résulte que α_n est fermée.
On peut généraliser **18** : il n'existe pas de forme $\beta \in \Omega^{n-2}(\mathbb{R}^n \setminus \{0\})$ telle que $d\beta = \alpha_n$. La démonstration utilise une procédure d'intégration qui généralise l'intégrale curviligne, et fera l'objet du chapitre suivant.

Une autre interprétation des formes différentielles est possible, dont nous déduirons une expression de la différentielle d ne faisant pas intervenir les coordonnées. A une forme $\alpha \in \Omega^p(U)$, et à p champs de vecteurs $X_1, \ldots X_p$ sur U, on associe la fonction $\alpha(X_1, \ldots, X_p)$ définie par

$$\big(\alpha(X_1, \ldots, X_p)\big)(x) = \alpha_x\big((X_1)_x, \ldots, (X_p)_x\big).$$

Autrement dit, pour chaque x on prend la valeur de la forme p-linéaire alternée α_x pour les vecteurs $(X_1)_x, \ldots, (X_p)_x$.
Si $\alpha = \sum_{i=1}^n \alpha_i dx^i$ et $X = \sum_{i=1}^n X^i \partial_i$, alors

$$\alpha(X) = \sum_{i=1}^{n} \alpha_i X^i.$$

Plus généralement, si

$$\alpha = \sum_{1 \le i_1 < \ldots < i_p \le n} \alpha_{i_1, \ldots, i_p} dx^{i_1} \wedge \ldots \wedge dx^{i_p},$$

et

$$X_k = \sum_{i=1}^{n} \xi_k^i \partial_i,$$

on obtient

$$\big(\alpha(X_1, \ldots, X_p)\big)(x) = \sum_{1 \le i_1 < \ldots < i_p \le n} \alpha_{i_1, \ldots, i_p}(x) \begin{vmatrix} \xi_1^{i_1}(x) & \ldots & \xi_1^{i_p}(x) \\ \vdots & \vdots & \vdots \\ \xi_p^{i_1}(x) & \ldots & \xi_p^{i_p}(x) \end{vmatrix}$$

en appliquant **7**. En particulier, le coefficient $\alpha_{i_1, \ldots, i_p}$ est égal à $\alpha(\partial_{i_1}, \ldots, \partial_{i_p})$.

28. Proposition – *Si α est une forme différentielle de degré p, l'application*

$$(X_1, \ldots, X_p) \mapsto \alpha(X_1, \ldots, X_p)$$

est une forme p-linéaire alternée sur $\Gamma(T(U))$ considéré comme module sur l'anneau $C^\infty(U)$. *Inversement, si* T *est une telle forme, il existe une unique forme différentielle de degré* p *telle que*

$$\big(T(X_1,\ldots,X_p)\big)(x)=\alpha_x\big(X_1(x),\ldots,X_p(x)\big).$$

Preuve – La première affirmation est une conséquence directe des définitions. Inversement, si $X_k=\sum_{i=1}^n \xi_k^i\partial_i$, la linéarité par rapport à $C^\infty(U)$ donne

$$T(X_1,\ldots,X_p)=\sum_{1\leq i_1<\ldots<i_p\leq n}\begin{vmatrix}\xi_1^{i_1}(x) & \ldots & \xi_1^{i_p}(x)\\ \vdots & \vdots & \vdots\\ \xi_p^{i_1}(x) & \ldots & \xi_p^{i_p}(x)\end{vmatrix}T(\partial_{i_1},\ldots,\partial_{i_p}),$$

et la forme cherchée est

$$\alpha=\sum_{1\leq i_1<\ldots<i_p\leq n}T(\partial_{i_1},\ldots,\partial_{i_p})dx^{i_1}\wedge\ldots\wedge dx^{i_p}\quad\blacksquare$$

Ainsi, si $\alpha\in\Omega^p(U)$, la question se pose d'exprimer $d\alpha$ en tant que forme $p+1$-linéaire alternée sur $\Gamma(TU)$.

29. Théorème – *Si* $\alpha\in\Omega^p(U)$, *on a*

$$\begin{aligned}d\alpha(X_0,\ldots,X_p)=&\sum_{i=0}^p(-1)^iX_i\cdot\alpha(X_0,\ldots,\widehat{X_i},\ldots,X_p)\\&+\sum_{0\leq i<j\leq p}(-1)^{i+j}\alpha([X_i,X_j],X_0,\ldots,\widehat{X_i},\ldots,\widehat{X_j},\ldots,X_p),\end{aligned}$$

où le symbole $\widehat{\ }$ *signale que le terme correspondant est omis.*

Exemple – Pour $p=1$, on a

$$d\alpha(X,Y)=X\cdot\alpha(Y)-Y\cdot\alpha(X)-\alpha([X,Y]).$$

En particulier, si $\alpha=df$, cette formule redonne la définition du crochet.

Preuve – Le second membre de la formule de l'énoncé est $C^\infty(U)$-linéaire, en vertu de la relation

$$[fX,Y]=f[X,Y]-(Y.f)X.$$

Il suffit alors de vérifier la formule pour les champs ∂_i. Mais

$$d\alpha(\partial_{i_0},\ldots,\partial_{i_p})=\sum_{k=0}^p(-1)^k\partial_k(\alpha_{i_0,\ldots,\widehat{i_k},\ldots,i_p})\quad\blacksquare$$

D. Produit intérieur, dérivée de Lie

On peut définir une action des champs de vecteurs sur les formes différentielles, qui est une version "infinitésimale" de l'image réciproque.

30. Définition – La dérivée de Lie *associée à un champ de vecteurs* X *(pour le moment sur un ouvert de* $\mathbb{R}^n$*) est l'application linéaire*

$$L_X : \Omega^p(U) \to \Omega^p(U)$$

qui à α *associe la forme différentielle*

$$\left(\frac{d}{dt}\right)(\varphi_t^*\alpha)_{|t=0},$$

où φ_t *est le groupe local à un paramètre associé à* X.

Il est facile de vérifier qu'on obtient bien ainsi une forme différentielle : pour $x \in U$ fixé, $(\varphi_t^*\alpha)_x$ est une forme p-linéaire alternée dépendant différentiablement de t, donc la dérivée par rapport à t est encore p-linéaire alternée. Pour voir que cette forme dépend de façon lisse de x, il suffit d'écrire ses coefficients. Mais

$$(L_X\alpha)_{i_1\ldots i_p} = \frac{d}{dt}\left[\alpha_{\varphi_t(x)}(T_x\varphi_t \cdot \partial_{i_1}, \ldots, T_x\,\varphi_t \cdot \partial_{i_p})\right]_{t=0}$$

est visiblement lisse.

Exemple – Pour $X = \partial_i$, on a bien sûr

$$L_X\alpha = \sum_{1\le i_1<\ldots<i_p\le n} \partial_i\alpha_{i_1,\ldots,i_p} dx^{i_1} \wedge \ldots \wedge dx^{i_p}.$$

En pratique, pour calculer explicitement des dérivées de Lie, il est très commode d'utiliser la caractérisation suivante.

31. Théorème – *L'opérateur* L_X *est caractérisé par les propriétés suivantes :*

a) *Si* $f \in C^\infty(U)$, $L_Xf = df(X) = X.f$,

b) $L_X \circ d = d \circ L_X$, *autrement dit* L_X *et* d commutent.

c) *Quelles que soient les formes différentielles* α *et* β, *on a*

$$L_X(\alpha \wedge \beta) = L_X\alpha \wedge \beta + \alpha \wedge L_X\beta.$$

(Autrement dit, L_X *est une* dérivation *de l'algèbre* $\Omega(U)$*).*

Preuve – Ces propriétés sont bien satisfaites par L_X. Pour a), c'est évident. On obtient b) en dérivant par rapport à t l'identité

$$\varphi_t^* \circ d = d \circ \varphi_t^*,$$

obtenue en appliquant **26** au flot φ_t de X. De même, c) s'obtient en dérivant par rapport à t l'identité

$$\varphi_t^*(\alpha \wedge \beta) = (\varphi_t^*\alpha) \wedge (\varphi_t^*\beta).$$

Inversement, la condition a) détermine L_X sur les formes de degré 0, c'est-à-dire les fonctions, b) et c) déterminent L_X sur les formes de degré 1, puis c) détermine L_X en tout degré ∎

32. COROLLAIRE – *Si X et Y sont deux champs de vecteurs, on a*

$$L_X \circ L_Y - L_Y \circ L_X = L_{[X,Y]}.$$

Preuve – Les deux membres coïncident sur $C^\infty(U)$ par définition du crochet, commutent tous deux avec d. Tous deux vérifient la propriété c) de la proposition précédente, puisque d'après **III.23** le crochet de deux dérivations est une dérivation ∎

33. EXEMPLE : divergence d'un champ de vecteurs

Calculons $L_X(dx^1 \wedge \cdots dx^n)$ pour un champ de vecteurs X sur $\mathbb{R}^n$. Tout d'abord

$$L_X(dx^1 \wedge \cdots dx^n) = \sum_{i=1}^{n} dx^1 \wedge \cdots \wedge dx^{i-1} \wedge L_X dx^i \wedge dx^{i+1} \cdots \wedge dx^n$$

(partir de **31** c) et penser à la dérivée d'un produit de n facteurs). Ensuite

$$L_X dx^i = d(L_X x^i) = d(\sum_{j=1}^{n} X^j \partial_j x^i) = dX^i.$$

Dans le i-ième terme de la somme ci-dessus, seul le coefficient de dx^i dans dX^i intervient. Ainsi

$$L_X(dx^1 \wedge \cdots dx^n) = (\sum_{i=1}^{n} \partial_i X^i) dx^1 \wedge \cdots dx^n.$$

La fonction $\sum_{i=1}^n \partial_i X^i$ s'appelle la *divergence* du champ de vecteurs X.
Vu la façon dont nous l'avons obtenue, elle mesure la variation infinitésimale du volume par le flot de X. Cela explique son intervention dans les équations de la Physique qui expriment des lois de conservation. Notons par exemple qu'en mécanique des fluides la conservation de la masse s'exprime par l'équation

$$\partial_t \rho + \mathrm{div}(\rho V) = 0,$$

où $\rho(x, y, z, t)$ est la masse volumique au point (x, y, z) au temps t, et V la vitesse de ce même point.
La Proposition **31** sert aussi à donner une autre expression de L_X, qui sera particulièrement utile par la suite. Pour cela, nous avons (encore !) besoin d'une définition.

34. Définition – Le produit intérieur *d'une forme différentielle α de degré $p > 0$ par un champ de vecteurs X est la forme de degré $p-1$, notée $i_X\alpha$, donnée par*

$$(i_X\alpha)_x(v_1, \ldots, v_{p-1}) = \alpha_x(X_x, v_1, \ldots, v_{p-1}).$$

Si $f \in \Omega^0(U) = C^\infty(U)$, on pose $i_X f = 0$.

Exemple – Si X est le champ radial $\sum_{i=1}^n x^i \partial_i$,

$$i_X(dx^1 \wedge \ldots \wedge dx^n) = \sum_{i=1}^n (-1)^{i-1} x^i dx^1 \wedge \ldots \widehat{dx^i} \ldots \wedge dx^n.$$

35. Exemple : rotationnel d'un champ de vecteurs

Soit E un espace euclidien orienté, et $\omega = dx \wedge dy \wedge dz$, où (x, y, z) sont les coordonnées par rapport à une base orthonormée directe. Le *rotationnel* d'un champ de vecteurs X sur E est défini par l'équation

$$i_{\text{rot}\, X}\omega = d(X^\flat)$$

Il résulte du calcul qui suit **24** que

$$\text{rot}(A\frac{\partial}{\partial x} + B\frac{\partial}{\partial y} + C\frac{\partial}{\partial z}) = (\partial_y C - \partial_z B)\frac{\partial}{\partial x} + (\partial_z A - \partial_x C)\frac{\partial}{\partial y} + (\partial_x B - \partial_y A)\frac{\partial}{\partial z}.$$

Son nom vient de l'exemple suivant. Le champ de vecteurs formé à un instant donné par les vitesses d'un solide en mouvement dans l'espace euclidien est donné par la formule

$$V_m = V_a + \Omega \wedge (m - a),$$

où (une fois n'est pas coutume) $\wedge$ désigne le produit vectoriel. Rappelons que le vecteur Ω s'appelle la *rotation instantanée*. Il est immédiat de vérifier que $\text{rot}\, V = \Omega$.
Notons que pour définir la divergence on a besoin seulement de la donnée au signe près d'une forme alternée de degré maximum ; pour définir le gradient, on a besoin d'une métrique euclidienne ; pour définir le rotationnel, on a besoin d'une métrique euclidienne et d'une orientation (cf. **VI**) sur un espace de dimension 3 (les physiciens expriment cela en disant que le gradient est un vecteur polaire, et le rotationnel un vecteur axial).

Les trois opérateurs que nous venons de définir sur les formes différentielles sont reliés par la formule suivante, qui sera très utilisée dans la suite.

***36. Théorème* (formule de Cartan)** – *Si X est un champ de vecteurs sur U, et ω une forme différentielle, on a :*

$$L_X\omega = d(i_X\omega) + i_X(d\omega),$$

autrement dit

$$L_X = d \circ i_X + i_X \circ d.$$

Preuve – Posons
$$P_X = d \circ i_X + i_X \circ d.$$
Nous allons vérifier directement que P_X a toutes les propriétés caractéristiques de L_X. Tout d'abord,
$$P_X f = i_X df = df(X) = L_X f.$$
Ensuite,
$$P_X \circ d = d \circ i_X \circ d = d \circ P_X$$
puisque $d \circ d = 0$. Enfin, d'après les propriétés du produit extérieur, si $\deg \alpha = p$, on a
$$i_X(\alpha \wedge \beta) = (i_X \alpha) \wedge \beta + (-1)^p \alpha \wedge i_X \beta.$$
Donc
$$d\big(i_X(\alpha \wedge \beta)\big) = \big(d(i_X\alpha)\big) \wedge \beta + (-1)^{p-1}(i_X\alpha) \wedge d\beta + (-1)^p d\alpha \wedge i_X\beta + (-1)^{2p}\alpha \wedge \big(d(i_X\beta)\big),$$
alors que
$$i_X\big(d(\alpha \wedge \beta)\big) = \big(i_X(d\alpha) \wedge \beta\big) + (-1)^{p+1} d\alpha \wedge i_X\beta + (-1)^p (i_X\alpha) \wedge d\beta + (-1)^{2p}\alpha \wedge i_X d\beta$$
En faisant la somme, on trouve que
$$P_X(\alpha \wedge \beta) = (P_X\alpha) \wedge \beta + \alpha \wedge P_X\beta.$$
Donc d'après **30**, $P_X = L_X$ ∎

On peut aussi s'intéresser à la dérivée de $\varphi_t^*\omega$ pour un t quelconque (on a désigné par φ_t est le flot du champ X). Il vient immédiatement
$$\frac{d}{ds}\varphi_s^*\omega_{|s=t} = \frac{d}{ds}\varphi_{s+t}^*\omega_{|s=0} = \varphi_t^*\big(d(i_X\omega) + i_X(d\omega)\big).$$
On a souvent besoin également d'évaluer la dérivée en t de $\varphi_t^*\omega$ dans le cas où φ_t est une famille de difféomorphismes telle que $\varphi_0 = Id$, ne provenant pas nécessairement d'un flot. La formule de Cartan subsiste telle que.

36 bis. Théorème – *Si $s \mapsto \varphi_s$ est une famille à un paramètre de difféomorphismes telle que $\varphi_0 = I$, de générateur infinitésimal X, et si X_t désigne le champ de vecteurs sur M obtenu en fixant t, on a*
$$\frac{d}{ds}\varphi_s^*\omega_{|s=t} = \varphi_t^*\big(d(i_{X_t}\omega) + i_{X_t}(d\omega)\big).$$

Preuve – Considérons d'abord le cas $t = 0$. L'application linéaire $L_1 : \alpha \mapsto \frac{d}{ds}\varphi_s^*\alpha$ de $\Omega(M)$ dans lui-même est une dérivation. Elle coïncide avec L_{X_0} sur les fonctions, puisque
$$L_1 f = \frac{d}{ds} f\big(\varphi_s(x)\big)_{|s=0} = df \cdot X_0.$$

D'autre part, comme $d(\varphi_s^*\alpha) = \varphi_s^*(d\alpha)$, on voit en dérivant par rapport à s que L_1 et d commutent (nous utilisons là une propriété naturelle des familles de formes dépendant d'un paramètre, qui sera justifiée dans la section suivante). Les dérivations L_{X_0} et L_1, qui coïncident sur les fonctions et les différentielles de fonctions, sont égales sur tout $\Omega(M)$.

Pour passer au cas général, on introduit le flot ψ_s du champ $(1, X)$ sur $\mathbb{R} \times M$. D'après **III. F** il est de la forme

$$(t, x) \mapsto \big((t + s, F_s(t, x)\big),$$

avec $\varphi_s(x) = F_s(0, x)$, et l'on remarque que d'après **III. 52**

$$\varphi_{t+h}^*\alpha = \varphi_t^*(\varphi_h^{t*}\alpha), \text{ avec } \varphi_h^t(x) = F_h(t, x).$$

Le résultat s'obtient en dérivant les deux membres par rapport à h en $h = 0$, puisque d'après la première partie, appliquée à la famille $F_h(t, x)$ (t *fixé*), on a

$$\frac{d}{dh}\varphi_h^{t*}\alpha_{|h=0} = L_{X_t}\alpha \quad \blacksquare$$

E. Le lemme de Poincaré

Nous sommes maintenant en mesure de répondre à une question posée dans la section **B** : une forme $\alpha = \sum_{i=1}^n \alpha_i dx^i$ de degré 1 telle que $\partial_i\alpha_j = \partial_j\alpha_i$ étant donnée, existe-t-il une fonction f telle que $\alpha = df$? Introduisons d'abord un peu de vocabulaire pour poser ce problème dans un cadre plus général.

37. Définitions – *Une forme différentielle de degré p sur un ouvert de $\mathbb{R}^n$ est dite* fermée *si $d\alpha = 0$,* exacte *s'il existe une forme β de degré $p-1$ telle que $d\beta = \alpha$. On dira alors que β est une* primitive *de α.*

D'après **24**, toute forme exacte est fermée, et nous avons vu en **17** un exemple de forme fermée de degré 1 qui n'est pas exacte. Nous allons maintenant montrer que sur certains ouverts, on peut expliciter une primitive de toute forme fermée. Commençons par un exemple simple.

38. Proposition – *Si $\alpha = \sum_{i=1}^n \alpha_i dx^i$ est une forme fermée sur $\mathbb{R}^n$, la fonction*

$$f(x) = \sum_{i=1}^n x^i \int_0^1 \alpha_i(tx)dt$$

admet α pour différentielle.

Preuve – Un calcul direct donne

$$df = \sum_{i=1}^n \left(\int_0^1 \alpha_i(tx)dt\right) dx^i + \sum_{i=1}^n \left(x^i \sum_{j=1}^n \int_0^1 t\partial_j\alpha_i(tx)dt)dx^j\right).$$

Le coefficient de dx^j dans le second terme est

$$\sum_{i=1}^n x^i \int_0^1 t\partial_j\alpha_i(tx)dt = \int_0^1 \sum_{i=1}^n tx^i\partial_i\alpha_j(tx)dt = \int_0^1 t\frac{d}{dt}\alpha_j(tx)dt,$$

ou encore, en intégrant par parties,

$$\alpha_j(x) - \int_0^1 \alpha_j(tx)dt \quad \blacksquare$$

L'examen de cette preuve met en évidence le rôle joué par la propriété suivante.

***39. DÉFINITION* –** *Un ouvert $U \subset \mathbb{R}^n$ est dit* étoilé *s'il existe un $a \in U$ tel que pour tout $x \in U$, le segment $[a, x]$ est contenu dans U.*

Il revient au même de dire que U est stable par les homothéties positives de centre a et de rapport inférieur à 1.

***Exemples* –** Un ouvert convexe est étoilé (ici n'importe quel $a \in U$ convient d'après la définition même de la convexité). Par contre, $\mathbb{R}^n \setminus \{0\}$ n'est pas étoilé. La figure ci-dessous représente deux ouverts de $\mathbb{R}^2$ difféomorphes à la boule ouverte, l'un étant étoilé, l'autre non.

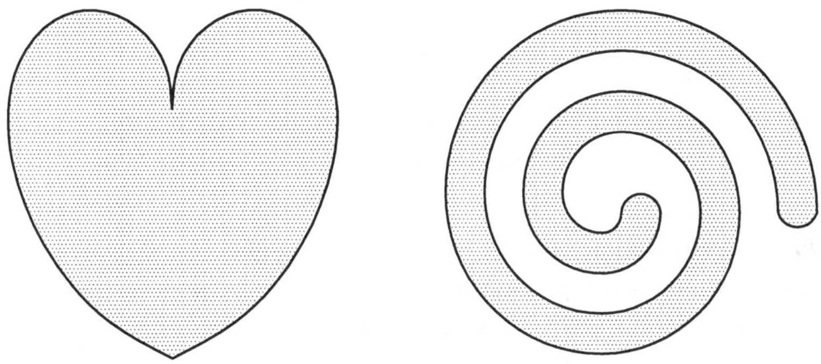

Il peut paraître curieux d'introduire une propriété qui n'est pas invariante par difféomorphisme. L'explication vient de la preuve du théorème ci-dessous : sur un ouvert étoilé, on dispose d'une formule explicite, qui à toute forme fermée associe une primitive. Bien entendu, une fois cette propriété prouvée, on saura d'après **26** que sur tout ouvert difféomorphe à un ouvert étoilé (par exemple à une boule), les formes fermées sont exactes.

***40. THÉORÈME* (lemme de Poincaré) –** *Si $U \subset \mathbb{R}^n$ est un ouvert étoilé, toute forme fermée sur U est exacte.*

***Preuve* –** Elle s'appuie sur la propriété suivante, qui a un intérêt en elle-même.

***41. LEMME* –** *Soit X un champ de vecteurs sur U, dont le flot local φ_t est défini sur tout U pour $t \in I$, où I désigne un intervalle. Alors, pour toute forme α* fermée *sur U, la forme*

$$\varphi_{t_1}^*\alpha - \varphi_{t_0}^*\alpha$$

est exacte, quels que soient $t_0, t_1 \in I$.

Preuve – On écrit que

$$\varphi_{t_1}^*\alpha - \varphi_{t_0}^*\alpha = \int_{t_0}^{t_1} \left(\frac{d}{dt}\varphi_t^*\alpha\right) dt,$$

et on remarque que

$$\frac{d}{du}\left(\varphi_u^*\alpha\right)_{u=t} = \frac{d}{du}\big(\varphi_u^*(\varphi_t^*\alpha)\big)_{u=0} = L_X(\varphi_t^*\alpha).$$

En appliquant la formule de Cartan (cf. **35**), et en utilisant le fait que l'image réciproque d'une forme fermée est fermée, on obtient

$$\frac{d}{dt}\varphi_t^*\alpha = (d\circ i_X + i_X\circ d)(\varphi_t^*\alpha) = d\big(i_X(\varphi_t^*\alpha)\big),$$

et par conséquent

$$\varphi_{t_1}^*\alpha - \varphi_{t_0}^*\alpha = \int_{t_0}^{t_1} \Big(d\big(i_X(\varphi_t^*\alpha)\big)\Big)dt = d\Big(\int_{t_0}^{t_1} \big(i_X(\varphi_t^*\alpha)\big)dt\Big) \quad \blacksquare$$

Remarque – Ce résultat subsiste (cf. **VII** infra) en remplaçant φ_t par une famille d'applications lisses dépendant différentiablement (** et même seulement continûment**) de t.

Preuve du théorème – Quitte à effectuer une translation, on peut supposer U étoilé par rapport à l'origine. En reprenant les calculs du lemme pour le champ de vecteurs $X = x$, de flot $\varphi_t(x) = e^t x$, on obtient, pour tout $t_0 < 0$:

$$\alpha - \varphi_{t_0}^*\alpha = d\omega$$

où

$$\omega_x(v_1, \ldots, v_{p-1}) = \int_{t_0}^{0} \alpha_{e^t x}(e^t x, e^t v_1, \ldots, e^t v_{p-1})dt.$$

Il sera commode de poser $e^t = u$, et $h_\lambda(x) = \lambda x$. On voit alors que $\alpha - h_\lambda^*\alpha = d\beta_\lambda$, où

$$(\beta_\lambda)_x(v_1, \ldots, v_{p-1}) = \int_\lambda^1 u^{p-1}\alpha_{ux}(x, v_1, \ldots, v_{p-1})du.$$

En faisant tendre λ vers 0, on voit que $\alpha = d\beta$, avec

$$\beta_x(v_1, \ldots, v_{p-1}) = \int_0^1 u^{p-1}\alpha_{ux}(x, v_1, \ldots, v_{p-1})du.$$

Remarque – Il est parfaitement possible bien entendu de vérifier directement que $d\beta = \alpha$ en partant de la formule ci-dessus. C'est d'ailleurs ce que nous avons fait pour $p = 1$. La preuve que nous venons de présenter explique l'origine de cette formule.

42. Exemple – Sur un ouvert étoilé par rapport à 0, la primitive de $fdx^1 \wedge \ldots \wedge dx^n$ donnée la preuve ci-dessus est d'après **34**

$$\beta = \sum_{i=1}^{n} (-1)^{i-1} x^i \left(\int_0^1 u^{n-1} f(ux) du \right) dx^1 \wedge \ldots \widehat{dx^i} \ldots \wedge dx^n.$$

Nous avons utilisé implicitement la notion de *forme différentielle dépendant d'un paramètre,* qui vaut la peine d'être dégagée.

43. Définition – *Une famille à un paramètre de formes différentielles sur un ouvert $U \subset \mathbb{R}^n$ est la donnée d'une application lisse de $I \times U$, où $I \subset \mathbb{R}$ est un intervalle, dans $\bigwedge^p \mathbb{R}^{n*}$.*

Autrement dit, on a pour tout $t \in I$ une forme différentielle

$$\alpha(t) = \sum_{1 \leq i_1 < \ldots < i_p \leq n} \alpha_{1 \leq i_1 < \ldots < i_p \leq n}(t, x) dx^{i_1} \wedge \ldots \wedge dx^{i_p},$$

les coefficients étant des fonctions lisses sur $I \times U$. On peut faire sur une telle famille les opérations suivantes :

a) *dérivation par rapport au paramètre.*

On pose

$$\left(\frac{d}{dt} \alpha(t) \right)_x (v_1, \ldots, v_p) = \frac{d}{dt} \Big(\alpha(t)_x (v_1, \ldots, v_p) \Big).$$

En coordonnées, les coefficients de $\dfrac{d}{dt}\alpha(t)$ sont obtenus en dérivant par rapport à t ceux de $\alpha(t)$. En particulier, on obtient encore une famille à un paramètre.

b) *intégration par rapport au paramètre.*

Pour $a, b \in I$, on pose

$$(I_a^b \alpha)_x (v_1, \ldots, v_p) = \int_a^b \alpha(t)_x (v_1, \ldots, v_p) dt.$$

Autrement dit, les coefficients de cette forme sont obtenus en intégrant sur $[a, b]$ par rapport à t ceux de $\alpha(t)$. D'après les résultats classiques de dérivation sous le signe somme, on voit que $I_a^b \alpha \in \Omega^p(U)$.

La propriété la plus importante de ces opérations est la commutation avec d, qui a été utilisée au cours de la démonstration du lemme de Poincaré.

44. Lemme – *Si $t \mapsto \alpha(t)$ est une famille à un paramètre de formes différentielles, les opérations de dérivation et d'intégration par rapport au paramètre t commutent avec d. En d'autres termes*

$$d\Big(\frac{d}{dt}\alpha(t)\Big) = \frac{d}{dt}\big(d\alpha(t)\big)$$

$$d(I_a^b \alpha) = I_a^b (d\alpha) \quad \blacksquare$$

Preuve – Par linéarité, il suffit de faire la preuve pour $\alpha = a(x, t) dx^{i_1} \wedge \ldots \wedge dx^{i_p}$. La première assertion vient du théorème de Schwarz appliqué aux variables t et x^i. Il est plus élégant de procéder ainsi.

Notons que α définit une forme sur $I \times U$. On a alors

$$d\alpha = d^U\alpha(t) + dt \wedge \alpha'(t),$$

où d^U désigne la différentielle sur U. En itérant, il vient

$$d(d\alpha) = d^U\big(d^U\alpha(t)\big) + dt \wedge \big(d^U\alpha(t)\big)' - dt \wedge d^U\alpha'(t).$$

Comme $d \circ d = 0$ et $d^U \circ d^U = 0$, il vient

$$dt \wedge \big(d^U\alpha(t)\big)' = dt \wedge d^U\alpha'(t),$$

soit $\big(d^U\alpha(t)\big)' = dt \wedge d^U\alpha'(t)$, ce que l'on voulait montrer. Notons aussi que nous en avons déjà vu un cas particulier : si X est un champ de vecteurs, la dérivée de Lie L_X commute avec d.
La deuxième assertion vient du théorème de dérivation sous le signe intégrale, appliqué aux variables x^i ∎

F. FORMES DIFFÉRENTIELLES SUR UNE VARIÉTÉ

Si M est une sous-variété de dimension m de $\mathbb{R}^n$, et si $\alpha \in \Omega^p(\mathbb{R}^n)$, on peut définir naturellement la restriction de α à M : pour chaque $x \in M$, la restriction à T_xM de la forme p-linéaire alternée α_x est encore p-linéaire alternée. On peut définir les formes différentielles sur une variété lisse en s'inspirant de cette remarque : on se donne pour tout $x \in M$ une forme p-linéaire alternée sur T_xM. Si nous voulons étendre à ce cadre les constructions faites pour les ouverts de $\mathbb{R}^n$, il faut pouvoir dire d'une façon ou d'une autre que α_x dépend de x de façon lisse. Nous avons déjà rencontré ce problème pour les champs de vecteurs. On procède de même.
Pour une variété lisse M, on désigne par $\bigwedge^p T^*M$ la réunion disjointe

$$\coprod_{x\in M} \bigwedge^p T_x^*M.$$

En imitant ce que nous avons fait en **III. D**, nous allons munir $\bigwedge^p T^*M$ d'une structure de fibré vectoriel sur M. On introduit, pour chaque carte (U, φ), l'ensemble

$$\bigwedge^p T_x^*U = \coprod_{x\in U} \bigwedge^p T_x^*M,$$

et la bijection

$$\varphi : \alpha_x \mapsto \big(\varphi(x), {}^t(T_x\varphi)^{-1}(\alpha_x)\big).$$

Un atlas $(U_i, \varphi_i)_{i\in I}$ de M étant donné, on démontre exactement comme en **III. D** qu'il existe une unique topologie sur $\bigwedge^p T^*M$ telle que les $\bigwedge^p T^*U_i$ soient des ouverts et les φ_i des homéomorphismes. On voit de même que $(U_i, \varphi_i)_{i\in I}$ est un atlas lisse.
La seule modification est le calcul de $\varphi_i \circ \varphi_j^{-1}$. On est amené à prendre les transposées des inverses des applications du diagramme

$$\mathbb{R}^n \xrightarrow{T_y\varphi_j^{-1}} T_{\varphi_j^{-1}(y)}M \xrightarrow{T_{\varphi_j^{-1}(y)}\varphi_i} \mathbb{R}^n$$

Pour $(y,\omega) \in \varphi_j(\bigwedge^p T^*U_i \cap \bigwedge^p T^*U_j)$, on trouve ainsi

$$(\varphi_i \circ \varphi_j^{-1})(y,\omega) = \Big(\varphi_i \circ \varphi_j^{-1}(y), {}^t\big(T_y(\varphi_i \circ \varphi_j^{-1})\big) \cdot \omega\Big).$$

On a encore un fibré vectoriel, de rang $\binom{n}{p}$, muni des trivialisations locales

$$\begin{array}{ccc}
\bigwedge^p T^p U_i & \xrightarrow{\ \psi_i\ } & U_i \times \bigwedge^p \mathbb{R}^n \\
\Big\downarrow \pi & \swarrow \mathrm{pr}_1 & \\
U_i & &
\end{array}$$

avec $\psi_i(\alpha_x) = (x, {}^t(T_x\varphi_i)^{-1} \cdot \alpha_x)$.

45. DÉFINITIONS

a) *On appelle* $\bigwedge^p T^*M$ le fibré des formes alternées sur M *; pour* $p = 1$, *le fibré obtenu, noté* T^*M, *s'appelle le* fibré cotangent.

b) *Une* forme différentielle de degré p *sur une variété lisse* M *est une section de* π, *c'est-à-dire une application lisse* $\alpha : M \to \bigwedge^p T^*M$ *telle que pour tout* x, $\alpha(x) \in \bigwedge^p T_x^*M$.

Comme pour les champs de vecteurs, on s'empresse de noter α_x la forme p-linéaire sur T_xM ainsi obtenue.
Comme dans le cas des ouverts de $\mathbb{R}^n$, l'ensemble des formes différentielles de degré p sur M se note $\Omega^p(M)$, et l'on pose de même

$$\Omega(M) = \bigoplus_{p=0}^{\dim M} \Omega^p(M).$$

Le *produit extérieur* de deux formes α et β de degrés respectifs p et q est la forme de degré $p+q$ définie par

$$(\alpha \wedge \beta)_x = \alpha_x \wedge \beta_x.$$

On a bien une section lisse : en utilisant des cartes de la forme (U,φ) et (TU,φ), tout vient de ce que la transposition respecte le produit extérieur.
L'exemple clé de formes différentielles est celui des différentielles de fonctions. Si f est lisse, il faut vérifier que l'application $df : x \mapsto T_xf$ de M dans T^*M est lisse. Mais si (U,φ) est une carte et (T^*U,φ) la carte associée de T^*M, on a

$$\varphi^{-1} \circ df \circ \varphi^{-1}(y) = (y, d(f \circ \varphi^{-1})_y).$$

En particulier, si f est l'une des fonctions cordonnées φ_i, on retombe tout simplement sur dy^i.
Cette remarque permet d'exprimer les formes différentielles sur des domaines de cartes.

46. PROPOSITION – *Si* α *est une forme différentielle de degré* p *sur* M *et* $(U,\varphi^1,\cdots,\varphi^n)$ *une carte, il existe des fonctions lisses* $a_{i_1 i_2 \cdots i_p}$ (*avec* $1 \le i_1 < i_2 < \cdots i_p$) *sur* U, *déterminées de manière unique, telles que*

$$\forall x \in U,\ \alpha_x = \sum_{1 \le i_1 < \ldots < i_p \le n} a_{i_1 \ldots i_p}(x) d\varphi_x^{i_1} \wedge \ldots \wedge d\varphi_x^{i_p} \quad \blacksquare$$

Preuve – Avec les mêmes notations $\varphi^{-1} \circ \alpha \circ \varphi^{-1}(y)$ est de la forme (y, ω), où $\omega \in \Omega^p(\varphi(U))$. Ainsi,

$$\omega_y = \sum_{1 \leq i_1 < \ldots < i_p \leq n} \omega_{i_1 \ldots i_p}(x) dy^{i_1} \wedge \ldots \wedge dy^{i_p}.$$

Alors $a_{i_1 i_2 \cdots i_p} = \omega_{i_1 i_2 \cdots i_p} \circ \varphi^{-1}$ ▪

Remarque – Les fonctions φ^i ne présentant aucun intérêt particulier, il peut être préférable de dire que sur le domaine de carte U, l'anneau des formes différentielles est engendré par les fonctions et les différentielles de fonctions. La même propriété reste vraie pour la variété M tout entière (sauf que l'on ne pourra plus se contenter des différentielles de n fonctions comme pour un domaine de carte). Nous invitons le lecteur à le démontrer, à l'aide d'une partition de l'unité (cf. le chapitre suivant).
L'image réciproque d'une forme par une application lisse se définit également sans difficulté.

47. Théorème – *Soit $f : M \mapsto N$ une application lisse, et $\alpha \in \Omega^p(N)$ une forme différentielle. Alors la famille indexée par $x \in M$ de formes p-linéaires alternées donnée par*

$$\beta_x(v_1, \ldots, v_p) = \alpha_{f(x)}(T_x f \cdot v_1, \ldots, T_x f \cdot v_p)$$

est une forme différentielle sur M.

Preuve – On remarque que l'opération définie dans l'énoncé respecte le produit extérieur fibre par fibre. D'après la proposition précédente, il suffit d'examiner le cas des différentielles de fonctions. Mais si $\alpha = du$, alors $\beta = d(u \circ f)$ d'après le théorème des fonctions composées ▪

48. Définition – *La forme différentielle dont le théorème ci-dessus donne l'existence est* l'image réciproque de α par f, *et se note $f^*\alpha$.*

Exemple – Si M est une sous-variété d'une variété N, par exemple une sous-variété de l'espace euclidien, et si $i : M \to N$ est l'injection canonique, pour $\alpha \in \Omega(N)$ la forme $i^*\alpha$ s'appelle, pour des raisons évidentes, *la restriction de α à N.*
En particulier, la preuve du fait que $(f \circ g)^* = g^* \circ f^*$ reste valable dans le cas des variétés, puisqu'elle ne fait appel qu'au théorème des fonctions composées.

De même, pour définir la différentielle extérieure, il suffit de voir que le théorème **23** est valable dans le cas des variétés. Vu son importance, reformulons l'énoncé.

49. Théorème – *Si M est une variété lisse, il existe une application linéaire $d : \Omega(M) \mapsto \Omega(M)$ et une seule ayant les propriétés suivantes :*

a) $\deg d\alpha = p + 1$ *si* $\deg \alpha = p$.

b) *Sur $\Omega^0(M)$, d est la différentielle des fonctions.*

c) *Si α est homogène, $d(\alpha \wedge \beta) = d\alpha \wedge \beta + (-1)^{\deg \alpha} \alpha \wedge d\beta$.*

d) $d \circ d = 0$.

Preuve – Les arguments de la preuve donnée en **24** sont valables tels que, en remplaçant bien sûr les coordonnées euclidiennes x^i par des coordonnées locales, grâce à la propriété suivante.

50. Lemme – *Si d satisfait les hypothèses de* **48**, *si U est un ouvert de M et si α et β sont des formes différentielle telles que $\alpha_{|U} = \beta_{|U}$, alors $d\alpha_{|U} = d\beta_{|U}$.*

Preuve – Soient a un point de U, V un ouvert contenant a tel que $\overline{V} \subset U$, et f une fonction lisse à support contenu dans U, égale à 1 sur V. Alors $f(\alpha - \beta) = 0$, et $d\big(f(\alpha - \beta)\big) = 0$ à cause de la linéarité. Mais

$$d\big(f(\alpha - \beta)\big) = f d(\alpha - \beta) + df \wedge (\alpha - \beta).$$

En a, on a $df = 0$ d'après b) et le choix de f, et $f(a) = 1$. On en déduit que $(d\alpha)_a = (d\beta)_a$, et le choix de a étant arbitraire, on en déduit que $d\alpha_{|U} = d\beta_{|U}$ comme annoncé ∎

Maintenant, nous pouvons conclure que toutes les propriétés de la différentielle des formes sur les ouverts de $\mathbb{R}^n$ que nous avons vues s'étendent aux formes sur les variétés, puisque les démonstrations utilisent uniquement la caractérisation axiomatique de d vue en **24** et en **49**. Ainsi, si $f : M \mapsto N$ est une application lisse, on a encore

$$f^* \circ d = d \circ f^*.$$

La dérivée de Lie et le produit intérieur par un champ de vecteurs se définissent exactement comme dans le cas euclidien, et

$$L_X = d \circ i_X + i_X \circ d.$$

Donnons enfin la version "variétés" du lemme de Poincaré.

51. Théorème – *Si M est une variété lisse, tout point $x \in M$ est contenu dans un ouvert U ayant la propriété suivante : si $\alpha \in \Omega^p(U)$ est fermée, il existe une forme $\beta \in \Omega^{p-1}(U)$ telle que $d\beta = \alpha$.*

Preuve – Il suffit de choisir U difféomorphe à une boule.

Nous allons voir dans les chapitres qui suivent comment le même problème, non plus local comme dans ce lemme mais global, c'est-à-dire sur M, met en jeu la topologie de la variété. D'ailleurs, nous avons déjà vu des exemples de cette situation : il résulte de **26** que $\mathbb{R}^2 \setminus \{0\}$ n'est difféomorphe à aucun ouvert étoilé.

52. Remarque – Une méthode possible pour l'étude des formes différentielles sur les variétés aurait été de partir de la proposition **28**, et de définir les formes différentielles de degré p sur M comme les formes p-linéaires alternées sur $\Gamma(TM)$ considéré comme module sur l'anneau $C^\infty(M)$. Il n'est pas difficile de vérifier, en utilisant des fonctions plateau, que cette définition équivaut à la nôtre. Pour définir d, on peut alors soit reprendre notre point de vue axiomatique, soit persister et *définir* $d\alpha$, en s'inspirant de **29**, par la formule

$$\begin{aligned} d\alpha(X_0, \dots, X_p) = \sum_{i=0}^{p} (-1)^i X_i \cdot \alpha(X_0, \dots, \widehat{X_i}, \dots, X_p) \\ + \sum_{0 \le i < j \le p} \alpha([X_i, X_j], X_0, \dots, \widehat{X_i}, \dots, \widehat{X_j}, \dots, X_p). \end{aligned}$$

Ce point de vue est conceptuellement satisfaisant (et peut rendre de grands services si on veut développer une théorie des formes différentielles en dimension infinie) mais techniquement plus compliqué. Pour s'en convaincre, le lecteur est invité à vérifier que $d \circ d = 0$ en utilisant directement cette définition.

Un troisième point de vue, plus terre à terre, est suggéré par les expressions locales des champs de vecteurs vues en **III. D**. Un atlas (U_i, φ_i) sur une variété M étant donné, la donnée d'une forme différentielle α sur M équivaut à celles d'une forme α_i sur chaque ouvert $\varphi_i(U_i) \subset \mathbb{R}^n$, avec la condition de compatibilité

$$\alpha_{i|\varphi_i(U_i \cap U_j)} = (\varphi_i \circ \varphi_j^{-1})^*(\alpha_{j|\varphi_j(U_i \cap U_j)}).$$

L'inconvénient en est que chaque démonstration ou presque oblige à faire usage de cartes.

G. *ÉQUATIONS DE MAXWELL*

Un des grands succès de l'utilisation des formes différentielles est une formulation très simple des équations de Maxwell dans le cadre de la Relativité Restreinte. Rappelons tout d'abord brièvement la formulation "classique" (non relativiste). On rend compte des phénomènes électro-magnétiques au moyen de deux champs de vecteurs, le champ électrique E et le champ magnétique B. Le moment p d'une particule de charge q et de vitesse v satisfait à l'équation

$$\frac{dp}{dt} = q(E + v \wedge B) \qquad \text{(ici } \wedge \text{ désigne le produit vectoriel).}$$

D'autre part, E et B satisfont au système d'équations

$$\begin{array}{llll} \operatorname{rot} E & = -\frac{\partial B}{\partial t} & \operatorname{div} B & = 0 \\ \operatorname{rot} B & = J + \frac{\partial E}{\partial t} & \operatorname{div} E & = \rho, \end{array}$$

où l'on a désigné par J et ρ la densité de courant et la densité de charge. Les première et seconde lignes de ce système s'appellent respectivement premier et second groupe des équations de Maxwell.

Nous allons faire apparaître les composantes de E et B comme les six composantes d'une forme alternée de degré 2 sur l'espace de Minkowski. Pour ce faire nous allons donner une brève description de ce dernier. Pour plus d'information, et surtout pour une véritable discussion sur l'aspect physique des choses, voir le cours de physique de Feynman (surtout, mais pas seulement, le volume *Electromagnétisme 2*) et le début de Missner, Thorne, Wheeler, *Gravitation*, qui présente l'avantage d'utiliser explicitement les formes différentielles.

ESPACE DE MINKOWSKI

L'espace de Minkowski $\mathbb{M}$ est un espace vectoriel de dimension 4 muni d'une forme quadratique q de type $+ - --$. Par analogie avec le cas euclidien, on définit sur M des bases *pseudo-orthonormées* ou *lorentziennes* $(e_i)_{0 \leq i \leq 3}$ par la condition

$$\varphi(e_i, e_j) = 0 \quad \text{si } i \neq j\,; \; \varphi(e_i, e_i) = -1 \quad \text{si } i \neq 0\,; \; \varphi(e_0, e_0) = 1,$$

où φ est la forme bilinéaire associée à q. Si (t, x, y, z) désignent les coordonnées d'un vecteur w dans une telle base, alors

$$q(w) = t^2 - x^2 - y^2 - z^2.$$

De même

$$\varphi(w_1, w_2) = t_1t_2 - x_1x_2 - y_1y_2 - z_1z_2.$$

Faisant des calculs sur des vecteurs vitesse, donc des vecteurs tangents, on est conduit à changer légèrement de point de vue : en utilisant le parallélisme canonique d'un espace vectoriel, on considère l'espace de Minkowski comme un espace vectoriel réel de dimension 4 muni d'une forme différentielle quadratique à coefficients constants. Une base lorentzienne étant donnée, cette forme quadratique s'écrit bien sûr

$$dt^2 - dx^2 - dy^2 - dz^2.$$

La forme bilinéaire associée définit un isomorphisme entre les champs de vecteurs et les formes différentielles de degré 1, que nous noterons $\flat$ comme dans **17** : cet isomorphisme est défini de la même façon, en remplaçant le produit scalaire euclidien par φ. Si (t, x, y, z) sont les coordonnées par rapport à un repère lorentzien

$$\flat\frac{\partial}{\partial x} = dx,\ \flat\frac{\partial}{\partial y} = dy,\ \flat\frac{\partial}{\partial z} = dz, \quad \text{mais} \quad \flat\frac{\partial}{\partial t} = -dt.$$

Le champ électromagnétique vu comme une forme différentielle

A partir du champ électrique E, et du champ magnétique B, exprimés en coordonnées euclidiennes, on définit une forme de degré 2 en posant

$$F = E_x dx \wedge dt + E_y dy \wedge dt + E_z dz \wedge dt + B_x dy \wedge dz + B_y dz \wedge dx + B_z dx \wedge dy \quad (*)$$

(la lettre F est traditionnelle : F comme “field”, ou mieux, F comme Faraday).
Un calcul direct montre que le premier groupe des équations de Maxwell est équivalent à la condition

$$dF = 0$$

(la nullité de la partie comportant dt en facteur donne la première équation, et la nullité du coefficient de $dx \wedge dy \wedge dz$ la seconde).
Le second groupe s'exprime d'une façon analogue, moyennant quelques développements algébriques supplémentaires. On introduit sur les formes de degré 2 l'opérateur $*$ au moyen des relations

$$\begin{aligned} *(dx \wedge dt) &= dy \wedge dz & *(dy \wedge dz) &= -dx \wedge dt \\ *(dy \wedge dt) &= dz \wedge dx & *(dz \wedge dx) &= -dy \wedge dt \\ *(dz \wedge dt) &= dx \wedge dy & *(dx \wedge dy) &= -dz \wedge dt \end{aligned}$$

(bien entendu $*$ peut être défini intrinsèquement : il existe une extension “naturelle” de φ aux p-formes telle que,

$$\forall \alpha, \beta \in \Omega^2(M),\ \alpha \wedge \beta = \varphi(\alpha, *\beta)\omega,$$

où ω est la forme volume qui vaut 1 sur les bases lorentziennes). On a alors

$$*F = E_x dy \wedge dz + E_y dz \wedge dx + E_z dx \wedge dy - (B_x dx \wedge dt + B_y dy \wedge dt + B_z dz \wedge dt).$$

Le second groupe des équations de Maxwell s'écrit alors

$$d(*F) = 0$$

dans le vide, et

$$d(*F) = 4\pi * \mathbf{J}$$

en présence de charges électriques. On a désigné par $\mathbf{J}$ la forme de courant-charge, définie par

$$\mathbf{J} = J_x dx + J_y dy + J_z dz + \rho dt.$$

Notons que puisque $d^2 = 0$, la 3-forme $*\mathbf{J}$ est *fermée*. Cela peut s'écrire sous la forme

$$\operatorname{div} J + \frac{\partial \rho}{\partial t} = 0.$$

Cette relation exprime la conservation de la charge électrique.

Champ électromagnétique et groupe de Lorentz

Pour qu'une formulation indépendante des coordonnées il faut bien sûr procéder à l'inverse. Le tenseur de Faraday est une forme de degré 2 sur $\mathbb{M}$, assujettie (disons dans le vide) aux conditions

$$dF = 0 \quad \text{et} \quad d(*F) = 0,$$

qui, d'après leur formulation même, ne font intervenir ni repère ni coordonnées particulières.

Par contre les champs électriques et magnétiques ne sont définis que par rapport à un repère lorentzien $\mathcal{R}$ donné ; on les récupère en écrivant F sous la forme (*), par rapport aux coordonnées dans ce repère. On en déduit la façon dont E et B se transforment par changement de repère. Soient (t', x', y', z') les coordonnées dans un nouveau repère lorentzien $\mathcal{R}'$, et supposons pour simplifier que $(y', z') = (y, z)$. Alors d'après l'exercice **1** de **IV**,

$$\begin{pmatrix} t' \\ x' \end{pmatrix} = \begin{pmatrix} \operatorname{ch} u & \operatorname{sh} u \\ \operatorname{sh} u & \operatorname{ch} u \end{pmatrix} \begin{pmatrix} t \\ x \end{pmatrix}.$$

Il est commode d'introduire $v = -\operatorname{th} u$: à l'ordre 1 par rapport à v, on a $x' = x - vt$, et la situation galiléenne correspondante est celle d'un mouvement de translation uniforme de vitesse v. En comparant les expressions de F dans les deux repères, on trouve

$$\begin{array}{llll} E'_x &= E_x & B'_x &= B_x \\ E'_y &= \frac{1}{\sqrt{1-v^2}}(E_y - vB_z) & B'_y &= \frac{1}{\sqrt{1-v^2}}(B_y + vE_z) \\ E'_z &= \frac{1}{\sqrt{1-v^2}}(E_z + vB_y) & B'_z &= \frac{1}{\sqrt{1-v^2}}(B_z - vE_y) \end{array}$$

Voyons enfin comment on obtient directement les équations du mouvement d'une particule chargée à partir du tenseur de Faraday. Par rapport à un repère $\mathcal{R}$, le mouvement est donné par une fonction

$$c : t \mapsto \big((x(t), y(t), z(t), t\big).$$

On exprime les coordonnées spatiales x, y, z en fonction du temps lié au repère. La vitesse "classique" lue dans ce repère doit être inférieure à la vitesse de la lumière, autrement dit

$$\sqrt{x'^2(t) + y'^2(t) + z'^2(t)} < 1.$$

Il revient au même de dire que $q\big(c'(t)\big) > 0$.
Alors le produit intérieur de F par $c'(t)$ est donné par

$$q\Big(- (E_x dx + E_y dy + E_z dz) - (v_y B_z - v_z B_y)dx \\ - (v_z B_x - v_x B_z)dy - (v_x B_y - v_y B_x)dz + (E_x v_x + E_y v_y + E_z v_z)dt\Big).$$

Revenant au vecteur correspondant, on obtient

$$-\big(i_{c'(t)}F\big)^\sharp = q(E + v \wedge B) + \langle E, v\rangle \frac{\partial}{\partial t},$$

où les produits scalaire et vectoriel ont été calculés dans le repère (euclidien !) formé par $\frac{\partial}{\partial x}, \frac{\partial}{\partial y}, \frac{\partial}{\partial z}$. On récupère ainsi non seulement la dérivée du moment, mais aussi la dérivée de l'énergie.
Cette formulation n'est pas encore satisfaisante, car elle dépend d'un repère spécifique (un physicien dirait d'un observateur). Sans faire appel à un repère, le mouvement d'une particule est donné par une courbe dans l'espace de Minkowski, tout paramétrage $u \mapsto \gamma(u)$ de cette courbe satisfaisant à la condition $q\big(\gamma'(u)\big) > 0$. Dans un repère lorentzien $\frac{\partial}{\partial t}, \frac{\partial}{\partial x}, \frac{\partial}{\partial y}, \frac{\partial}{\partial z}$, cette condition s'écrit

$$t'(u)^2 - x'(u)^2 - y'(u)^2 - z'(u)^2 > 0.$$

Elle permet le choix d'un paramètre tel que $t'(u) = 1$. C'est le temps par rapport au repère, à une constante additive près.
Mais il existe un paramétrage qui ne dépend que de la courbe, et nom d'un repère, obtenu par la condition

$$q\big(\gamma'(\tau)\big) = 1.$$

Ce paramètre, qui rappelle l'abscisse curviligne dans le cas euclidien, s'appelle le *temps propre* de la particule. Par rapport au temps donné par le repère $\mathcal{R}$ précédent, on a

$$d\tau = \sqrt{1 - v^2}dt = \sqrt{1 - x'(t)^2 - y'(t)^2 - z'(t)^2}$$

Le vecteur $\gamma'(\tau)$ s'appelle le quadri-vecteur vitesse, et $m\gamma'(\tau)$, analogue à la quantité de mouvement classique, l'énergie-moment. L'équation du mouvement s'écrit alors

$$-\big(i_{\gamma'(\tau)}F\big)^\sharp = \frac{d}{d\tau}\big(m\gamma'(\tau)\big).$$

Cela n'est bien sûr que le début d'une longue histoire, pour laquelle nous renvoyons aux livres que nous venons de citer.

H. Commentaires

Formes différentielles et tenseurs

Le plupart des constructions de ce chapitre s'appliquent telles que *aux tenseurs covariants.* A l'instar de **20**, un tenseur covariant d'ordre p sur un ouvert U d'un espace vectoriel E est une application lisse de U dans E^*. De même, la construction faite au début de ce paragraphe permet de définir pour toute variété M le fibré $\bigotimes^p T^*M$ et les tenseurs covariants d'ordre p comme sections de ce fibré.
On définit de même l'image réciproque ϕ^* par une application lisse ϕ, et la dérivée de Lie par rapport à un champ de vecteurs. On a encore

$$(\phi \circ \psi)^* = \psi^* \circ \phi^*.$$

De même, pour deux tenseurs S et T sur M,

$$\phi^*(S \otimes T) = \phi^* S \otimes \phi^* T$$
$$L_X(S \otimes T) = L_X S \otimes T + L_X T \otimes S$$

Par contre, on peut montrer que la différentielle d n'a pas d'analogue (même si on exige simplement d'avoir un opérateur linéaire sur les tenseurs, qui commute avec les ϕ^*). Cela explique le rôle prépondérant des formes différentielles et de l'opérateur d, quand on étudie les variétés sans se donner de structure supplémentaire par rapport à la structure différentielle.

Métriques riemanniennes

Cela étant dit, les 2-tenseurs symétriques, c'est-à-dire les sections du fibré S^2T^*M des formes bilinéaires symétriques sur M, jouent un rôle très important. Une *métrique riemannienne* sur une variété M est la donnée d'un tenseur symétrique g, tel que la forme quadratique associée à g_x soit définie positive. L'exemple de base est bien sûr celui d'un espace euclidien. On a alors

$$g = \sum_{i=1}^{n} dx^{i2},$$

les x^i étant les coordonnées dans une base orthonormée. Toute sous-variété d'un espace euclidien est elle-même munie d'une métrique riemannienne : il suffit pour le voir de remarquer que la restriction d'une forme quadratique définie positive à un sous-espace vectoriel reste définie positive. D'une façon plus formelle, si $\phi : M \to M'$ est un plongement, et si g est une métrique riemannienne sur M', ϕ^*g est une métrique riemannienne sur M. En appliquant le théorème de plongement de Whitney, on voit alors que toute variété peut être munie d'une métrique riemannienne.
Le mot métrique se justifie par le fait que g définit automatiquement une distance : on commence par définir la longueur d'une courbe $c : [a, b] \to M$ par l'intégrale

$$\int_a^b \sqrt{g(c'(t), c'(t))}dt,$$

puis la distance entre deux points comme la borne inférieure des longueurs des courbes qui les joignent. Attention : même dans le cas des sous-variétés de l'espace euclidien,

cette distance *n'est pas* en général la distance induite par la distance sur l'espace ambiant.
De même que les variétés lisses sont les généralisations naturelles des courbes et surfaces de $\mathbb{R}^3$, on peut dire que les variétés riemanniennes, c'est-à-dire les variétés munies d'une métrique riemannienne, généralisent les courbes et surfaces *de l'espace euclidien.*
La différence fondamentale est la suivante. Alors que toute variété est localement difféomorphe à $\mathbb{R}^n$, une variété riemannienne n'est pas en général localement isométrique à l'espace euclidien. La géométrie riemannienne traite notamment des relations entre les propriétés métriques d'une variété riemannienne et les propriétés topologiques de la variété différentielle sous-jacente.
** De plus, en supposant M orientée (ce qui n'est pas indispensable mais simplifie l'exposé), on associe à g une forme volume canonique ω_g, caractérisée par le fait qu'elle vaut 1 sur tous les repères orthonormés directs (cela sera explicité en **VI.** pour les sous-variétés de l'espace euclidien, munies de leur métrique riemannienne induite). On peut alors définir comme en **33** un opérateur de divergence $\operatorname{div}_g : \Gamma(TM) \to C^\infty(M)$ au moyen de la formule

$$L_X\omega_g = (\operatorname{div}_g X)\omega_g.$$

L'opérateur différentiel d'ordre deux $\Delta_g = \operatorname{div}_g(\nabla_g)$ est une généralisation naturelle du Laplacien $\Delta = \sum_{i=1}^n \partial_i^2$. L'étude du Laplacien est un autre aspect de la géométrie riemannienne, plus tourné vers l'analyse (cf. la bibliographie commentée à la fin du livre).**

VARIÉTÉS LORENTZIENNES

Une variété lorentzienne est une variété munie d'un tenseur symétrique g tel que la forme quadratique g_x soit en tout point de type $(\dim M - 1, 1)$. L'exemple le plus simple est l'espace de Minkowski rencontré en **G**. Leur importance vient de ce qu'elles modèlisent l'espace-temps de la relativité générale.
Il y a des différences importantes avec le cas riemannien : une variété donnée n'a pas forcément de structure lorentzienne; la restriction du tenseur g à une sous-variété est suivant les cas riemannienne, lorentzienne ou singulière.
Par contre, les variétés riemanniennes, lorentziennes et plus généralement les variétés pseudo-riemanniennes (c'est-à-dire telles que la forme quadratique g_x soit non dégénérée pour tout x) ont en commun trois propriétés importantes.
a) Le tenseur g définit une mesure (plus précisément une densité, cf. **VI. F**) sur la variété.
b) Il définit un isomorphisme de fibrés entre TM et T^*M, qui permet d'identifier formes différentielles et champs de vecteurs. Nous avons déjà utilisé cet isomorphisme dans le cas euclidien pour définir le gradient d'une fonction. Le gradient se définit plus généralement dans le cadre pseudo-riemannien.
c) ** Le tenseur g permet enfin de définir une *connexion* sur TM, c'est-à-dire une dérivée directionnelle des champs de vecteurs. De façon imagée, on a la possibilité de comparer des vecteurs tangents en des points différents de la variété.**
Pour plus de détails sur la géométrie pseudo-riemannienne, voir [Doubrovine-Novikov-Fomenko].

Variétés symplectiques

Une *variété symplectique* est une variété munie d'une forme différentielle ω de degré deux, de rang maximum en tout point (ce qui implique déjà que la dimension est paire) et fermée. L'exemple standard est celui de $\mathbb{R}^{2n}$, muni de la forme

$$\omega = \sum_{i=1}^{n} dx^i \wedge dx^{i+n}.$$

A toute fonction H sur une variété symplectique (M, ω), on associe son *hamiltonien*. C'est le champ de vecteur X_H défini par

$$i_{X_H}\omega = dH.$$

L'existence et l'unicité de X_H viennent bien sûr de l'hypothèse sur le rang de ω. De plus, comme $d\omega = 0$, la formule de Cartan donne

$$L_{X_H}\omega = d(i_{X_H}\omega) + i_{X_H}d\omega = ddH = 0.$$

Il en résulte que X_H a des propriétés dynamiques très particulières (théorème du retour de Poincaré, cf. [Arnold 1], chap. 3). A contrario, nous laissons au lecteur le plaisir (facile) de montrer que, sur la sphère ronde S^2 plongée dans $\mathbb{R}^3$, le gradient (riemannien!) d'une fonction coordonnée n'est un hamiltonien pour *aucune* forme symplectique sur S^2 (cf. **III**, ex.**7**).
L'intérêt pour les variétes symplectiques a d'abord été suscité par la mécanique : beaucoup de problèmes de mécanique classique, par exemple le problème de Képler, le problème des trois corps, ou plus généralement l'étude des systèmes sans frottement, se ramènent à l'étude des trajectoires d'un champ hamiltonien (voir encore [Arnold 1]).
Attention : le théorème de Darboux (cf. les exercices **14** et **17**), qui assure que toute forme symplectique s'écrit *localement* $\sum_{i=1}^{n} dx^i \wedge dx^{i+n}$ dans un système de coordonnées convenables, n'est pas d'un grand secours pour l'étude globale des variétés symplectiques et des champs de vecteurs hamiltoniens.

Exercices

1. *Formes alternées décomposables et indécomposables*
Une forme p-linéaire alternée sur un espace vectoriel E de dimension n sera dite *décomposable* si elle peut s'écrire comme le produit extérieur de p formes linéaires, *indécomposable* sinon.

a) Montrer que toute forme de degré n ou $n-1$ est décomposable. Indication : si $\omega \in \bigwedge^{n-1} E^*$, introduire l'application

$$\theta \to \theta \wedge \omega$$

de E^* dans $\bigwedge^n E^*$.

b) Soit $\theta \in E^*$. Montrer qu'une p-forme α peut s'écrire sous la forme

$$\alpha = \theta \wedge \theta'$$

si, et seulement si, $\theta \wedge \alpha = 0$ (on dit alors que α est *divisible par* θ).

c) Montrer que si $\alpha, \beta, \gamma, \delta$ sont des formes linéaires indépendantes, la 2-forme

$$\omega = \alpha \wedge \beta + \gamma \wedge \delta$$

est indécomposable.

2. *Formes de degré 2, groupe symplectique*

E est un espace vectoriel réel de dimension finie n, muni d'une forme bilinéaire alternée ω.

a) Montrer qu'il existe une base $\mathcal{B} = \left(\theta^1, \theta^2, ..., \theta^n\right)$ de E^* et un entier $p \leq \frac{n}{2}$ tels que

$$\omega = \theta^1 \wedge \theta^{p+1} + \cdots + \theta^p \wedge \theta^{2p}$$

et l'entier p ne dépend que de ω (on pourra montrer que si ω est non nulle, il existe deux vecteurs a et b et un sous-espace E' de E tels que $E = E' \bigoplus \mathbb{R}a \bigoplus \mathbb{R}b$, avec $\omega(a,b) = 1$ et $\omega(a,x) = \omega(b,x) = 0$ pour tout $x \in E'$).

b) Montrer que la codimension de l'espace vectoriel

$$F = \{x \in E, \forall y \in E, \omega(x,y) = 0\}$$

est égale à $2p$. Pour cette raison, l'entier $2p$ s'appelle le *rang* de ω.

c) Montrer que p est le plus petit entier tel que $\omega^p \neq 0$. En particulier une 2-forme ω est décomposable si et seulement si $\omega \wedge \omega = 0$.

d) Soit u un automorphisme de E. Montrer que u laisse ω invariante, c'est-à-dire que

$$\omega(u(x), u(y)) = \omega(x,y) \ \forall x, y \in E$$

si, et seulement si la matrice A de u dans la base duale de $\mathcal{B}$ vérifie $A^t S A = S$, où S est la matrice

$$S = \begin{pmatrix} 0 & I_p & 0 \\ -I_p & 0 & 0 \\ 0 & 0 & 0 \end{pmatrix}$$

En déduire une caractérisation des éléments du *groupe symplectique* $SP(n, \mathbb{R})$, défini comme le groupe des automorphismes de $\mathbb{R}^{2n}$ laissant invariante la forme ω définie par

$$\omega(x,y) = \Sigma_{1 \leq i \leq n} \left(x^i y^{n+i} - x^{n+i} y^i\right).$$

Montrer que $SP(n, \mathbb{R})$ est un sous-groupe de Lie de dimension $2n^2 + n$ de $GL(2n, \mathbb{R})$, et déterminer son algèbre de Lie.

* **3.** *Une application de l'algèbre extérieure aux groupes de Lie*

On note $E = \bigwedge^2 \left(\mathbb{R}^{4*}\right)$. Une 4-forme non nulle ω sur $\mathbb{R}^4$, étant donnée, on considère la forme bilinéaire B sur E définie en **13.**

a) Montrer que tout élément de $GL(4, \mathbb{R})$ laissant invariante la forme ω définit un automorphisme de E respectant B .

b) En déduire un morphisme de groupes de Lie

$$\rho : SL(4, \mathbb{R}) \to 0(3,3)$$

dont l'image est la composante neutre de $0(3,3)$, et le noyau $\mathbb{Z}/2\mathbb{Z}$.

c) En déduire de même, en partant de $\mathbb{C}^4$ au lieu de $\mathbb{R}^4$, un morphisme **de groupes de Lie complexes** de $Sl(4,\mathbb{C})$ sur $SO(6,\mathbb{C})$.

d) Munissant $\mathbb{C}^4$ d'un produit hermitien, montrer que

$$SU(4)/\{\pm I\} \simeq SO(6).$$

4. *Gradient, divergence, rotationnel*

a) Retrouver les propriétés suivantes en utilisant les propriétés de la différentielle extérieure :

$$\begin{aligned} \mathrm{rot}(\mathrm{grad}\, f) &= 0\,; \\ \mathrm{div}(\mathrm{rot}\, V) &= 0\,; \\ \mathrm{div}(fV) &= f\,\mathrm{div}\, V + (\mathrm{grad}\, f).V\,; \\ \mathrm{rot}(fV) &= f\,\mathrm{rot}\, V + (\mathrm{grad}\, f)\wedge V\,; \\ \mathrm{div}(u\wedge v) &= v.(\mathrm{rot}\, u) - u.(\mathrm{rot}\, v). \end{aligned}$$

b) Montrer que le flot local d'un champ de vecteurs V sur $\mathbb{R}^n$ laisse la forme volume $\omega = dx^1\wedge\ldots\wedge dx^n$ invariante si et seulement si $\mathrm{div}\, V = 0$.

5. *Formes homogènes*

Une forme différentielle ω sur $\mathbb{R}^n$ sera dite *homogène de degré* α si

$$h_t^*(\omega) = t^\alpha\omega,$$

où l'on a désigné par h_t l'homothétie de rapport t ($t>0$). Montrer que si ω est de degré k, cela revient à dire que les coefficients sont homogènes de degré $n-\alpha$. Montrer que la différentielle d'une forme homogène est homogène de même degré.

* **6.** *Formes invariantes par un groupe*

a) Soit ω la forme différentielle sur $\mathbb{R}^{n+1}$ égale à

$$\sum_{i=0}^{n}(-1)^i x^i dx^0\wedge\ldots\widehat{dx^i}\ldots\wedge dx^n,$$

(le signe ^ signifiant que le terme correspondant est omis).
Montrer que si $\phi\in Sl(n+1,\mathbb{R})$, alors ω est invariante par ϕ, et est (à un facteur constant près) la seule forme de degré n ayant cette propriété.

b) Soit ω une forme différentielle de degré k sur S^n telle que $\phi*\omega=\omega$ quel que soit $\phi\in SO(n+1)$. Montrer que si $0<k<n$, alors $\omega=0$.

7. Expliciter la primitive d'une forme fermée donnée dans la preuve du lemme de Poincaré dans le cas d'une forme fermée de degré 2 sur $\mathbb{R}^n$.

8. *Formes invariantes sur un groupe de Lie*

a) Si G est un groupe de Lie de dimension n, montrer que les formes de degré p invariantes par les translations à gauche (on parlera plus brièvement de formes invariantes à gauche) forment un espace vectoriel de dimension $\binom{n}{p.}$

b) Montrer, sans utiliser le théorème de structure des groupes de Lie commutatifs, que si G est commutatif, toute forme invariante à gauche est fermée.

c) On prend $G = Gl(n, \mathbb{R})$. Montrer que les coefficients de la matrice $X^{-1}dX$, où $X = (x_i^j)_{1 \leq i,j \leq n}$, sont des formes invariantes à gauche. Retrouver l'expression du crochet de $\mathfrak{G}$ en différentiant $X^{-1}dX$ et en utilisant **28**.

d) On considère le groupe G formé des matrices de la forme

$$\begin{pmatrix} a & b \\ 0 & 1 \end{pmatrix}, \quad a, b \in \mathbb{R},\ a \neq 0.$$

Montrer que c'est un groupe de Lie. Déterminer les formes différentielles de degré 1 sur G, puis les formes de degré 2, qui sont invariantes à gauche. Même question pour les formes invariantes à droite. Que peut-on en conclure ?

9. *Produit intérieur et dérivée de Lie*

Démontrer l'identité suivante, concernant les opérateurs i_X et L_X agissant sur les formes différentielles sur une variété M :

$$i_{[X,Y]} = L_X \circ i_Y - i_Y \circ L_X.$$

*** 10.** *Formes complexes*

Une forme différentielle complexe de degré k sur un ouvert $U \subset \mathbb{R}^n$ est une application lisse de U dans $\wedge \mathbb{R}^n \otimes \mathbb{C}$, où l'on a désigné par $\wedge \mathbb{R}^n \otimes \mathbb{C}$ le $\mathbb{C}$-espace vectoriel des applications p-linéaires alternées de $\mathbb{R}^n$ dans $\mathbb{C}$. On pose

$$dz^k = dx^k + idy^k,\ d\overline{z}^k = dx^k - idy^k.$$

Si df est la différentielle d'une fonction lisse à valeurs complexes, on définit $\dfrac{\partial f}{\partial z^k}$ et $\dfrac{\partial f}{\partial \overline{z}^k}$ par la formule

$$df = \sum_{k=1}^{n} \left(\frac{\partial f}{\partial z^k} dz^k + \frac{\partial f}{\partial \overline{z}^k} d\overline{z}^k \right).$$

Exprimer $\frac{\partial f}{\partial z^k}$ et $\frac{\partial f}{\partial \overline{z}^k}$ en fonction de $\frac{\partial f}{\partial x^k}$ et $\frac{\partial f}{\partial y^k}$

Montrer qu'une application (disons C^1) de $\mathbb{C} = \mathbb{R}^2$ dans $\mathbb{C}$ est holomorphe si et seulement si $\frac{\partial f}{\partial \overline{z}^k} = 0$. En déduire que le jacobien de f vue comme application de $\mathbb{R}^2$ dans $\mathbb{R}^2$ est égal à $|f'(z)|^2$ (remarquer que $dz \wedge d\overline{z} = -2idx \wedge dy$).

Soit P le demi-plan formé des nombres complexes à partie imaginaire strictement positive. Montrer que les applications T de la forme

$$T(z) = \frac{az+b}{cz+d}, \quad \text{où} \quad a, b, c, d \in \mathbb{R},\ ad - bc > 0)$$

sont des difféomorphismes de P, qui laissent invariante la forme différentielle $\omega = \dfrac{dx \wedge dy}{y^2}$.

11. Soit ω une forme différentielle de degré p sur $\mathbb{R}^n$, avec $p < n$. On suppose que sa restriction à tout hyperplan de la forme $x^k = cte\,(1 \leq k \leq n)$ est nulle. Montrer que $\omega = 0$.

12. *Formes invariantes par rotation*

a) Montrer que les formes différentielles

$$\alpha = xdx + ydy \qquad \text{et} \qquad \beta = xdy - ydx$$

sur $\mathbb{R}^2$ sont invariantes par le groupe des rotations $SO(2)$. (On peut bien sûr le vérifier par un calcul direct. Mais il existe des démonstrations plus élégantes).

b) Montrer que toute forme différentielle de degré 1 sur $\mathbb{R}^2 \setminus \{0\}$ invariante par $SO(2)$ est de la forme

$$f(r)\alpha + g(r)\beta,$$

où $r = \sqrt{x^2 + y^2}$, f et g étant des fonctions lisses sur $\mathbb{R}^2 \setminus \{0\}$.
Quelles sont les formes de degré 1 sur $\mathbb{R}^2$ invariantes par $SO(2)$?

c) On travaille maintenant en dimension 3. On pose

$$r = \sqrt{x^2 + y^2 + z^2}$$

et on désigne par X le champ de vecteurs

$$x\frac{\partial}{\partial x} + y\frac{\partial}{\partial y} + z\frac{\partial}{\partial z}.$$

On se propose de montrer que toute forme de degré 1 sur $\mathbb{R}^3 \setminus \{0\}$ invariante sous l'action de $SO(3)$ est de la forme $f(r)dr$.

c1) Montrer que si α est $SO(3)$-invariante, $i_X\alpha$ l'est aussi.

c2) Montrer que l'application

$$(t, u) \to tu \qquad \text{de} \quad \mathbb{R}^{+*} \times S^2 \quad \text{dans} \quad \mathbb{R}^3 \setminus \{0\}$$

est un difféomorphisme.

c3) Soit $\alpha \in \Omega(\mathbb{R}^3 \setminus \{0\})$ telle que $i_X\alpha = 0$, et dont la restriction à toute sphère de centre 0 est nulle. Montrer que $\alpha = 0$.

c4) Montrer que toute 1-forme sur S^2 qui est $SO(3)$- invariante est nulle.

c5) Conclure.

d) Ce qui précède peut-il se généraliser aux dimensions supérieures ?

13. On considère la sphère S^2 plongée dans $\mathbb{R}^3$. Soit X le champ de vecteurs

$$x\frac{\partial}{\partial x} + y\frac{\partial}{\partial y} + z\frac{\partial}{\partial z}.$$

Montrer que la restriction à la sphère de la 2-forme $i_X(dx \wedge dy \wedge dz)$ n'est jamais nulle (autrement dit, c'est une *forme volume* sur S^2, cf. **VI**). On désignera par α cette forme.

Montrer que sur le complémentaire de l'équateur $z = 0$,

$$\alpha = \frac{dx \wedge dy}{z}.$$

Soit I la projection stéréographique de pôle $N = (0, 0, 1)$ de $S^2 \setminus \{N\}$ sur le plan $z = 0$.

Expliciter I et I^{-1} (pour plus de clarté, il est recommandé de désigner par (u, v) les coordonnées de $\mathbb{R}^2 \times \{0\}$), et calculer $I^{-1*}\alpha$.

*** 14.** *Théorème de Darboux*

Sur une variété M deux champs de vecteurs X_1 et X_2 commutent. On rappelle (voir l'exercice **17** de **III**) que si en un point $a \in M, X_1$ et X_2 sont linéairement indépendants, a admet un voisinage ouvert U muni de coordonnées locales $(x^1, ..., x^n)$ telles que $X_{1|U} = \frac{\partial}{\partial x^1}$ pour $i = 1, 2$.

Une variété M de dimension $2n$ est munie d'une 2- forme ω de rang en tout point égal à $2n$ et fermée (forme symplectique). On se propose de montrer que tout point $a \in M$ admet un voisinage U muni de coordonnées locales $(x^1, ..., x^{2n})$ telles que

$$\omega_{|U} = dx^1 \wedge dx^{n+1} + \cdots + dx^n \wedge dx^{2n} \qquad \text{(théorème de Darboux symplectique).}$$

On suppose dans la suite, ce qui n'est pas une restriction mais simplifie les choses, que les coordonnées considérées en a sont toutes nulles en a.

a) On suppose tout d'abord $n = 1$. Montrer que si (y^1, y^2) est un système de coordonnées locales arbitraire en a, on peut trouver une fonction différentiable h définie au voisinage de a telle que (y^1, h) soit un système de coordonnées répondant à la question sur un voisinage de a.

b) On étudie maintenant le cas général. Si f est une fonction différentiable telle que $f(a) = 0$ et $df_a \neq 0$, montrer qu'il existe un unique champ de vecteurs X_2 sur M tel que $i_{X_2}\omega = df$ et une fonction différentiable g telle que $X_2 g = 1$ sur un voisinage de a. Montrer que si X_1 est le champ de vecteurs défini par $i_{X_1}\omega = dg$, on a les relations

$$\omega(X_1, X_2) = 1 \qquad \text{et} \qquad [X_1, X_2] = 0.$$

On considère alors un système de coordonnées locales $(y^1, ..., y^{2n})$ sur un voisinage V de a telles que $X_1 = \frac{\partial}{\partial y^1}$ en tout point de V. Montrer que

$$(-f, g, y^3, ..., y^{2n}) = (x^1, ..., x^{2n})$$

est un système de coordonnées sur un ouvert $U' \ni a$ tel que

$$\omega_{|U'} = dx^1 \wedge dx^2 + \sum_{2<i<j\leq 2n} \omega_{ij}(x^3, ..., x^{2n})\, dx^i \wedge dx^j.$$

Conclure.

*** 15.** *Théorème de Darboux pour les formes de contact*

Soit M une variété de dimension $2n + 1$ munie d'une 1-forme θ telle que $\theta \wedge (d\theta)^n \neq 0$ en tout point (forme de contact). On se propose de montrer que tout point a admet un voisinage U muni d'un système de coordonnées locales $(x^o, ..., x^{2n})$ tel que $\theta_{|U} = dx^o + x^1 dx^{n+1} + \cdots + x^n dx^{2n}$.

a) Montrer qu'il existe un unique champ de vecteurs R sur M tel que $i_R\theta = 1$ et $i_R d\theta = 0$. (On pourra considérer l'application de TM dans T^*M définie par $X \mapsto i_X\theta.\theta + i_X d\theta$).

b) Si $(y^o, ..., y^{2n})$ est un système de coordonnées locales en a tel que $R = \frac{\partial}{\partial y^o}$, montrer que $d\theta$ définit sur la sous-variété d'équation $y^o = 0$ une forme symplectique. Conclure en utilisant l'exercice précédent, et en modifiant au besoin la coordonnée y^o.

*** 16.** *Formes différentielles sur* $P^n\mathbb{R}$

Soit $p : \mathbb{R}^{n+1} \setminus \{0\} \to P^n\mathbb{R}$ la projection canonique.

a) Montrer que

$$p^* : \Omega(P^n\mathbb{R}) \to \Omega(\mathbb{R}^{n+1} \setminus \{0\})$$

est injective.

b) Montrer que l'image de p^* est l'ensemble des formes $\omega \in \Omega(\mathbb{R}^{n+1} \setminus \{0\})$ telles que

$$h_\lambda^* \omega = \omega$$
$$i_X \omega = 0, \qquad X \text{ étant le champ radial.}$$

*** 17.** *Le théorème de Darboux par la méthode du chemin*

Le théorème de Darboux étant purement local, on peut se ramener au cas d'une forme symplectique sur un ouvert U de $\mathbb{R}^n$.

a) Soit $a \in U$. Montrer qu'après un changement linéaire de coordonnées, on peut se ramener au cas où

$$\omega_a = \left(dx^1 \wedge dx^{n+1} + \cdots + dx^n \wedge dx^{2n}\right)_a$$

b) On pose

$$\tilde{\omega} = dx^1 \wedge dx^{n+1} + \cdots + dx^n \wedge dx^{2n} \quad \text{et} \quad \omega_t = t\omega + (1-t)\tilde{\omega} \quad (0 \leq t \leq 1).$$

Montrer qu'il existe un $r > 0$ tel que la restriction des ω_t à la boule ouverte $B(a, r)$ soit non dégénérée, et par conséquent symplectique.

c) En imitant la technique de **III. 55**, montrer l'existence d'une famille $(\phi_t)_{0 \leq t \leq 1}$ de difféomorphismes de $B(a, r)$ tels que

$$\forall t \in [0, 1],\ \phi_t^* \omega_t = \tilde{\omega},$$

et conclure.

Chapitre VI

Intégration et applications

Si f est une fonction d'une variable réelle à dérivée continue, $\int_a^b f'(t)dt = f(b) - f(a)$. Curieusement, ce résultat ne porte pas de nom dans les livres français. Les Anglo-Saxons l'appellent avec raison "fundamental theorem of calculus", et les Russes ont eu la bonne idée de rendre hommage aux deux pères du calcul différentiel et intégral en l'appelant "formule de Leibniz-Newton". La formule de Stokes, qui est le résultat pivot de ce chapitre, en est une généralisation aux dimensions supérieures. Elle donne un bon exemple de situation où l'élaboration d'un bon énoncé est plus difficile que la démonstration elle-même.
Le point de départ de formule de Leibniz-Newton est la convention

$$\int_a^b g(t)dt = -\int_b^a g(t)dt \text{ si } a \geq b.$$

Cela revient à intégrer non sur un intervalle, mais sur un intervalle orienté, c'est-à-dire un intervalle où l'on a choisi une origine et une extrémité. Si $I = [\alpha, \beta]$, il y a deux orientations possibles, suivant que l'on prenne α ou β comme origine.
C'est cette démarche – passage de l'intégrale vue comme mesure à l'intégrale sur un objet "orienté" – qu'il s'agit de généraliser. Hélas, nous sommes partis d'une situation trompeuse. Sur $\mathbb{R}$ il y a une orientation naturelle, donnée par l'ordre. Ce n'est plus le cas des courbes dans $\mathbb{R}^2$, même si ce sont des droites. Ce n'est plus le cas des espaces vectoriels (nous ne nous référons ici qu'à la notion "naïve" d'orientation, les précisions seront données en **A**). Les références telles que "le sens inverse des aiguilles d'une montre" pour orienter les cercles, la "règle des trois doigts" (de la main droite!!) qui donne les repères dits directs de l'espace à trois dimensions illustrent cette difficulté (pour une discussion très détaillée de cette question, voir par exemple [J. Sivardière]). Tout ce que l'on peut faire est comparer des orientations. Cela est illustré par l'existence de variétés pour lesquelles un choix cohérent d'orientation est impossible. Cette impossibilité peut se voir "expérimentalement" sur le ruban de Möbius. En effet, en anticipant un peu sur ce qui sera exposé plus formellement dans la section **A**, sur toute surface orientée de l'espace usuel, supposé orienté, on peut définir un champ de vecteurs normal de la façon suivante : si p est un point de la surface et R_p un repère orthonormé direct du plan tangent en p, n_p est l'unique vecteur unitaire normal en p à la surface tel que le repère (R_p, n_p) soit direct dans $\mathbb{R}^3$. Cela est impossible pour le ruban de Möbius, comme l'illustre la figure ci-dessous.

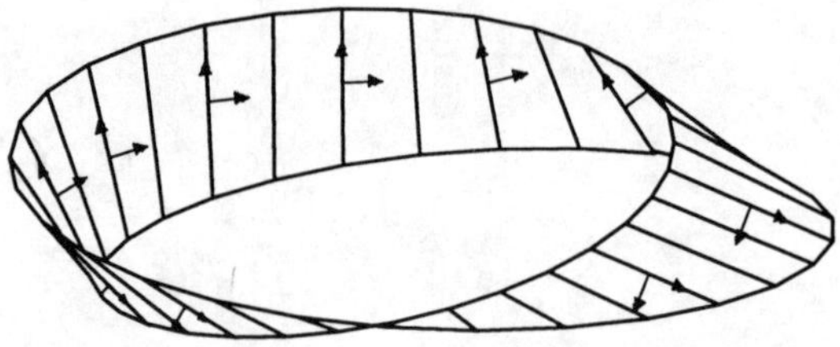

Nous commençons par la discussion de ces problèmes d'orientation, avant de passer à la théorie de l'intégration proprement dite.
Un rôle important y est joué par les *domaines réguliers* d'une variété. Ce sont grosso modo les parties compactes dont la frontière est une sous-variété de codimension 1 (éventuellement non connexe, comme dans le cas d'un intervalle compact de $\mathbb{R}$). La formule de Leibniz-Newton se généralise en remplaçant $[a, b]$ par un domaine régulier D de dimension n, $\{a, b\}$ par son bord ∂D, et f par une forme différentielle α de degré $n - 1$. On a

$$\int_D d\alpha = \int_{\partial D} \alpha,$$

le gros du travail consistant à définir ces deux termes. Cette généralisation englobe la formule de Green-Riemann, la formule d'Ostrogradski, et bien entendu la formule de Stokes traditionnelle, celle qui concerne les surfaces à bord de l'espace de dimension 3 où, semble-t-il, nous vivons.
L'intégration sur les variétés et la formule de Stokes ne servent pas seulement à voir de façon plus conceptuelle les formules que nous venons de citer. Pour illustrer ce fait, nous terminons ce chapitre par deux applications topologiques : le "théorème de la boule chevelue" (la sphère S^2 n'est pas peignable sans épi, autrement dit tout champ de vecteurs sur S^2 s'annule quelque part), et le théorème de Brouwer (toute application continue d'une boule fermée dans elle-même a un point fixe), qui se démontre ainsi sans utiliser de topologie algébrique.

A. ORIENTATION : DES ESPACES VECTORIELS AUX VARIÉTÉS

On dit que deux bases $(e_i)_{1\leq i\leq n}$ et $(e'_i)_{1\leq i\leq n}$ d'un espace vectoriel réel E de dimension n définissent la même orientation si le déterminant de $(e_i)_{1\leq i\leq n}$ par rapport à $(e'_i)_{1\leq i\leq n}$ est *positif*. On obtient ainsi une relation d'équivalence sur l'ensemble des bases de E, et une *orientation* de E est par définition la donnée d'une des deux classes d'équivalence de cette relation.
L'algèbre extérieure permet d'exprimer les choses intrinsèquement : l'espace vectoriel $\bigwedge^{\dim E} E^*$ est de dimension 1. Soit $\omega \in \bigwedge^{\dim E} E^* \setminus \{0\}$ une base de cet espace. Alors les bases $(e_i)_{1\leq i\leq n}$ et $(e'_i)_{1\leq i\leq n}$ définissent la même orientation si et seulement si $\omega(e_1, \dots, e_n)$ et $\omega(e'_1, \dots, e'_n)$ ont même signe. En effet d'après **V.6**

$$\frac{\omega(e'_1, \dots, e'_n)}{\omega(e_1, \dots, e_n)} = \det\left((e'_1, \dots, e'_n)/(e_1, \dots, e_n)\right)$$

Choisir une orientation revient donc à choisir un générateur ω de $\bigwedge^{\dim E} E^*$, et la classe d'équivalence formée des bases $(e_1, \ldots, e_n)$ telles que $\omega(e_1, \ldots, e_n) > 0$. Si on remplace ω par $t\omega$, où t est un réel strictement positif, l'orientation ne change pas.
Ainsi, la donnée d'une orientation équivaut à celle de l'une des deux composantes connexes de $\bigwedge^{\dim E} E^* \setminus \{0\}$.
Pour étendre la notion d'orientation aux variétés, il faut pouvoir parler d'orientation des espaces tangents T_xM variant différentiablement avec x. La discussion qui suit est parallèle à celle que nous venons de faire dans le cas des espaces vectoriels.

1. Définitions

a) *On appelle* atlas d'orientation *d'une variété M tout atlas $(U_i, \varphi_i)_{i\in I}$ tel que les changements de cartes $\varphi_i \circ \varphi_j^{-1}$ aient un jacobien positif.*

b) *Une variété* orientable *est une variété pour laquelle il existe des atlas d'orientation.*

Par exemple l'atlas de la sphère S^2 constitué par les projections stéréographiques de pôles Nord et Sud n'est pas un atlas d'orientation : le changement de carte est l'inversion $x \mapsto \frac{x}{\|x\|^2}$, qui renverse l'orientation d'après **I. 11**. Si on remplace l'une des cartes par sa composée avec une symétrie par rapport à une droite, on obtient bien sûr un atlas d'orientation. Cela montre que S^2 est une variété orientable. Nous verrons bientôt une preuve plus élégante.
Ces définitions sont inspirées directement par la discussion sur l'orientation des bases d'un espace vectoriel : on veut orienter T_xM au moyen de la base $T_{\varphi(x)}\varphi^{-1} \cdot e_k$, où $(e_k)_{1\leq k\leq n}$ est la base canonique de $\mathbb{R}^n$. Les atlas d'orientation sont faits pour rendre le résultat cohérent.
Deux atlas d'orientation $(U_i, \varphi_i)_{i\in I}$ et $(V_j, \psi_j)_{j\in J}$ étant donnés, on leur associe une application s de M dans $\{\pm 1\}$ de la façon suivante. Un $x \in M$ appartient à un U_i et à un V_j au moins, et le signe du jacobien de $\varphi_i \circ \psi_j^{-1}$ ne dépend pas du choix de i et j. En effet, si $x \in U_{i'} \cap V_{j'}$, on a

$$\varphi_{i'} \circ \psi_{j'}^{-1} = \varphi_{i'} \circ \varphi_i^{-1} \circ \varphi_i \circ \psi_j^{-1} \circ \psi_j \circ \psi_{j'}^{-1}.$$

L'application s (comme signe!) est localement constante, donc constante si M est connexe. On dira que les atlas $(U_i, \varphi_i)_{i\in I}$ et $(V_j, \psi_j)_{j\in J}$ donnent la même orientation si $s = 1$. On obtient ainsi une relation d'équivalence entre atlas d'orientation. Cette discussion montre aussi que si M est connexe il y a exactement deux classes d'équivalence.

2. Définitions

a) *Une* orientation *d'une variété orientable est la donnée d'une classe d'équivalence d'atlas d'orientation.*

b) *Une variété* orientée *est une variété munie d'une orientation.*

c) *Soient M et N deux variétés orientées respectivement par les atlas d'orientation (U_i, φ_i) et (V_j, ψ_j). Un difféomorphisme local $f : M \to N$* conserve *(resp.* renverse*) l'orientation si le jacobien de $\psi_j \circ f \circ \varphi_i^{-1}$ est positif (resp. négatif) là où il est défini.*

Il résulte de la discussion qui précède que cette condition ne dépend pas du choix d'un atlas dans une même classe d'équivalence. On notera aussi l'analogie avec les conditions de signe du déterminant en algèbre linéaire.

Les atlas d'orientation jouent un peu le même rôle pour les variétés que les bases pour les espaces vectoriels dans la discussion du début. Mais il y a une différence importante : comme nous le verrons bientôt, pour une variété donnée, un atlas d'orientation n'existe pas nécessairement.
Poursuivant l'analogie avec l'algèbre linéaire, on s'attend à pouvoir définir l'orientation au moyen de formes différentielles de degré $\dim M$.

3. DÉFINITION – *Une* forme volume *sur une variété* M *est une forme différentielle sur* M *de degré maximum* $\dim M$ *partout non nulle.*
Il revient au même de dire que $\omega_x(v_1, \ldots, v_n) \neq 0$ *pour tout* $x \in M$ *et toute base* $(v_1, \ldots, v_n)$ *de* T_xM.

4. LEMME

a) *Si* $\varphi : M \to N$ *est un difféomorphisme local et si* $\omega \in \Omega^n(N)$ *est une forme volume sur* N*, alors* $\varphi^*\omega$ *est une forme volume sur* M.
b) *Si* $\omega \in \Omega^n(M)$ *est une forme volume, alors toute forme* α *de degré* n *peut s'écrire d'une façon unique sous la forme* $f\omega$*, où* $f \in C^\infty(M)$.

Preuve
a) Si $x \in M$ et $v_1, \ldots, v_n \in T_xM$, d'après la définition de l'image réciproque,

$$(\varphi^*\omega)_x(v_1, \ldots, v_n) = \omega_{\varphi(x)}(T_xf \cdot v_1, \ldots, T_xf \cdot v_n).$$

Si $v_1, \ldots, v_n$ sont linéairement indépendants, leurs images par $T_x\varphi$ le sont aussi par hypothèse, le second membre est alors non nul puisque ω est une forme volume, donc le premier aussi.
b) Le résultat est vrai pour tout ouvert de carte U_i, puisqu'il est vrai pour les formes $\varphi_i^{-1*}\omega$ et $\varphi_i^{-1*}\alpha$. Il existe donc une fonction $f_i \in C^\infty(U_i)$ telle que

$$\alpha_{|U_i} = f_i\left(\omega_{|U_i}\right).$$

Si $U_i \cap U_j \neq \emptyset$, les restrictions de f_i et f_j à $U_i \cap U_j$ coïncident : si $x \in U_i \cap U_j$ et si $v_1, \ldots, v_n$ sont n vecteurs indépendants de T_xM, alors

$$\alpha_x(v_1, \ldots, v_n) = f_i(x)\omega_x(v_1, \ldots, v_n) = f_j(x)\alpha_x(v_1, \ldots, v_n).$$

Par hypothèse $\alpha_x(v_1, \ldots, v_n) \neq 0$, donc f_i et f_j coïncident sur $U_i \cap U_j$, ce qui montre qu'il existe une fonction $f \in C^\infty(M)$ telle que $f_{|U_i} = f_i$, unique puisque les f_i sont uniquement déterminées ▪

Remarque – On peut reformuler b) en disant que si ω est une forme volume, l'application

$$f \to f\omega$$

est un isomorphisme d'espaces vectoriels entre $C^\infty(M)$ et $\Omega^n(M)$.

5. THÉORÈME – *Une variété compacte est orientable si et seulement si elle admet une forme volume.*

Preuve – Soit $\omega \in \Omega^n(M)$ une forme volume et soit $(U_i, \varphi_i)_{i\in I}$ un atlas fini de M. D'après le lemme,

$$\varphi_i^{-1*}\omega = f_i dx^1 \wedge \ldots \wedge dx^n,$$

où $f_i \in C^\infty(\varphi_i(U_i))$ est partout non nulle. Quitte à échanger deux coordonnées, on peut supposer que $f_i > 0$. Alors $(U_i, \varphi_i)_{i\in I}$ est un atlas d'orientation. En effet, de la relation

$$(\varphi_j \circ \varphi_i^{-1})^*(f_j dx^1 \wedge \ldots \wedge dx^n) = f_i dx^1 \wedge \ldots \wedge dx^n,$$

on déduit que le Jacobien en $u \in \varphi_i(U_i \cap U_j)$ de $\varphi_j \circ \varphi_i^{-1}$ est le nombre strictement positif

$$\frac{f_i(u)}{f_j\big(\varphi_j \circ \varphi_i^{-1}(u)\big)}.$$

Inversement, si M est orientable, il existe un atlas d'orientation fini $(U_i, \varphi_i)_{i\in I}$. Pour chaque $i \in I$, on définit $\omega_i \in \Omega^n(U_i)$ par

$$\omega_i = \varphi_i^*(dx^1 \wedge \ldots \wedge dx^n).$$

Pour construire à partir des ω_i une forme volume sur toute la variété, on utilise la technique des fonctions plateau.
D'après le lemme **6** du chapitre **III**, il existe un recouvrement ouvert $(V_i)_{i\in I}$ tel que $\overline{V_i} \subset U_i$ quel que soit i, et d'après **III. 5** il existe pour chaque i une fonction plateau f_i à support inclus dans U_i et égale à 1 sur V_i. On en déduit une n-forme α_i sur M, donnée par

$$(\alpha_i)_x = f_i(x)(\omega_i)_x \quad \text{si } x \in U_i, \text{ et} \quad (\alpha_i)_x = 0 \quad \text{si } x \notin \operatorname{Supp} f_i.$$

Alors

$$\alpha = \sum_{i\in I} \alpha_i$$

est une forme volume. En effet, tout $x \in M$ appartient à un V_{i_0} au moins, et sur $\varphi_{i_0}(V_{i_0})$ la forme

$$\begin{aligned}\varphi_{i_0}^{-1*}\alpha &= \sum_{i/U_i\cap U_{i_0}\neq\emptyset} \varphi_{i_0}^{-1*}\alpha_i \\ &= \Big(1 + \sum_{i\neq i_0, U_i\cap U_{i_0}\neq\emptyset} (f_i \circ \varphi_{i_0}^{-1}) \det(\varphi_i \circ \varphi_{i_0}^{-1})'\Big) dx^1 \wedge \ldots \wedge dx^n\end{aligned}$$

est partout non nulle, puisque les changements de cartes ont un déterminant positif ■

Remarques

a) Avec l'orientation donnée par ω, les bases $(v_1, \cdots, v_n)$ directes de T_xM sont celles qui vérifient

$$\omega_x(v_1, \cdots, v_n) > 0.$$

b) Ce résultat est encore vrai pour les variétés non compactes qui sont dénombrables à l'infini, c'est-à-dire, comme nous l'avons dit au chapitre **II**, toutes les variétés raisonnables. La démonstration de ce que l'existence d'une forme volume implique l'orientabilité n'utilise aucune hypothèse topologique sur la variété. Pour l'implication

réciproque, il faut utiliser un argument un peu plus raffiné de partitions de l'unité (voir [Spivak]).
c) Une forme volume est une section partout non nulle du fibré vectoriel $\bigwedge^n T^*M$. Ce dernier étant de rang 1, on peut reformuler le théorème **5** en disant qu'une variété (dénombrable à l'infini) est orientable si et seulement si le fibré $\bigwedge^n T^*M$ est trivialisable.

Ce résultat est à la base de la plupart des démonstrations de (non)-orientabilité.

Exemple – La sphère S^n est orientable : la restriction à S^n de la forme $\omega \in \Omega^n(\mathbb{R}^{n+1})$ définie par

$$\omega = \sum_{i=0}^{n} (-1)^i x^i dx^0 \wedge \ldots \widehat{dx^i} \ldots \wedge dx^n$$

est partout non nulle, puisque, si $(v_1, \cdots, v_n)$ est une base de $T_x S^n$,

$$\omega_x(v_1, \cdots, v_n) = \det(x, v_1, \cdots, v_n) \neq 0.$$

Le lecteur vérifiera qu'en restriction à l'ouvert $U_k = \{x \in S^n,\ x^k \neq 0\}$, on a

$$\omega = \frac{1}{x^k} dx^0 \wedge \ldots \widehat{dx^k} \ldots \wedge dx^n.$$

Par contre :

6. Théorème – *L'espace projectif $P^n\mathbb{R}$ est orientable si et seulement si n est impair.*

Preuve – On considère $P^n\mathbb{R}$ comme le quotient de S^n par le groupe $\{Id, \sigma\}$, où $\sigma(x) = -x$. On note $p : S^n \to P^n\mathbb{R}$ le revêtement correspondant. Si $\alpha \in \Omega^n(P^n\mathbb{R})$ est une forme volume, alors $\omega = p^*\alpha$ est une forme volume sur S^n. Ainsi

$$\omega = f\omega_0,$$

où ω_0 est la forme volume de S^n de l'exemple ci-dessus, et $f \in C^\infty(S^n)$ ne s'annule nulle part.
Puisque $p \circ \sigma = p$, on a $\sigma^*\omega = \omega$. D'autre part, $\sigma^*\omega_0 = (-1)^{n+1}\omega_0 = -\omega_0$ si n est pair. Mais on a aussi

$$\sigma^*\omega = \sigma^*(f\omega_0) = -(f \circ \sigma)\omega_0.$$

Par conséquent, f prend les deux signes $+$ et $-$ sur S^n, et doit donc s'annuler quelque part, ce qui est impossible, d'où la non-orientabilié de $P^n\mathbb{R}$ si n est pair.

On peut voir par contre que les projectifs réels de dimension impaire sont orientables, en examinant les cartes données par les coordonnées homogènes. Mais il est plus simple et plus instructif de montrer que la forme volume ω_0 de S^n, qui est cette fois σ-invariante, se redescend en une forme volume sur $P^n\mathbb{R}$, en vertu de la

7. Proposition – *Soient Γ un groupe discret agissant proprement et différentiablement sur une variété X, et $p : X \to X/\Gamma$ l'application de revêtement sur la variété quotient. Si ω est une forme différentielle sur X telle que*

$$\gamma^*\omega = \omega \qquad \forall \gamma \in \Gamma,$$

alors il existe sur la variété X/Γ une unique forme différentielle α telle que $p^*\alpha = \omega$. De plus, si ω est une forme volume, α l'est aussi.

Preuve – On se rappelle que l'application linéaire tangente à p est inversible, et pour $x \in X/\Gamma$ et $v_1, \ldots, v_k$ on pose

$$\alpha_x(v_1, \ldots, v_k) = \omega_y\big((T_y p)^{-1} \cdot (v_1)_x, \ldots, (T_y p)^{-1} \cdot (v_k)_x\big).$$

Avec notre hypothèse sur ω, le membre de droite ne dépend pas du choix de y dans $p^{-1}(x)$: changer y revient à le remplacer par un $\gamma(y)$, et d'après les propriétés des revêtements

$$(T_{\gamma(y)}p)^{-1} = T_y\gamma \circ (T_y p)^{-1}.$$

Pour voir que cette formule définit bien une forme différentielle, il suffit de le vérifier en restriction à tout ouvert $U \subset X/\Gamma$ satisfaisant à la propriété qui définit les revêtements, autrement dit de la forme $p(V)$, où V est un ouvert de X tel que les $\gamma(V)$ soient deux à deux disjoints. Alors $p_{|V}$ est un difféomorphisme, et d'après la définition même de α, on a

$$\alpha_{|U} = \big(p_{|V}\big)^{-1*}(\omega_{|V}).$$

Cette formule montre aussi que α est une forme volume si ω en est une ∎

Exemple – Les espaces projectifs $P^{2n+1}\mathbb{R}$ sont orientables comme nous venons de le voir; les tores sont orientables.

B. INTÉGRATION SUR LES VARIÉTÉS, APPLICATION AUX CHAMPS DE VECTEURS SUR LES SPHÈRES

Il existe sur $\mathbb{R}^n$ une mesure "naturelle", la mesure de Lebesgue, qui est, à un facteur multiplicatif près, l'unique mesure invariante par translation. Par contre, il n'y a pas en général de mesure "naturelle" sur une variété. Mais nous avons vu en **II.41** une notion naturelle d'ensemble négligeable. Cela est à mettre en relation avec l'existence sur toute variété *d'une famille naturelle de mesures* qui seront données par les formes différentielles de degré maximum. Comme toujours quand il est question d'intégration, il est commode de faire des hypothèses qui permettent d'éviter les problèmes de non-compacité.

8. DÉFINITION – *On appelle* support *d'une forme différentielle α l'adhérence de l'ensemble des points x où $\alpha_x \neq 0$.*

On notera $\Omega_0(M)$ l'ensemble des formes différentielles à support compact.

Commençons par les ouverts de $\mathbb{R}^n$. Une fois pour toutes, *on les suppose orientés par la forme $dx^1 \wedge \ldots \wedge dx^n$*, ce qui revient à dire que l'on a orienté $\mathbb{R}^n$ au moyen de sa base naturelle.

9. DÉFINITION – *Etant donné une forme $\alpha \in \Omega_0^n(U)$, où U est un ouvert de $\mathbb{R}^n$, on appelle* intégrale de α *et on note $\int_U \alpha$ l'expression*

$$\int_U f\, dx^1 \ldots dx^n \qquad \text{si} \quad \alpha = f\, dx^1 \wedge \ldots \wedge dx^n.$$

Il semblerait que l'on a fait un tour de passe passe ! En réalité, la propriété suivante montre l'intérêt de ce point de vue.

10. Proposition – *Soit $\varphi : U \to V$ un difféomorphisme, et soit $\alpha \in \Omega_0^n(V)$. Alors*

$$\int_U \varphi^* \alpha = \pm \int_V \alpha$$

suivant que φ conserve ou renverse l'orientation.

Preuve – On a $\alpha = f\, dx^1 \wedge \ldots \wedge dx^n$ et

$$\varphi^* \alpha = (f \circ \varphi)\varphi^*(dx^1 \wedge \ldots \wedge dx^n) = (f \circ \varphi) Jac(\varphi)\, dx^1 \wedge \ldots \wedge dx^n.$$

Mais d'après la formule du changement de variables dans les intégrales multiples,

$$\int_V f\, dx^1 \ldots dx^n = \int_U (f \circ \varphi)|Jac(\varphi)| dx^1 \ldots dx^n \quad \blacksquare$$

Cette propriété d'invariance par difféomorphisme ouvre la possibilité d'une généralisation aux variétés. L'idée est de décomposer une forme en somme de formes ayant leur support dans des ouverts de cartes et d'intégrer chacune d'elles. Cette décomposition utilise la notion suivante.

11. Définition – *Etant donné un recouvrement $(U_i)_{i \in I}$ d'une variété M, une* partition de l'unité subordonnée au recouvrement *est la donnée d'une famille $(p_i)_{i \in I}$ de fonctions lisses non négatives telle que*

$$\operatorname{Supp} p_i \subset U_i \qquad \text{et} \qquad \sum_{i \in I} p_i = 1.$$

12. Proposition – *Pour tout recouvrement ouvert fini d'une variété compacte, il existe une partition de l'unité subordonnée.*

Preuve – On utilise encore **III.6** : il existe un recouvrement ouvert $(V_i)_{i \in I}$ tel que $\overline{V_i} \subset U_i$ quel que soit i, et pour chaque i une fonction plateau q_i valant 1 sur V_i et à support contenu dans U_i. Alors la fonction

$$q = \sum_{i \in I} q_i$$

est partout strictement positive, et il suffit de prendre $p_i = \dfrac{q_i}{q}$ $\blacksquare$

Nous sommes maintenant en mesure d'intégrer les formes différentielles sur une variété compacte orientée.

13. Théorème – *Si M est une variété compacte orientée de dimension n, il existe une application linéaire INT et une seule de $\Omega^n(M)$ dans $\mathbb{R}$ telle que, pour toute forme α à support contenu dans un ouvert de carte (U, φ), on ait*

$$INT(\alpha) = \int_{\varphi(U)} \varphi^{-1*} \alpha$$

si φ conserve l'orientation.

Preuve – Soit $(U_i, \varphi_i)_{i\in I}$ un atlas (qu'on peut prendre fini puisque M est compacte) compatible avec l'orientation de M, et soit $(p_i)_{i\in I}$ une partition de l'unité subordonnée. Alors toute forme $\alpha \in \Omega^n(M)$ s'écrit

$$\alpha = \sum_{i\in I} p_i\alpha = \sum_{i\in I} \alpha_i \qquad (*)$$

où $\operatorname{Supp}\alpha_i \subset U_i$. Alors, nécessairement

$$INT(\alpha) = \sum_{i\in I} \int_{\varphi_i(U_i)} \varphi_i^{-1*}\alpha_i\,,$$

ce qui montre l'unicité de INT.
Pour établir son existence, il suffit de montrer que, pour toute carte (V, ψ) telle que ψ conserve l'orientation, on a bien

$$INT(\alpha) = \int_{\psi(V)} \psi^{-1*}\alpha,$$

si α est à support compact contenu dans V. D'après (*), il suffit d'examiner le cas où $\operatorname{Supp}(\alpha) \subset U_i \cap V$. Alors, d'après la définition de INT et les conditions de support,

$$INT(\alpha) = \int_{\varphi_i(U_i)} \varphi_i^{-1*}(\alpha) = \int_{\varphi_i(U_i\cap V)} \varphi_i^{-1*}(\alpha).$$

D'autre part, comme $\psi^{-1}\circ\varphi_i$ conserve l'orientation,

$$\int_{\varphi_i(U_i\cap V)} \varphi_i^{-1*}\alpha = \int_{\psi(U_i\cap V)} (\varphi_i\circ\psi_i^{-1})^*(\varphi_i^{-1*}\alpha) = \int_{\psi(U_i\cap V)} \psi_i^{-1*}\alpha = \int_{\psi(V)} \psi_i^{-1*}\alpha \quad \blacksquare$$

14. Définition – *$INT(\alpha)$ s'appelle* l'intégrale de ω sur la variété orientée M, *et se note $\int_M \omega$.*

Il résulte immédiatement de la preuve de **13** que la Proposition **10** (invariance par difféomorphisme conservant l'orientation) s'étend telle que aux variétés orientées. Donnons une application spectaculaire de ce résultat.

15. Théorème – *Si n est pair, tout champ de vecteurs sur S^n admet un zéro.*

Preuve – On considère S^n l'ensemble des vecteurs de norme 1 dans $\mathbb{R}^{n+1}$ muni du produit scalaire standard. Alors un champ de vecteurs sur S^n s'identifie à une application X de S^n dans $\mathbb{R}^{n+1}$ telle que $\langle x, X(x)\rangle = 0$. Si X est partout non nul, on peut, en le remplaçant par $X/\|X\|$, supposer que $\|X(x)\| = 1$ pour tout x. Posons

$$f_\epsilon(x) = x + \epsilon X(x).$$

On définit ainsi une application lisse de S^n dans $S^n(\sqrt{1+\epsilon^2})$ (on a désigné par $S^n(r)$ la sphère de centre 0 rayon r dans $\mathbb{R}^{n+1}$).

***16.* Lemme** – *Il existe un $\epsilon_0 > 0$ tel que f_ϵ soit un difféomorphisme pour $\epsilon < \epsilon_0$.*

Preuve du lemme – Soit $\omega \in \Omega^n(\mathbb{R}^{n+1})$ donnée par

$$\omega = \sum_{i=0}^{n} (-1)^i x^i dx^0 \wedge \ldots \widehat{dx^i} \ldots \wedge dx^n .$$

On fera l'abus de désigner encore par ω l'une quelconque des restrictions $\omega_{|S^n(r)}$. Orientons $S^n(r)$ par ω. La formule donnant f_ϵ montre que $f_\epsilon^*\omega$ est une forme différentielle qui dépend de façon polynômiale du paramètre ϵ. D'une façon plus précise,

$$f_\epsilon^*\omega = \omega + \epsilon\alpha(\epsilon),$$

où $\alpha(\epsilon)$ est une forme qui dépend de ϵ de façon polynômiale, donc a fortiori continue. D'après les propriétés des formes volumes, on peut écrire, avec les mêmes conditions de régularité

$$f_\epsilon^*\omega = (1 + \epsilon g_\epsilon)\omega,$$

ce qui montre que $f_\epsilon^*\omega$ est une forme volume si ϵ est assez petit, donc que f_ϵ est une immersion.
Montrons maintenant que f_ϵ est injective pour ϵ assez petit. Dans le cas contraire, il existerait une suite ϵ_k tendant vers 0, et des points distincts $x_k, y_k \in S^n$ tels que

$$x_k + \epsilon_k X(x_k) = y_k + \epsilon_k X(y_k),$$

et donc

$$\frac{x_k - y_k}{\|x_k - y_k\|} = -\epsilon_k \frac{X(x_k) - X(y_k)}{\|x_k - y_k\|}.$$

Mais le membre de gauche est de norme 1, alors que le membre de droite tend vers zéro d'après le théorème des accroissements finis (appliqué à la fonction $x \mapsto X(x/\|x\|)$ sur une couronne convenable).
Dans ces conditions, f_ϵ est un difféomorphisme local injectif de $S^n(1)$ dans $S^n(\sqrt{1+\epsilon^2})$, donc un difféomorphisme, puisque son image, nécessairement ouverte et fermée, est toute la sphère $S^n(\sqrt{1+\epsilon^2})$.

Fin de la preuve du théorème – Avec les notations et les conventions d'orientation du lemme,

$$\int_{S^n(r)} \omega = r^{n+1} \int_{S^n} \omega = c_n r^{n+1}.$$

(Nous calculerons c_n plus tard, sa valeur importe peu ici). D'autre part

$$\int_{S^n(r)} \omega = \int_{S^n} f_\epsilon^*\omega .$$

Nous savons déjà, d'après la démonstration du lemme, que cette dernière expression est un polynome P en ϵ. On a donc, pour ϵ assez petit,

$$c_n(1+\epsilon^2)^{\frac{n+1}{2}} = P(\epsilon),$$

ce qui est évidemment impossible si n est pair ∎

Remarques

a) Cet argument est dû à J. Milnor. Nous verrons au chapitre suivant une preuve plus classique de ce résultat, qui fait appel à la théorie du degré.

b) On aurait pu éviter le lemme ci-dessus, en invoquant l'existence d'une topologie naturelle sur l'ensemble des applications C^1 d'une variété compacte M dans elle-même pour laquelle Diff(M) est *ouvert* (voir [Hirsch], chapitre 2 pour les détails). Remarquons au passage que par contre l'ensemble des homéomorphismes d'un espace métrique compact K n'est pas ouvert dans $C^0(K,K)$, comme on le voit déjà pour $K=[0,1]$ ou $K=S^1$.

C. Théorème de Stokes

Exactement comme dans le cas classique de la mesure de Lebesgue, nous allons maintenant définir l'intégrale des formes différentielles de degré n sur une partie compacte d'une variété compacte orientée de dimension n. Commençons par le cas où le compact K est inclus dans un ouvert de carte U. Si φ est la carte correspondante, et si $\varphi^{-1*}\alpha = f dx^1 \wedge \ldots dx^n$, on pose bien entendu

$$\int_K \alpha = \int_{\varphi(K)} f dx^1 \ldots dx^n.$$

D'après **10**, le résultat ne dépend pas de la carte choisie.

Dans le cas général, si K est une partie compacte de M et si $(U_i,\varphi_i)_{i\in I}$ est un atlas fini de M, on introduit une partition de l'unité $(f_i)_{i\in I}$ subordonnée au recouvrement $(U_i)_{i\in I}$, et on pose

$$\int_K \alpha = \sum_{i\in I}\int_{K_i} f_i\alpha \qquad \text{où} \quad K_i = K\cap \operatorname{Supp} f_i.$$

17. Définition – *L'expression ci-dessus est* l'intégrale de la forme α sur le compact K.

Il faut vérifier que le résultat obtenu ne dépend ni de l'atlas ni de la partition de l'unité choisis. Soit $(V_j,\psi_j)_{j\in J}$ un deuxième atlas et $(g_j)_{j\in J}$ une partition de l'unité subordonnée. Posons $K'_j = K\cap \operatorname{Supp} g_j$. On a

$$\begin{aligned}\sum_i \int_{K_i} f_i\alpha &= \sum_i \int_{K_i} f_i(\sum_j g_j\alpha) = \sum_{i,j}\int_{K_i\cap K'_j} f_i g_j \alpha) \\ &= \sum_j \int_{K'_j}\sum_i f_i g_j\alpha = \sum_j \int_{K'_j} g_j\alpha \quad \blacksquare\end{aligned}$$

Bien entendu, si K et L sont deux compacts disjoints, $\int_{K\cup L}\alpha = \int_K\alpha + \int_L \alpha$. Mieux :

18. Proposition – *Si K et L sont deux compacts d'intersection négligeable,*

$$\int_{K\cup L}\alpha = \int_K \alpha + \int_L \alpha.$$

Preuve **–** Si $K \cup L$ est inclus dans un domaine de carte, c'est le même résultat que pour l'intégrale de Lebesgue dans $\mathbb{R}^n$. Sinon, la discussion qui précède permet de se ramener à ce cas en utilisant des partitions de l'unité.

Ce résultat a pour conséquence immédiate l'énoncé suivant, un peu lourd mais très commode.

19. Proposition **–** *Soient M une variété compacte, $(D_i)_{i \in I}$ une famille finie de compacts de $\mathbb{R}^n$, et pour chaque i une application lisse φ_i à valeurs dans M, définie sur un ouvert contenant D_i, et dont la restriction à $\mathrm{int}(D_i)$ est une paramétrisation conservant l'orientation. On suppose que*
a) $M \setminus \left(\bigcup_{i \in I} \varphi_i\big(\mathrm{int}(D_i)\big)\right)$ est négligeable.
b) $\varphi_i\big(\mathrm{int}(D_i)\big) \cap \varphi_j\big(\mathrm{int}(D_j)\big) = \emptyset$ si $i \neq j$. Alors

$$\int_M \alpha = \sum_{i \in I} \int_{D_i} \varphi_i^* \alpha.$$

Exemple **–** On considère l'application

$$F : (\theta, \varphi) \to (\cos\theta \cos\varphi, \sin\theta\cos\varphi, \sin\varphi)$$

de $\mathbb{R}^2$ dans S^2 (coordonnées sphériques). Alors F est un difféomorphisme du rectangle $]0, 2\pi[\times] - \frac{\pi}{2}, \frac{\pi}{2}[$ sur S^2 privée du "méridien d'origine" $\theta = 0$.
Pour l'orientation de S^2 donnée par F, si $\alpha \in \Omega^2(S^2)$, on a

$$\int_{S^2} \alpha = \int_{[0,2\pi]\times[-\frac{\pi}{2},\frac{\pi}{2}]} F^* \alpha$$

(voir les exercices **6** et **7** pour des exemples de calcul).

20. Définition **–** *Un compact $D \subset M$ est un* domaine régulier *s'il est égal à l'adhérence de son intérieur et si sa frontière est soit vide soit une sous-variété plongée de dimension $n-1$.*
Cette sous-variété sera notée ∂D, et appelée le bord *de D.*

Exemples
a) Une variété compacte est un domaine régulier dont le bord est vide.
b) Une boule fermée est un domaine régulier de l'espace euclidien ; l'hémisphère $x^0 \geq 0$ est un domaine régulier de la sphère.
c) Dans un espace euclidien E, la couronne fermée

$$C(r_1, r_2) = \{x \in E, r_1 \leq \|x\| \leq r_2 \quad (\text{avec } r_1 < r_2)$$

est un domaine régulier dont le bord a deux composantes connexes, les sphères de centre 0 et de rayons r_1 et r_2. Plus généralement, pour tout entier k, il existe des domaines réguliers dont le bord a k composantes connexes.
d) Un carré ou un demi-disque fermé dans le plan ne sont pas des domaines réguliers : ils sont égaux à l'adhérence de leur intérieur, mais leur frontière n'est pas une sous-variété.

On peut préciser la structure des domaines réguliers.

21. Lemme – *Soit $D \subset M$ un domaine régulier. Alors :*
a) D a un nombre fini de composantes connexes, qui sont des domaines réguliers.
b) Pour tout $p \in \partial D$, il existe un ouvert U contenant p et une carte $\varphi : U \to \mathbb{R}^n$ telle que

$$\varphi(U \cap D) = \{x \in \varphi(U),\, x^1 \leq 0\}.$$

Preuve – Nous laissons a) au lecteur à titre d'exercice. Reste à prouver b). D'après la définition même des sous-variétés, il existe un ouvert U contenant p et une carte φ tels que

$$\varphi(U \cap \partial D) = \{x \in \varphi(U),\, x^1 = 0\}.$$

De plus on peut toujours choisir U et φ de façon que $\varphi(U)$ soit une boule ouverte de centre 0. Alors, l'ouvert $\varphi(\mathrm{int}(D) \cap U)$ de $\varphi(U) \setminus \{x^1 = 0\}$ a une frontière vide. Il est donc égal soit à $\varphi(U) \setminus \{x^1 = 0\}$ tout entier, soit à l'une des composantes connexes de cet ouvert. Mais la première alternative est exclue, puisque $\varphi(\mathrm{int}(D) \cap U)$ a une frontière non vide dans $\varphi(U)$. Quitte à modifier φ en changeant x^1 en $-x^1$, on peut supposer que

$$\varphi(\mathrm{int}(D) \cap U) = \{x \in \varphi(U),\, x^1 < 0\}.$$

En prenant l'adhérence, on en déduit que

$$\varphi(D \cap U) = \{x \in \varphi(U),\, x^1 \leq 0\} \quad \blacksquare$$

22. Théorème – *Si M est une variété orientable, le bord d'un domaine régulier est orientable.*

Preuve – Donnons-nous une orientation de M. Si $p \in \partial D$, il existe un ouvert U contenant p et une carte $\varphi : U \to \mathbb{R}^n$ satisfaisant aux conditions du lemme précédent. De plus, en changeant au besoin x^2 en $-x^2$, on peut supposer que la carte φ conserve l'orientation.
Ces choix étant faits pour φ, on introduit l'application φ_1 de $U \cap \partial D$ dans $\mathbb{R}^{n-1}$ qui à $p \in U \cap \partial D$ associe les coordonnées $x^2, \ldots, x^n$. Nous allons vérifier que l'on obtient ainsi un atlas d'orientation de ∂D. Soit en effet (V, ψ) une autre carte ayant les mêmes propriétés, et désignons par $y^1, \ldots, y^n$ les coordonnées de ψ. En un point de $\varphi(U \cap V \cap \partial D)$, la matrice de la différentielle du changement de cartes $\psi \circ \varphi^{-1}$ est de la forme

$$\begin{pmatrix} \frac{\partial y^1}{\partial x^1} & 0 \ldots 0 \\ \frac{\partial y^2}{\partial x^1} & \\ \vdots & \left(\frac{\partial y^i}{\partial x^j}\right)_{2 \leq i,j \leq n} \\ \frac{\partial y^n}{\partial x^1} & \end{pmatrix},$$

(en effet, c'est la matrice d'une application linéaire qui transforme l'hyperplan $x_1 = 0$ en l'hyperplan $y_1 = 0$), avec $\dfrac{\partial y^1}{\partial x^1} > 0$. Dans ces conditions, le déterminant de la matrice

$$\left(\frac{\partial y^i}{\partial x^j}\right)_{2 \leq i,j \leq n},$$

qui est la différentielle du changement de cartes $\psi_1 \circ \varphi_1^{-1}$, est positif $\blacksquare$

Remarque : orientation du bord

Nous avons dans cette démonstration donné une orientation à ∂D. On appelle le *bord orienté* de D la variété ∂D munie de cette orientation. Cette orientation du bord peut aussi être définie en utilisant les repères. Pour $p \in \partial D$, soit $n_p \in T_pD$ un vecteur non tangent à ∂D. On dit que n_p est un *vecteur sortant* si pour toute courbe $c : [0,1] \to D$ telle que $c(0) = p$ et $c'(0) = n_p$, $c(t) \notin D$ pour $t > 0$ assez petit. Il revient au même d'après ce qui précède de dire que $d\varphi_p^1(n_p) > 0$ pour une et donc toutes les cartes φ du théorème **21**. Alors un repère $v_1, \cdots, v_{n-1}$ de $T_p\partial D$ est direct si et seulement si le repère $n_p, v_1, \cdots, v_{n-1}$ de T_pD est direct.

Dans le cas d'un domaine régulier de l'espace euclidien, ** et plus généralement d'une variété riemannienne orientée **, il est facile de définir cette orientation du bord au moyen d'une forme volume. On a en effet un choix naturel de n_p, en le prenant *orthogonal* à $T_p\partial D$. On définit ainsi un champ de vecteurs le long de ∂D, c'est-à-dire une application lisse N de ∂ dans $T\mathbb{R}^n$ telle que $N_p \in T_p\partial D$ pour tout p. Soit ω la forme volume qui vaut 1 pour tous les repères orthonormés directs (bien entendu si $x^1, \ldots, x^n$ sont les coordonnées par rapport à une base orthonormée directe, $\omega = dx^1 \wedge \ldots \wedge dx^n$). On définit une forme volume σ sur ∂D posant

$$\alpha_a(v_1, \ldots, v_{n-1}) = \omega_a(N_a, v_1, \ldots, v_{n-1}).$$

L'orientation de ∂D est alors définie par σ. Notons qu'avec un léger abus de notation on peut écrire $\alpha = i_N(\omega_{|\partial D})$.

23. EXEMPLES

a) Considérons le disque de centre 0 et de rayon a dans $\mathbb{R}^2$ muni de sa norme euclidienne naturelle. Son bord est le cercle de centre 0 et de rayon a. Au voisinage d'un point p du cercle, prenons les coordonnées polaires (r, θ). Dans ces coordonnées, la forme volume $dx \wedge dy$ s'écrit $r dr \wedge d\theta$, et avec les notations de **21**, on peut prendre $\varphi_1 = r - a, \varphi_2 = \theta$. L'orientation du cercle est donnée par $d\theta$. Autrement dit, $\theta \mapsto (a\cos\theta, a\sin\theta)$ conserve l'orientation. On dit alors que le cercle est orienté dans le sens trigonométrique.

b) Reprenons cette discussion pour une couronne circulaire $C(a, b)$, où $a < b$.

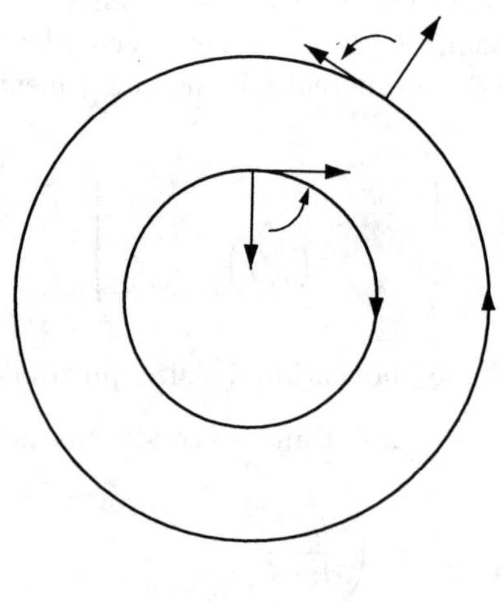

Il résulte de ce qui précède que le cercle de rayon b est orienté dans le sens trigonométrique. Par contre, au voisinage du cercle de rayon b, on doit prendre $\varphi_1 = a - r$, donc $\varphi_2 = -\theta$. L'orientation est alors l'orientation opposée à l'orientation trigonométrique. De même, si D est une couronne fermée d'un espace euclidien, ∂D a deux composantes connexes, qui sont des sphères munies d'orientations *opposées.*
c) Le dessin suivant se déduit aussi de la discussion de b).

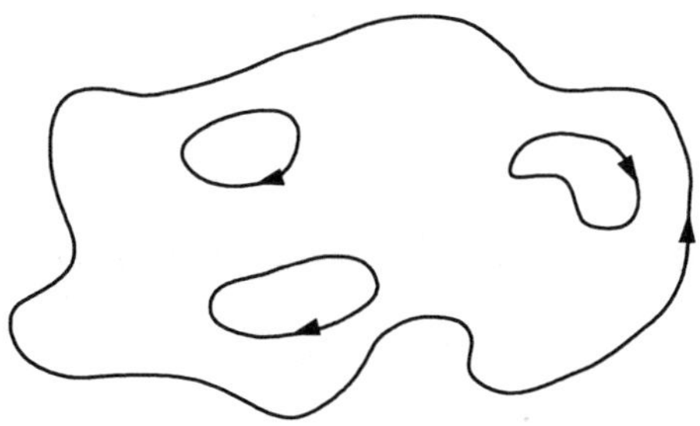

d) Soit M une sous-variété de codimension 1 de $\mathbb{R}^n$. Alors d'après le théorème d'Alexander (cf. [Bredon]), $\mathbb{R}^n \setminus M$ a deux composantes connexes, dont une seule est bornée. L'adhérence de la composante bornée est un domaine régulier de bord M. En particulier, M est orientable. Pour $n = 2$, ce résultat s'appelle le théorème de Jordan. Il est déjà non trivial (voir [Berger-Gostiaux]).
e) Le cas où $\dim D = 1$, où la démonstration qui précède ne s'applique pas directement, mérite une mention particulière. Alors ∂D se compose d'un nombre fini de points (2 en fait si D est connexe). Une "orientation" d'un point est le choix d'un signe $\pm$ (les formes de degré 0 sont des fonctions, ici constantes). Un point frontière p est affecté du signe $+$ si au voisinage de p, D est défini par $x \leq 0$, où x est une coordonnée locale compatible avec l'orientation de D, le signe $-$ dans le cas contraire. Ainsi, on note $\{b\} - \{a\}$ le bord orienté d'un intervalle $[a, b]$ de $\mathbb{R}$.

24. THÉORÈME (formule de Stokes) – *Soient D un domaine régulier d'une variété orientée M de dimension n, ∂D son bord orienté, et soit $\alpha \in \Omega^{n-1}(M)$. Alors*

$$\int_{\partial D} \alpha_{|\partial D} = \int_D d\alpha.$$

***Exemple* –** Si D est l'intervalle $[a, b] \subset \mathbb{R}$, alors α est une fonction f, et avec la convention qui précède on a

$$\int_{\partial[a,b]} f = f(b) - f(a),$$

et on retrouve la formule de Leibniz-Newton :

$$f(b) - f(a) = \int_a^b f'(x)dx.$$

Preuve – Tout d'abord, on peut recouvrir M par un nombre fini de domaines de cartes U_i tels que, si U_i recontre ∂D, alors $U_i \cap \partial D = \{x, x^1 = 0\}$, l'orientation de ∂D étant donnée sur $U_i \cap \partial D$ par $\varphi_i^*(dx^2 \wedge \ldots dx^n)$. Si f_i est une partition de l'unité subordonnée à ce recouvrement, on a $\alpha = \sum_{i \in I} f_i \alpha$, et il suffit de démontrer le théorème pour les $\alpha_i = f_i \alpha$, c'est-à-dire pour des formes à support dans un ouvert U_i.
Soit donc α telle que $\operatorname{Supp} \alpha \subset U_i$. Trois cas sont à distinguer :
a) si $\operatorname{Supp} \alpha \subset M \setminus D$, alors α s'annule sur ∂D, et $d\alpha$ s'annule sur D. La propriété est évidente.
b) si $U_i \subset D \setminus \partial D$, alors α s'annule sur ∂D, et

$$\int_D d\alpha = \int_{\varphi_i(U_i)} \varphi_i^{-1*}(d\alpha) = \int_{\varphi_i(U_i)} d(\varphi_i^{-1*}\alpha).$$

Puisque $\varphi_i^{-1*}\alpha$ est à support compact, cette intégrale est encore égale à

$$\int_{\mathbb{R}^n} d(\varphi_i^{-1*}\alpha).$$

Mais $\varphi_i^{-1*}\alpha$ s'écrit

$$\sum_{k=1}^n f_k dx^1 \wedge \ldots \widehat{dx^k} \ldots dx^n,$$

et

$$d(\varphi_i^{-1*}\alpha) = \left(\sum_{k=1}^n (-1)^{k+1} \frac{\partial f_k}{\partial x^k}\right) dx^1 \wedge \ldots dx^n.$$

Donc

$$\int_{\mathbb{R}^n} d(\varphi_i^{-1*}\alpha) = \sum_{k=1}^n (-1)^{k+1} \int_{\mathbb{R}^n} \frac{\partial f_k}{\partial x^k} dx^1 \ldots dx^n.$$

D'après le théorème de Fubini, le k-ième terme s'écrit

$$\int_{\mathbb{R}^{n-1}} \left(\int_{-\infty}^{+\infty} \frac{\partial f_k}{\partial x^k} dx^k\right) dx^1 \ldots \widehat{dx^k} \ldots dx^n.$$

Mais puisque f_k est à support compact, on a

$$\int_{-\infty}^{+\infty} \frac{\partial f_k}{\partial x^k} dx^k = 0$$

pour tout k, ce qui montre que $\int_D d\alpha = 0$ et prouve le théorème dans ce cas.
c) Reste à examiner le cas où U_i rencontre ∂D. Dans ce cas,

$$\int_D d\alpha = \int_{\varphi_i(D \cap U_i)} d(\varphi_i^{-1*}\alpha).$$

Avec les notations de b) et l'hypothèse sur le support, cette intégrale est égale à

$$\int_{\mathbb{R}^n_-} \left(\sum_{k=1}^n (-1)^{k+1} \frac{\partial f_k}{\partial x^k}\right) dx^1 \ldots dx^n,$$

où $\mathbb{R}^n_- = \{x \in \mathbb{R}^n, x^1 \leq 0\}$. On calcule cette intégrale comme dans b) en intégrant d'abord le k-ième terme par rapport à x^k. Si $k \geq 2$, on trouve 0 pour les mêmes raisons que précédemment. Finalement

$$\int_D d\alpha = \int_{\mathbb{R}^{n-1}} \left(\int_{-\infty}^0 \frac{\partial f_1}{\partial x^1} dx^1 \right) dx^2 \ldots dx^n = \int_{\mathbb{R}^{n-1}} f_1(0, x^2, \ldots, x^n) dx^2 \ldots dx^n$$

Comme $\varphi_i(\partial D \cap U_i) = \varphi_i(U_i) \cap \{x, x^1 = 0\}$, avec le choix de l'orientation de ∂D cette dernière intégrale est égale à $\int_{\partial D} \alpha$ ▪

25. ***Corollaire*** – *Si α est une forme différentielle de degré $n-1$ sur une variété compacte orientée M de dimension n,*

$$\int_M d\alpha = 0.$$

En particulier, une forme volume sur une variété compacte n'est jamais exacte.

Remarque – L'hypothèse de compacité est essentielle pour cette dernière assertion. Par exemple, sur $\mathbb{R}^n$, on a

$$d(x^1 dx^2 \wedge \ldots dx^n) = dx^1 \wedge \ldots dx^n.$$

26. ***Exemples*** – Un des intérêts de la formule de Stokes est de présenter dans un cadre unifié un certain nombre de formules intégrales en dimension 2 et 3.

a) *Formule de Green-Riemann*

C'est le cas où D est un domaine régulier de $\mathbb{R}^2$, et α une forme différentielle de degré 1. On a

$$\int_{\partial D} P dx + Q dy = \int_D (\partial_x Q - \partial_y P) dx dy$$

Le plan étant orienté par $dx \wedge dy$, nous avons allègrement remplacé $dx \wedge dy$ par la mesure de Lebesgue $dxdy$. Nous n'insisterons pas davantage sur cet exemple élémentaire, sauf pour indiquer qu'il pose le problème d'un affaiblissement des hypothèses faites sur D : il est facile de vérifier directement que la formule de Green-Riemann est vraie pour un carré ! Pour la formule de Stokes dans un cadre très général, voir [Whitney], ch. 3.

b) *Formule d'Ostrogradski*

Ici D est un domaine régulier de $\mathbb{R}^3$. Si $\omega = dx \wedge dy \wedge dz$ et si X est un champ de vecteurs sur $\mathbb{R}^3$, rappelons (cf. **5.33**) que

$$d(i_X \omega) = L_X \omega = (\operatorname{div} X)\omega.$$

Alors la formule de Stokes donne

$$\int_{\partial D} i_X \omega = \int_D (\operatorname{div} X)\omega \qquad (*)$$

ou encore, si $X = P\partial_x + Q\partial_y + R\partial_z$,

$$\int_{\partial D} P dy \wedge dz + Q dz \wedge dx + R dx \wedge dy = \int_D (\partial_x P + \partial_y Q + \partial_z R) dx \wedge dy \wedge dz.$$

Telle qu'elle est écrite, cette formule ne fait pas intervenir la structure euclidienne, mais seulement la forme volume ω. Elle peut aussi se réinterpréter en termes de flux (langage des physiciens) ou d'intégrale de surface (langage des mathématiciens) d'un champ de vecteurs. Pour ce faire, on introduit sur $S = \partial D$ le champ normal sortant N, et la forme volume $\sigma = i_N\omega$ vus à la place en **23.** d). Le flux du champ X a travers S, noté $\int_S X$, est par définition l'intégrale

$$\int_S \langle X, N\rangle\sigma.$$

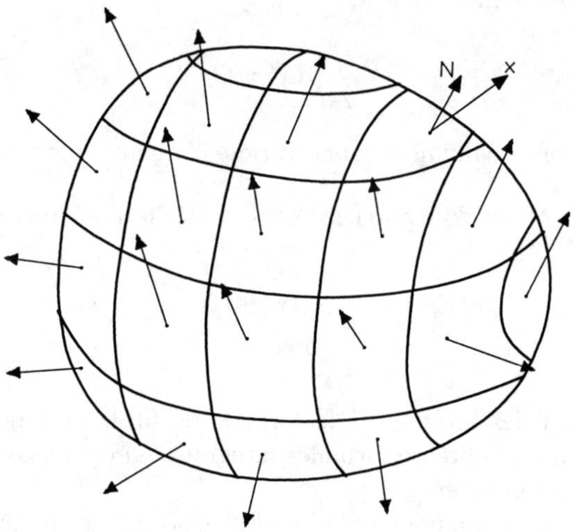

En remarquant que

$$X = \langle X, N\rangle N + Y, \text{ où } Y \text{ est tangent à } S,$$

on voit que

$$i_X\omega_{|S} = i_{\langle X,N\rangle N}\omega_{|S} = \langle X, N\rangle\sigma\,.$$

La formule (*) ci-dessus donne alors

$$\int_S X = \int_D (\operatorname{div} X)dx \wedge dy \wedge dz \quad \text{où } S = \partial D.$$

Dans le cas statique (champs ne dépendant pas du temps) les équations de Maxwell donnent

$$\begin{array}{ll} \operatorname{div} E = \rho & \operatorname{rot} B = J \\ \operatorname{div} B = 0 & \operatorname{div} B = 0. \end{array}$$

La formule d'Ostrogradski appliquée au champs électrique E donne le théorème de Gauss :

$$\int_S E\sigma = \int_D \rho dxdydz = \text{charge électrique totale contenue dans } D.$$

c) *Formule de Stokes "classique"*
Celle-ci concerne les domaines réguliers des surfaces de $\mathbb{R}^3$. Nous noterons encore S un tel domaine, et supposerons son bord $\partial S = C$ connexe. Alors pour $\alpha \in \Omega^1(\mathbb{R}^3)$, on a

$$\int_C \alpha = \int_S d\alpha.$$

Cette formule peut se réécrire en termes de champs de vecteurs si on fait intervenir une métrique euclidienne. Soit X un champ de vecteurs et $\alpha = X^\flat$ la forme différentielle associée par la métrique (cf. **5.17**). Rappelons que le rotationnel de X est défini par

$$i_{\mathrm{rot}\,X}\omega = d(X^\flat).$$

Compte tenu de b), la formule de Stokes s'écrit alors

$$\oint_C X = \int_S \mathrm{rot}\,X \text{ si } \quad C = \partial S.$$

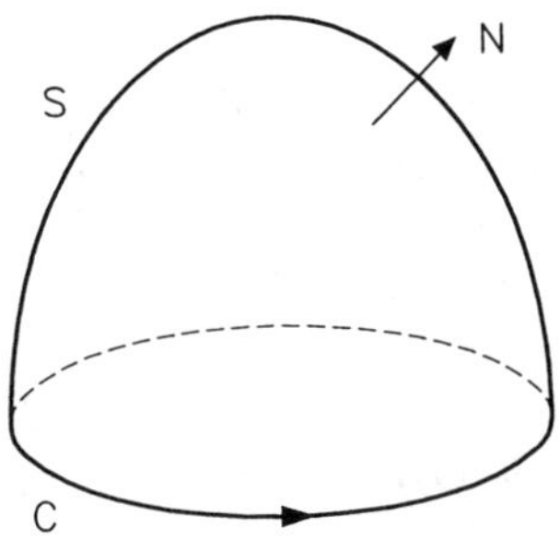

Appliquée au champ magnétique, la formule de Stokes donne le théorème d'Ampère :

$$\oint_C B = \int_S J\sigma = \text{flux du courant traversant } S \text{ telle que } \partial S = C$$

D. FORME VOLUME CANONIQUE D'UNE SOUS-VARIÉTÉ DE L'ESPACE EUCLIDIEN

Nous allons voir que contrairement à ce qui se passe pour les variétés abstraites, il existe une mesure naturelle pour les sous-variétés de l'espace euclidien. Rappelons d'abord ce qui se passe pour l'espace $\mathbb{R}^n$ lui-même. La mesure de Lebesgue est caractérisée à un facteur près par son invariance par translations. Pour la déterminer complètement, il suffit de connaître la mesure d'un ensemble de référence, par exemple un parallélépipède

$$P_0 = \{\sum_{i=1}^n t^i e_i,\ 0 \le t^i \le 1\},$$

où $(e_i)_{1\leq i\leq n}$ est une base de $\mathbb{R}^n$. Alors, si P est le parallélépipède construit sur n vecteurs $a_1,\ldots,a_n$, on a

$$\mathrm{vol}(P)=\det\big((a_1,\ldots,a_n),(e_1,\ldots,e_n)\big).$$

Cette normalisation de la mesure sur $\mathbb{R}^n$ ne donne pas de normalisation sur les sous-espaces vectoriels de dimension $k<n$. Pour nous en convaincre, prenons le cas $n=2$, $k=1$. Imaginons que l'aire détermine une normalisation de la mesure de Lebesgue des droites. Alors toute transformation linéaire de $\mathbb{R}^2$ qui conserve l'aire et laisse le sous-espace $\mathbb{R}\times 0$ invariant conserverait la mesure de Lebesgue de ce sous-espace. C'est impossible, puisque ces tranformations linéaires sont de la forme

$$\begin{pmatrix} a & b\\ 0 & 1/a\end{pmatrix}.$$

Tout change si $\mathbb{R}^n$ est muni d'un produit scalaire euclidien, par exemple le produit scalaire canonique

$$\langle x,y\rangle=\sum_{i=1}^n x^iy^i.$$

Alors l'ensemble de référence sera un parallélépipède construit sur une base orthonormée ; et si $E\subset\mathbb{R}^n$ est un sous-espace vectoriel de dimension k, on peut aussi prendre pour ensemble de référence pour la mesure de Lebesgue de E un parallélépipède construit sur une base orthonormée de E. La propriété algébrique suivante permet des calculs explicites.

27. Lemme (déterminants de Gram) – *Si $e_1,\ldots,e_n$ est une base orthormée, quels que soient les vecteurs $a_1,\ldots a_n$, on a*

$$\Big(\det\big((a_1,\ldots,a_n),(e_1,\ldots,e_n)\big)\Big)^2=\det\big(\langle a_i,a_j\rangle_{1\leq i,j\leq n}\big).$$

Preuve – On peut supposer que $\langle,\rangle$ est le produit scalaire canonique de $\mathbb{R}^n$, et $e_1,\ldots,e_n$ la base canonique. Alors si

$$a_i=\sum_{k=1}^n \alpha_i^k e_k,$$

on a

$$\langle a_i,a_j\rangle=\sum_{k=1}^n \alpha_i^k\alpha_j^k.$$

Ainsi, la matrice

$$\langle a_i,a_j\rangle_{1\leq i,j\leq n}$$

est le produit de la matrice des coordonnées des a_i par sa transposée ∎

Il nous reste à transporter ces constructions aux sous-variétés de $\mathbb{R}^n$.

28. Théorème – *Soit M une sous-variété orientée de $\mathbb{R}^n$ de dimension p. Alors il existe une forme volume σ sur M et une seule telle que, si $v_1, \ldots, v_k$ est une base orthonormée directe de T_xM, alors*

$$\sigma_x(v_1, \ldots, v_k) = 1.$$

Si U est un ouvert de $\mathbb{R}^p$ et $F : U \to \mathbb{R}^n$ une paramétrisation locale de M compatible avec l'orientation, on a

$$F^*\sigma = \sqrt{\det(\langle \partial_i F, \partial_j F \rangle)_{1 \le i,j \le p})}\, dx^1 \wedge \ldots \wedge dx^p.$$

Preuve – La condition de l'énoncé détermine $\alpha_x \in \bigwedge^n T_x^*M$ d'une manière unique, d'où l'unicité de σ. Maintenant, si $\partial_1, \ldots, \partial_p$ est la base canonique de $T_u\mathbb{R}^p$, et F une paramétrisation locale de M sur un ouvert U contenant u, d'après le lemme **23** on a

$$\sigma_{F(u)}(T_uF.\partial_1, \ldots, T_uF\partial_p) = \sqrt{\det(\langle \partial_i F, \partial_j F \rangle)_{1 \le i,j \le p}},$$

avec le signe + si F conserve l'orientation. Cela prouve la deuxième partie de l'énoncé, et aussi l'existence de σ, puisque nous avons obtenu des expressions locales lisses ■

29. Définition – La forme volume ci-dessus est la *forme volume canonique* de M. Notons qu'elle dépend de la donnée d'un produit scalaire sur $\mathbb{R}^n$ ainsi que de l'orientation (elle change de signe si on change l'orientation de M ou de $\mathbb{R}^n$).

Exemple

a) Nous avons vu en **III. F** qu'une sous-variété de dimension 1 de $\mathbb{R}^n$ était donnée par un plongement c de $\mathbb{R}$ ou de S^1. Un tel plongement détermine une orientation de C et la forme volume correspondante est égale au point $c(t)$ à

$$\frac{c'(t)}{\|c'(t)\|}dt.$$

b) Soit S^n la sphère unité de $\mathbb{R}^{n+1}$. On peut décider d'orienter S^n en décidant qu'une base $v_1, \ldots, v_n$ de T_xS^n est directe si et seulement si la base $x, v_1, \ldots, v_n$ de $\mathbb{R}^{n+1}$ est directe. La forme volume canonique est alors donnée par

$$\sigma_x(v_1, \ldots, v_n) = \det(x, v_1, \ldots, v_n),$$

où le déterminant est pris par rapport à une base orthonormée directe. Notons que σ est la restriction à S^n de

$$i_x(dx^0 \wedge \ldots dx^n) = \sum_{i=0}^{n} (-1)^i x^i dx^0 \wedge \ldots \widehat{dx^i} \ldots \wedge dx^n.$$

29 bis. Remarque : forme volume d'une variété riemannienne

** Plus généralement, si M est une variété orientée munie d'une métrique riemannienne g, on associe à g une forme volume ω_g en décidant que $(\omega_g)_x(v_1, \cdots, v_n) = 1$ si

$(v_1, \cdots, v_n)$ est un repère orthonormé direct de T_xM. D'après le même argument que dans **28**, si $F : U \to M$ est une paramètrisation locale de M et si

$$F^*g = \sum_{i,j=1^n} g_{ij} dx^i \otimes dx^j,$$

alors

$$F^*\omega_g = \sqrt{\det(g_{ij})_{1 \le i,j \le n}} dx^1 \wedge \cdots dx^n. **$$

30. Définition – Le *volume* d'une sous-variété compacte M de $\mathbb{R}^n$ est l'intégrale sur M de "sa" forme volume canonique σ.

Nous avons mis des guillemets puisque σ dépend des orientations de M et de $\mathbb{R}^n$. Mais il est clair que $\int_M \sigma$ n'en dépend plus. Pour $\dim M = 1$ on parle de *longueur*, et pour $\dim M = 2$ *d'aire.*

Remarque – On peut définir le volume (fini ou infini) d'une variété non compacte M comme la borne supérieure des intégrales de σ sur les domaines réguliers de M.

31. Proposition – *Le volume de la sphère unité de* $\mathbb{R}^{n+1}$ *est égal à*

$$2\frac{\pi^{\frac{n+1}{2}}}{\Gamma(\frac{n+1}{2})}.$$

Preuve – Nous allons calculer de deux façons différentes l'intégrale

$$\int_{\mathbb{R}^{n+1}} e^{-\|x\|^2} dx^0 \wedge \dots dx^n.$$

D'une part, d'après le théorème de Fubini, cette intégrale vaut I^{n+1}, où

$$I = \int_{-\infty}^{\infty} e^{-t^2} dt.$$

D'autre part, si $F : \mathbb{R}^+ \times S^n \to \mathbb{R}^{n+1}$ est donnée par $F(r, u) = ru$, on a

$$F^*(dx^0 \wedge \dots \wedge dx^n) = r^n dr \wedge \sigma,$$

où σ est la forme volume canonique de S^n (pour le voir, il suffit d'évaluer les deux formes ci-dessus en (r, u) pour $\frac{\partial}{\partial r}$ et une base orthonormée $v_1, \dots, v_n$ de T_uS^n). Cette formule montre que F est un difféomorphisme sur $\mathbb{R}^{n+1} \setminus \{0\}$. Alors

$$\int_{\mathbb{R}^{n+1}} e^{-\|x\|^2} dx^0 \wedge \dots dx^n = \int_{\mathbb{R}^+ \times S^n} e^{-r^2} r^n dr \wedge \sigma = \mathrm{vol}(S^n) \int_0^{\infty} e^{-r^2} r^n dr.$$

Mais

$$\int_0^{\infty} e^{-r^2} r^n dr = \frac{1}{2} \int_0^{\infty} e^{-t} t^{\frac{n-1}{2}} dt = \frac{1}{2}\Gamma(\frac{n+1}{2}).$$

Comme $\mathrm{vol}(S^1) = \int_{S^1} xdy - ydx = 2\pi$, pour $n = 1$ on obtient $I = \sqrt{\pi}$, d'où le résultat ■

En particulier, $\mathrm{vol}(S^{2p-1}) = \dfrac{2\pi^p}{(p-1)!}$. Notons aussi que d'après la formule de Stokes

$$\int_{S^n} \sigma = \int_{B^{n+1}(1)} (n+1)dx^0 \wedge \ldots \wedge dx^n,$$

et donc que

$$\mathrm{vol}(B^{n+1}(1)) = \frac{1}{n+1} \mathrm{vol}(S^n).$$

Le calcul précédent utilisait un résultat analogue au théorème de Fubini, qui s'énonce ainsi.

32. Lemme – *Soient X et Y deux variétés compactes orientées, $X \times Y$ leur produit muni de l'orientation produit (voir l'exercice* **1***). Soient $p : X \times Y \to X$ et $q : X \times Y \to Y$ les projections canoniques. Alors, si $\alpha \in \Omega^{\dim X}(X)$ et $\beta \in \Omega^{\dim Y}(Y)$, on a*

$$\int_{X \times Y} p^*\alpha \wedge q^*\beta = \left(\int_X \alpha\right)\left(\int_Y \beta\right).$$

Preuve – Soit $(U_i, \varphi_i)_{i\in I}$ (resp. $(V_j, \psi_j)_{j\in J}$) un atlas d'orientation fini de X (resp. de Y). Alors $(U_i \times V_j, \varphi_i \times \psi_j)_{i,j)\in I\times J}$ est un atlas d'orientation de $X \times Y$, qui par définition donne l'orientation *produit* des orientations définies par les atlas sur les espaces facteurs. D'autre part, si $(f_i)_{i\in I}$ (resp. $(g_j)_{j\in J}$) est une partition de l'unité, subordonnée au recouvrement $(U_i)_{i\in I}$ (resp. $(V_j)_{j\in J}$), alors $(f_i g_j)_{(i,j)\in I\times J}$ est une partition de l'unité, subordonnée au recouvrement $(U_i \times V_j)_{i,j)\in I\times J}$ de $X \times Y$. Il suffit de démontrer la propriété pour les formes $f_i g_j p^*\alpha \wedge q^*\beta$. On est alors ramené au théorème de Fubini classique ■

Terminons ce paragraphe par un énoncé spectaculaire, *l'inégalité isopérimétrique*.

33. Théorème – *Soit D un domaine régulier d'un espace euclidien de dimension n. Alors on a l'inégalité*

$$\frac{\big(\mathrm{vol}(\partial D)\big)^n}{\big(\mathrm{vol}(D)\big)^{n-1}} \geq \frac{\big(\mathrm{vol}(S^{n-1})\big)^n}{\big(\mathrm{vol}(B(0,1)\big)^{n-1}}.$$

De plus l'égalité a lieu si et seulement si D est une boule.

Par exemple pour $n = 2$, on a

$$\big(\mathrm{longueur}(\partial D)\big)^2 \geq 4\pi \mathrm{aire}(D),$$

l'égalité étant atteinte si et seulement si D est un disque. Pour la démonstration (difficile quand $n > 2$) voir [Berger] ou [Berger-Gostiaux]. Le lecteur perspicace pensera que, s'agissant d'une relation entre le volume d'un domaine et celui de son bord, la preuve utilise le théorème de Stokes. Il existe effectivement une telle preuve, mais c'est la plus récente de toutes. Elle est due à M. Gromov, et date des années 1980.

E. LE THÉORÈME DU POINT FIXE DE BROUWER

Dans ce paragraphe, nous allons voir une application topologique du théorème de Stokes.

34. THÉORÈME – *Soit U un ouvert de $\mathbb{R}^n$ contenant la boule unité fermée B^n. Alors il n'existe pas d'application lisse de U dans $\partial B^n = S^{n-1}$ dont la restriction à S^{n-1} soit l'identité.*

Preuve – Soit $F = (f^1, \ldots, f^n)$ une telle application. Alors les restrictions à S^{n-1} des formes différentielles

$$x^1 dx^2 \wedge \ldots \wedge dx^n \qquad \text{et} \qquad f^1 df^2 \wedge \ldots \wedge df^n$$

coïncident. En particulier,

$$\int_{S^{n-1}} x^1 dx^2 \wedge \ldots \wedge dx^n = \int_{S^{n-1}} f^1 df^2 \wedge \ldots \wedge df^n.$$

Appliquons la formule de Stokes a chacun des deux membres. D'une part

$$\int_{S^{n-1}} x^1 dx^2 \wedge \ldots \wedge dx^n = \int_{B^n} dx^1 \wedge dx^2 \wedge \ldots \wedge dx^n = \mathrm{vol}(B^n) \neq 0.$$

D'autre part,

$$\int_{S^{n-1}} f^1 df^2 \wedge \ldots \wedge df^n = \int_{B^n} df^1 \wedge df^2 \wedge \ldots \wedge df^n.$$

Mais par hypothèse $\sum_{i=1}^n (f^i)^2 = 1$, donc $\sum_{i=1}^n f^i df^i = 0$, et par suite

$$df^1 \wedge \ldots \wedge df^n = 0,$$

ce qui conduit à une contradiction ∎

Remarque – Des méthodes de topologie algébrique permettent de démontrer une version C^0 de ce résultat : il n'existe pas d'application continue de S^{n-1} dans B^n dont la restriction à S^{n-1} soit l'identité. Mais, comme nous allons le voir, les méthodes différentielles permettent aussi de montrer des résultats purement topologiques, tels que le suivant dû à Brouwer.

35. THÉORÈME – *Toute application continue d'une boule fermée de l'espace euclidien dans elle-même admet un point fixe.*

Preuve – Nous allons en fait nous ramener au résultat précédent. Tout d'abord, un résultat d'approximation permet de se ramener au cas lisse.

Lemme – *Pour toute application continue de la boule unité fermée B^n dans elle-même, et pour tout $\epsilon > 0$, il existe des nombres r_1 et r_2, avec $r_1 < 1 < r_2$ et et une application lisse g de la boule ouverte $B(r_2)$ dans la boule ouverte $B(r_1)$ telle que*

$$\forall x \in B^n,\ \|f(x) - g(x)\| < \epsilon.$$

Preuve du lemme – D'après le théorème de Stone-Weierstrass appliqué aux composantes de f, il existe une application $P = (p^1, \ldots, p^n)$, où les p^i sont des polynômes, telle que

$$\sup_{x \in B^n} \|f(x) - P(x)\| < \frac{\epsilon}{4}.$$

Alors $g = P/(1 + \frac{\epsilon}{2})$ satisfait aux conditions requises. Tout d'abord pour $x \in B^n$ on a

$$\|g(x)\| \leq \frac{1 + \frac{\epsilon}{4}}{1 + \frac{\epsilon}{2}} = 1 - \frac{\frac{\epsilon}{4}}{1 + \frac{\epsilon}{2}}.$$

En vertu de la continuité uniforme de g (disons sur $B(3/2)$), on peut alors trouver un $r_2 > 1$ tel que $g(x) < 1 - \frac{\epsilon}{8}$ si $\|x\| < r_2$. De plus, si $x \in B^n$ on a

$$\|f(x) - g(x)\| \leq \|f(x) - P(x)\| + \|(1 - \frac{1}{1 + \frac{\epsilon}{2}})P(x)\| < \epsilon \quad \blacksquare$$

Preuve du théorème – Raisonnons par l'absurde. Soit h une application continue sans point fixe de la boule fermée B^n dans elle- même. Alors, en raison de la compacité de la boule, le nombre

$$\delta = \inf_{x \in B^n} \|h(x) - x\|$$

est strictement positif. Appliquons le lemme à h et à $\epsilon = \frac{\delta}{2}$, et soit g l'application lisse obtenue. Alors si $x \in B^n$, on a

$$\|x - g(x)\| > \|x - f(x)\| - \|f(x) - g(x)\| > \frac{\delta}{2},$$

dont $g(x) \neq x$. Et si $x \in B(r_2) \setminus B^n$, comme $g(x) \in B(r_1)$, on a encore $g(x) \neq x$. Cela permet de construire une application k de $B(r_2)$ dans S^{n-1} dont la restriction à S^{n-1} soit l'identité : la droite qui joint x et $g(x)$ (bien définie puisque $g(x) \neq x$) coupe S^{n-1} en deux points distincts, et on prend pour $k(x)$ le point d'intersection tel que $g(x)$ soit extérieur au segment $[x, k(x)]$.
Explicitement, $k(x)$ est de la forme

$$g(x) + t\big(x - g(x)\big) \qquad \text{où} \quad t \geq 0,$$

ce qui montre que t est l'unique racine positive de l'équation du second degré

$$\|x - g(x)\|^2 t^2 + 2\langle g(x), x - g(x)\rangle t + \|g(x)\|^2 - 1 = 0,$$

et donc que k est lisse. En appliquant **29**, on aboutit à une contradiction $\blacksquare$

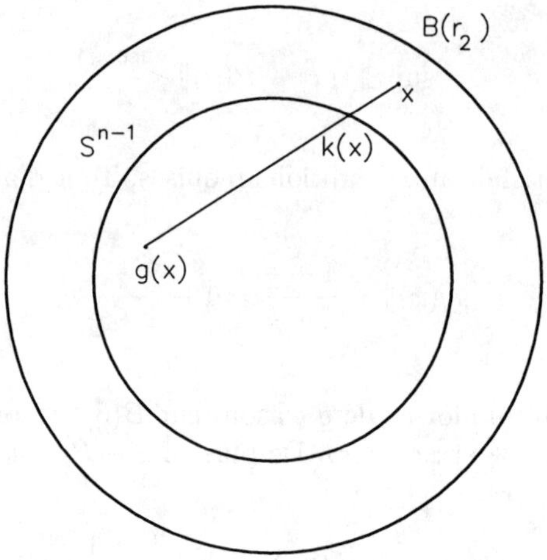

Remarque – ** Il existe bien entendu une preuve purement topologique de ces résultats, qui utilise la cohomologie de la boule et de la sphère. La preuve que nous venons de présenter a l'avantage d'être beaucoup plus élémentaire. En réalité, elle n'est pas tellement éloignée de l'autre : nous verrons au prochain chapitre comment la cohomologie d'une variété en dimension maximum s'interprète en termes d'intégration.**

F. COMMENTAIRES

VARIÉTÉS À BORD

Les variétés à bord de dimension n se définissent de la même façon que les variétés dans **II.A**, en prenant des cartes à valeurs dans le demi-espace $\{(x^1, \ldots, x^n)\}, x^1 \leq 0$. Le seul problème supplémentaire est de pouvoir définir les fonctions lisses sur le demi-espace. Il suffit de remplacer les dérivées partielles par rapport à x^1 en $(0, x^2, \ldots, x^n)$ par des dérivées à gauche. *L'intérieur* $int(M)$ d'une variété à bord M est l'ensemble des points qui admettent un voisinage difféomorphe à un ouvert de $\mathbb{R}^n$. C'est évidemment une variété lisse de dimension n. Le lecteur est invité à vérifier que $M \setminus int(M)$ est une variété lisse de dimension $n-1$. On la note ∂M.
Comme exemples de variétés à bord, citons le demi-espace lui-même, les boules fermées, mais aussi et surtout les domaines réguliers. Le résultat vu en **21** s'étend tel que aux variétés à bord : le bord d'une variété à bord orientée est orientable et hérite d'une orientation naturelle. Le théorème de Stokes s'étend alors aux variétés à bord orientées.
La notion de variété à bord semble ne pas jouer un rôle important dans ce livre. Elle est en fait incontournable, puisque c'est vraiment elle qui intervient dans le théorème de Stokes. Pour l'illustrer, nous allons esquisser, dans l'esprit de [Guillemin-Pollack] (bien que ce résultat ne figure pas tel que dans ce livre) la preuve de ce que l'on pourrait appeler à bon droit le "théorème fondamental de la topologie différentielle" (pour la définition d'une homotopie, voir le chapitre suivant).

Théorème – *Soit X une variété compacte. Alors l'application identique de X dans X n'est pas homotope à une application constante.*

Preuve – Soit H une telle homotopie, c'est-à-dire une application lisse de $X \times [0,1]$ dans X telle que pour tout $x \in X$, $H(x,0) = x$ et $H(x,1) = a$, où $a \in X$ est fixé. D'après le théorème de Sard, H admet au moins une valeur régulière y. Alors $H^{-1}(y)$ est une sous-variété compacte de $X \times [0,1]$, de dimension 1, éventuellement à bord, et

$$\partial H^{-1}(y) = \partial(X \times [0,1]) \cap H^{-1}(y) = (X \times \{0\} \cup X \times \{1\}) \cap H^{-1}(y).$$

D'après la définition de H, on a

$$H^{-1}(y) \cap (X \times \{0\}) = (y,0) \quad \text{et} \quad H^{-1}(y) \cap (X \times \{1\}) = \emptyset,$$

donc $\partial H^{-1}(y) = (y,0)$. Cela est impossible, car d'après un raffinement de **III. 55** (facile à montrer suivant les mêmes méthodes, voir aussi [Guillemin-Pollack]) toute variété compacte connexe de dimension 1 à bord non vide est un intervalle compact de $\mathbb{R}$: en tout état de cause, $\partial H^{-1}(y)$ doit avoir un nombre pair d'éléments ■

Remarques

a) Outre la classification des variétés à bord de dimension 1, ce résultat utilise une extension aux variétés à bord des notions de point régulier et de valeur régulière. Si $f : M \to M'$ est une application lisse d'une variété à bord dans un point x de M est point régulier soit s'il appartient à l'intérieur $M \setminus \partial M$ et s'il est régulier pour la restriction de f à l'intérieur de M, soit s'il est régulier pour la restriction de f au bord. Un point y du but est valeur régulière si $f^{-1}(y)$ est formée de points réguliers au sens précédent. On démontre alors sans difficulté (ibidem) la propriété utilisée plus haut : $f^{-1}(y)$ est une sous-variété à bord de M, et $\partial f^{-1}(y) = (\partial M) \cap f^{-1}(y)$.

b) Dans cette preuve le théorème de Sard "difficile" (cas où la dimension de la variété source est strictement supérieure à celle de la variété but) joue un rôle clé. Nous verrons au chapitre suivant une preuve du même théorème qui n'utilise que le cas facile, mais n'est valable que pour les variétés orientables.

INTÉGRATION SUR LES CHAÎNES : VERS LA TOPOLOGIE ALGÉBRIQUE

On peut bien entendu intégrer les formes de degré p sur les domaines réguliers des sous-variétés de dimension p. La formule de Stokes

$$\int_{\partial D} \alpha_{|\partial D} = \int_D d\alpha$$

se voit alors comme une formule de dualité entre les opérateurs $\alpha \mapsto d\alpha$ et $D \mapsto \partial D$. Mais si on veut considérer ∂ comme une application linéaire, il faut travailler dans un cadre plus large que les domaines à bord : pour chaque p, on introduit l'espace vectoriel $\mathcal{C}_p(M)$ des combinaisons linéaires formelles $\sum \lambda_i S_i$ (disons à coefficients réels) de sous-variétés à bord de dimension p *. On définit alors $\partial : \mathcal{C}_p(M) \to \mathcal{C}_{p-1}(M)$ en posant

$$\partial(\sum \lambda_i S_i) = \sum \lambda_i \partial S_i).$$

* Ce résumé comporte quelques tricheries.

On a $\partial \circ \partial = 0$ tout simplement parce que le bord d'une variété à bord est une variété lisse (sans bord).
On est alors conduit à introduire en toute dimension les *groupes d'homologie*

$$H_p(X) = \mathrm{Ker}(\partial_p)/\,\mathrm{Im}(\partial_{p-1})$$

qui jouent un rôle dual des groupes de de Rham $H^p(X)$ définis au début du prochain chapitre. Plus précisément, d'après le théorème de Stokes, l'application

$$(c, \alpha) \to \int_c \alpha,$$

où c est une chaîne de dimension p et α une forme de degré p, passe au quotient et définit une application bilinéaire de $H_p(X) \times H^p(X)$ dans $\mathbb{R}$, et si la variété X est compacte on démontre que cette forme bilinéaire est non dégénérée.
Pour plus de détails, voir [Greenberg], ou encore [Dieudonné 2].

VARIÉTÉS NON ORIENTABLES

Un ruban de Möbius, fabriqué avec des ciseaux et de la colle, a bel et bien une aire ! Pour avoir une théorie de l'intégration valable sur les variétés non orientables, on introduit la notion de *densité*. Une densité est une mesure δ sur X telle que pour toute carte $(U, \varphi$, l'image directe $\varphi_* \delta$ soit de la forme $f_\varphi \mu$, où μ désigne la mesure de Lebesgue de $\mathbb{R}^n$) et f_φ une fonction lisse strictement positive en tout point, avec la condition de compatibilité

$$f_\psi = f_\varphi \circ (\varphi \circ \psi^{-1}) |Jac(\varphi \circ \psi^{-1})|$$

si les domaines de φ et ψ se rencontrent. En imitant la preuve de **5**, on voit qu'il existe toujours des densités sur une variété compacte. Pour définir l'intégration par rapport à une densité, on reprend tout simplement le paragraphe **B**. Pour plus de détails, voir [Berger-Gostiaux].

EXERCICES

1. *Orientabilité et atlas d'orientation*

* a) Montrer que pour toute variété M, le fibré tangent TM est orientable.

b) Montrer que le produit de deux variétés orientables est orientable.

2. *Orientabilité et formes volume*

a) Soit X une sous-variété de $\mathbb{R}^n$ de la forme $f^{-1}(0)$, où $f : \mathbb{R}^n \mapsto \mathbb{R}$ est une application lisse dont la différentielle en tout point $x \in X$ est surjective. Montrer que X est orientable.

b) Même question pour une sous-variété de X de $\mathbb{R}^n$ de la forme $f^{-1}(0)$, où f est une application lisse de $\mathbb{R}^n$ dans $\mathbb{R}^p$ ayant la même propriété.

c) Une sous-variété d'une variété orientable est-elle orientable ?
Une sous-variété orientable d'une variété orientée a-t-elle une orientation "naturelle" (à l'instar du bord d'un domaine régulier d'une variété orientée ?

3. *La bouteille de Klein*

Montrer que le quotient K de $T^2 = S^1 \times S^1$ par le groupe à deux éléments $\{I, \sigma\}$, où

$$\sigma(\theta, \varphi) = (-\theta, -\varphi + \pi)$$

est une variété non orientable (cette variété s'appelle *la bouteille de Klein*). Construire, en utilisant les coordonnées sphériques, une application lisse de X sur S^2.

4. La sphère unité $S^n \subset \mathbb{R}^{n+1}$ étant munie de la forme volume

$$\sigma = \sum_{i=0}^{n} (-1)^i x^i dx^0 \wedge \ldots \widehat{dx^i} \ldots \wedge dx^n,$$

calculer (en utilisant des valeurs convenables de la fonction Γ, et en s'inspirant de la méthode de calcul du volume de S^n) les intégrales

$$I(p_0, \ldots, p_n) = \int_{S^n} (x^0)^{p_0} \ldots (x^n)^{p_n} \sigma.$$

5. Soit ω une forme différentielle de degré maximum sur une variété compacte M, et soit $X \in \Gamma(TM)$ un champ de vecteurs. Montrer que

$$\int_M L_X \omega = 0.$$

6. Calculer le volume du domaine défini par l'équation révolution)

$$\frac{x^2}{a^2} + \frac{y^2}{a^2} + \frac{z^2}{c^2} \leq 1$$

(intérieur d'un ellipsoïde de révolution).

7. *Formule d'Archimède*
Soit ω la forme volume $xdy \wedge dz + ydz \wedge dx + zdx \wedge dy$ sur la sphère $S^2 \subset \mathbb{R}^3$.

a) Expliciter, à l'aide des coordonnées sphériques, une primitive de ω sur $S^2 \setminus \{S \cup N\}$ qui soit invariante par les rotations d'axe NS (on a désigné par N et S les pôles Nord et Sud).
Application : calculer l'aire du "segment de sphère"

$$\Sigma_{h,k} = \{(x, y, z) \in S^2,\ h \leq z \leq k\}.$$

* b) Expliciter une primitive de ω sur $S^2 \setminus \{S\}$ invariante par les rotations autour de NS.

* **8.** *Mesure de Haar d'un groupe de Lie*

a) Montrer que sur un groupe de Lie G de dimension n, il existe une forme différentielle de degré n invariante à gauche (resp. à droite) non nulle unique à un facteur près, et que cette forme est une forme volume. Par abus de langage, on appelle la mesure définie par cette forme "la" *mesure de Haar* à gauche (ou à droite) sur G.

b) Quelle est la mesure de Haar de $\mathbb{R}$? de $\mathbb{R}^*$? de $\mathbb{C}$? de $\mathbf{T}^n$?

c) Montrer que la mesure de Haar (à gauche comme à droite) de $Gl(n, \mathbb{R})$ est définie par la forme

$$(\det X)^{-n} \bigwedge_{1 \leq i \leq j \leq n} dx_{i,j}.$$

*** 9.** *Sous-groupes compacts du groupe linéaire*
Soit G un sous-groupe compact de $Gl(n, \mathbb{R})$. Montrer, en utilisant la mesure de Haar sur G, qu'il existe une forme quadratique définie positive q sur $\mathbb{R}^n$ telle que

$$\forall g \in G,\ \forall x \in \mathbb{R}^n,\ q(gx) = q(x).$$

En déduire qu'il existe un $g \in Gl(n, \mathbb{R})$ tel que

$$gGg^{-1} \subset O(n).$$

10. *Module d'un groupe de Lie*

a) Soit G un groupe de Lie, ω une mesure de Haar à gauche sur G. Montrer que $R_g^*\omega$ est aussi une mesure de Haar à gauche. En déduire l'existence d'une fonction lisse (notée mod et appelée *module* de G), telle que

$$R_g^*\omega = \operatorname{mod}(g)\omega,\ \forall g \in G.$$

Montrer que mod est un morphisme de G dans $\mathbb{R}^*$, et dans $\mathbb{R}_+^*$ si G est connexe.

b) Montrer que $\operatorname{mod}(g) = \pm 1$ si G est compact.

c) Montrer que $\operatorname{mod}(g) = \det(\operatorname{Ad} g^{-1})$. Calculer mod pour $G = A(1, \mathbb{R})$.

d) Un groupe de Lie est dit *unimodulaire* si $\operatorname{mod}(g) = \pm 1$, autrement dit si les mesures de Haar à droite et à gauche coïncident. On a vu en b) que tout groupe compact est unimodulaire, et dans l'exercice **8** que $Gl(n, \mathbb{R})$ est unimodulaire. Montrer qu'un groupe de Lie connexe G est unimodulaire si et seulement si l'endomorphisme $Y \mapsto [X, Y]$ de $\mathfrak{G}$ est de trace nulle pour tout $X \in \mathfrak{G}$. Application : montrer que le groupe de Heisenberg et $Sl(n, \mathbb{R})$ sont unimodulaires.
** Plus généralement, les groupes nilpotents et les groupes semi-simples connexes sont unimodulaires, et ce pour la même raison (cf. par exemple [Helgason, Differential Geometry, Lie Groups and Symmetric Spaces].**

**** 11.** *Formule de Cauchy-Crofton*

a) On représente l'ensemble des droites orientées du plan euclidien par $S^1 \times \mathbb{R}$, en associant à chaque droite orientée son "équation d'Euler" (voir **II. 7**)

$$x \cos\theta + y \sin\theta - p = 0$$

Montrer que pour l'action naturelle du groupe des isométries affines directes du plan, la forme différentielle $dp \wedge d\theta$ est invariante.

b) Soit C une courbe fermée du plan, de longueur L, paramétrée par son abscisse curviligne s. Soit F l'application de $[0, L] \times [0, \pi]$ dans $S^1 \times \mathbb{R}$ qui à (s, φ) associe la droite qui passe par le point d'abcisse curviligne s et fait l'angle φ avec la tangente (orientée) à la courbe en ce point. Montrer que

$$F^*(dp \wedge d\theta) = \sin\varphi ds \wedge d\varphi.$$

c) En déduire que pour presque toute droite D, l'ensemble $D \cap C$ est fini, et que

$$\int_{S^1 \times \mathbb{R}} \operatorname{card}(D \cap C)\, dp \wedge d\theta = 2L$$

** Il existe une foule de formules de ce type, cf. [Santaló]).**

12. *Centre de masse; théorème de Guldin*

a) Soit D un domaine régulier de $\mathbb{R}^n$ vu comme un espace affine. Choisissant une origine, une métrique euclidienne et une orientation, on pose

$$m(D) = \frac{\left(\int_D x^i\omega\right)_{1\leq i\leq n}}{\int_D \omega},$$

où ω est la forme volume définie par la structure euclidienne et l'orientation. Montrer que $m(D)$ ne dépend ni de l'origine, ni de la métrique, ni de l'orientation.

b) Vérifier que l'application F de $S^1 \times \mathbb{R}_+^* \times \mathbb{R}$ dans $\mathbb{R}^3$ donnée par

$$(r,\theta,z) \mapsto (r\cos\theta, r\sin\theta, z)$$

est un difféomorphisme sur $\mathbb{R}^2 \setminus \{0\} \times \mathbb{R}$. Si ω est la forme volume de $\mathbb{R}^3$ pour sa structure euclidienne canonique, calculer $f^*\omega$.

c) Soit D un domaine régulier de $\mathbb{R}_+^* \times \mathbb{R}$, et a la distance de $m(D)$ au second axe de coordonnées. Montrer que

$$\operatorname{vol}\big(f(D)\big) = 2\pi a \cdot \operatorname{aire}(D)$$

(on dit que $f(D)$ est le "domaine de révolution" engendré par D).

13. *Théorème d'Archimède*

On considère le domaine régulier D comme un corps solide immergé dans un liquide de masse volumique ρ. L'espace est rapporté à un repère orthonormé (i,j,k), la surface du liquide étant le plan (i,j) et le champ de pesanteur $-gk$. Alors, d'après le principe fondamental de l'hydrostatique, la poussée infinitésimale en $p \in \partial D$ est $-zg\rho n\sigma$, où σ est la forme volume de ∂D, z la distance à la surface du liquide et n la normale unitaire sortante à ∂D. Alors la résultante des forces de pressions et leur moment en $m \in \mathbb{R}^3$ sont donnés par

$$\int_{\partial D} -\rho g z n\sigma \qquad \text{et} \qquad \int_{\partial D} (p - m \wedge -zn)\rho g\sigma,$$

où pour une fois $\wedge$ désigne le produit vectoriel. Montrer que

$$\int_{\partial D} -z\rho g n\sigma = g\rho \operatorname{vol}(D)k$$

et

$$\int_{\partial D} (p - m \wedge -zn)\rho g\sigma = g\rho \operatorname{vol}(D)\big((m(D) - m) \wedge k\big).$$

14. Soit D une domaine régulier de $\mathbb{R}^n$. On appelle *dérivée normale* d'une fonction lisse (ou simplement C^1) sur D et on note $\frac{\partial f}{\partial n}$ la fonction sur ∂D donnée par $\langle \nabla f, N\rangle$, où N est le vecteur normal unitaire sortant.

a) Montrer que si f et g sont des fonctions C^2 sur D, et si $\sigma_{\partial D}$ désigne la forme volume canonique de ∂D, on a

$$\int_D (f\Delta g - g\Delta f)dx^1 \wedge \cdots \wedge dx^n = \int_{\partial D} (f\frac{\partial g}{\partial n} - g\frac{\partial f}{\partial n})\sigma_{\partial D}$$

(faire apparaître le membre de gauche comme l'intégrale d'une divergence).

b) Montrer que si f est une fonction harmonique sur D (c'est-à-dire si $\Delta f = 0$) qui s'annule sur ∂D, alors $f = 0$ partout. Même question en supposant que $\frac{\partial f}{\partial n}$ s'annule sur ∂D.

15 * *Voisinage tubulaire d'une courbe*

Cet exercice utilise quelques résultats élémentaires sur les courbes paramétrées. Soit $c : \mathbb{R}/L\mathbb{Z} \to E$ une courbe plongée de classe C^2 dans un plan euclidien, de longueur L, paramétrée par son abscisse curviligne.

a) Montrer que l'aire d'un voisinage tubulaire $V_r(c)$ (cf. ex. **3.24**) est égale à $2rL$.

b) Même question pour une courbe de classe C^1.

** Plus généralement, si M est une sous-variété de dimension p de $\mathbb{R}^n$ muni de sa norme euclidienne standard, on a

$$\mathrm{vol}\big(V_r(M)\big) = \sum_{k=0}^{[\frac{p}{2}]} a_k r^{n-p+2k},$$

où $a_0 = \mathrm{vol}(M)\,\mathrm{vol}\big(B^{n-p}(1)\big)$, les a_k ne dépendant également que de la géométrie riemannienne de M. Pour la signification de ces invariants, voir [Berger-Gostiaux], 6.9.8 et les références qui y sont données.**

Chapitre VII

Cohomologie et théorie du degré

Très grossièrement, le degré d'une application f d'une variété X dans une variété Y de même dimension est le nombre de solutions de l'équation $f(x) = y$ (X et Y étant supposées compactes et connexes). On a très envie de dire qu'un tel nombre dépend continûment de y *et* de f. D'ailleurs, nous avons vu au chapitre II que sur les valeurs régulières de f le cardinal de $f^{-1}(y)$ est fini et localement constant. Mais ce point de vue est quand même naïf : le dessin suivant du graphe d'une application de $\mathbb{R}$ dans $\mathbb{R}$ (facilement prolongeable à $S^1 = P^1\mathbb{R}$), montre qu'il faut aussi tenir compte de l'orientation (ici, du fait que f peut être croissante ou décroissante). Comme le dessin le suggère, le nombre de solutions de l'équation $f(x) = y$ ne dépend pas de la valeur régulière y, à condition d'affecter du signe $+$ les x où f conserve l'orientation, et du signe $-$ les x où f renverse l'orientation.

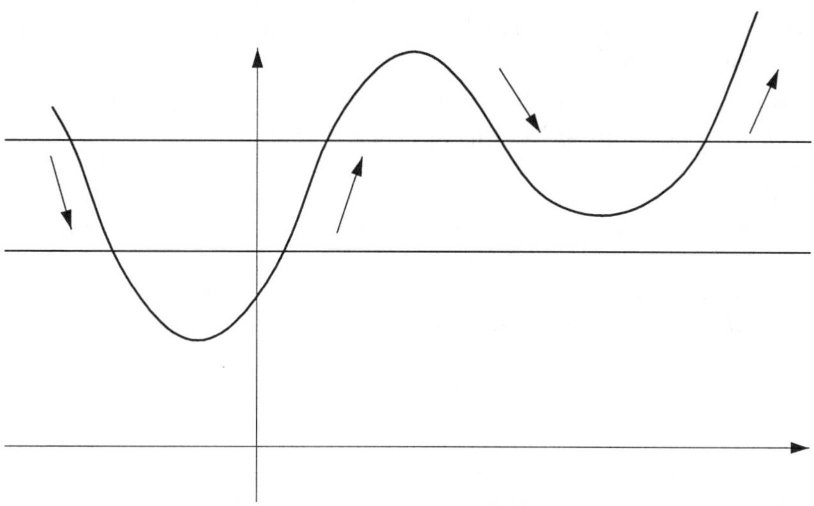

Tout cela est mis en forme dans la première partie de ce chapitre. La démonstration de la continuité du degré par rapport à f passe ici par une expression du degré au moyen de formes différentielles.

Les espaces de cohomologie de de Rham, définis au début du chapitre, rendent compte de la mise en défaut du lemme de Poincaré. Ce sont les invariants les plus simples qui permettent de montrer que deux variétés ne sont pas difféomorphes. Le calcul de la cohomologie se fait essentiellement en combinant deux idées : remplacer l'espace étudié par un espace plus simple ayant les mêmes espaces de cohomologie (ainsi un ouvert étoilé par un point), en remarquant que la cohomologie ne dépend en fait que du "type d'homotopie" (cf. **41**) ; utiliser une décomposition convenable de l'espace étudié en sous-espaces dont on connait la cohomologie. Un exemple de cette technique est la suite de Mayer-Vietoris, exposée en **G**.** Signalons que les espaces de cohomologie de de Rham sont en fait des invariants topologiques, c'est-à-dire des invariants par homéomorphismes entre variétés différentielles (voir par exemple [Bott-Tu] pour un énoncé bien plus précis et une preuve).**

A. COHOMOLOGIE DE DE RHAM

Si X est une variété, on note $F^k(X)$ l'espace vectoriel des formes différentielles fermées de degré k. L'espace vectoriel des formes exactes de degré k, soit $d\Omega^{k-1}(X)$, est un sous-espace vectoriel de $F^k(X)$. L'espace vectoriel suivant rend compte du "défaut d'exactitude" des formes fermées de degré k sur X.

1. DÉFINITIONS

a) *L'espace quotient*

$$F^k(X)/d\Omega^{k-1}(X)$$

s'appelle le k-ième espace vectoriel de cohomologie de X *et se note* $H^k(X)$.

b) Si $\alpha \in F^k(X)$, *son image* $[\alpha]$ *par l'application de passage au quotient s'appelle* la classe de cohomologie *de* α.

c) Deux formes fermées seront dites cohomologues *si elles définissent la même classe de cohomologie, c'est-à-dire si leur différence est exacte.*

Remarques

a) On démontre (voir par exemple [Bott-Tu]) que si X est compacte les espaces $H^k(X)$ sont de dimension finie.

b) Il existe d'autres notions de cohomologie (voir [Greenberg]). Celle dont nous parlons s'appelle la cohomologie de de Rham. Cette précision sera le plus souvent omise dans la suite.

2. EXEMPLES

a) Comme il n'existe pas de formes de degré -1, le groupe $H^0(X, \mathbb{R})$ est égal à $F^0(X)$: il est formé des fonctions à différentielle nulle, c'est-à-dire des fonctions localement constantes. Autrement dit, $H^0(X, \mathbb{R}) \simeq \mathbb{R}^c$, où c est le nombre de composantes connexes de X.

b) Le lemme de Poincaré dit exactement que si U est un ouvert étoilé, on a $H^p(U) = 0$ si $p > 0$.

c) Venons-en à la variété compacte la plus simple, le cercle S^1, qu'il sera commode ici de considérer comme $\mathbb{R}/\mathbb{Z}$. Ainsi, une forme différentielle $f(t)dt$ sur $\mathbb{R}$ passe au quotient en une forme sur S^1 si et seulement si $f(t+1) = f(t)$, et sera exacte si et seulement si la fonction f a une primitive ayant la même propriété. Mais, si f est périodique de période 1, l'intégrale

$$\int_t^{t+1} f(u)du$$

ne dépend pas de t. En effet, si on la voit comme une fonction de t, sa dérivée est $f(t+1) - f(t) = 0$! La valeur de cette intégrale est précisément l'intégrale sur S^1 de la forme quotient. Autrement dit :

3. Théorème – *Une forme $\omega \in \Omega^1(S^1)$ est exacte si et seulement si elle est d'intégrale nulle, et l'application d'intégration*

$$\alpha \mapsto \int_{S^1} \alpha$$

induit un isomorphisme de $H^1(S^1)$ sur $\mathbb{R}$. Cet isomorphisme ne dépend que du choix d'une orientation sur le cercle.

Cette propriété, que l'on peut voir comme une réciproque du théorème de Stokes pour les variétés compactes (cf. **VI. 25**), s'étend telle que à toutes les variétés compactes orientées. C'est ce que nous allons voir au paragraphe suivant.

B. Cohomologie en degré maximum

Nous commencerons par une propriété "élémentaire", c'est-à-dire concernant l'espace $\mathbb{R}^n$, analogue à la précédente.

4. Théorème – *Pour qu'une forme différentielle $\alpha \in \Omega^n(\mathbb{R}^n)$ à support compact admette une primitive à support compact, il faut et suffit que*

$$\int_{\mathbb{R}^n} \alpha = 0.$$

Preuve – On procède par récurrence sur n. Le résultat est une conséquence du lemme suivant, qui est une version "à paramètres" du théorème, et permet de faire fonctionner la récurrence.

5. Lemme – *Soit $u \mapsto \alpha(u)$ une famille de formes différentielles de degré n à support compact contenu dans $]0,1[^n$, dépendant différentiablement du paramètre $u \in U \subset \mathbb{R}^k$. Alors, si*

$$\int_{]0,1[^n} \alpha(u) = 0,$$

il existe une famille $u \mapsto \beta(u)$ de formes à support compact de degré $n-1$ telle que

$$\forall u \in U,\ \beta(u) = d\alpha(u).$$

Preuve – On procède par récurrence sur n. Pour $n = 1$, c'est immédiat : $\alpha(u)$ s'écrit $f(x,u)dx$, où $f \in C^\infty(]0,1[\times U)$. De plus, il existe un intervalle fermé $[a(u), b(u)] \subset]0,1[$ tel que $f(x,u) = 0$ si $x \notin [a(u), b(u)]$, et par hypothèse

$$\int_{]0,1[} f(x,u)dx = \int_{a(u)}^{b(u)} g(x,u)dx = 0.$$

Alors la fonction

$$g(x,u) = \int_0^x f(t,u)dt$$

donne une famille de primitives de $\alpha(u)$ satisfaisant aux conditions requises.
Supposons maintenant la propriété vraie pour $n-1$, et soit $\alpha(u)$ une famille de n-formes sur $]0,1[^n$ satisfaisant aux conditions du lemme. Alors

$$\alpha(u) = f(x^1, \ldots, x^n, u)dx^1 \wedge \ldots \wedge dx^n$$

s'écrit $\beta(x^n, u) \wedge dx^n$, où $\beta(x^n, u)$ est une forme de degré $n-1$ sur $]0,1[^{n-1}$ paramétrée par $(x^n, u) \in]0,1[\times U$. Soit $\sigma \in \Omega^{n-1}(]0,1[^{n-1})$ une forme à support compact telle que $\int_{]0,1[^{n-1}} \sigma = 1$. Posons

$$\overline{\beta}(x^n, u) = \left(\int_{]0,1[^{n-1}} f(x^1, \ldots, x^n, u)dx^1 \ldots dx^{n-1} \right) \sigma.$$

Par construction, la forme $\beta(x^n, u) - \overline{\beta}(x^n, u)$ est à support compact dans $]0,1[^{n-1}$ et d'intégrale nulle, et d'après l'hypothèse de récurrence,

$$\beta(x^n, u) - \overline{\beta}(x^n, u) = d\big(\gamma(x^n, u)\big),$$

où $\gamma(x^n, u)$ est une famille de formes de degré $n-1$, paramétrée par (x^n, u).
Notons $\gamma'(u)$ la famille de formes sur $]0,1[^n$ (dépendant du paramètre u) dont la restriction au plan $x^n = x_0^n$ est $\gamma(x_0^n, u)$. Autrement dit, $\gamma'(u)$ s'obtient à partir de $\gamma(x^n, u)$ en faisant passer x^n du rôle de *paramètre* à celui de *variable*. Alors, avec un abus de notation évident pour le membre de gauche, on a

$$d\gamma'(u) \wedge dx^n = d\gamma(x^n, u) \wedge dx^n$$

et par conséquent (en omettant le paramètre u),

$$\alpha = \overline{\beta} \wedge dx^n + d\gamma' \wedge dx^n.$$

Le premier terme peut s'écrire $\sigma \wedge F(x^n, u)dx^n$, où la fonction $F(., u)$ est d'intégrale nulle. Il est donc de la forme $\sigma \wedge dG$, où la fonction G est à support compact contenu dans $]0,1[$. C'est, au signe près, la différentielle de la forme à support compact $G\sigma$ (puisque $d\sigma = 0$). De même, le second terme est au signe près la différentielle de $x^n d\gamma'$, qui est aussi à support compact comme on le voit en remontant à sa définition ▪

Remarque – Le lecteur pointilleux pourra relever les nombreuses utilisations implicites de la projection $p : (x^1, \ldots, x^n) \mapsto (x^1 \ldots, x^{n-1})$, de l'inclusion i_{x^n} de $\mathbb{R}^{n-1}$ dans

$\mathbb{R}^{n-1} \times x^n$, et d'images réciproques de formes par ces applications. Nous avons fait ces omissions au bénéfice de la clarté, sinon de la rigueur.

La propriété annoncée des variétés compactes se déduit de ce théorème par des corrections de proche en proche.

6. Théorème – *Soit X une variété compacte connexe orientée de dimension n. Une forme différentielle de degré n sur X est exacte si et seulement si elle est d'intégrale nulle.*

Preuve – Le fait qu'une forme exacte de degré maximum sur une variété compacte orientée est d'intégrale nulle fait partie du théorème de Stokes. Pour démontrer la réciproque, nous aurons besoin de "formes de références" analogues aux formes σ qui interviennent dans **5**.

7. Lemme – *Pour tout ouvert U d'une variété orientée X, il existe une forme $\sigma \in \Omega^n(X)$ à support contenu dans U telle que $\int_X \sigma = 1$.*

Preuve – Soit $\varphi : U \mapsto \mathbb{R}^n$ une carte conservant l'orientation, et f une fonction lisse à support compact dans $\varphi(U)$ telle que $\int_{\mathbb{R}^n} f dx^1 \dots dx^n = 1$. Il suffit alors d'après **V. 45** de définir σ comme la forme qui vaut $\varphi^*(f dx^1 \wedge \dots dx^n)$ sur U et 0 sur $X \setminus \varphi^{-1}(\mathrm{Supp}(f))$ ∎

La partie "seulement si" du Théorème **6** est une conséquence du résultat suivant, qui a son utilité propre.

8. Proposition – *Sous les mêmes hypothèses qu'en* **6**, *soient α et $\sigma \in \Omega^n(X)$. Supposons que* $\mathrm{Supp}(\sigma)$ *soit inclus dans un ouvert de carte, et que $\int_X \sigma = 1$. Alors il existe une forme $\beta \in \Omega^{n-1}(X)$ et un réel t tels que*

$$\alpha - t\sigma = d\beta.$$

De plus, $t = \int_X \alpha$.

Preuve – En recouvrant X par un nombre fini d'ouverts de cartes et en prenant une partition de l'unité subordonnée à ce recouvrement, on se ramène par additivité au cas où α a un support contenu dans un ouvert de carte. Si cet ouvert avait le bon goût d'être le même que celui qui correspond à σ, tout serait fini en appliquant le théorème **4**. Il n'en est pas ainsi en général, et on va faire une suite de corrections pour se ramener à ce cas.

9. Lemme – *Soit X un espace topologique connexe, et $(V_i)_{i\in I}$ un recouvrement ouvert de X. Alors quels que soient $x, y \in X$, il existe une suite finie $V_{i_0}, \dots, V_{i_p}$ d'ouverts du recouvrement tels que*

$$x \in V_{i_0}, \quad y \in V_{i_p} \qquad \text{et} \qquad V_{i_k} \cap V_{i_{k+1}} \neq \emptyset \quad \text{si } 0 \leq k < p.$$

Preuve – Pour $x \in X$, appelons $C(x)$ l'ensemble des $y \in X$ pour lesquels la propriété de l'énoncé est satisfaite pour le couple (x, y). Il est clair que $C(x)$ est un ouvert non vide, et que $C(x) = C(x')$ dès que $C(x) \cap C(x') \neq \emptyset$. Ainsi, les $C(x)$ forment une partition de X en ouverts, donc $C(x) = X$ ▪

Fin de la preuve de 8 – D'après le lemme, on est dans la situation suivante : il existe une suite $U_0, \ldots, U_p$ d'ouverts de cartes, tels que

$$\operatorname{Supp} \alpha \subset U_0\,;\ \operatorname{Supp} \sigma \subset U_p\,;\ U_k \cap U_{k+1} \neq \emptyset \quad \text{si } 0 \leq k < p.$$

Nous noterons φ_k les cartes correspondantes, supposerons qu'elles conservent l'orientation et que $\varphi_k(U_k) \subset]0,1[^n$. D'après le lemme **7**, il existe pour chaque k ($0 \leq k < p$ une forme différentielle σ_k de degré n à support dans $U_k \cap U_{k+1}$ telle que $\int_X \sigma_k = 1$. D'après le théorème **4**, il existe une forme différentielle β_0 à support compact contenu dans $\varphi_0(U_0)$ telle que

$$\varphi_0^{-1*}\alpha - t\varphi_0^{-1*}\sigma_0 = d\beta_0,$$

où

$$t = \int_X \alpha = \int_{\varphi_0(U_0)} \varphi_0^{-1*}\alpha.$$

Posons $\varphi_0^{-1*}\beta_0 = \gamma_0$. La forme $\gamma_0 \in \Omega^{n-1}(U_0)$ est à support compact contenu dans U_0. Elle se prolonge donc en une forme sur X tout entière nulle sur $M \setminus \operatorname{Supp}(\gamma_0)$ (toujours **V. 45**) et on a encore

$$\alpha - t\sigma_0 = d\gamma_0.$$

De même, en appliquant le théorème **4** à $\varphi_k(U_k)$ pour $0 \leq k < p$, on voit qu'il existe une forme β_k à support compact contenu dans $\varphi_k(U_k)$ telle que

$$\varphi_k^{-1*}\sigma_k - \varphi_k^{-1*}\sigma_{k+1} = d\beta_k,$$

puis par le même argument que précédemment une forme $\gamma_k \in \Omega^{n-1}(X)$ telle que

$$\sigma_k - \sigma_{k+1} = d\gamma_k.$$

Pour les mêmes raisons, on a aussi

$$\sigma_p - \sigma = d\gamma_p.$$

Finalement, on trouve que

$$\alpha - t\sigma = d\left(\gamma_0 + t\sum_{k=0}^{p} \gamma_k\right) \quad ▪$$

En mettant tout bout à bout, on arrive au résultat suivant.

10. Théorème – *Si X est une variété compacte connexe orientable de dimension n, $H^n(X)$ est de dimension 1 ; de plus, une orientation de X étant choisie, l'application d'intégration*

$$\alpha \mapsto \int_X \alpha$$

de $\Omega^n(X)$ dans $\mathbb{R}$ donne par passage au quotient un isomorphisme entre $H^n(X)$ et $\mathbb{R}$.

Preuve – Il suffit de montrer la deuxième partie. L'application $\alpha \mapsto \int_X \alpha$ passe au quotient grâce au théorème de Stokes ; le théorème **6** dit exactement que l'application obtenue par passage au quotient est injective, et le lemme **7** qu'elle est surjective ■

C. DEGRÉ D'UNE APPLICATION

Pour tirer pleinement parti du résultat qui précède, il faut utiliser le fait que la correspondance

variété $\longrightarrow$ espace vectoriel de cohomologie

est "fonctorielle", c'est-à-dire qu'à toute application lisse entre variétés on associe d'une façon naturelle une application linéaire entre espaces de cohomologie.

11. Proposition – *Soient X et Y deux variétés, et soit $f : X \to Y$ une application lisse. Alors, pour tout entier k, l'application*

$$f^* : \Omega^k(Y) \to \Omega^k(X)$$

envoie les formes fermées sur des formes fermées, les formes exactes sur des formes exactes, et passe au quotient en une application linéaire

$$h^k(f) : H^k(Y) \to H^k(X).$$

Si Z est une troisième variété, et $g : Y \mapsto Z$ une application lisse,

$$h^k(g \circ f) = h^k(f) \circ h^k(g).$$

En particulier, si f est un difféomorphisme, $h^k(f)$ est un isomorphisme d'espaces vectoriels.

Preuve – Ces assertions sont des conséquences immédiates des relations

$$f^* \circ d = d \circ f^* \qquad \text{et} \qquad (g \circ f)^* = f^* \circ g^*.$$

Cette propriété est particulièrement agréable dans le cas de variétés de même dimension n, si on regarde le n-ième espace de cohomologie.

12. Corollaire – *Soient X et Y deux variétés compactes orientées de même dimension n, et $f : X \mapsto Y$ une application lisse. Alors il existe un réel $d(f)$ tel que*

$$\forall \alpha \in \Omega^n(Y), \quad \int_X f^*\alpha = d(f) \int_Y \alpha.$$

Preuve – Soit $\sigma \in \Omega^n(Y)$ telle que $\int_Y \sigma = 1$. Il existe alors une forme $\beta \in \Omega^{n-1}(Y)$ telle que

$$\alpha - \left(\int_Y \alpha\right) \sigma = d\beta.$$

Alors

$$f^*\alpha - \left(\int_Y \alpha\right) f^*\sigma = f^*(d\beta) = d(f^*\beta).$$

En intégrant il vient
$$\int_X f^*\alpha = \left(\int_Y \alpha\right)\left(\int_X f^*\sigma\right),$$
d'où la propriété annoncée avec $d(f) = \int_X f^*\sigma$ ∎

Remarque – Cette propriété s'énonce évidemment de façon plus conceptuelle au niveau de la cohomologie de degré n. En notant $\int_X$ (resp. $\int_Y$) les isomorphismes entre $H^n(X)$ (resp. $H^n(Y)$) et $\mathbb{R}$ donnés par l'intégration des formes de degré n, et a l'application $x \mapsto ax$ de $\mathbb{R}$ dans $\mathbb{R}$, on a un diagramme commutatif

$$\begin{array}{ccc} H^n(Y) & \xrightarrow{h^n(f)} & H^n(X) \\ \Big\downarrow \int_Y & & \Big\downarrow \int_X \\ \mathbb{R} & \xrightarrow{d(f)} & \mathbb{R} \end{array}$$

Ces espaces sont de dimension 1, et en utilisant les isomorphismes avec $\mathbb{R}$ donnés par l'intégration, $h^n(f)$ devient une application linéaire de $\mathbb{R}$ dans $\mathbb{R}$, c'est-à-dire la multiplication par un nombre réel, à savoir $d(f)$.

13. Définition – *On appelle* $d(f)$ le degré *de* f, *et on le note* $\deg(f)$.

Remarque – Si $X = Y$, et si on donne à la source et au but la même orientation, le degré de $f : X \to Y$ ne dépend pas du choix de cette orientation.
Nous allons voir qu'en fait $\deg(f)$ est *entier*.

14. Théorème – *Soient X et Y deux variétés compactes orientées de même dimension, et $f : X \mapsto Y$ une application lisse. Pour toute valeur régulière y de f, on a :*
$$\deg g = \sum_{x \in f^{-1}(y)} \mathrm{or}_x f,$$
où l'on a posé $\mathrm{or}_x f = +1$ *si* $T_x f$ *conserve l'orientation,* $\mathrm{or}_x f = -1$ *sinon.*

Remarque – Nous avons déjà vu en **II.21** que $f^{-1}(y)$ est un ensemble fini.

Preuve – Soit y une valeur régulière. Comme nous l'avons vu en **II.21**, il existe un ouvert V contenant y tel que, si $f^{-1}(y) = \{x_1, \cdots, x_k\}$, on ait
$$f^{-1}(V) = \cup_{i=1}^k U_i,$$
les U_i étant des ouverts deux à deux disjoints tels que $x_i \in U_i$ et que $f_{|U_i}$ est un difféomorphisme de U_i sur V. Soit alors σ une forme différentielle de degré $n = \dim Y$, à support dans V et telle que
$$\int_Y \sigma = \int_V \sigma = 1.$$
D'après la définition du degré, $\deg f = \int_X f^*\sigma$. Mais bien évidemment,
$$\int_X f^*\sigma = \sum_{i=1}^k \int_{U_i} f^*\sigma,$$

et

$$\int_{U_i} f^*\sigma = \pm \int_V \sigma,$$

suivant que le difféomorphisme $f_{|U_i}$ conserve ou renverse l'orientation. Si $y \notin f(X)$, on reprend ce qui précède avec une forme σ à support dans l'ouvert $V = Y \setminus f(X)$, auquel cas $f^*\sigma = 0$ ∎

15. Corollaire

a) $\deg f$ *est un nombre entier, qui change de signe si on change l'orientation de* X *ou de* Y.
b) *Si* f *n'est pas surjective,* $\deg f = 0$.
c) *La parité de l'entier* $\mathrm{card}\big(f^{-1}(y)\big)$ *est la même pour toute valeur régulière* y *de* f.

***Preuve* –** Pour prouver a), il faut s'assurer de l'existence d'au moins une valeur régulière. Cela résulte du théorème de Sard (**II. 44**).

***16. Exemple* –** Pour $X = Y = S^1$, vu comme l'ensemble des complexes de module 1, soit l'application

$$f_n : z \to z^n.$$

Si $\sigma = xdy - ydx$, on a $f_n^*\sigma = n\sigma$, donc $\deg(f_n) = n$. D'autre part, si on réalise S^1 comme $\mathbb{R}/2\pi\mathbb{Z}$, alors

$$f_n(t) = nt \mod 2\pi.$$

On voit ainsi que f_n est un difféomorphisme local qui conserve l'orientation. Comme $f^{-1}(t)$ a toujours n éléments, on retrouve ainsi que $\deg f_n = n$.

Puisque le degré est un entier, on peut s'attendre à son invariance par déformation continue. Nous allons formaliser cette remarque.

***17. Définition* –** *Deux applications lisses* f *et* g *d'une variété* X *dans une variété* Y *sont dites* homotopes *s'il existe une application continue* $H : X \times [0,1] \mapsto Y$ *(dite* homotopie *entre* f *et* g*) telle que*

a) $\forall x \in X,\ H(x,0) = f(x)\,,\ H(x,1) = g(x)$.

b) *L'application* $x \mapsto H(x,t)$ *est lisse quel que soit* t.

On peut démontrer (voir [Dieudonné 1]) que s'il existe une application H (continue bien sûr) satisfaisant a), il existe aussi une homotopie H' lisse sur $X \times [0,1]$.

18. Exemples

a) Deux applications à valeur dans un ouvert convexe ou dans un ouvert étoilé sont toujours homotopes.
b) Il est plus intéressant de considérer deux applications lisses f et g d'une variété X dans S^n telles que

$$\forall x \in X\,,\ \|f(x) - g(x)\| < 2$$

(on a désigné par $\|\ \|$ la norme euclidienne de $\mathbb{R}^{n+1}$, donc tout revient à dire que $f(x)$ et $g(x)$ ne sont jamais diamétralement opposés). Alors f et g sont homotopes. Comme le segment $[f(x), g(x)]$ ne rencontre jamais l'origine, on a l'homotopie

$$H(x,t) = \frac{tf(x) + (1-t)g(x)}{\|tf(x) + (1-t)g(x)\|}.$$

** ***Remarque*** **–** Plus généralement, si X et Y sont deux variétés compactes, et si d est une distance définissant la topologie de Y, on peut démontrer qu'il existe un $r > 0$ tel que deux applications $f, g : X \mapsto Y$ vérifiant $d(f,g) < r$ soient homotopes. Si la distance d est définie par une métrique riemannienne, r sera le rayon d'injectivité (cf. [Gallot-Hulin-Lafontaine]). On trouvera dans [Dieudonné 1] une démonstration sans géométrie riemannienne de cette propriété remarquable.
** Elle signifie que les classes d'homotopie forment des parties *ouvertes* de $C^\infty(X,Y)$ pour la topologie de la convergence uniforme. Il ne sera donc pas étonnant que l'on puisse associer à une classe d'homotopie des invariants *discrets*.**

19. Théorème **–** *Si f et g sont deux applications lisses homotopes entre deux variétés compactes connexes orientées de même dimension, alors* $\deg(f) = \deg(g)$.

Preuve **–** Si H est une homotopie entre f et g, posons $f_t(x) = H(x,t)$. Soit $\sigma \in \Omega^n(Y)$ une forme de degré maximum et d'intégrale 1. Alors la famille de formes $f_t^*\sigma$ dépend continûment du paramètre réel t, et d'après **V.E.** la fonction

$$t \to \int_X f_t^*\sigma$$

est continue. D'autre part, sa valeur en t est $\deg(f_t)$, c'est-à-dire un nombre entier. Mais une fonction continue à valeurs entières définie sur un intervalle est constante. En particulier, $\deg(f) = \deg(f_0) = \deg(f_1) = \deg(g)$ ▪

20. Corollaire **–** *Si X est une variété compacte orientable, l'application identique de X dans X n'est pas homotope à une application constante (ni même à une application non surjective).*

Remarque **–** Cette propriété est encore vraie pour les variétés compactes non orientables (et peut alors se montrer d'une façon analogue, en utilisant le "degré modulo 2", cf [Hirsch].) Par contre, la compacité est essentielle, comme le montre le contre-exemple de $\mathbb{R}^n$.

Cette invariance du degré par homotopie a de nombreuses applications. Nous n'en verrons que quelques-unes, parmi les principales.

21. Théorème **–** *Si n est pair, tout champ de vecteurs sur S^n a un zéro.*

Preuve **–** Comme dans **VI.B**, on considère S^n comme plongée dans $\mathbb{R}^{n+1}$. Un champ de vecteurs s'identifie alors à une application $X : S^n \mapsto \mathbb{R}^{n+1}$ telle que $\langle x, , X(x)\rangle = 0$. Si X ne s'annule jamais, on peut en le remplaçant par $\frac{X}{\|X\|}$ trouver un champ de norme égale à 1. Posons alors

$$H(x,t) = (\cos \pi t)x + (\sin \pi t)X(x).$$

Comme $\|H(x,t)\| = 1$, on a ainsi défini une homotopie entre $H(x,0) = x$ et $H(x,1) = -x$. L'application $x \mapsto -x$ ayant pour degré $(-1)^{n+1}$, il en résulte que

$$(-1)^{n+1} = 1,$$

donc que n est impair ■

22. Remarque – ** Plus généralement, si x est un zéro isolé d'un champ de vecteurs ξ, on définit l'indice de x de la façon suivante : on choisit une carte (U,φ) telle que $\varphi(0) = 0$ et que x soit le seul zéro de ξ contenu dans U. L'indice de x, noté $\mathrm{ind}_x\,\xi$ est alors le degré de l'application

$$y \mapsto \frac{\eta(y)}{\|\eta(y)\|} \quad \text{de } S^{n-1}(\epsilon) \text{ dans } S^n,$$

où $\eta = \varphi_*\xi$, $S^{n-1}(\epsilon)$ désignant une petite sphère de centre 0 et de rayon ϵ incluse dans $\varphi(U)$. On démontre (c'est un bon exercice, qui utilise l'exercice **3**), que l'indice ne dépend ni de φ ni de ϵ.
Le théorème de Poincaré-Hopf (voir [Spivak]) assure que si X est une variété compacte, et $\xi \in \Gamma(TX)$ n'a que des zéros isolés,

$$\chi(X) = \sum_{x \in Z(\xi)} (-1)^{\mathrm{ind}_x(\xi)},$$

où $\chi(X)$ est la caractéristique d'Euler-Poincaré de X, définie par

$$\chi(X) = \sum_{k=0}^{\dim X} (-1)^k \dim H^k(X,\mathbb{R}).$$

Par conséquent, le théorème précédent est vrai plus généralement pour toute variété compacte à caractéristique d'Euler-Poincaré non nulle (nous verrons bientôt que $\chi(S^{2p}) = 2$).**

D. Retour sur le théorème de d'Alembert

On dispose de deux méthodes (dont la différence n'est qu'apparente, cf. la démonstration de **14**) pour calculer le degré : on peut soit utiliser directement la définition, soit regarder l'image réciproque d'un point régulier. Dans ce cas, il est important de savoir si l'orientation est conservée ou non. Un cas important est le suivant.

23. Théorème – *Soit f une fonction holomorphe définie sur un ouvert $U \subset \mathbb{C}$. Au voisinage de tout point z tel que $f'(z) \neq 0$, f est un difféomorphisme local qui conserve l'orientation.*

Preuve – Si $f = P + iQ$, la matrice jacobienne de f en tant qu'application d'un ouvert de $\mathbb{R}^2$ dans $\mathbb{R}^2$ est

$$\begin{pmatrix} \partial_x P & \partial_y P \\ \partial_x Q & \partial_y Q \end{pmatrix} = \begin{pmatrix} \partial_x P & -\partial_x Q \\ \partial_x Q & \partial_x P \end{pmatrix}$$

(d'après les conditions de Cauchy-Riemann). Son déterminant est donc strictement positif, et égal à $|f'(z)|^2$ ∎

Remarque – Ce résultat s'étend facilement aux fonctions analytiques sur un ouvert de $\mathbb{C}^n$, à condition d'utiliser des arguments moins culinaires.

Nous allons déduire de cette propriété deux démonstrations du théorème de d'Alembert. La première sera très proche de celle vue en **II**, la deuxième utilise franchement l'invariance par homotopie.

On procède comme dans **II. 11**, en associant à un polynôme P d'une variable complexe l'application $f : S^2 \mapsto S^2$ définie par

$$f(x) = i_N^{-1}\Big(P\big(i_N(x)\big)\Big) \quad \text{si} \quad x \neq N\,, \qquad \text{et} \quad f(N) = N.$$

24. Théorème – *Si P est non constant, f et donc P sont des applications surjectives.*

Preuve – D'après **II.C**, P et donc f n'ont qu'un nombre fini de points singuliers dès que P est non constant. Soit donc x une valeur régulière de f telle que $x \neq N$ (l'argument ci-dessus dispense d'utiliser le théorème de Sard ; il se trouve par ailleurs que N est valeur singulière, mais peu importe ici). Alors f conserve l'orientation en tout point de $f^{-1}(x)$: il suffit pour le voir de lire f dans la carte i_N. On est alors ramené à montrer que P conserve l'orientation, ce qui est vrai d'après **19**. Il en résulte que $\deg(f) > 0$. En particulier f et P sont surjectives ∎

L'autre démonstration vient de la propriété suivante.

25. Théorème – *Le degré de f est égal au degré du polynôme P.*

Preuve – Pour $t \in [0,1]$, on pose

$$h(z,t) = a_0 z^n + t(a_1 z^{n-1} + \ldots + a_n)$$

et

$$H(x,t) = i_N^{-1}\Big(h\big(i_N(x),t\big)\Big) \quad \text{si} \quad x \neq N\,, \qquad \text{et} \quad H(N,t) = N.$$

Alors le calcul fait en **II.C** montre que H définit une homotopie entre f et l'application g définie d'une façon analogue à partir du polynôme $Q(z) = z^n$. Pour calculer le degré de g on procède comme dans **20**. Mais cette fois, si on part d'une valeur régulière, $x = i_N^{-1}(1)$ par exemple, on sait que $g^{-1}(x)$ a n éléments, puisque 1 a n racines n-ièmes. D'après **19**, $\deg(g) = n$, et en raison de l'invariance par homotopie, $\deg(f) = n$ ∎

26. Corollaire – *Il existe des applications de S^2 dans S^2 de tout degré dans $\mathbb{Z}$.*

Preuve – L'application $x \mapsto -x$ étant de degré -1, il suffit d'utiliser le lemme suivant.

27. Lemme – *Soient X, Y, Z trois variétés compactes connexes orientées de même dimension, $f \in C^\infty(X,Y)$ et $g \in C^\infty(Y,Z)$. Alors*

$$\deg(g \circ f) = \big(\deg(g)\big)\big(\deg(f)\big).$$

Preuve – Soit σ une forme sur Z de degré maximum et d'intégrale 1. Alors

$$\deg(g \circ f) = \int_X (g \circ f)^* \sigma = \int_X \big(f^*(g^*\sigma)\big) = \deg(f) \int_Y g^*\sigma = \big(\deg(f)\big)\big(\deg(g)\big) \quad ■$$

27 bis. *Remarques :* comparaison des différentes preuves du théorème de d'Alembert

Il est instructif de comparer ces démonstrations du théorème de d'Alembert entre elles, et aux autres démonstrations existantes. En dernière analyse, chacune d'elles met en jeu une propriété très simple de $\mathbb{C}$, mais fondamentale.
Dans le chapitre **II**, ce rôle clé a été joué par la connexité de $\mathbb{C}$ privé d'un ensemble fini de points (propriété grossièrement fausse pour $\mathbb{R}$).
Dans **24**, c'est le fait que l'application $z \mapsto az$ de $\mathbb{C}$ dans $\mathbb{C}$ conserve l'orientation (si $a \neq 0$) (propriété encore grossièrement fausse pour $\mathbb{R}$).
Dans **25**, on s'est servi de la propriété précédente et d'un argument d'homotopie. Cet argument d'homotopie, utilisé directement, montre que P a un degré non nul, donc est surjective. Le même argument d'homotopie permet de montrer qu'un polynôme à coefficients réels, prolongé à l'infini, est homotope à l'application $x \mapsto \pm x^n$ prolongée de même. Hélas, cette application est de degré ± 1 si n est impair (cas où le théorème des valeurs intermédiaires suffit largement), et 0 si n est pair.
Passons maintenant aux démonstrations qui utilisent la théorie des fonctions holomorphes. L'une d'entre elles part de la formule intégrale de Cauchy : si f est une fonction méromorphe sur le disque $D(0,r)$, de bord orienté $C(r)$, on montre que

$$\int_{C(r)} \frac{f'(z)}{f(z)} dz = 2i\pi(Z(f) - P(f)),$$

où $Z(f)$ et $P(f)$ désignent le nombre de zéros et le nombre de pôles de f dans D. Si f est un polynôme de degré n, on a $P(f) = 0$. D'autre part, si r est assez grand, on peut écrire

$$\frac{f'(z)}{f(z)} = \frac{n}{z} + \frac{\epsilon(z)}{z} \quad \text{avec} \quad \lim_{|z| \mapsto \infty} \epsilon(z) = 0.$$

Pour r assez grand, on a

$$\left| \int_{C(r)} \frac{\epsilon(z)}{z} dz \right| < \frac{1}{2}.$$

Donc

$$\frac{1}{2i\pi} \int_{C(r)} \frac{f'(z)}{f(z)} dz = \frac{1}{2i\pi} \int_{C(r)} \frac{n}{z} dz = n,$$

puisque ces deux intégrales sont des entiers. Cet argument est essentiellement *le même* que l'argument utilisé pour prouver l'invariance du degré par homotopie. Notons aussi que la formule intégrale de Cauchy met en jeu, de façon tellement évidente qu'on n'y pense pas forcément, la connexité de $\mathbb{C} \setminus \{0\}$.
Une autre démonstration utilise le théorème de Liouville sur les fonctions entières : si P n'avait pas de zéro, la fonction $\frac{1}{P}$ serait holomorphe et bornée sur P, donc constante. Il est difficile de faire plus court. Mais la preuve du théorème de Liouville repose sur la formule intégrale de Cauchy. Notons aussi que le fait que $\frac{1}{P}$ est bornée repose

sur la comparaison de $P(z)$ et de z^n que nous avons utilisée dans la démonstration précédente... ainsi que dans **25**.
Passons enfin aux démonstrations “élémentaires”. L’une consiste à démontrer par l’absurde que $\inf |P(z)| = 0$. Un argument de compacité prouve que le minimum est atteint, et après changement de variable, on peut le supposer atteint en 0. Alors

$$P(z) = a_n\bigl(1 + \sum_{k=1}^{n} \frac{a_{n-k}}{a_n} z^k\bigr) = a_n\bigl(1 + Q(z)\bigr),$$

où $Q(z)$, si P n’est pas constant, a une partie principale en cz^k quand z tend vers zéro. En prenant z suffisamment petit et tel que cz^k soit un réel négatif, on peut donc rendre $|P(z)\|$ inférieur à $|a_n|$, d’où la contradiction. C’est la possiblilité de prendre des racines n-ièmes de nombres complexes qui a joué ici le rôle clé.
L’autre démonstration élémentaire consiste au contraire à faire le maximum d’algèbre. On remplaçant P par $\overline{P}P$ on voit qu’il suffit de faire la preuve pour les polynômes à coefficients réels. On écrit le degré du polynôme sous la forme $n = 2^k m$, où m est impair, et un argument ingénieux fondé sur les fonctions symétriques permet de faire la preuve par récurrence sur k. C’est seulement pour démarrer la récurrence (pour $k = 0$!) que l’on a besoin d’un argument topologique.
Toutes ces démonstrations ont ainsi en commun un argument de *connexité*. Aucune n’est due à d’Alembert (qui a tout de même pressenti l’énoncé). Les quatre dernières preuves que nous avons esquissées sont dues à Gauss.
Plus généralement, montrer qu’une application a un degré non nul est un moyen puissant de s’assurer qu’un système d’équations a des solutions (voir par exemple les exercices **2** et **6**). On peut procéder de même en dimension infinie, grâce à la théorie du degré de Leray-Schauder (voir par exemple [M. S. Berger]).

E. ENLACEMENT DE DEUX COURBES DE L’ESPACE EUCLIDIEN DE DIMENSION TROIS

L’objectif de ce paragraphe est en quelque sorte opposé à celui de **C** : il s’agit, plutôt que de donner des preuves mathématiques de phénomènes conformes à notre perception de l’espace, de “définir” (bien incomplètement d’ailleurs, vu la difficulté du sujet) une notion suggérée par cette perception.
Il sera commode de définir une courbe comme une immersion injective de S^1 dans $\mathbb{R}^3$, une paire de courbes disjointes comme la donnée de deux immersions injectives $f, g : S^1 \mapsto \mathbb{R}^2$ telles que $f(s) \neq g(t)$ quels que soient s et t dans S^1.

28. DÉFINITION – *Deux paires de courbes disjointes* (f_1, f_2) *et* (g_1, g_2) *seront dites* homotopes *s’il existe des applications lisses*

$$H_i : S^1 \times [0,1] \to \mathbb{R}^3 \qquad (i = 1, 2)$$

telles que

$$H_i(u,0) = f_i(u)\,, \qquad H_i(u,1) = g_i(u),$$

et que pour tout $t \in [0,1]$ *fixé les deux applications*

$$u \to H_i(u,t) \qquad (i = 1, 2)$$

définissent une paire de courbes disjointes.

***Remarque* –** De façon imagée, pour passer d'une paire à une autre par homotopie, on s'autorise à déformer les deux courbes, mais pas à les couper. Le fait qu'à chaque instant les courbes soient disjointes est bien sûr essentiel.

***29. Définition* –** *Une paire de courbes est dite* triviale *si elle est homotope à l'une des paires*

$$\big(t \to (\cos \pi t, \epsilon \sin \pi t, 0),\ u \to (3 + \cos \pi u, \epsilon' \sin \pi u, 0)\big),$$

avec $\epsilon, \epsilon' = \pm 1$, *autrement dit à une paire formée de deux cercles disjoints du plan* $z = 0$. *Une paire non triviale est dite* enlacée.

***30. Exemple* –** La paire f, g formée des deux cercles définis par

$$f(s) = (\cos s, \sin s, 0), \quad g(t) = (1 + \cos t, 0, \sin t)$$

est enlacée.
Pour le voir, il suffit de distinguer cette paire des précédentes par une quantité invariante par homotopie.

***31. Définition* –** *L'enlacement* $E(f,g)$ *d'une paire de courbes* f, g est le degré de l'application F de $S^1 \times S^1$ dans S^2 donnée par

$$F(s,t) = \frac{f(s) - g(t)}{\|f(s) - g(t)\|}.$$

Par exemple, pour une des paires apparaissant dans **29**, l'enlacement est nul puisque F n'est pas surjective. Notons que si on remplace f (par exemple) par $f \circ \varphi$, où $\varphi \in \mathrm{Diff}(S^1)$, on a

$$E(f \circ \varphi, g) = \pm E(f,g)$$

suivant que φ conserve ou renverse l'orientation. Notons aussi que

$$E(f,g) = E(g,f).$$

***32. Remarque* –** Soient C et C' deux sous-variétés compactes orientées de dimension 1 de $\mathbb{R}^3$. En utilisant le fait que ces variétés sont difféomorphes à S^1 (cf. **3. 52**), on définit l'enlacement $E(C, C')$ de C et C' comme étant $E(f,g)$ pour des paramétrisations compatibles avec les orientations. Par abus de langage, nous appellerons encore courbe une sous-variété compacte orientée de dimension 1. Mais attention : les paramétrisations interviennent explicitement quand on fait des homotopies de paires de courbes.
La propriété suivante est une conséquence immédiate des définitions qui précèdent et de l'invariance du degré par homotopie.

***33. Proposition* –** *Si les paires de courbes* (f,g) *et* (f_1, g_1) *sont homotopes, alors* $E(f,g) = E(f_1, g_1)$ ▪
On en déduit que la paire de l'exemple **30** est enlacée. En effet,

$$F^{-1}(0,0,1) = \{(0, \frac{3\pi}{2})\}.$$

Posant $t = \frac{3\pi}{2} + t'$, on voit que la projection de $F(s,t)$ sur le plan $\{z = 0\}$ admet au voisinage de $(0, \frac{3\pi}{2})$ le développement asymptotique

$$(-t', s) + O(s^2 + t'^2).$$

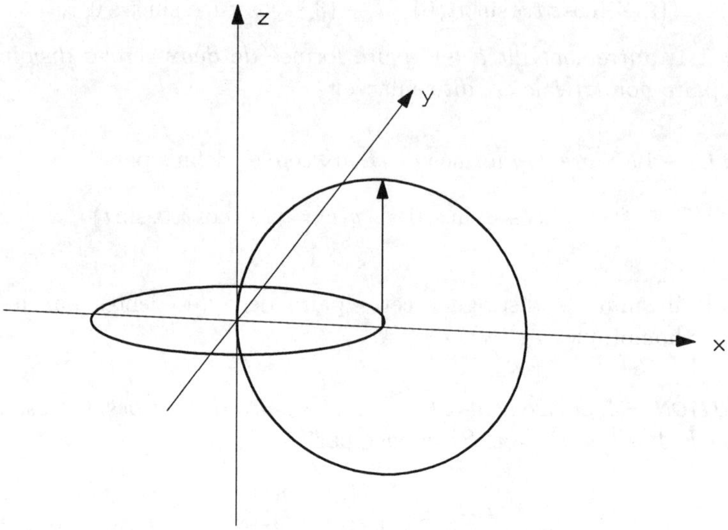

Cela montre que $(0, \frac{3\pi}{2})$ est un point régulier de F, et que F conserve l'orientation en ce point (S^2 étant orientée comme d'habitude au moyen de sa forme volume standard). Ainsi, $E(f,g) = 1$.

On peut aussi comprendre l'enlacement d'une façon plus géométrique, en regardant les intersections avec l'une des courbes d'une surface s'appuyant sur l'autre. Le premier pas est le suivant.

34. Théorème – *Si une courbe C est le bord orienté d'une surface Σ ne rencontrant pas C', alors $E(C, C') = 0$.*

Preuve – Soit

$$\delta : \mathbb{R}^3 \times \mathbb{R}^3 \setminus \Delta \to S^2 \qquad \text{donnée par} \qquad \delta(x,y) = \frac{x-y}{\|x-y\|}$$

(on a désigné par Δ la diagonale), et soit ω la forme volume standard de S^2. D'après la définition même de l'enlacement, on a

$$E(C, C') = \frac{1}{4\pi} \int_{C \times C'} \delta^* \omega,$$

donc d'après le théorème de Stokes

$$E(C, C') = \frac{1}{4\pi} \int_{\Sigma \times C'} d\delta^* \omega = \frac{1}{4\pi} \int_{\Sigma \times C'} \delta^* d\omega = 0 \quad \blacksquare$$

A contrario, si deux courbes sont enlacées, toute surface qui a pour bord l'une d'elles rencontre l'autre. Cela peut être précisé de la façon suivante.

35. THÉORÈME – *Soient C et C' deux courbes fermées de $\mathbb{R}^3$, et soit Σ une surface de bord orienté C. On suppose que $\Sigma \cap C'$ est fini, et que pour tout x de l'intersection*

$$T_x\Sigma \cap T_xC' = \{0\}.$$

Alors

$$E(C, C') = \sum_{x \in \Sigma \cap C'} \mathrm{or}_x(\Sigma \cap C'),$$

où l'on a posé $\mathrm{or}_x(\Sigma \cap C') = +1$ *si la réunion d'une base positive de $T_x\Sigma$ et d'une base positive de T_xC' est une base positive de $\mathbb{R}^3$,* $\mathrm{or}_x(\Sigma \cap C') = -1$ *sinon.*

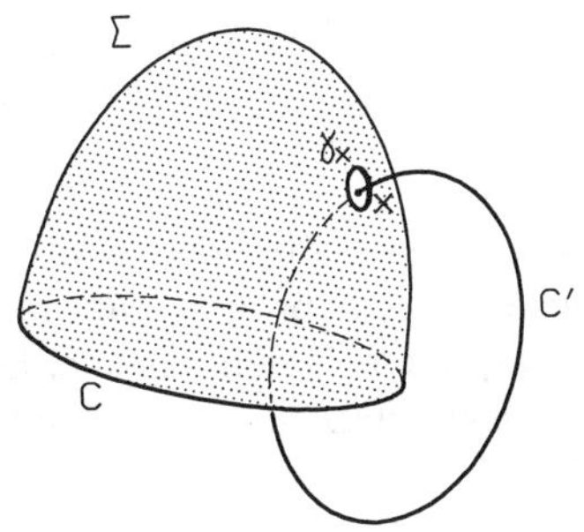

Preuve (esquissée) – On procède exactement comme dans la preuve du théorème précédent, en enlevant à Σ, pour chaque $x \in \Sigma \cap C'$, un petit disque D_x de bord γ_x. Alors, en utilisant les notations de **34**, le théorème de Stokes et le fait que $d\omega = 0$, il vient

$$0 = \int_{(\Sigma \setminus \cup_{x \in \Sigma \cap C'} D_x) \times C'} d\delta^*\omega = \int_{C \times C'} \delta^*\omega - \sum_{x \in \Sigma \cap C'} \int_{\gamma_x \times C'} \delta^*\omega.$$

Donc

$$E(C, C') = \sum_{x \in \Sigma \cap C'} E(\gamma_x, C').$$

Pour déterminer $E(\gamma_x, C')$ on procède exactement comme dans l'exemple qui suit la proposition **33** : par homotopie, on peut se ramener au cas où γ_x est un cercle, disons horizontal, et où C' rencontre le plan du cercle orthogonalement en x. Alors, avec les notations de **31**, $F^{-1}(0, 0, 1)$ n'a qu'un élément si le rayon est assez petit, et on vérifie que le signe qu'on doit lui associer est bien $\mathrm{or}_x(\Sigma \cap C')$ ∎

Signalons pour terminer ce paragraphe que l'enlacement intervient en magnétostatique. Si C est un circuit électrique parcouru par un courant uniforme d'intensité i, la circulation le long de C' du champ magnétique créé par le circuit est égale, à une constante multiplicative près déterminée par les unités physiques, à

$$i \int_{C \times C'} \delta^*\omega = iE(C, C')$$

(voir l'exercice **8**), comme Gauss le savait déjà.

F. INVARIANCE PAR HOMOTOPIE

Nous allons passer à l'étude de la cohomologie de degré quelconque. Nous aurons besoin de propriétés des formes différentielles sur une variété de la forme $M \times \mathbb{R}$. Le lecteur est invité à se reporter à la démonstration du lemme de Poincaré en **V.E** où nous avons introduit subrepticement des outils analogues.
Nous noterons $p : M \times \mathbb{R} \to M$ la projection canonique. Pour chaque réel t, on a une injection $j_t : M \to M \times \mathbb{R}$ définie par $j_t(x) = (x, t)$. Notons que

$$p \circ j_t = Id_M \qquad \text{et} \qquad j_u \circ p = r_u,$$

où $r_u : M \times \mathbb{R} \to M \times \mathbb{R}$ est définie par $r_u(x, t) = (x, u)$. Nous désignerons enfin par T le champ de vecteurs $\dfrac{\partial}{\partial t}$ sur $M \times \mathbb{R}$.

36. DÉFINITIONS – *Une forme différentielle $\alpha \in \Omega^p(M \times \mathbb{R})$ est dite* basique *s'il existe une forme $\beta \in \Omega^k(M)$ telle que $\alpha = p^*\beta$,* semi-basique *si $i_T\alpha = 0$. Autrement dit (voir plus bas une mise en forme) une forme basique s'exprime sans t ni dt, une forme semi-basique sans dt.*

Exemple – Une forme basique est nécessairement semi-basique (puisque $T_{(x,t)}p$ annule les vecteurs tangents au facteur $\mathbb{R}$), la réciproque étant fausse. Si on prend par exemple $U = \mathbb{R}$, la forme tdx est semi-basique mais non basique. Bien entendu, les formes semi-basiques sur $M \times \mathbb{R}$ s'identifient tout simplement aux familles à un paramètre de formes différentielles sur M vue en **V. E**.

37. LEMME

a) L'application $p^* : \Omega^k(M) \mapsto \Omega^k(M \times \mathbb{R})$ est injective.
b) Une forme $\alpha \in \Omega^k(M \times \mathbb{R})$ est basique si et seulement si

$$i_T\alpha = 0 \qquad \text{et} \qquad L_T\alpha = 0.$$

Preuve
a) Pour que $p^*\alpha = 0$ il faut et suffit que, quels que soient $x \in M$ et $t \in \mathbb{R}$,

$${}^tT_{(x,t)}p(\alpha_x) = 0$$

ou encore, que pour tout k-uple $v_1 \ldots v_k$ de vecteurs tangents à (x, t),

$$\alpha_x(T_{(x,t)}pv_1, \ldots, T_{(x,t)}p.v_k) = 0.$$

Cela permet de conclure, puisque l'application linéaire tangente $T_{(x,t)}p$ est partout surjective. Le même raisonnement prouve bien sur que p^* est injective dès que p est une submersion surjective.
b) S'agissant d'une propriété locale (sur M !) et invariante par difféomorphisme, il suffit d'examiner le cas des ouverts de $\mathbb{R}^n$. Une forme $\alpha \in \Omega^k(U \times \mathbb{R})$ s'écrit alors

$$\alpha = \sum_{i_1 < i_2 \ldots < i_k} f_{i_1 i_2 \ldots i_k}(x, t)dx^{i_1} \wedge \ldots \wedge dx^{i_k} \\ + \sum_{j_1 < j_2 \ldots < j_{k-1}} g_{j_1 j_2 \ldots j_k}(x, t)dt \wedge dx^{j_1} \ldots \wedge dx^{j_{k-1}}.$$

On a $i_T\alpha = 0$ si et seulement si dt ne figure pas dans l'écriture ci-dessus, c'est-à-dire si les fonctions $g_{j_1 j_2 \ldots j_k}$ sont nulles. Alors, d'après la définition même de la dérivée de Lie, $L_T\alpha$ s'obtient en dérivant les fonctions $f_{i_1 i_2 \ldots i_k}$ par rapport à t, donc si $L_T\alpha = 0$ les $f_{i_1 i_2 \ldots i_k}$ ne dépendent pas de t. La réciproque est évidente ∎

Une retombée de cette démonstration est la propriété suivante.

38. Lemme – *Toute forme $\alpha \in \Omega^k(M \times \mathbb{R})$ s'écrit d'une façon unique*

$$\alpha = \beta + dt \wedge \gamma,$$

où $\beta \in \Omega^k(M \times \mathbb{R})$ et $\gamma \in \Omega^{k-1}(M \times \mathbb{R})$ sont semi-basiques.

Preuve – C'est immédiat, puisqu'une forme sur $M \times \mathbb{R}$ est semi-basique si et seulement si dt ne figure pas dans son écriture en coordonnées locales. Intrinsèquement, on peut remarquer que $\gamma = i_T\alpha$ ∎

La propriété suivante, qui utilise les notations de **V. E**, est à rapprocher de la formule de Cartan.

39. Proposition – *Soit $\alpha \in \Omega^k(M \times \mathbb{R})$ une forme fermée. Alors, pour $a, b \in \mathbb{R}$, on a*

$$j_b^*\alpha - j_a^*\alpha = I_a^b(L_T\alpha) = d\big(I_a^b(i_T\alpha) + I_a^b(i_T(d\alpha)\big),$$

où l'on a posé

$$I_a^b\alpha = \int_a^b (j_t^*\alpha)dt.$$

Preuve – Nous allons d'abord montrer que pour $\alpha \in \Omega(M \times \mathbb{R})$, on a

$$\frac{d}{dt}j_t^*\alpha = j_t^*(L_T\alpha).$$

On remarque que les deux membres ne dépendent que de la composante β du lemme précédent. Autrement dit, il suffit de considérer le cas semi-basique. D'après les arguments de **37**, on est ramené aux formes sur $U \times \mathbb{R}$, où U est un ouvert de $\mathbb{R}^n$, du type $f(x,t)dx^{i_1} \wedge \ldots \wedge dx^{i_k}$. Mais alors les deux membres sont évidemment égaux à $\frac{\partial f}{\partial t}(x,t)dx^{i_1} \wedge \ldots \wedge dx^{i_k}$.

Cette assertion étant prouvée, on a, en utilisant la formule de Cartan et les propriétés des familles de formes à un paramètre montrées en **V. E** :

$$\begin{aligned} j_b^*\alpha - j_a^*\alpha &= \int_a^b \left(\frac{d}{dt}j_t^*\alpha\right) dt \\ &= \int_a^b (j_t^*(L_T\alpha))\, dt \\ &= \int_a^b \Big(j_t^*\big(d(i_T\alpha) + i_T(d\alpha)\big)\Big) dt \\ &= d\big(I_a^b(i_T\alpha) + I_a^b(i_T(d\alpha)\big) \end{aligned}$$ ∎

Une conséquence immédiate de **39** est la suivante.

40. Théorème – *Soient f et g deux applications lisses d'une variété M dans une variété N. Supposons qu'il existe une homotopie lisse entre f et g. Alors $h^k(f) = h^k(g)$ pour tout entier k.*

Preuve – Soit $F : M \times [0,1] \mapsto N$ une homotopie, et $\alpha \in \Omega^k(N)$ une forme fermée. Alors la proposition **39** dit exactement que $f^*\alpha$ et $g^*\alpha$ sont cohomologues ▪

Remarque – Il y a un léger abus dans la démonstration précédente : les considérations du lemme **3** ne s'appliquent pas directement à $M \times [0,1]$. On peut s'en tirer par exemple en remarquant que toute cette théorie est en fait C^1, et que F peut se prolonger en une homotopie $F_1 : M \times [a,b] \mapsto N$, avec $a < 0$, $b > 1$, la fonction F_1 étant de plus constante en t sur des intervalles $[a, a-\epsilon]$ et $[b-\epsilon, b]$. **On peut aussi faire appel à la théorie des variétés à bord.**

41. Définition – *Une application (lisse) $f : M \to N$ est une* équivalence d'homotopie *s'il existe une application (lisse) $g : N \mapsto M$ telle que $g \circ f$ soit homotope à Id_M et $f \circ g$ à Id_N. On dit aussi que M et N ont* même type d'homotopie.
Cette notion peut bien sûr se définir dans un cadre purement topologique.

Exemples
a) L'application j_u du paragraphe précédent (et son “inverse homotopique” p) sont des équivalences d'homotopie.
b) Si $U \subset \mathbb{R}^n$ est un ouvert étoilé par rapport à $a \in U$, l'inclusion $a \mapsto U$ est une équivalence d'homotopie. Cette situation est suffisamment importante pour donner lieu à une définition.

42. Définition – *Un espace topologique est dit* contractile *si l'application identique est homotope à une application constante (autrement dit si l'application constante est une équivalence d'homotopie).*

Le résultat suivant est alors une conséquence immédiate de **40**.

43. Théorème – *Si $f : M \to N$ est une équivalence d'homotopie entre variétés, alors $h^k(f)$ est un isomorphisme pour tout k. En particulier, si V est une variété contractile, $H^k(M \times V)$ et $H^k(M)$ sont isomorphes.*

44. Exemples

a) Le lemme de Poincaré apparait maintenant comme un cas particulier de ce résultat.
b) La spère privée des deux pôles, soit $S^n \setminus \{N,S\}$, est difféomorphe à $S^{n-1} \times]-1,1[$ par le difféomorphisme

$$(t,x) \to \left(\frac{x}{\sqrt{1-t^2}}, t\right).$$

(On a posé $x^0 = t, x = (x^1, \ldots, x^n)$; rappelons au passage, bien que nous n'en ayons pas besoin ici, que le résultat serait le même avec deux points quelconques, voir **III**, ex. **15**). Il en résulte que

$$H^k(S^n \setminus \{N,S\}) \simeq H^k(\mathbb{R}^n \setminus \{0\}) \simeq H^k(S^{n-1}).$$

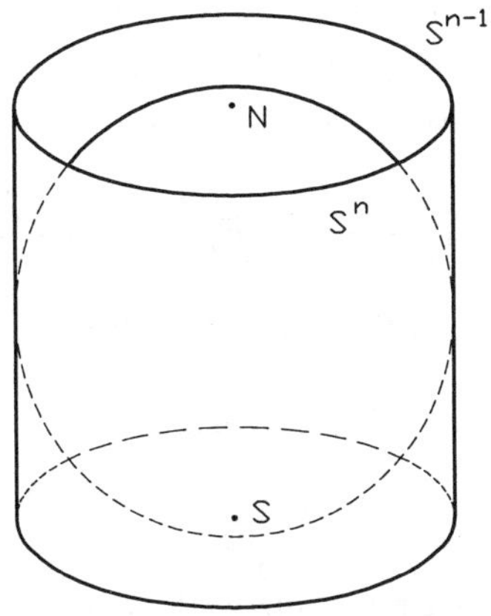

G. SUITE EXACTE DE MAYER-VIETORIS

En topologie algébrique, discipline dont ce paragraphe donne un avant-goût (cf. par exemple [Godbillon 1] pour en savoir plus) la notion suivante intervient en permanence.

45. DÉFINITION – *Une suite*

$$E_0 \xrightarrow{f_0} E_1 \xrightarrow{f_1} E_2 \quad \ldots \xrightarrow{f_{n-1}} E_n$$

d'espaces vectoriels et d'applications linéaires est dite exacte *si* $\operatorname{Ker} f_i = \operatorname{Im} f_{i-1}$.

En particulier, $f_i \circ f_{i-1} = 0$ pour tout i, cette condition n'impliquant pas l'exactitude.

Exemple fondamental – Soit M une variété de dimension n. Notons d_k la différentielle des formes de degré k. La suite

$$\Omega^0(M) \xrightarrow{d_0} \Omega^1(M) \xrightarrow{d_1} \Omega^2(M) \quad \ldots \xrightarrow{d_{n-1}} \Omega^n(M) \longrightarrow 0$$

vérifie $d_k \circ d_{k-1} = 0$. Elle est exacte si M est contractile, mais ne l'est pas en général. C'est précisément la cohomologie de de Rham qui rend compte du “défaut d'exactitude”.
Les suites exactes jouent un rôle fondamental dans le calcul des groupes de cohomologie. Les propriétés évidentes suivantes sont utilisées systématiquement.
La suite

$$E \xrightarrow{f} F \longrightarrow 0$$

est exacte si et seulement si f est surjective. De même, la suite

$$0 \longrightarrow E \xrightarrow{g} G$$

est exacte si et seulement si g est injective. En combinant ces deux remarques, on voit que la suite

$$0 \longrightarrow E \xrightarrow{f} F \longrightarrow 0$$

est exacte si et seulement si f est un isomorphisme. Plus intéressante, bien que pas très difficile, est la propriété suivante.

46. Proposition – *Si la suite*

$$0 \longrightarrow E_0 \xrightarrow{f_1} E_1 \quad \dots \xrightarrow{f_n} E_n \longrightarrow 0$$

est exacte, et si les E_i sont de dimension finie, on a

$$\sum_{i=0}^{n}(-1)^i \dim E_i = 0.$$

Preuve – On procède par récurrence sur n. Pour $n = 1$ c'est l'exemple ci-dessus. Si la suite

$$0 \longrightarrow E_0 \xrightarrow{f_1} E_1 \xrightarrow{f_2} E_2 \longrightarrow 0$$

est exacte, f_2 est surjective, donc

$$E_2 \simeq E_1/\operatorname{Ker} f_2.$$

Alors

$$\dim E_2 = \dim E_1 - \dim \operatorname{Ker} f_2 = \dim E_1 - \dim \operatorname{Im} f_1 = \dim E_1 - \dim E_0$$

puisque f_1 est injective. Dans le cas général, on décompose la suite

$$0 \longrightarrow E_0 \xrightarrow{f_1} E_1 \dots \xrightarrow{f_n} E_n \longrightarrow 0$$

en

$$0 \longrightarrow E_0 \xrightarrow{f_1} E_1 \dots \xrightarrow{f_{n-1}} \operatorname{Im} f_{n-1} \longrightarrow 0$$

et

$$0 \longrightarrow \operatorname{Ker} f_n \longrightarrow E_{n-1} \xrightarrow{f_n} E_n \longrightarrow 0.$$

Nous savons que

$$\dim \operatorname{Ker} f_n - \dim E_{n-1} + \dim E_n = 0,$$

et d'après l'hypothèse de récurrence,

$$\sum_{i=0}^{n-2}(-1)^{n-2} \dim E_i + (-1)^{n-1} \dim \operatorname{Im} f_{n-1} = 0.$$

Il suffit donc de faire la somme ou la différence de ces deux inégalités suivant que n est pair ou impair ■

Soit maintenant M une variété, et U, V deux ouverts tels que $U \cup V = M$. On définit une application linéaire

$$r : \Omega^k(M) \longrightarrow \Omega^k(U) \bigoplus \Omega^k(V) \qquad \text{par} \qquad r(\omega) = (\omega_{|U}, \omega_{|V})$$

et une application linéaire

$$s : \Omega^k(U) \bigoplus \Omega^k(V) \longrightarrow \Omega^k(U \cap V) \qquad \text{par} \qquad s((\alpha, \beta)) = \alpha_{|U\cap V} - \beta_{|U\cap V}.$$

47. Lemme – *La suite*

$$0 \longrightarrow \Omega^k(M) \xrightarrow{r} \Omega^k(U) \bigoplus \Omega^k(V) \xrightarrow{s} \Omega^k(U \cap V) \longrightarrow 0$$

est exacte.

Preuve – L'injectivité de r est évidente, ainsi que l'égalité $\operatorname{Im} r = \operatorname{Ker} s$ (deux formes sur des ouverts U et V se recollent en une forme sur la réunion si et seulement si elles coïncident sur l'intersection). Pour voir que s est surjective, on introduit une partition de l'unité (f, g) sur M subordonnée au recouvrement (U, V). On écrit

$$U = (U \cap V) \cup (U \setminus \operatorname{Supp} g)$$

et pour $\gamma \in \Omega^k(U \cap V)$ on peut définir $\alpha \in \Omega^k(U)$ par

$$\alpha = g\gamma \quad \text{sur} \quad U \cap V \quad \text{et} \quad 0 \quad \text{sur} \quad U \setminus \operatorname{Supp} g.$$

(puisque $g\gamma = 0$ sur $U \cap V \setminus \operatorname{Supp} g$.) On définit de la même façon une forme $\beta \in \Omega^k(V)$ à partir de $-f\gamma$. Par construction, $s((\alpha, \beta)) = \gamma$ ▪

Il est clair que si $\omega \in \Omega^k(M)$ est fermée (resp. exacte) et si $r(\omega) = (\alpha, \beta)$, les formes α et β sont fermées (resp. exactes). Et si $\alpha \in \Omega^k(U)$ et $\beta \in \Omega^k(V)$ sont toutes deux fermées ou exactes, il en est de même de $s((\alpha, \beta))$. Ainsi, r et s passent au quotient et définissent des applications linéaires que nous noterons R et S en cohomologie.

48. Proposition – *La suite*

$$H^k(M) \xrightarrow{R} H^k(U) \bigoplus H^k(V) \xrightarrow{S} H^k(U \cap V)$$

est exacte.

Preuve – Il résulte de la discussion précédente que $S \circ R = 0$, donc que $\operatorname{Im} R \subset \operatorname{Ker} S$. Pour voir que $\operatorname{Ker} S \subset \operatorname{Im} R$, il suffit de vérifier que si $(\alpha, \beta) \in \Omega^k(U) \bigoplus \Omega^k(V)$ est un couple de formes fermées telles que $s(\alpha, \beta) = d\gamma$, il existe $\omega \in \Omega^k(M)$, et $(\alpha_1, \beta_1) \in \Omega^{k-1}(U) \bigoplus \Omega^{k-1}(V)$ telles que $r(\omega) = (\alpha - d\alpha_1, \beta - d\beta_1)$. Mais d'après le lemme précédent, γ est de la forme $s(\alpha_1, \beta_1)$. Les formes $\alpha - d\alpha_1 \in \Omega^k(U)$ et $\beta - d\beta_1 \in \Omega^k(V)$ ont même restriction à $U \cap V$. En effet, en restriction à $U \cap V$, on a

$$(\alpha - d\alpha_1) - (\beta - d\beta_1) = (\alpha - \beta) - d(\alpha_1 - \beta_1) = (\alpha - \beta) - d\gamma = 0$$

par hypothèse ▪

Il n'est pas vrai par contre en général que R soit injective : si $\alpha = d\alpha'$ et $\beta = d\beta'$, il n'y a aucune raison pour que les formes α' et β' aient même restriction à $U \cap V$. De même, S ne sera pas en général surjective : si $\gamma = s(\alpha, \beta)$, la démonstration de **47** met en évidence que α et β ne sont pas fermées en général. Mais ce phénomène va nous permettre, à l'aide de la différentielle sur $\Omega^k(U \cap V)$, d'envoyer $H^k(U \cap V)$ dans $H^{k+1}(M)$.

***49. Théorème** – Il existe une application linéaire ∂ de $H^k(U \cap V)$ dans $H^{k+1}(M)$ telle que la suite*

$$H^k(U) \bigoplus H^k(V) \xrightarrow{S} H^k(U \cap V) \xrightarrow{\partial} H^{k+1}(M) \xrightarrow{R} H^{k+1}(U) \bigoplus H^{k+1}(V)$$

soit exacte.

On en déduit, en appliquant ce résultat et le précédent en tout degré, et en omettant abusivement le degré dans la désignation de R, S, ∂, une suite exacte "longue"

$$0 \longrightarrow H^0(M) \xrightarrow{R} H^0(U) \bigoplus H^0(V) \xrightarrow{S} H^0(U \cap V) \xrightarrow{\partial} H^1(M) \longrightarrow \ldots$$
$$\longrightarrow H^k(M) \xrightarrow{R} H^k(U) \bigoplus H^k(V) \xrightarrow{S} H^k(U \cap V) \xrightarrow{\partial} H^{k+1}(M) \longrightarrow \ldots$$

Preuve – Soit $\gamma \in F^k(U \cap V)$. D'après le lemme **13**, il existe des formes $\alpha \in \Omega^k(U)$ et $\beta \in \Omega^k(V)$ telles que

$$\alpha_{|U \cap V} - \beta_{|U \cap V} = \gamma.$$

Alors les restrictions de $d\alpha$ et $d\beta$ à $U \cap V$ sont égales, et toujours d'après **48** il existe une forme $\omega \in \Omega^{k+1}(M)$ telle que

$$\omega_{|U} = d\alpha \quad \text{et} \quad \omega_{|V} = d\beta.$$

Cela montre que ω est fermée.
Soit maintenant

$$(\alpha', \beta') \in \Omega^k(U) \bigoplus \Omega^k(V)$$

un couple de formes tel que $s(\alpha', \beta')$ soit cohomologue à γ, donc de la forme $\gamma + d\gamma'$. Alors il existe $\delta \in \Omega^k(M)$, $\alpha" \in \Omega^k(U)$ et $\beta" \in \Omega^k(V)$ telles que

$$\alpha' = \alpha + \alpha" + \delta_{|U}$$
$$\beta' = \beta + \beta" + \delta_{|V},$$

avec

$$d\gamma' = r(\alpha", \beta").$$

Ainsi les restricitions de α' et β' à $U \cap V$ sont les mêmes, et la forme sur M définie par le couple (α', β') est $\omega + d\delta$. Cela montre que la correspondance entre γ et ω donne une application bien définie au niveau de la cohomologie, que nous noterons ∂.
Reste à prouver l'exactitude de la suite. Il est immédiat que $\partial \circ S = 0$ et $R \circ \partial = 0$, c'est-à-dire que $\operatorname{Im} S \subset \operatorname{Ker} \partial$ et $\operatorname{Im} \partial \subset \operatorname{Ker} R$. Inversement, on a $\partial[\gamma] = 0$ si et seulement si la construction ci-dessus faite au niveau des formes aboutit à une forme exacte. Cela signifie que si $\gamma = s(\alpha, \beta)$, il existe une forme $\delta \in \Omega^k(M)$ telle que

$$d\delta_{|U} = d\alpha \quad \text{et} \quad d\delta_{|V} = d\beta.$$

Mais alors $\alpha - \delta \in F^k(U)$, $\beta - \delta \in F^k(V)$, et par suite $[\gamma] = S([\alpha - \delta], [\beta - \delta])$.

L'égalité $\operatorname{Ker} R = \operatorname{Im} \partial$ se prouve de la même façon. Si $R([\omega]) = 0$, on a $\omega_{|U} = d\alpha$ et $\omega_{|V} = d\beta$, la restriction à $U \cap V$ de $\alpha - \beta$ est fermée, et d'après la définition même de ∂, on a $[\omega] = \partial([\alpha], [\beta])$ ∎

50. Exemple – Il est instructif de calculer par cette méthode la cohomologie de S^1. On prend deux points p, q distincts, et on pose $U = S^1 \setminus \{p\}$, $V = S^1 \setminus \{q\}$. Alors U et V sont difféomorphes à $\mathbb{R}$, alors que $U \cap V$ a *deux composantes connexes*, dont chacune est difféomorphe à $\mathbb{R}$. La suite exacte de Mayer-Vietoris se réduit à

$$0 \to H^0(S^1) \to H^0(U) \bigoplus H^0(V) \to H^0(U \cap V) \to H^1(S^1) \to 0.$$

Alors, le lemme **14** montre que $\dim H^1(S^1) = 1$. Cela ne nous apprend rien de nouveau, mais la méthode se généralise à S^n.

51. Théorème – *Si* $0 < k < n$, $H^k(S^n) = 0$, *et* $\dim H^n(S^n) = 1$.

Preuve – On procède par récurrence sur n. Nous venons de voir que la propriété est vraie pour $n = 1$. Choisissons deux points distincts de S^n (les pôles Nord et Sud de la sphère plongée si on veut mieux visualiser la situation, mais en réalité le choix n'a pas d'importance), et écrivons la même suite de Mayer-Vietoris que dans le paragraphe ci-dessus. Pour $1 < k \leq n$, le morceau

$$H^{k-1}(U) \bigoplus H^{k-1}(V) \to H^{k-1}(U \cap V) \to H^k(S^n) \to H^k(U) \bigoplus H^k(V)$$

s'écrit

$$0 \to H^{k-1}(U \cap V) \to H^k(S^n) \to 0.$$

D'après l'exemple **12**, $H^{k-1}(U \cap V)$ est isomorphe à $H^{k-1}(S^{n-1})$, d'où le résultat dans ce cas en appliquant l'hypothèse de récurrence. Pour $k = 1$, on écrit

$$0 \to H^0(S^n) \to H^0(U) \bigoplus H^0(V) \to H^0(U \cap V) \to H^1(S^n) \to 0.$$

En appliquant **14**, on voit que $H^1(S^n) = 0$ si $n > 1$.

52. Corollaire – $H^k(\mathbb{R}^n \setminus \{0\})$ *est de dimension* 1 *si* $k = 0$ *ou* $n - 1$, *et s'annule sinon.*

Preuve – L'inclusion canonique de S^{n-1} dans $\mathbb{R}^n \setminus \{0\}$ est une équivalence d'homotopie ∎

La même méthode permet de calculer la cohomologie des espaces projectifs. Nous allons traiter le cas du projectif complexe, plus simple que celui du projectif réel.

53. Théorème – *On a*

$$H^{2k+1}(P^n\mathbb{C}) \simeq 0 \qquad \textit{et} \qquad H^{2k}(P^n\mathbb{C}) \simeq \mathbb{R} \quad \textit{si} \quad 0 \leq k \leq n.$$

Preuve – L'espace vectoriel $\mathbb{C}^{n+1}$ étant rapporté à sa base canonique, on considère le point p de coordonnées homogènes $(1, 0, \ldots, 0)$, et la partie E de $P^n\mathbb{C}$ formée des points dont la première coordonnée homogène est nulle. C'est une sous-variété compacte de $P^n\mathbb{C}$, difféomorphe à $P^{n-1}\mathbb{C}$. La carte

$$\varphi_0 : [(z^0, z^1, \dots, z^n)] \to (\frac{z^1}{z^0}, \dots, \frac{z^n}{z^0})$$

est un difféomorphisme de $P^n\mathbb{C} \setminus E$ sur $\mathbb{C}^n \simeq \mathbb{R}^{2n}$. D'autre part :

54. Lemme – *Le plongement $j : P^{n-1}\mathbb{C} \mapsto P^n\mathbb{C} \setminus \{p\}$ donné par*

$$[(u^1, \dots, u^n)] \to ([(0, u^1, \dots, u^n)]$$

est une équivalence d'homotopie.

Preuve – On définit $p : P^n\mathbb{C} \setminus \{p\} \mapsto P^{n-1}\mathbb{C}$ par

$$[(u^0, u^1, \dots, u^n)] \to [(u^1, \dots, u^n)].$$

Alors $h \circ j$ est l'application identique de $P^{n-1}\mathbb{C}$, alors que $j \circ h$ est homotope à l'identité de $P^n\mathbb{C}$ grâce à

$$H\big(t, [(u^0, u^1, \dots, u^n)]\big) = [(tu^0, u^1, \dots, u^n)].$$

Fin de la preuve du théorème – On pose $U = P^n\mathbb{C} \setminus \{p\}$, $V = P^n\mathbb{C} \setminus E$. Alors $U \cap V$ est difféomorphe à $\mathbb{R}^{2n} \setminus \{0\}$, et le lemme permet une démonstration par récurrence. La propriété est vraie pour $n = 1$ d'après ce qui précède, puisque $P^1\mathbb{C}$ est difféomorphe à S^2. Pour $k < 2n$, la suite exacte

$$H^{k-1}(U \cap V) \to H^k(P^n\mathbb{C}) \to H^k(U) \bigoplus H^k(V) \to H^k(U \cap V)$$

donne

$$0 \to H^k(P^n\mathbb{C}) \to H^k(P^{n-1}\mathbb{C}) \to 0,$$

d'où le résultat dans ce cas. Pour $k = 2n$, on écrit la suite exacte

$$H^{2n-1}(U) \bigoplus H^{2n-1}(V) \to H^{2n-1}(U \cap V) \to H^{2n}(P^n\mathbb{C}) \to H^{2n}(U) \bigoplus H^{2n}(V),$$

qui s'écrit aussi

$$0 \to H^{2n-1}(\mathbb{R}^{2n} \setminus \{0\}) \to H^{2n}(P^n\mathbb{C}) \to 0 \quad \blacksquare$$

Remarque – Bien que nous n'en ayons pas eu besoin, il est peut-être bon de préciser comment la suite de Mayer-Vietoris se termine. ** En admettant le fait que si X est une variété *non compacte* de dimension n, $H^n(X) = 0$** (voir [Spivak]), les derniers termes sont toujours

$$\cdots \to H^{n-1}(U \cap V) \to H^n(M) \to 0.$$

Signalons aussi que $H^n(M) = 0$ si M est connexe et non orientable (voir par exemple [Berger-Gostiaux] ou [Spivak]). On peut traiter directement les cas de la bouteille de Klein et des projectifs de dimension paire Mayer-Vietoris (voir l'exercice **10**).

H. MÉTHODES INTÉGRALES

Il serait possible de calculer la cohomologie des tores T^n par la méthode précédente (exercice **5**). Nous allons procéder autrement, par une méthode qui a son intérêt propre, et utilise la structure de groupe de Lie du tore. Commençons par un cas particulier important du théorème **40** ci-dessus.

55. PROPOSITION – *Soit M une variété compacte, $X \in \Gamma(TM)$ un champ de vecteurs de flot φ_t. Alors pour toute forme $\alpha \in F^k(M)$, les formes $\varphi_t^*\alpha$ et α sont cohomologues.*

Preuve – Il suffit d'utiliser l'homotopie $F(u,m) = \varphi_{tu}(m)$. Notons que d'après la démonstration de **42**, une primitive explicite de $\varphi_t^*\alpha - \alpha$ est donnée par

$$d\left(\int_0^t (\varphi_u^* i_X\alpha)du\right).$$

56. EXEMPLE – Soit $M = S^n$. Le lecteur vérifiera, en utilisant les résultats classiques sur la structure des matrices orthogonales (voir aussi **IV**, exercice **7**), que tout $g \in SO(n+1)$ est de la forme $\exp X$, où $X \in \mathfrak{o}(n+1)$. Il en résulte que si $\alpha \in F^k(S^n)$, les formes $g^*\alpha$ et α sont cohomologues. Notons aussi, pour mettre en lumière l'utilisation du résultat ci-dessus, que cette propriété devient fausse si $g \in O(n+1)$: si σ est l'antipodie de S^{2p} et si ω est une forme volume sur S^{2p}, $\sigma^*\omega$ et ω ne sont pas cohomologues.
Venons en à T^n, c'est-à-dire, d'après **IV. D**, *au* groupe de Lie compact connexe de dimension n, qui est isomorphe à $\mathbb{R}^n/\mathbb{Z}^n$. Nous avons vu en **VI. 7** que les formes différentielles sur T^n s'identifient aux formes $\mathbb{Z}^n$-invariantes sur $\mathbb{R}^n$, c'est-à-dire aux formes du type

$$\sum_{i_1<i_2\ldots<i_p} f_{i_1i_2\ldots i_p} dx^{i_1} \wedge \ldots dx^{i_p},$$

où les fonctions $f_{i_1i_2\ldots i_p}$ sont périodiques de période 1 par rapport aux x^i. Un cas important est celui où les fonctions $f_{i_1i_2\ldots i_p}$ sont *constantes.* On notera encore $dx^{i_1} \wedge \ldots dx^{i_p}$ la p-forme obtenue sur T^n. C'est à peine un abus de notation : c'est l'écriture même de cette forme dans les coordonnées locales associées au revêtement $p : \mathbb{R}^n \mapsto \mathbb{R}^n/\mathbb{Z}^n$. Avec cette notation, une $p-$forme sur T^n s'écrit encore

$$\sum_{i_1<i_2\ldots<i_p} f_{i_1i_2\ldots i_p} dx^{i_1} \wedge \ldots dx^{i_p},$$

où les fonctions $f_{i_1i_2\ldots i_p}$ sont cette fois des fonctions (lisses) *sur* T^n. Si les $f_{i_1i_2\ldots i_p}$ sont constantes, on dira que la forme est *à coefficients constants.* Notons que celles-ci admettent une caractérisation intrinsèque simple : ce sont les formes telles que $L_u^*\alpha = \alpha$ pour toute translation L_u (le groupe étant commutatif, il n'y a pas lieu de distinguer translations à droite et à gauche). C'est pourquoi nous désignerons par $\Omega_{\text{inv}}(T^n)$ l'espace vectoriel des formes à coefficients constants. On a $\dim \Omega^p_{\text{inv}}(T^n) = \binom{n}{p}$ et $\dim \Omega_{\text{inv}}(T^n) = 2^n$.
En particulier, $\Omega^n_{\text{inv}}(T^n)$ est engendré par la forme volume $\omega = dx^1 \wedge \ldots \wedge dx^n$. Notons que

$$\int_{T^n} dx^1 \wedge \ldots \wedge dx^n = 1.$$

57. Définition – *On appelle moyenne d'une p-forme*

$$\alpha = \sum_{i_1<i_2\ldots<i_p} f_{i_1i_2\ldots i_p} dx^{i_1} \wedge \ldots dx^{i_p}$$

sur T^n la forme

$$\overline{\alpha} = \sum_{i_1<i_2\ldots<i_p} \left(\int_{T^n} f_{i_1i_2\ldots i_p}\omega \right) dx^{i_1} \wedge \ldots dx^{i_p}.$$

Il est clair que $\overline{\alpha}$ est à coefficients constants. Cette propriété immédiate peut se voir du point de vue suivant. Il peut paraître inutilement compliqué, mais présente l'intérêt de s'appliquer à tous les groupes de Lie compacts (voir l'exercice **17**).
On part de la remarque banale suivante. Si $f \in C^0(T^n)$, alors la moyenne de f vaut

$$\int_{T^n} f(x^1+u^1,\ldots,x^n+u^n)dx^1 \wedge \ldots dx^n = \int_{T^n} f(x^1+u^1,\ldots,x^n+u^n)du^1 \wedge \ldots du^n.$$

Cela étant dit, on peut considérer les translatées $L_u^*\alpha$ de α comme une famille de formes paramétrées par $u \in T^n$. On définit l'intégrale de cette famille par rapport à u comme dans **V. 33** et **34** en intégrant les coefficients par rapport à la mesure $d\mu$ définie par $du^1 \wedge \ldots \wedge du^n$. Alors

$$\overline{\alpha} = \int_{T^n} L_u^*\alpha d\mu.$$

La mesure $d\mu$ est évidemment invariante par translation, donc pour $v \in T^n$ on a

$$L_v^*(\overline{\alpha}) = \int_{T^n} L_v^*(L_u^*\alpha)\, d\mu = \int_{T^n} L_{u+v}^*\alpha d\mu = \int_{T^n} L_u^*\alpha d\mu = \overline{\alpha}.$$

L'idée force, pour calculer la cohomologie des tores, est alors de remarquer qu'une forme fermée est cohomologue non seulement à toutes ses translatées comme nous l'avons vu, mais encore à la moyenne de toutes ses translatées.

58. Théorème – *L'application $\alpha \to \overline{\alpha}$ définit par passage au quotient un isomorphisme entre $H^p(T^n)$ et $\Omega_{\text{inv}}(T^n)$. En particulier*

$$\dim H^p(T^n) = \binom{n}{p}.$$

La preuve repose sur la propriété clé suivante.

59. Lemme – *Si $\alpha \in \Omega^p(T^n)$ est fermée, α et $\overline{\alpha}$ sont cohomologues.*

Preuve – Nous savons déjà que $L_u^*\alpha$ et α sont cohomologues. Mieux, si $u = \exp X$,

$$L_u^*\alpha - \alpha = d\left(\int_0^1 (i_X L_{tu}^*\alpha)dt \right).$$

Pour intégrer par rapport à u une relation de ce type, il nous faut contrôler la dépendance de X par rapport à u. L'algèbre de Lie de T^n est $\mathbb{R}^n$ avec le crochet nul, et $\exp X = X \bmod \mathbb{Z}^n$. L'application exponentielle est un difféomorphisme de $]-\frac{1}{2},\frac{1}{2}[^n$ sur un ouvert U de T^n dont le complémentaire est de mesure nulle. On note $\exp^{-1}$ le difféomorphisme réciproque, et pour $u \in U$ on pose

$$\beta(u) = \left(\int_0^1 (i_{\exp^{-1} u} L_{tu}^* \alpha) dt\right).$$

Alors la famille de formes $\beta(u)$, prolongée n'importe comment à tout T^n, est intégrable, et par intégration sur T^n il vient

$$\overline{\alpha} - \alpha = d\left(\int_{T^n} \beta(u) du\right) \quad \blacksquare$$

Fin de la preuve du théorème – En intégrant sur T^n l'égalité $L_u^* d\alpha = dL_u^* \alpha$, on voit que

$$\overline{d\alpha} = d\overline{\alpha}.$$

Ainsi, la moyenne d'une forme fermée est fermée, et la moyenne d'une forme exacte est nulle, puisqu'elle est la différentielle d'une forme à coefficients constants. On en déduit que l'application $\alpha \to \overline{\alpha}$ passe au quotient en une application $L : H^p(T^n) \to \Omega^p_{\text{inv}}(T^n)$. Comme $\overline{\overline{\alpha}} = \overline{\alpha}$, L est surjective. D'autre part, le lemme nous dit que si $\overline{\alpha} = 0$, alors α est cohomologue à 0, autrement dit que L est injective ▪

Cette méthode s'applique aux sphères – où elle n'apporte bien sûr rien de nouveau –, aux groupes de Lie compacts (voir les exercices **15** et **18**), ** et plus généralement aux espaces symétriques ** (voir par exemple [Greub-Halperin-Van Stone], tome 2).

60. ***Remarque –*** Contrairement à ce qui se passait avec les autres méthodes, nous avons obtenu un représentant particulier de la forme α dans sa classe de cohomologie. Il en sera de même plus généralement pour les groupes de Lie compacts, où chaque classe de cohomologie contient une unique forme différentielle bi-invariante.

** Le fait d'obtenir dans chaque classe de cohomologie un représentant privilégié vient de la géométrie riemannienne. Une métrique riemannienne g sur une variété X peut être prolongée en un produit scalaire sur tous les fibrés $\bigwedge^p T^*X$. Si X est compacte, on en déduit une norme pré-hilbertienne sur $\Omega^p(X)$, définie par

$$\|\alpha\|_g^2 = \int_X g(\alpha_x, \alpha_x)\omega_g.$$

Le *théorème de Hodge-de Rham* (voir [Booss-Bleecker]) assure alors l'existence, dans toute classe de cohomologie, d'une unique forme réalisant le minimum de la norme. Par exemple, si G est un groupe de Lie compact muni d'une métrique riemannienne bi-invariante (il y a toujours de telles métriques d'après un argument d'intégration analogue à celui de **VI, ex. 9**) les formes qui minimisent la norme dans leur classe de cohomologie sont précisément les formes bi-invariantes.**

K. Commentaires

Les seules variétés compactes pour lesquelles on a des résultats complets de classification sont les variétés de dimension 1 et 2. Nous avons vu en **3.52** que toute variété

compacte connexe de dimension 1 est difféomorphe à S^1. En dimension 2, en utilisant par exemple la théorie de Morse (cf. [Gramain] ou [Hirsch]), on démontre a) que toute variété compacte connexe orientable est difféomorphe à S^2 ou à une somme connexe (cf. **II**, ex.**28**) de k tores;
b) que toute variété compacte connexe non orientable est difféomorphe à la somme connexe de k plans projectifs (le lecteur qui aura résolu l'exercice **28** de **II** pourra montrer que $P^2\mathbb{R}\sharp P^2\mathbb{R}$ est difféomorphe à la bouteille de Klein).
En particulier, toute variété compacte simplement connexe (cf. **2. 56**) de dimension 2 est difféomorphe à S^2.
Les méthodes de calcul d'espaces de cohomologie que nous avons vues permettent en tous cas de voir que ces variétés sont deux à deux non difféomorphes : on peut démontrer à l'aide d'une suite de Mayer-Vietoris convenable que

$$\dim H^1(\overbrace{T^2\sharp\cdots\sharp T^2}^{k \text{ fois}}) = 2k$$

et

$$\dim H^1(\overbrace{P^2\mathbb{R}\sharp\cdots\sharp P^2\mathbb{R}}^{k \text{ fois}}) = k-1.$$

En dimension supérieure, même en se limitant aux variétés simplement connexes, la situation est très compliquée. Pour nous limiter à des cas où la cohomologie de de Rham donne des résultats facilement (c'est pourquoi nous ne parlerons pas du tout de la dimension 3), notons que les variétés simplement connexes S^4, $S^2\times S^2$ et $P^2\mathbb{C}$ ne sont pas difféomorphes : les dimensions de leur deuxième groupe de cohomologie sont respectivement 0, 2 (voir l'exercice **10** ci-dessous), et 1. Pour aller plus loin, on peut remarquer que

$$H^*(X) =^{\text{def}} \bigoplus_{k=0}^{\dim X} H^k(X)$$

a aussi une structure multiplicative, héritée de la multiplication des formes différentielles : il suffit de remarquer que si α, β et γ sont trois formes homogènes *fermées*, alors

$$(\alpha+d\beta)\wedge\gamma = \alpha\wedge\gamma \pm d(\beta\wedge\gamma).$$

Ainsi, le produit extérieur passe au quotient en une application bilinéaire de

$$\cup : H^k(X)\times H^l(X)\to H^{k+l}(X),$$

appellée le *cup-produit*.
Un exemple particulièrement intéressant est celui de la cohomologie de degré 2 en dimension 4. En effet, si X est une variété compacte orientée, le cup-produit des classes de degré 2 s'identifie à une forme bilinéaire symétrique sur $H^2(X)$. La signature de la forme quadratique associée fournit ainsi un nouvel invariant différentiel, que l'on appelle bien sûr la *signature* de la variété.
Mais on peut aller plus loin encore dans la réalisation du vieux rêve pythagoricien de rendre compte des formes par des nombres entiers : ** on peut définir, par d'autres méthodes que celles utilisant les formes différentielles, une cohomologie à coefficients *entiers*, et on obtient un invariant bien plus fin en considérant le cup-produit sur la cohomologie entière de degré 2 comme une forme quadratique à coefficients entiers. Il a

été démontré en 1983 *qu'on ne pouvait pas obtenir ainsi n'importe quel type de forme quadratique entière (voir par exemple [Lawson]). La démonstration de ce résultat n'est pas moins spectaculaire que son énoncé. Elle consacre l'irruption de méthodes d'analyse "dure" en topologie des variétés. Qu'en aurait pensé Pythagore ? **

Exercices

* **1.** *Degré de l'application $q \mapsto q^n$ de S^3 dans S^3*

On utilise librement ce qu'on a déjà vu sur les quaternions. On rappelle en particulier que le produit scalaire est donné par

$$\langle q, q' \rangle = \Re(q\overline{q'}).$$

a) Montrer que si q est un quaternion pur de norme 1, $q^2 = -1$. En déduire que si q est un quaternion pur et n un entier, on a

$$(e \cos t + q \sin t)^n = e \cos(nt) + q \sin(nt).$$

b) Soit s un quaternion non nul. Montrer que pour $n > 2$ l'équation $q^n = s$ admet n solutions distinctes si s n'est pas réel, et une infinité de solutions si s est réel. Plus précisément, l'ensemble des solutions est dans ce cas la réunion disjointe de n sous-variétés difféomorphes à S^2 (si s est négatif), de $\{e\}$ et de $n-1$ sous-variétés difféomorphes à S^2 (si s est positif). Que se passe-t-il pour $n = 2$?

c) On se propose de montrer que tout point de S^3 différent de $-e$ est une valeur régulière de l'application $f : q \mapsto q^n$ de S^3 dans elle-même (on traitera d'abord le cas des valeurs de la forme $c + di$, c, d réels).

c1) Calculer la différentielle de f.

c2) On se place en $q = a + bi$ (a, b réels tous les deux non nuls). Alors $T_q S^3 = \mathbb{R}iq \bigoplus E$, où E est l'espace vectoriel (réel) engendré par j et k. Montrer que

$$T_q f.x = \begin{cases} nq^{n-1}x & \text{si } x \in \mathbb{R}iq \\ q^{-n}\dfrac{q^{2n}-1}{q-1}x & \text{si } x \in E \end{cases}$$

(Remarquer que $qx = x\overline{q}$ si $x \in E$). En déduire que tout quaternion de S^3 de la forme $c + di$ (c, d réels, $d \neq 0$) est valeur régulière de f.

d) En écrivant $q \in S^3$ sous la forme $ae + bs$ (a et b réels, et s étant un quaternion pur de norme 1), montrer que $T_q S^3$ admet une décomposition orthogonale de la forme

$$\mathbb{R}q' \bigoplus E,$$

où q' commute avec q et $uq = q\overline{u}$ pour $u \in E$. En déduire une généralisation de c2), et conclure que tous les quaternions non réels de S^3 sont des valeurs régulières de f.

e) Montrer que f est de degré n.

* Par S. Donaldson, à qui ce résultat a valu une médaille Field.

2. *Polynomes quaternioniques*

a) Imiter les constructions du cours, en identifiant $\mathbb{H}$ à $\mathbb{R}^4$ et en associant à tout polynome à coefficients dans $\mathbb{H}$ une application lisse de S^4 dans S^4.

b) Montrer que tout polynome non constant à coefficients dans $\mathbb{H}$ a un zéro.

* **3.** a) Soit f un difféomorphisme de $\mathbb{R}^n$, tel que $f(0) = 0$. Trouver une homotopie H entre f et sa différentielle en 0, telle que les H_t soient encore des difféomorphismes (une telle homotopie s'appelle une *isotopie*).

b) Montrer que tout difféomorphisme de $\mathbb{R}^n$ conservant l'orientation est isotope à l'identité.

c) Soit s une symétrie de l'espace euclidien $\mathbb{R}^n$ par rapport à un hyperplan passant par l'origine. Montrer que le difféomorphisme $x \mapsto s(\frac{x}{\|x\|^2})$ de $\mathbb{R}^n \backslash \{0\}$ est isotope à l'identité.

** **4.** *Exemples d'enlacements*

a) Utiliser l'exercice précédent pour donner un sens à la notion d'enlacement de courbes de S^3.

b) Soit H la fibration de Hopf de S^3 sur S^2. Montrer que quels que soient a, $b \in S^2$, les courbes $H^{-1}(a)$ et $H^{-1}(b)$ sont enlacées, et que leur enlacement vaut 1.

c) On considère le ruban de Möbius à bord, image de $[0, 4\pi] \times [0, 3/4]$ par l'application

$$(\theta, r) \mapsto \big(\cos\theta(1 + r\cos\frac{\theta}{2}), \sin\theta(1 + r\cos\frac{\theta}{2}), r\sin\frac{\theta}{2}\big).$$

Calculer l'enlacement des courbes fermées obtenues en faisant $r = 1/4$ et $r = 3/4$.

* **5.** *Existence d'applications de S^n dans S^n de tout degré*

a) Soit f une application strictement croissante et C^∞ de $[0, 1[$ sur $[a, +\infty[$, où $a > 0$. Montrer que l'application

$$x \to f(\|x\|^2)x$$

définit un difféomorphisme lisse de la boule ouverte $B(0, 1)$ sur $\mathbb{R}^n$.

b) Avec un choix convenable de f, et en utilisant une projection stéréographique, montrer qu'il existe une application lisse g de $\mathbb{R}$ dans S^n telle que
i) g soit un difféomorphisme de $B(0, 1)$ sur $S^n \setminus \{p\}$;
ii) $g(x) = p$ si $\|x\| \geq 1$ (p est un point de la sphère donné une fois pour toutes).

c) Soit X une variété de dimension n. Montrer que pour tout $m \in X$ il existe un ouvert U contenant m et une application lisse h de X dans S^n tels que
i) h est un difféomorphisme de U sur $S^n \setminus \{p\}$;
ii) $h(x) = p$ si $x \in X \setminus U$.

d) Déduire de c) que si X est compacte connexe et orientée, il existe des applications lisses de X dans S^n de tout degré.

6. Soit G un groupe de Lie compact et connexe, et f_k l'application $x \mapsto x^k$ de G dans G.

a) Pour tout $g \in G$, on pose

$$\varphi_{g,k} = L_{g^{-k}} \circ f_k \circ L_g.$$

Montrer que $T_g f_k$ et $T_e\varphi_{g,k}$ ont même rang, et que

$$T_e\varphi_{g,k} = \sum_{r=0}^{k-1} \operatorname{Ad} g^{-r}.$$

** b) Montrer qu'en tout point régulier $T_g f_k$ conserve l'orientation. En déduire que f_k est surjective.

c) Montrer que pour $G = SO(2n)$ ou $SO(2n+1)$, le degré de f est égal à kn.

* **7.** Montrer que toute application de S^n dans S^n de degré différent de $(-1)^{n+1}$ a un point fixe.

* **8.** *Théorème d'Ampère*
Soient C et C' deux courbes fermées simples disjointes d'un espace euclidien orienté E de dimension 3, données par des paramétrisations par longueur d'arc $f : \mathbb{R}/L\mathbb{Z} \to E$ et $g : \mathbb{R}/L'\mathbb{Z} \to E$. Si C est parcourue par un champ magnétique d'intensité i, le champ magnétique correspondant est donné par

$$B_x = \int_0^L \frac{x - f(s)}{\|x - f(s)\|^3} \wedge f'(s)ds,$$

où $\wedge$ désigne le produit vectoriel.

a) Montrer que

$$\oint_{C'} B = \int_0^{L'} \int_0^L \frac{\det\big(g(t) - f(s), f'(s), g'(t)\big)}{\|g(t) - f(s)\|^3} dsdt.$$

b) En déduire que

$$\oint_{C'} B = 4\pi i E(C, C').$$

9. Récapituler les différentes démonstrations du fait que $H^1(S^1) \simeq \mathbb{R}$.

10. *Cohomologie d'un quotient fini*
Soient Γ un groupe fini opérant librement sur une variété X, $Y = X/\Gamma$ la variété quotient, et $p : X \to Y$ le revêtement correspondant.

a) Montrer que

$$h^k(p) : H^k(Y) \to H^k(X)$$

est injective.

b) Montrer que l'image par $h^k(p)$ de $H^k(Y)$ dans $H^k(X)$ est formée des classes de cohomologie γ-invariantes pour tout $\gamma \in \Gamma$.

c) Application : calculer la cohomologie des projectifs réels, de la bouteille de Klein (définie dans l'exercice **3** de **VI**).

11. *Cohomologie d'un produit*

a) Soient X et Y deux variétés compactes connexes orientables de dimensions respectives p et q. Montrer que les groupes $H^p(X \times Y)$ et $H^q(X \times Y)$ sont non nuls.

b) ** Plus généralement, la "formule de Kunneth" assure que

$$H^r(X \times Y) \simeq \bigoplus_{p+q=r} H^p(X) \bigotimes H^q(Y). **$$

Vérifier cette formule dans le cas d'un produit de sphères.

*** 12.** Montrer que toute application lisse de S^n dans T^n (pour $n > 1$!) est de degré nul. Essayer de généraliser cet énoncé en changeant soit la variété source, soit la variété but.

13. Calculer la cohomologie de T^2, puis de T^n en utilisant une suite de Mayer-Vietoris convenable.

*** 14.** *Invariant de Hopf*

a) Soit f une application lisse de S^3 dans S^2, et $\alpha \in \Omega^2(S^2)$. Montrer que la forme $f^*\alpha$ est exacte.

b) On suppose S^2 et S^3 munies d'orientations données une fois pour toutes. Soit $\alpha \in \Omega^2(S^2)$, et soit β une primitive de $f^*\alpha$. Montrer que l'intégrale

$$\int_{S^3} \beta \wedge f^*\alpha$$

ne dépend pas du choix de β.

c) Montrer que cette intégrale est nulle si α est exacte.

d) Soit $\alpha \in \Omega^2(S^2)$ telle que $\int_{S^2} \alpha = 1$. Montrer que

$$\int_{S^3} \beta \wedge f^*\alpha$$

ne dépend pas non plus du choix de α satisfaisant à cette condition.

e) Ce qui précède montre que cette intégrale ne dépend que de f. On la note $H(f)$, et on l'appelle *l'invariant de Hopf de* f. Si φ est une application lisse de S^3 dans S^3, montrer que

$$H(f \circ \varphi) = \deg(\varphi) H(f).$$

f) Si g est une application lisse de S^2 dans S^2, montrer que

$$H(g \circ f) = \deg(g)^2 H(f).$$

g) Montrer que $H(f) = 0$ si f n'est pas surjective. Calculer $H(f)$ quand f est la fibration de Hopf.
Montrer que $H(f_1) = H(f_2)$ si f_1 et f_2 sont homotopes, et en déduire que la fibration de Hopf n'est pas homotope à une application constante.

*** 15.** *Formes invariantes et cohomologie*

a) Montrer, en imitant la méthode du paragraphe **C**, que toute forme fermée sur S^n est cohomologue à une forme $SO(n+1)$-invariante.

b) Montrer que si $0 < k < n$, toute forme $\alpha \in \Omega^k(S^n)$ invariante par $SO(n+1)$ est nulle. En déduire une autre méthode de calcul des espaces de cohomologie des sphères.

16. *Le projectif quaternionien*

a) En reprenant les constructions de **II.D**, définir l'espace projectif $P^n\mathbb{H}$ comme un quotient convenable de $\mathbb{H}^{n+1} \setminus \{0\}$, et le munir d'une structure de variété lisse. Attention : il y a deux façons de procéder, avec la multiplication à droite et la multiplication à gauche, mais elles donnent des variétés difféomorphes.

b) Montrer de même l'existence d'une fibration

$$p : S^{4n+3} \to P^n\mathbb{H}$$

dont les fibres sont difféomorphes à S^3, et en déduire que $P^1\mathbb{H}$ est difféomorphe à S^4.

c) En reprenant les arguments de **53**, montrer que la cohomologie de $P^n\mathbb{H}$ est nulle en degré non multiple de 4, et que $H^{4k}(P^n\mathbb{H}) \simeq \mathbb{R}$ pour $0 \leq k \leq n$.

17. *Formes bi-invariantes sur un groupe de Lie*

a) Soit G un groupe de Lie. On désigne $\mathcal{I}$ l'application $x \to x^{-1}$. Quelle est la différentielle de $\mathcal{I}$ en l'élément neutre ?

b) Une forme différentielle α sur G est dite *bi-invariante* si

$$L_g^*\alpha = \alpha \qquad \text{et} \qquad R_g^*\alpha = \alpha$$

quel que soit $g \in G$.
Montrer que si α est bi-invariante, il en est de même de $d\alpha$ et $\mathcal{I}^*\alpha$.

c) Montrer que si α est bi-invariante, ou même seulement invariante à gauche ou à droite, et si $\alpha_e = 0$, alors $\alpha = 0$.

d) Montrer que pour toute forme $\alpha \in \Omega^k(G)$, on a

$$(\mathcal{I}^*\alpha)_e = (-1)^k \alpha_e.$$

En déduire que si α est bi-invariante et d'ordre k, on a

$$\mathcal{I}^*\alpha = (-1)^k \alpha.$$

En déduire que toute forme bi-invariante sur un groupe de Lie est fermée.

e) En utilisant les techniques de **C**, montrer que pour un groupe de Lie compact connexe G,

$$H^p(G) \simeq \Omega^p_{\text{inv}}(G),$$

où l'on a désigné par $\Omega^p_{\text{inv}}(G)$ l'espace vectoriel des formes bi-invariantes de degré p (on utilisera le fait que pour un groupe de Lie compact l'exponentielle est surjective).
Montrer que l'on a un isomorphisme d'algèbres entre $\Omega_{\text{inv}}(G)$ et l'algèbre $Inv_G \bigwedge \mathfrak{G}^*$ des formes alternées sur $\mathfrak{G}$ qui sont $\text{Ad}(g)$-invariantes.

f) Exemple : on prend $G = SO(n)$. Montrer que

$$(X, Y, Z) \mapsto \text{tr}(XYZ - XZY)$$

est une forme trilinéaire alternée sur $\mathfrak{so}(n)$, $\text{Ad}(G)$-invariante, et non triviale si $n \geq 3$. En déduire que $H^3(SO(n)) \neq 0$ pour $n \geq 3$.

* **18.** *Cohomologie du tore à deux trous*

a) Montrer que la somme connexe de deux variétés orientables est orientable.

b) A l'aide d'une suite de Mayer-Vietoris convenable, montrer que

$$\dim H^1(T^2 \sharp T^2) = 4$$

* **19.** *Théorème de Moser*

Soient ω_0 et ω_1 deux formes volume sur une variété compacte M de dimension n, telles que $\int_M \omega_0 = \int_M \omega_1$. Nous allons montrer qu'il existe un difféomorphisme ϕ de M tel que $\phi^*\omega_1 = \omega_0$. Cela resultera de l'existence d'une famille de difféomorphismes $t \mapsto \phi_t$ $(0 \leq t \leq 1)$ telle que $\phi_0 = Id$ et

$$\phi_t^*\omega_t = \omega_0, \quad \text{où } \omega_t = (1-t)\omega_0 + \omega_1.$$

Pour montrer l'existence d'une telle famille, on utilise la méthode du chemin (comparer à **3.54**.)

a) Montrer que ω_t est une forme volume pour tout $t \in [0,1]$.

b) En déduire que si $\alpha \in \Omega^{n-1}(M)$ il existe un unique champ de vecteurs dépendant du temps X_t tel que $i_{X_t}\omega_t = \alpha$.

c) Montrer, en utilisant **5.36** bis, qu'il existe un champ de vecteurs dépendant du temps X_t qui engendre une famille de difféomorphismes ϕ_t ayant les propriétés voulues.

QUELQUES SOLUTIONS D'EXERCICES

CHAPITRE I

2. *Laplacien et isométries*

b) En testant la propriété sur les fonctions $f(x) = x^k x^l$, on voit que A doit être orthogonale. Un calcul direct montre alors que cette condition est suffisante.

c) Notons que

$$\Delta(f \circ T) = \sum_{i,k,l} \partial^2_{kl}(f \circ T)\partial_i T^k \partial_i T^l + \sum_k \partial_k (f \circ T)\Delta T^k,$$

où l'on a désigné par T^k la k-ième composante de T. En testant la propriété sur les formes linéaires et sur les fonctions $x^k x^l$, on vérifie que la jacobienne de T en chaque point est une matrice orthogonale.
Il en résulte que T conserve les longueurs des courbes, et par suite la distance euclidienne. C'est donc une isométrie affine.

3. On trouve

$$F'(x) = h\big(b(x), x\big) - h\big(a(x), x\big) + \int_{a(x)}^{b(x)} h(t, x)dt.$$

7. a) On obtient encore une courbe fermée simple.

b) On obtient une courbe avec un point double.

c) Il y a un rebroussement à l'origine.

* **8.** *Décomposition de Cartan du groupe linéaire*

a) Si $(e_i)_{1\leq i\leq n}$ est une base orthonormée de vecteurs propres de S, les valeurs propres associées, égales aux $\langle S(e_i), e_i\rangle$ sont strictement positives. Il en résulte que

$$\forall x \in \mathbb{R}^n, \langle Sx, x\rangle \geq k\|x\|^2, \text{ avec } k = \inf_{1\leq i\leq n} \lambda_i.$$

b) L'unicité de T vient de ce que si $S = T^2$, alors S et T commutent. Notant $\mathrm{Sym}^+(n)$ l'ouvert de $\mathrm{Sym}(n)$ formé par les endomorphismes symétriques strictement positifs, on vérifie que l'application $S \mapsto S^2$ est une bijection de $\mathrm{Sym}(n)$ dont la différentielle est inversible : si $S \in \mathrm{Sym}^+(n))$ et si $ST+TS = 0$, on voit que $T = 0$ en prenant une base qui diagonalise S.

* **9.** La différentielle de f_S en surjective en $A = I$. Il suffit donc d'appliquer **I. 24.** Autrement dit, si T est suffisamment proche de S, la forme quadratique q_T est

équivalente à q_S modulo un changement de base qui dépend différentiablement de T.

On peut montrer élémentairement qu'une forme quadratique associée à une matrice T assez proche de S, *cette dernière étant supposée non dégénérée*, a la même signature que celle qui est associée à S. Elle lui est équivalente d'après la loi d'inertie de Sylvester (cf. [Berger], ch. 13). Mais le calcul différentiel a permis de préciser notablement ce résultat. Sous cette forme, il joue clé dans la preuve du lemme de Morse.

* **10.** *Théorème du rang constant*
Voir [Demazure], ch. IV.

* **11.** *Lemme de Morse*
La première partie est élémentaire. En utilisant l'application g de l'exercice **9**, on voit que

$$h(x) = {}^t g\big(h(x)\big) S g\big(h(x)\big),$$

donc que

$$f(x) = f(0) + {}^t u(x) S u(x) \quad \text{où } u(x) = g\big(h(x)\big) \cdot x.$$

La différentielle de u en 0 est l'application identique, et le théorème d'inversion locale s'applique. Si $y \mapsto v(y)$ est l'inverse locale de u, on a

$$f\big(v(y)\big) = f(0) + {}^t y S y.$$

13. On trouve

$$(x^2 + y^2 + z^2 + a^2 - r^2)^2 - 4a^2(x^2 + y^2) = 0\,;$$

une paramétrisation commode est donnée par

$$(\theta, \varphi) \mapsto \big((a + r\cos\theta)\cos\varphi, (a + r\cos\theta)\sin\varphi, r\sin\theta\big).$$

* **15.** On vérifie que la différentielle de l'application

$$(x, v) \mapsto \big(f(x), f'(x) \cdot v\big)$$

au point (x, v) est surjective dès que $f'(x)$ l'est.

16. L'ensemble de ces droites est la surface d'équation

$$x \cos\frac{z}{b} - y \sin\frac{z}{b} = 0,$$

appelée *hélicoïde.* ** Son intérêt, entre autres, est d'être la seule surface minima règlée de $\mathbb{R}^3$ (voir par exemple [Spivak], tome 3).**

* **18.** Appelons C cette intersection. En regardant le rang de la matrice

$$\begin{pmatrix} x & y & z \\ 2x - 1 & y & 0 \end{pmatrix}$$

on voit que $C \setminus (1, 0, 0)$ est une sous-variété de dimension 1. Si C elle-même était une sous-variété de dimension 1, la tangente en $(1, 0, 0)$ serait parallèle au plan $x = 0$, et donc la projection de C sur ce plan au parallèlement à la droite $y = z = 0$ serait une sous-variété au voisinage de $(0,0)$. L'équation de cette projection, obtenue en éliminant x, s'écrit

$$y^2 - z^2 + z^4 = 0.$$

Ce n'est pas une sous-variété, puisque les vecteurs tangents en 0 sont multiples de $(1,1)$ et $(1,-1)$.

19. *Groupe pseudo-orthogonal*
Soit $J_{p,q}$ la matrice

$$\begin{pmatrix} I_p & 0 \\ 0 & -I_q \end{pmatrix}, \text{ où } p+q=n.$$

La condition de l'énoncé est équivalente à

$${}^tAJ_{p,q}A = J_{p,q},$$

et l'on procède comme dans le cas du groupe orthogonal, en utilisant l'application $A \mapsto {}^tAJ_{p,q}A$, de $M_n(\mathbb{R})$ dans $\mathrm{Sym}(n)$.

* **22.** *Position d'une hypersurface par rapport à un plan tangent*

b) Il suffit d'appliquer la formule de Taylor.

c) D'après l'exercice **11**, il existe des fonctions lisses $\varphi^1, \ldots, \varphi^n$, dont les différentielles en 0 sont indépendantes, définies sur un voisinage de 0 et telles que pour x dans ce voisinage

$$f(x) = \left(\varphi^1(x)\right)^2 + \ldots + \left(\varphi^p(x)\right)^2 - \left(\varphi^{p+1}(x)\right)^2 - \ldots - \left(\varphi^n x)\right)^2.$$

On voit aussi que l'intersection $S \cap T_0S$ avec un voisinage de 0 convenable s'envoie par un difféomorphisme sur un ouvert du cône $n-1$ dimensionnel d'équation

$$\sum_{i=1}^{p} y_i^2 - \sum_{i=p+1}^{n} y_i^2 = 0.$$

CHAPITRE II

2. Si a a pour coordonnées (x_0, y_0), et d pour équation $ux+vy+w=0$, rappelons que

$$\mathrm{dist}(a,d))^2 = \frac{(ux_0+vy_0+w)^2}{u^2+v^2}.$$

Il suffit alors d'utiliser les cartes de **II. 7**.

4. a) On procède comme dans **I. 29** en montrant que l'application $A \mapsto {}^t\overline{A}A$. de $M_n(\mathbf{C})$ dans l'ensemble des matrices hermitiennes est une submersion pour les A tels que ${}^t\overline{A}A = I$. Attention : l'ensemble des matrices hermitiennes d'ordre n est un espace vectoriel *réel* de dimension n^2.
L'application exponentielle donne, en imitant **I. 43**, une paramétrisation définie sur un voisinage de 0 dans l'espace vectoriel des matrices antihermitiennes, lui aussi de dimension n^2.

b) On utilise par exemple l'application

$$A \mapsto \det A \quad \text{de } U(n) \text{ dans } S^1 \simeq \{z \in \mathbb{C}, |z| = 1\},$$

après avoir noté qu'une matrice unitaire a un déterminant de module 1.

c) Un calcul direct montre que les matrices spéciales unitaires d'ordre 2 s'écrivent

$$\begin{pmatrix} a & -\bar{b} \\ b & \bar{a} \end{pmatrix},$$

où bien entendu $|a|^2 + |b|^2 = 1$.

5. On peut soit utiliser directement **II. 28**, soit conjuguer par la projection stéréographique i_N l'homographie $t \mapsto \frac{at+b}{ct+d}$. On trouve l'application de S^1 dans S^1 définie par

$$(x,y) \mapsto \begin{pmatrix} \dfrac{2(ac+bd)+2(ac-bd)x+2(ad+bc)y}{a^2+b^2+c^2+d^2+(a^2-b^2+c^2-d^2)x+2(ab+cd)y} \\ \dfrac{a^2+b^2-c^2-d^2+(a^2-b^2-c^2+d^2)x+2(ab-cd)y}{a^2+b^2+c^2+d^2+(a^2-b^2+c^2-d^2)x+2(ab+cd)y} \end{pmatrix}.$$

Il est bien clair qu'il est préférable dans ce cas (et plus naturel !) de considérer S^1 comme la droite projective.

6. *Quadriques projectives*

b) Pour une base convenable de $\mathbb{R}^4$, la quadrique Q est l'ensemble des points dont les coordonnées homogènes vérifient

$$x^2 + y^2 + z^2 - t^2 = 0.$$

La dernière coordonnée homogène d'un point de Q est donc non nulle, et l'on conclut en envoyant Q dans $\mathbb{R}^3$ avec la carte

$$[x,y,z,t] \mapsto \left(\frac{x}{t}, \frac{y}{t}, \frac{z}{t}\right).$$

c) L'équation de Q en coordonnées homogènes peut se mettre sous la forme

$$x^2 + y^2 - z^2 - t^2 = 0, \text{ mais aussi } XY - ZT = 0.$$

Notant que $\frac{X}{Z} = \frac{T}{Y}$ et $\frac{X}{T} = \frac{Z}{Y}$, on définit alors une application lisse $f = (f_1, f_2)$ de Q dans $P^1\mathbb{R} \times P^1\mathbb{R}$ en posant

$$f_1([X,Y,Z,T]) = \begin{cases} [X,Z] & \text{pour } (X,Z) \neq (0,0) \\ [T,Y] & \text{pour } (T,Y) \neq (0,0) \end{cases}$$

et

$$f_2([X,Y,Z,T]) = \begin{cases} [X,T] & \text{pour } (X,T) \neq (0,0) \\ [Z,Y] & \text{pour } (Z,Y) \neq (0,0) \end{cases}.$$

d) Si la forme quadratique est de type (r,s) (avec $rs \neq 0$ si l'on veut que Q soit non vide), on vérifie que Q est difféomorphe au quotient de $S^{r-1} \times S^{s-1}$ par la "double antipodie" $(x,y) \mapsto (-x,-y)$.

*** 8.** Pour plonger T^3 dans $\mathbb{R}^4$, l'idée est "d'épaissir" le plongement standard $(\theta, \varphi) \mapsto (e^{i\theta}, e^{i\varphi})$ de T^2 dans $\mathbb{C}^2 \simeq \mathbb{R}^4$. On prend par exemple

$$(\theta, \varphi, \psi) \mapsto \left(e^{i\theta}(1 - \frac{\cos\psi}{2}), e^{i\varphi}(1 - \frac{\sin\psi}{2})\right).$$

Le produit par lui-même du plongement standard donne un plongement $S^2 \times S^2$ dans $\mathbb{R}^6$, dont l'image est incluse dans une sphère S^5. Il suffit alors de faire une projection stéréographique convenable.

11. b) Soit X l'hyperbole d'équation $xy = 1$ dans $\mathbb{R}^2$, et f la restriction à X de la première projection. C'est une submersion (et même un difféomorphisme local) en tout point qui n'est pas surjective.

c) Il suffit de remarquer que la fibration de Hopf est trivialisable au-dessus de S^2 privée d'un point.

13. *Surface de Véronèse*

d) On remarque que $V(P^2\mathbb{R})$ est inclu dans une sphère S^4, et on fait une projection stéréographique par rapport à un point qui n'est pas dans l'image. L'explication de cette formule apparemment parachutée est la suivante. On associe à toute droite v l'opérateur p_v de projection orthogonale sur v. Dans une base orthonormée où un vecteur unitaire porté par v a pour coordonnées (x, y, z), la matrice de p_v est

$$\begin{pmatrix} x^2 & xy & xz \\ xy & y^2 & yz \\ xz & yz & z^2 \end{pmatrix}.$$

On peut de la même façon associer à un k-plan P de $\mathbb{R}^n$ muni de sa structure euclidienne l'opérateur de projection orthogonale sur P, obtenant ainsi un plongement de la grassmannienne $G_{k,n}$ des k-plans de $\mathbb{R}^n$ dans un espace euclidien.

14. b) Tout vecteur unitaire v peut être complété en une base orthonormée dépendant différentiablement de v, pourvu que v soit non colinéaire à un vecteur donné v_0. Cela vient du procédé d'orthonormalisation de Schmid.

16. *Compactification conforme de* $\mathbb{R}^n$, *groupe de Möbius.*

Les transformations respectivement associées à l'isométrie $x \mapsto Ax$, l'homothétie $x \mapsto \lambda x$ et la translation $x \mapsto x + a$ sont les applications projectives définies par les matrices

$$\begin{pmatrix} 1 & 0\cdots0 & 0 \\ 0 & & 0 \\ \vdots & A & \vdots \\ 0 & & 0 \\ 0 & 0\cdots0 & 1 \end{pmatrix}, \quad \begin{pmatrix} \frac{1}{\lambda} & 0\cdots0 & 0 \\ 0 & & 0 \\ \vdots & I_n & \vdots \\ 0 & & 0 \\ 0 & 0\cdots0 & \lambda \end{pmatrix}, \quad \begin{pmatrix} 1 & 2a & |a|^2 \\ 0 & & \\ \vdots & I_n & {}^t a \\ 0 & & \\ 0 & 0\cdots0 & 1 \end{pmatrix}.$$

De même, on associe à l'inversion $x \mapsto \frac{x}{|x|^2}$ l'application projective définie par

$$\begin{pmatrix} 0 & 0\cdots0 & 1 \\ 0 & & 0 \\ \vdots & I_n & \vdots \\ 0 & & 0 \\ 1 & 0\cdots0 & 0 \end{pmatrix}.$$

*** 17.** *Eclatement*

c) Le difféomorphisme réciproque est donné par $r(x,y) = \big([x,y],(x,y)\big)$.

d) Il suffit d'appliquer à c le lemme de Hadamard.

e) On obtient un difféomorphisme de M sur E en procédant par exemple comme suit : à une droite d de $\mathbb{R}^2$ on associe la droite orthogonale qui passe par l'origine, et l'intersection de cette dernière avec d. Explicitement, cette application est donnée par

$$[(u,v,w)] \mapsto ([u,v], -\frac{wu}{u^2+v^2}, -\frac{wv}{u^2+v^2}).$$

f) L'application $\widehat{\varphi}$ est nécessairement donnée par

$$\widehat{\varphi}([x,y],x,y) = \big([\varphi(x,y)],\varphi(x,y)\big) \text{ si } (x,y) \neq (0,0)$$
$$\widehat{\varphi}([X,Y],0,0) = ([d\varphi_0 \cdot (X,Y)],0,0)$$

Il faut montrer que cette application est lisse. Désignons par f et g les coordonnées de φ, et partons par exemple de la paramétrisation

$$\psi : (x,t) \mapsto \big([1,t],(x,xt)\big).$$

Pour $x \neq 0$, on a

$$(\varphi \circ \psi)(x,t) = \big([f(x,xt),g(x,xt)],f(x,xt),g(x,xt)\big).$$

D'après le lemme de Hadamard, il existe des fonctions lisses f_1, f_2, g_1, g_2, égales en 0 aux dérivées partielles de f et g, telle que

$$f(x,xt) = xf_1(x,xt) + xtf_2(x,xt) \text{ et } g(x,xt) = xg_1(x,xt) + xtg_2(x,xt).$$

Alors

$$(\varphi \circ \psi)(x,t) = \big([f_1(x,xt)+tf_2(x,xt), g_1(x,xt)+tg_2(x,xt)], f(x,xt), g(x,xt)\big).$$

Mais d'après l'hypothèse faite sur φ,

$$\begin{pmatrix} f_1+tf_2 \\ g_1+tg_2 \end{pmatrix} = \begin{pmatrix} f_1 & f_2 \\ g_1 & g_2 \end{pmatrix} \begin{pmatrix} 1 \\ t \end{pmatrix}$$

est non nul quel que soit t si x est assez proche de 0. La suite est laissée au lecteur.

18. Dans l'exercice **5**, $\Gamma = Gl(n+1,\mathbb{R})$ et $\Gamma_o = \mathbb{R}^*I$. L'action naturelle de $SO(n+1)$ sur $X = P^n\mathbb{R}$ est effective si et seulement si n est pair.

20. L'application $z \mapsto z^n$ passe au quotient et donne une application continue et bijective de $\mathbb{C}/\Gamma$ dans $\mathbb{C}$; la bijection réciproque, elle aussi continue est l'application qui à z associe l'une quelconque de ses racines n-ièmes, identifiées modulo Γ. Cela permet de transporter à $\mathbb{C}/\Gamma$ la structure différentielle de $\mathbb{C}$. L'application de passage au quotient est alors lisse, mais sa différentielle en 0 est nulle.

22. *Espaces lenticulaires*

a) Cela vient du fait que 1 est valeur propre de toute matrice $A \in SO(2n+1)$.

b) Plus généralement, on peut considérer l'action de $\mathbb{Z}/p\mathbb{Z}$ sur S^3 donnée par

$$k \cdot (z, z') = (u^k z, u^{kr} s'),$$

où r est un entier premier avec p. Notons $L_{r,p}$ la variété ainsi obtenue. On démontre, et c'est un résultat difficile, que $L_{1,5}$ et $L_{2,5}$ ne sont pas homéomorphes. Pour plus de détails sur ces variétés, qui ont des propriétés topologiques subtiles, voir J.A. Wolf, Spaces of Constant Curvature, Publish or Perish, et J. Milnor, Whitehead torsion, Bull. Amer. Math. Soc. 72 (1966), 351-326.

* **24.** a) Il est clair que $g(X)$ est ouvert (car g est un difféomorphisme local) et fermé (c'est une partie compacte de Y), ce qui montre que g est surjective. A partir de là, il suffit d'utiliser **II. 21**.

* b) Par exemple on restreint le revêtement du projectif par la sphère à la sphère privée d'un point.

25. S^1 privé d'un ensemble fini n'est pas connexe, dès qu'il y a plus de deux points !

26. Non. On peut par exemple restreindre $\varphi_i \times \psi_j$ à un ouvert de $U_i \times V_j$ qui n'est pas un produit d'ouverts.

* **28.** *Somme connexe*

b) Nous avons été très discrets sur la question de l'unicité de la somme connexe. La seule référence que nous connaissons pour cette question un peu subtile est une série d'exercices de [Dieudonné 3] (XVI. 26, problèmes 12 à 15).

** d) Il suffit de remarquer que $\mathbb{R}^2 \sharp P^2\mathbb{R}$ est difféomorphe à $P^2\mathbb{R}$ privé d'un point et d'utiliser l'exercice **17** (question e)).

CHAPITRE III

1. Le théorème de Stone-Weierstrass s'applique car d'après **5** l'algèbre des fonctions lisses sépare les points.

3. On raisonne par l'absurde en utilisant la formule de Taylor.

4. Soit f une fonction continue positive ou nulle dans un voisinage de 0 et nulle en zéro, et soit $g = \sqrt{f}$. Alors

$$\delta \dot{f} = \delta \dot{g}^2 = g(0)\delta \dot{g} = 0,$$

dont $\delta \dot{f} = 0$. On en déduit par linéarité que δ s'annule pour tous les germes nuls en zéro (en écrivant $f = \sup(f, 0) + \inf(f, 0)$), puis pour tous les germes.

5. Soit f la fonction d'une variable réelle définie par $f(x) = \exp(-1/x)$ si $x > 0$ et $f(x) = 0$ si $x \leq 0$, et soit g la fonction $x \mapsto f(-x)$. Alors f et g sont lisses, ont des germes non nuls en 0 alors que $fg = 0$. Par contre, l'anneau des germes de fonctions analytiques est un sous-anneau de l'anneau $\mathbb{R}[[X]]$ des séries formelles, qui est intègre.

7. a) Il suffit, comme dans **II. 11**, de lire $i_N^{-1} \circ h_t \circ i_N$ dans la carte $(S^2 \setminus S, i_S)$. Il vient

$$(i_S \circ i_N^{-1} \circ h_t \circ i_N \circ i_S^{-1})(y) = e^{-t}y.$$

* d) Il suffit de partir d'un groupe à un paramètre de translations.

Remarque. Vérifier sur ces exemples le théorème de Poincaré-Hopf (cf. **7.22**) est facile, mais instructif.

* **8.** On part du fait, évident mais fondamental, qu'un champ de vecteurs est invariant par son propre flot. Si $[X, Y] = 0$, d'après **47**

$$\frac{d}{ds}\varphi_{s*}Y_{|s=0} = 0.$$

Mais on a aussi

$$\frac{d}{ds}\varphi_{s*}Y_{|s=s_o} = \frac{d}{ds}\varphi_{s*}(\varphi_{s_o*}Y_{|s=0} = -[X, \varphi_{s_o*}Y],$$

et

$$[X, \varphi_{s_o*}Y] = \varphi_{s_o*}[\varphi_{-s_o*}X, Y] = \varphi_{s_o*}[X, Y] = 0.$$

Donc $\varphi_{s*}Y = Y$ quel que soit s. Mais le flot de $\varphi_{s*}Y$ est $\varphi_s \circ \psi_t \circ \varphi_{-s}$ d'après **45**. Dans l'autre sens, c'est élémentaire.

9. Il suffit de faire la preuve pour les ouverts de $\mathbb{R}^n$. En prenant pour Y les champs ∂_i, on voit que les coefficients de X sont (localement) constants. On prend alors pour champs test les champs $x^i\partial_i$.

* **12.** *Exemples de variétés parallélisables*

a) On utilise l'exercice **10** en remarquant qu'il y a plus d'une façon de voir la sphère unité de $\mathbb{R}^4$ comme

$$\{(z, z') \in \mathbb{C}^2, |z|^2 + |z'|^2 = 1\}.$$

** b) Soit T le champ $z \mapsto iz$ sur S^1 vu comme l'ensemble des complexes z de module 1. D'autre part, sur S^n plongée de façon standard dans $\mathbb{R}^{n+1}$, on introduit les $(n+1)$ champs X^i dont la valeur en x est la projection orthogonale sur T_xS^n du i-ième vecteur de base e_i. Explicitement,

$$X_x^i = e_i - x^i x.$$

On introduit les $n+1$ champs de vecteurs sur $S^1 \times S^n$ définis par

$$x^i T + X^i,$$

et on vérifie que leurs valeurs en tout point (z, x) de $S^1 \times S^n$ sont des vecteurs indépendants.

* **15.** *Transitivité du groupe des difféomorphismes*

a) Il suffit d'utiliser le flot d'un champ de vecteurs de la forme $f(b-a)$, où f est une fonction plateau à support contenu dans $B(0, r')$ et valant 1 sur $B(0, r)$ ($r < r'$ bien sûr !).

c) Disons que deux points de M sont équivalents s'ils se correspondent par un difféomorphisme. On obtient une relation d'équivalence dont les classes sont ouvertes d'après b).

d) Un argument analogue à celui de a) permet de raisonner par récurrence sur k. Noter que le résultat est grossièrement faux en dimension 1, dès que $k \geq 3$.

* **16.** *Théorème de redressement d'un champ de vecteurs*

a) La matrice jacobienne de F en 0 est

$$\begin{pmatrix} X^1(0) & 0 \cdots 0 \\ X^2(0) & \\ \cdots & I_{n-1} \\ X^n(0) & \end{pmatrix}.$$

b) On a

$$(F^{-1} \circ \varphi_t^X \circ F)(x^1, \cdots, x^n) = (x^1 + t, x^2, \cdots, x^n),$$

et on applique **45**.

20. *Fibré normal*

c) Soient $f_1, \ldots f_p$ les composantes scalaires de f. Il résulte de l'hypothèse que les différentielles df_i sont linéairement indépendantes en tout point. Le fibré normal admet donc p sections $N_1, \ldots N_p$ partout linéairement indépendantes, données par

$$N_i = \sum_{k=1}^{n} \partial_k f_i \frac{\partial}{\partial_k}.$$

* **21.** *Fibré tautologique*

a) Au dessus de l'ouvert $U_i = \{[x] \in P^n\mathbb{R},\ x_i \neq 0\}$, on prend la trivialisation

$$([x], v) \mapsto ([x], v^i).$$

b) Voir la question e) de l'exercice **17** du chapitre **II**.

** c) Le fibré vectoriel γ_n est de rang 1. Il est donc trivialisable si et seulement si il admet une section partout non nulle. On peut alors supposer cette section de norme 1 partout (pour la norme sur les fibres induite par la norme euclidienne de $\mathbb{R}^{n+1}$). On obtient alors une inverse à droite s de la projection canonique $p : S^n \mapsto P^n\mathbb{R}$. Cela est impossible : l'application s serait surjective car elle est ouverte et S^n est compacte. On en déduirait que p est injective, contradiction.

* **22.** *Quelques constructions de fibrés vectoriels*

Voir par exemple [Hirsch], chapitre 4. En fait toute construction "fonctorielle" sur les espaces vectoriels (dual, produit tensoriel, etc...) a un sens sur les fibrés vectoriels.

** **23.** *Fibré tangent à $P^n\mathbb{R}$*

b) A la classe d'équivalence de (x, v) on associe l'application linéaire de $(\gamma_n)_{[x]}$ dans $(\gamma_n^\perp)_{[x]}$ qui à λx associe λv. On obtient ainsi un morphisme de fibrés vectoriels de $TP^n\mathbb{R}$ dans $\mathrm{Hom}(\gamma_n, \gamma_n^\perp)$ qui est injectif sur les fibres. C'est un isomorphisme puisque les deux fibrés ont même rang.

On peut aussi montrer que la somme de Whitney de $TP^n\mathbb{R}$ et du fibré trivial de rang 1 est isomorphe à la somme de Whitney de $n+1$ exemplaires de γ_n

(voir [Milnor-Stasheff], Characteristic classes, p. 45), ce qui, sans être vraiment difficile, demande un peu plus d'agilité dans le maniement des fibrés vectoriels.

* **24.** *Voisinage tubulaire d'une sous-variété*
Voir [Berger-Gostiaux], **2.7**, ou [Hirsch], **4.5**.

CHAPITRE IV

3. *Le groupe multiplicatif des quaternions*

b) On imite les démonstrations de **I. E.**.

d) Il suffit de reprendre la présentation de l'exercice **2.** a). Notons au passage que l'algèbre de Lie du groupe des quaternions de norme 1 est formée des quaternions *purs*.

4. Soit $\rho : G \to H$ un morphisme étale. D'après le théorème d'inversion locale, il existe un ouvert U de G contenant l'élément neutre tel que $U \cap \operatorname{Ker}\rho = \{e\}$, donc $\operatorname{Ker}\rho$ est un sous-groupe discret de G. On voit alors facilement que ρ donne par passage au quotient un isomorphisme de groupes de Lie de $G/\operatorname{Ker}\rho$ sur H.

* **5.** *Quaternions et rotations.*

1) a) On remarque que

$$\rho(s).h + \overline{\rho(s).h} = s(h + \overline{h})\overline{s}.$$

D'autre part,

$$\|\rho(s).h\|^2 = sh\overline{s}s\overline{h}\overline{s} = s\|h\|^2\overline{s} = \|h\|^2 s\overline{s} = \|h\|^2.$$

b) D'après a), $\det\big(\rho(s)\big) = \pm 1$. Mais comme s parcourt un espace connexe, les valeurs prises par le déterminant forment une partie connexe de $\mathbb{R}$.

c) L'application linéaire tangente à ρ en e associe au quaternion pur σ l'application linéaire $T_e\rho(\sigma)$ définie par

$$T_e\rho(\sigma) \cdot h = \sigma h + h\overline{\sigma} = [\sigma, h].$$

Il en résulte que $T_e\rho$ est injective d'après d) de l'exercice **2**.

d) L'image de ρ est ouverte et fermée. Le fait que $\operatorname{Ker}(\rho) = \pm e$ résulte encore de l'exercice **2**.

e) Ecrivons $s = \Re(s) + \sigma$, où σ est pur. Alors $\rho(s) \cdot \sigma = \sigma$.

2) Cela vient de la transitivité de l'action de $SO(3)$ sur la sphère unité et de la surjectivité de ρ.

3) Le quaternion $s = \alpha + \beta t$ est donc conjugué dans $\mathbb{H}$ à $\alpha + i\beta$. Pour calculer l'angle on peut donc se ramener à ce dernier cas. L'axe de la rotation $\rho(s)$ est alors porté par i. Pour trouver l'angle, il suffit de calculer le transformé d'un vecteur orthogonal à i, par exemple j. On obtient

$$\rho(s).j = (\alpha + i\beta)j(\alpha - i\beta) = (\alpha^2 - \beta^2)j + 2\alpha\beta k.$$

Si l'axe de la rotation est orienté par i, l'angle θ vérifie donc les relations

$$\cos\theta = \alpha^2 - \beta^2 \text{ et } \sin\theta = 2\alpha\beta.$$

7. c) L'image de l'exponentielle de $\mathfrak{Sl}(2, \mathbb{R})$ est l'ensemble des matrices de $Sl(2, \mathbb{R})$ dont les valeurs propres sont positives.

8. Soit h un tel morphisme. Alors $u \mapsto h(e^{iu})$ est un morphisme de $\mathbb{R}$ dans S^1, qui doit être de la forme $u \mapsto e^{iau}$ d'après **26**. Comme ce morphisme doit être périodique de période 2π, a est entier.

9. b), c) Les arguments sont essentiellement les mêmes que ceux de l'exercice **5**.
* d) Regarder dans l'exercice cité ce qui se passe en dimension 1.

* **11.** Deux si $\inf(p, q) \geq 2$, quatre sinon.

13. a) Il suffit une fois de plus de remarquer que

$$S^{2n+1} = \{(z^0, \cdots, z^n) \in \mathbb{C}^{n+1}, \sum_{i=0}^{n} |z^i|^2 = 1\}.$$

On vérifie alors que $U(n+1)$ et $SU(n+1)$ opérent transitivement sur S^{2n+1}, le stabilisateur de $(1, 0, \cdots, 0)$ étant formé des matrices

$$\begin{pmatrix} 1 & 0 \cdots 0 \\ 0 & \\ \vdots & A \\ 0 & \end{pmatrix},$$

où A appartient à $U(n)$ ou $SU(n)$ suivant les cas.
** **Remarque.** De même, le groupe

$$Sp(n+1) = Gl(n+1, \mathbb{H}) \cap 0(4n+4)$$

opère transitivement sur

$$S^{4n+3} = \{(q^0, \cdots, q^n) \in \mathbb{H}^{n+1}, \sum_{i=0}^{n} |q^i| = 1\},$$

et l'on a un difféomorphisme

$$S^{4n+3} \simeq Sp(n+1)/Sp(n). \;**$$

c) Le plongement analogue de $U(n)$ dans $SU(n+1)$ est donné par

$$A \mapsto \begin{pmatrix} \overline{\det(A)} & 0 \cdots 0 \\ 0 & \\ \vdots & A \\ 0 & \end{pmatrix}.$$

* **14.** *Orbites de l'action d'un groupe compact*
Dans le cas de $P^n\mathbb{R}$, les orbites de $G \simeq O(n)$ autres que l'orbite formée par le point fixe sont difféomorphes à S^{n-1}, à l'exception de l'une d'entre elles qui est difféomorphe à $P^{n-1}\mathbb{R}$.

Dans le cas de $P^n\mathbb{C}$, les orbites de $G \simeq U(n)$ autres que l'orbite formée par le point fixe sont difféomorphes à S^{2n-1}, à l'exception de l'une d'entre elles qui est difféomorphe à $P^{n-1}\mathbb{C}$.
La structure des orbites d'un groupe de Lie compact agissant différentiablement sur une variété est bien comprise. Voir par exemple [Audin].

*** 16.** *Variété des matrices de rang donné*
Les matrices M et PMQ^{-1} ont même rang. Inversement, si M est de rang r, il existe des matrices P et Q appartenant respectivement à $Gl(p,\mathbb{R})$ et $Gl(q,\mathbb{R})$ respectivement telles que

$$M = P\begin{pmatrix} I_r & 0 \\ 0 & 0 \end{pmatrix} Q^{-1}.$$

Les orbites de l'action de $Gl(p,\mathbb{R}) \times Gl(q,\mathbb{R})$ sur $M_{p,q}(\mathbb{R})$ sont les matrices de rang r $(0 \leq r \leq \inf(p,q))$. On en déduit (comparer à **61**) que l'ensemble des matrices (p,q) de rang r est un espace homogène de dimension $r(p+q-r)$.

*** 17.** ** La représentation adjointe est une fonction analytique sur G à valeur dans $Gl(\dim \mathfrak{G}, \mathbb{C})$. Elle est donc constante d'après le principe du maximum, puisque G est compact et connexe.**

CHAPITRE V

*** 2.** a) Si $\omega \neq 0$, il existe des vecteurs x et y, forcément indépendants, tels que $\omega(x,y) \neq 0$, d'où deux vecteurs indépendants a et b tels que $\omega(a,b) = 1$. Les noyaux des formes linéaires $x \mapsto \omega(a,x)$ et $x \mapsto \omega(b,y)$ sont deux hyperplans distincts, leur intersection est donc de codimension 2, et fourni un sous-espace E' tel qu'on le cherchait. Cela permet de procéder par récurrence sur la dimension de E.

b) D'après la définition du produit extérieur, F contient $(\cap \operatorname{Ker} \theta^i_{1\leq i\leq 2p}$. Pour vérifier l'inclusion opposée, on introduit la base $(e_i)_{1\leq i\leq n}$ dont $(\theta^i)_{1\leq i\leq n}$ est la base duale, et on remarque que

$$\omega(x,e_i) = \begin{cases} -\theta^{i+p}(x) \text{ pour } 1 \leq i \leq p \\ \theta^{i-p}(x) \text{ pour } p+1 \leq i \leq 2p. \end{cases}$$

c) Soit $(\alpha^i)_{1\leq i\leq 2p}$ une famille de $2p$ formes linéraires sur un espace vectoriel. En remarquant que les formes multilinéaires alternées de degré pair engendrent une sous-algèbre *commutative* de $\bigwedge E^*$, on démontre par récurrence sur k que

$$\left(\sum_{i=1}^{p} \theta^{2i-1} \wedge \theta^{2i}\right)^p = p!\,\theta^1 \wedge \ldots \wedge \theta^{2p}.$$

d) Soit

$$J_n = \begin{pmatrix} 0 & I_n \\ -I_n & 0 \end{pmatrix}.$$

Les matrices des endormorphismes de $\mathbb{R}^{2n}$ laissant ω invariantes sont caractérisées par la relation

$$^tMJ_nM = J_n.$$

A partir de là, pour montrer que $Sp(n, \mathbb{R})$ est un groupe de Lie, on procède comme pour le groupe orthogonal, à cela près que l'application $M \mapsto {}^tMJ_nM$ envoie $M_n\mathbb{R}$ dans les matrices antisymétriques. L'algèbre de Lie de $Sp(n, \mathbb{R})$ est formée des matrices telles que

$$^tMJ_n + J_nM = 0,$$

c'est-à-dire des matrices blocs

$$\begin{pmatrix} A & C \\ B & D \end{pmatrix} \text{ telles que } \begin{cases} {}^tAB = {}^tBA \\ {}^tCD = {}^tDC \\ {}^tAD - {}^tBC = I_n. \end{cases}$$

* **3.** *Une application de l'algèbre extérieure aux groupes de Lie*

a) et b) A $g \in Gl(4, \mathbb{R})$, on associe l'application $\rho(g)$ de E dans E définie par

$$\rho(g)(\alpha \wedge \beta) = {}^tg^{-1}(\alpha) \wedge {}^tg^{-1}(\beta)$$

si α et β sont des formes linéaires. Les calculs de la fin de **A** montrent que ρ est un morphisme de groupes, et envoie $Sl(4, \mathbb{R})$ dans $O(3,3)$. On vérifie que la différentielle de ρ en l'élément neutre est injective. Elle est alors surjective pour des raisons de dimension. Alors $\text{Im}(\rho)$ est un sous-groupe ouvert (et donc fermé) de $O(3,3)$ qui est connexe en tant qu'image par une application continue d'un ensemble connexe. C'est donc la composante neutre de $O(3,3)$.

* **6.** *Formes invariantes par un groupe*

a) On utilise le fait que

$$\omega = i_X(dx^0 \wedge \ldots \wedge dx^n), \text{ où } X \text{ est le champ radial.}$$

Pour voir que Ω est la seule forme de degré n qui soit invariante par $Sl(n+1, \mathbb{R})$, on remarque d'abord que, $Sl(n+1, \mathbb{R})$ opérant transitivement sur $\mathbb{R}^{n+1} \setminus \{0\}$, une telle forme est déterminée sur $\mathbb{R}^{n+1} \setminus \{0\}$ par sa valeur en $e_0 = (1, 0, \ldots, 0)$ par exemple. On est ramené à montrer que $e^{1*} \wedge \ldots \wedge e^{n*}$ est la seule forme n-linéaire alternée (à un facteur près) qui soit invariante par le sous-groupe de $Sl(n+1, \mathbb{R})$ qui fixe e_0 (on a désigné par $(e^{i*})_{0 \le i \le n}$ la base duale de la base canonique de $\mathbb{R}^{n+1}$).

b) S'inspirer de **12**, c4 plus bas.

7. La primitive ainsi obtenue de

$$\alpha = \sum_{1 \le i < j \le n} \alpha_{ij} dx^i \wedge dx^j$$

est

$$\beta = \sum_{1 \le i < j \le n} \Big(\int_0^1 \alpha_{ij}(ux)du \Big)(x^i dx^j - x^j dx^i).$$

8. *Formes invariantes sur un groupe de Lie*

b) Il suffit de calculer $d\omega(V_0, \ldots, V_p)$ pour des champs invariants à gauche en appliquant **29**.

c) On a $dX^{-1)} = -X^{-1}dXX^{-1}$ (comparer à I.6). Si $\Omega = X^{-1}dX$, on a

$$d\Omega + \Omega \wedge \Omega = 0,$$

où la matrice $\Omega \wedge \Omega$ est définie par

$$(\Omega \wedge \Omega)_i^j = \sum_k (\Omega)_i^k \wedge (\Omega)_k^j.$$

Si U et V sont deux champs invariants à gauche, on en déduit que

$$d\Omega([U, V]) = (\Omega \wedge \Omega)(U, V).$$

On retrouve l'expression du crochet en évaluant les deux membres à l'élément neutre.

d) On restreint à G les matrices $X^{-1}dX$ et $(dX)X^{-1}$. L'espace vectoriel des formes de degré 1 invariantes à gauche de degré 1 est engendré par $a^{-1}da$ et $a^{-1}db$, celui des formes invariantes à droite par $a^{-1}da$ et $-a^{-1}bda + db$. Les formes de degré 2 invariantes à gauche (resp. à droite) sont proportionnelles à $a^{-2}db \wedge da$ (resp. à $a^{-1}db \wedge da$). L'exemple le plus simple qui soit de groupe non commutatif met donc b) en défaut.

9. *Produit intérieur et dérivée de Lie*

On remarque que l'opérateur linéaire $Q = L_X \circ i_Y - i_Y \circ L_X$ diminue de 1 le degré d'une forme homogène, et que, si α est homogène de degré p, on a

$$Q(\alpha \wedge \beta) = Q(\alpha) \wedge \beta + (-1)^p \alpha \wedge Q(\beta).$$

A partir de là, on imite la preuve de la formule de Cartan.

NB. Un peu de terminologie pour exprimer cette propriété : d est une antidérivation de degré 1, i_X et Q sont des antidérivations de degré -1.

12. *Formes invariantes par rotation*

a) Posons $r = \sqrt{x^2 + y^2}$. On a $\alpha = d(r^2/2)$, d'où l'invariance de α par l'action de $SO(2)$, puisque la différentielle commute avec l'image réciproque. D'autre part, $\beta = i_X\omega$, où X est le champ radial, défini par $X_p = p$ si $p \in \mathbb{R}^2$, et $\omega = dx \wedge dy$. Pour $g \in SO(2)$ on a

$$\begin{aligned}
(g^*\beta)_p(v) &= \beta_{g(p)}(g(v)) && \text{puisque } g \text{ est linéaire} \\
&= \omega_{g(p}\big(g(p), g(v)\big) = \det\big(g(p), g(v)\big) \\
&= \det(p, v) && \text{puisque } \det(g) = 1 \\
&= \beta_p(v).
\end{aligned}$$

b) Si une forme $\gamma \in \Omega^1(\mathbb{R}^2)$ est $SO(2)$-invariante, elle est déterminée dès que l'on connait les formes linéaires γ_p quand p parcourt une demi-droite. Désignons par R_θ la rotation d'angle θ. Si $v = (v_1, v_2)$ est un vecteur de $\mathbb{R}^2$, a priori

$$\gamma_{(r,0)}(v) = a(r)v_1 + b(r)v_2, \text{ où } a \text{ et } b \text{ sont des fonctions lisses sur } \mathbb{R}^+.$$

Alors

$$\gamma_{(r\cos\theta, r\sin\theta)}(v) = \gamma_{(r,0)}(R_\theta^{-1}\cdot v) = a(r)(v_1\cos\theta + v_2\sin\theta) + b(r)(-v_1\sin\theta + v_2\cos\theta).$$

Autrement dit,

$$\gamma_{(x,y)}(v) = \frac{a(r)}{r}(xv_1 + yv_2) + \frac{b(r)}{r}(-yv_1 + xv_2),$$

soit

$$\gamma = \frac{a(r)}{r}\alpha + \frac{b(r)}{r}\beta.$$

Si maintenant γ est définie sur tout $\mathbb{R}^2$, on a

$$\gamma_{(r,0)}(v) = a(r)v_1 + b(r)v_2,$$

où a et b sont des fonctions lisses et impaires sur $\mathbb{R}$. D'après le lemme de Hadamard, on a $a(r) = ra_1(r)$ et $b(r) = rb_1(r)$, où a_1 et b_1 sont lisses, et paires de surcroît. En appliquant la formule de Taylor, on voit que si f est une fonction paire de classe C^k ($1 \leq k \leq \infty$) sur $\mathbb{R}$, alors $t \mapsto f(\sqrt{t})$ est aussi C^k sur $[0, \infty[$. *En reprenant le raisonnement précédent, on voir qu'une forme $SO(2)$-invariante sur $\mathbb{R}^2$ se met sous la forme

$$f(r^2)\alpha + g(r^2)\beta,$$

où f et g sont des fonctions lisses sur $[0, \infty[$.

c1) a déjà été traité en a) (peut importe la dimension ici), c2) est classique, et c3) est une conséquence de la décomposition

$$\mathbb{R}^3 = \mathbb{R}p \bigoplus T_pS^2(\|p\|) \text{ (en notant } S^2(r) \text{ la sphère de centre 0 et de rayon } r).$$

c4) Pour $p \in S^2$, on définit $s_p \in SO(3)$ par

$$s_p(p) = p \ ; \ s_p(v) = -v \text{ si } \langle v, p\rangle = 0.$$

Alors, si $\gamma \in \Omega^1(S^2)$ est $SO(3)$-invariante, on a

$$\gamma_p(v) = (s_p^*\gamma)_p(v) = \gamma_p(s_p \cdot v) = -\gamma_p(v),$$

d'où $\gamma = 0$.

d) Grâce à une généralisation de c4) que nous laissons au lecteur, le même résultat est vrai pour les 1-formes $SO(n)$-invariantes sur $\mathbb{R}^n \setminus \{0\}$. Si $1 < k < n-1$, on peut démontrer suivant les mêmes idées qu'il n'y a pas de formes $SO(n)$-invariantes sur $\mathbb{R}^n \setminus \{0\}$ de degré k autre que 0. Si ω désigne le produit des dx^i, on voit que les n-formes $SO(n)$-invariantes sont de la forme $f(r)\omega$, et les $n-1$-formes $SO(n)$-invariantes de la forme $f(r)i_X\omega$.

* Une fonction g est dite de classe C^1 sur $[0, \infty[$ si elle est continûment dérivable sur $]0, \infty[$, dérivable à droite en 0 et si $\lim_{t\to 0} g'(t) = g'_d(0)$. Notant g' la fonction sur $[0, \infty[$ ainsi obtenue, on dira que g est C^k sur $[0, \infty[$ si g' est C^{k-1}, etc.

13. On trouve

$$(I^{-1})^*\alpha = \frac{4du \wedge dv}{(1+u^2+v^2)^2}$$

* **14.** *Théorème de Darboux*
Voir [Arnold 1], chapitre 8,§ 43.

* **17.** *Le théorème de Darboux par la méthode du chemin*

a) Voir l'exercice **2**.

b) On écrit $\omega_t = \tilde{\omega} + t(\omega - \tilde{\omega})$, et on remarque que les coefficients de $(\omega - \tilde{\omega})$ peuvent être rendus arbitrairement petits par un choix convenable de r. Alors

$$\omega_t^n = \tilde{\omega}^n(1+f),$$

où la fonction f est majorée en valeur absolue par $n!\epsilon$.

c) Soit $X(t)$ le générateur infinitésimal de φ_t. D'après **36 bis**,

$$\frac{d}{dt}\varphi_t^*\omega_t = \varphi_t^*(\omega - \tilde{\omega} + di_{X(t)}\omega_t).$$

Par ailleurs, d'après le lemme de Poincaré, il existe sur $B(a,r)$ une forme α de degré 1 telle que $d\alpha = \omega - \tilde{\omega}$. Pour s'assurer de ce que $\frac{d}{dt}\varphi_t^*\omega_t = 0$, il suffit de choisir $X(t)$ tel que

$$\alpha + i_{X(t)}\omega_t = 0.$$

La forme ω_t étant partout de rang n, on voit d'après l'exercice **2** que cette condition détermine un unique champ de vecteurs $X(t)$. On a alors

$$\varphi_t^*\omega_t = \varphi_0^*\tilde{\omega} = \omega = \ varphi_1^*\omega.$$

CHAPITRE VI

1. *Orientabilité et atlas d'orientation*

a) Soit $(U_i, \varphi_i)_{i\in I}$ un atlas de M. Posons $\Phi_i = T\varphi_i$. Les changements de cartes de l'atlas $(TU_i, \Phi_i)_{i\in I}$ de TM sont

$$(\varphi_j \circ \varphi_i^{-1})(x,u) = \big((\varphi_j \circ \varphi_i^{-1})(x), T_x(\varphi_j \circ \varphi_i^{-1})\cdot u\big).$$

Les matrices jacobiennes sont de la forme

$$\begin{pmatrix} T_x(\varphi_j \circ \varphi_i^{-1}) & 0 \\ A & T_x(\varphi_j \circ \varphi_i^{-1}) \end{pmatrix},$$

et leur déterminant égal à $\big(\det(T_x(\varphi_j \circ \varphi_i^{-1}))\big)^2$.

2. *Orientabilité et formes volume*

a) Si $\omega = dx^1 \wedge \ldots \wedge dx^n$, on vérifie que $i_{\nabla f}\omega$ induit une forme volume sur $f^{-1}(0)$.

b) De même, la forme α définie par

$$\alpha_x(v_1, \ldots, v_{n-p}) = \omega(\nabla f_x^1, \ldots, \nabla f_x^p, v_1, \ldots, v_{n-p})$$

induit une forme volume sur $f^{-1}(0)$.

c) Non, puisque toute variété compacte ou dénombrable à l'infini, orientable ou non, se plonge dans un $\mathbb{R}^n$ convenable. Conclusion : si $X \subset \mathbb{R}^n$ est une sous-variété non orientable, il est impossible de réaliser X comme l'ensemble des zéros d'une submersion définie sur tout un voisinage de X.

4. Si l'un des p_k est impair, $I(p_0, \ldots, p_n) = 0$. S'ils sont tous pairs,

$$I(p_0, \ldots, p_n) = \frac{\prod_{k=0}^{n} \Gamma(\frac{1+p_k}{2})}{\Gamma(\frac{1+n}{2})}.$$

6. On trouve $\dfrac{4\pi a^2 c}{3}$.

7. *Formule d'Archimède*

Soit ω la forme volume $xdy \wedge dz + ydz \wedge dx + zdx \wedge dy$ sur la sphère $S^2 \subset \mathbb{R}^3$. Il sera commode de considérer

$$f : (\varphi, \theta) \mapsto (\cos\theta \cos\varphi, \cos\theta \sin\varphi, \sin\theta)$$

comme un difféomorphisme de $S^1 \times] -\frac{\pi}{2}, \frac{\pi}{2}[$ sur $S^2 \setminus \{N, S\}$. Pour $z \neq 0$, on a

$$f^*\omega = f^*(\frac{dx \wedge dy}{z}) = \cos\theta d\varphi \wedge d\theta,$$

donc $f^*\omega = \cos\theta d\varphi \wedge d\theta$ sur tout $S^2 \setminus \{N, S\}$ par continuité. Comme $\cos\theta d\varphi \wedge d\theta = -d(\sin\theta d\varphi)$, on peut prendre pour primitive de ω sur $S^2 \setminus \{N, S\}$ la forme

$$(f^{-1})^*(-\sin\theta d\varphi) = \frac{z(ydx - xdy)}{x^2 + y^2} = \frac{z(ydx - xdy)}{1 - z^2}.$$

Une autre primitive possible de $\cos\theta d\varphi \wedge d\theta$ est $(1 - \sin\theta)d\varphi$. Alors

$$(f^{-1})^*((1 - \sin\theta)d\varphi) = \frac{(1 - z)(xdy - ydx)}{1 - z^2} = \frac{xdy - ydx}{1 + z}.$$

Cette dernière forme, qui est définie sur $S^2 \setminus \{S\}$, est encore une primitive de la forme de ω.

b) On a

$$\int_{\Sigma_{h,k}} \omega = \int_{f^{-1}(\Sigma_{h,k})} \cos\theta d\varphi \wedge d\theta = \int_{\partial f^{-1}(\Sigma_{h,k})} -\sin\theta d\varphi = 2\pi(k - h).$$

Par continuité (ou en utilisant l'autre primitive) cette formule est encore valable si $h = -1$ ou $k = 1$.

* **8.** *Mesure de Haar d'un groupe de Lie*

a) C'est un cas particulier de ce que nous avons vu à l'exercice **8** du chapitre **V** sur les formes invariantes sur un groupe de Lie.

b) On trouve bien sûr respectivement dx, $x^{-1}dx$, $dx \wedge dy$ (si $z = x + iy$), $dx^1 \wedge \cdots \wedge dx^n$.

c) Si Y et $X = (x_i^j)_{1\leq i,j\leq n}$ sont deux matrices (n,n), la matrice YX s'obtient en juxtaposant les n matrices colonnes YX^j, où $X^j = (x_i^j)_{1\leq i\leq n}$. Pour j fixé on a d'après **V. A**

$$Y^*(\bigwedge_{1\leq i\leq n} dx_i^j) = \det(Y) \bigwedge_{1\leq i\leq n} dx_i^j,$$

donc

$$L_Y^*(\bigwedge_{1\leq i,j\leq n} dx_i^j) = \big(\det(Y)\big)^n \bigwedge_{1\leq i,j\leq n} dx_i^j,$$

d'où l'invariance par translations à gauche de

$$\det(X)^{-n} \bigwedge_{1\leq i,j\leq n} dx_i^j.$$

L'invariance par translations à droite se voit de la même façon.

* **9.** *Sous-groupes compacts du groupe linéaire*
Le groupe G est fermé dans $Gl(n,\mathbb{R})$, c'est donc un sous-groupe de Lie. Notons abusivement dg la mesure de Haar à droite de G. Soit φ une forme quadratique définie positive quelconque sur $\mathbb{R}^n$. Posons

$$q(x) = \int_G \varphi(gx)dg.$$

On obtient ainsi une forme quadratique, en raison de la linéarité de l'intégrale. Cette forme est définie positive, car $q(x)$ s'obtient en intégrant contre une forme volume la fonction strictement positive (pour $x \neq 0$) $g \mapsto \varphi(gx)$. Enfin, comme le difféomorphisme R_h de G conserve l'orientation, on a

$$\begin{aligned} q(x) &= \int_G R_h^*(\varphi(gx)dg) = \int_G \varphi(ghx)R_h^*dg \\ &= \int_G \varphi(ghx)dg = q(hx). \end{aligned}$$

Autrement dit, G est inclus dans le groupe orthogonal de la forme quadratique q. Cette dernière, qui est définie positive, est équivalente à la forme standard $\langle x,x\rangle$, ce qui peut s'exprimer en disant qu'il existe un $g \in Gl(n,\mathbb{R})$ tel que $q(x) = \langle gx, gx\rangle$. Il en résulte que

$$gGg^{-1} \subset O(\langle,\rangle) = O(n).$$

Ce résultat implique en particulier que $O(n)$ est un sous-groupe compact *maximal* de $Gl(n,\mathbb{R})$ (c'est-à-dire que si $H \supset O(n)$ est compact, alors $H = O(n)$, et que tous les sous-groupes compacts maximaux de $Gl(n,\mathbb{R})$ sont conjugués à $O(n)$.
** Plus généralement, on démontre que tous les sous-groupes compacts maximaux d'un groupe de Lie sont conjugués. Voir par exemple [Helgason, Differential Geometry, Lie groups and Symmetric spaces, Academic Press].**

10. *Module d'un groupe de Lie*

a) Si ω est invariante à gauche, $R_g^*\omega$ l'est aussi car les translations à droite et à gauche commutent. Et c'est une forme volume car R_g est un difféomorphisme. La suite est laissée au lecteur.

b) Le seul sous-groupe compact de $\mathbb{R}_+^*$ est 1.

c) Si g est la transformation affine $x \mapsto ax + b$, $\mathrm{mod}(g) = a^{-1}$.

d) Le groupe $Gl^+(n, \mathbb{R})$ d'après l'exercice précédent.

** **11.** *Formule de Cauchy-Crofton*

a) Il suffit de vérifier l'invariance pour les rotations autour de l'origine et les translations. Notant (p, θ) une droite orientée, une telle rotation d'angle α transforme (p, θ) en $(p, \theta + \alpha)$. La translation de vecteur (a, b) transforme (p, θ) en $(p + a\cos\theta + b\sin\theta, \theta)$.

b) On introduit l'angle α de la tangente orientée à la courbe au point d'abcisse curviligne s avec l'axe Ox. Ainsi, $\big(x'(s), y'(s)\big) = (\cos\alpha, \sin\alpha)$, et l'on voit que F est lisse puisque

$$F(s, \varphi) = \Big(x(s)\sin(\alpha + \varphi) - y(s)\cos(\alpha + \varphi), \varphi + \alpha - \frac{\pi}{2}\Big).$$

Notons que p est aussi égal à $x(s)\cos\theta + y(s)\sin\theta$, donc (avec quelques abus de notations)

$$\begin{aligned} dp &= (x'(s)\cos\theta + y'(s)\sin\theta)\,ds + (\mathrm{qqch})d\theta \\ &= \cos(\alpha - \theta)ds + (\mathrm{qqch})d\theta = \sin\varphi ds + (\mathrm{qqch})d\theta. \end{aligned}$$

Mais $F^*d\theta = d\varphi + (\mathrm{qqch})ds$, d'où

$$F^*(dp \wedge d\theta) = \sin\varphi ds \wedge F^*d\theta = \sin\varphi ds \wedge d\varphi.$$

c) Cette formule montre que (s, φ) est un point critique si et seulement si $\varphi = k\pi$: les valeurs critiques sont les droites tangentes à la courbe. Elles forment un ensemble de mesure nulle. Il n'est pas nécessaire pour le voir d'invoquer le théorème de Sard, puisque l'ensemble des points critiques est déjà de mesure nulle.
Maintenant, si une droite D n'est tangente à C en aucun point, $D \cap C$ est fini : autrement, s'agissant d'un ensemble compact, il aurait un point d'accumulation, qui serait nécessairement un point de tangence de D avec C. Comme nous ne ferons pas usage du théorème de Stokes, nous pouvons considérer $dp \wedge d\theta$ et $\sin\varphi ds \wedge d\varphi$ comme des mesures positives ($\varphi \in [0, \pi]$!). Soient M_k l'ensemble des droites telles que $\mathrm{card}(D \cap C) = k$, et M'_k son image réciproque par F. Alors

$$\int_{M'_k} \sin\varphi ds \wedge d\varphi = k\int_{M_k} dp \wedge d\theta,$$

d'où

$$\sum_k \int_{M'_k} \sin\varphi ds \wedge d\varphi = \int_M \mathrm{card}(D \cap C)dp \wedge d\theta.$$

Le membre de gauche vaut

$$\int_{[0,L]\times[0,\pi]} \sin\varphi ds \wedge d\varphi = L\int_0^\pi \sin\varphi d\varphi = 2L.$$

13. *Théorème d'Archimède*
Voir [Berger-Gostiaux], 6.5.

14. a) On a

$$f\Delta g - g\Delta f = \operatorname{div}(f\nabla g - g\nabla f).$$

b) On part de l'identité

$$f\Delta f = \operatorname{div}(f\nabla f) + \langle \nabla f, \nabla f\rangle.$$

* **15.** *Voisinage tubulaire d'une courbe*

a) Soit $n(s)$ la normale unitaire à c au point de paramètre s, choisie de façon que le repère orthonormé $\big(c'(s), n(s)\big)$ soit direct. Le voisinage tubulaire est donné par le paramètrage

$$F : (s,t) \mapsto c(s) + tn(s) \quad \text{avec } s \in [0,L] \text{ et } t \in [-r,r].$$

Si on désigne par $k(s)$ la courbure, on a

$$\frac{\partial F}{\partial s} = \big(1 - tk(s)\big)c'(s)$$
$$\frac{\partial F}{\partial t} = n(s)$$

et donc

$$F^*(dx \wedge dy) = \det(\frac{\partial F}{\partial s}, \frac{\partial F}{\partial t})ds \wedge dt = \big(1 - tk(s)\big)ds \wedge dt.$$

Alors

$$aire\big(V_r(c)\big) = \int_{V_r(c)} F^*(dx \wedge dy) \int_{[0,L]\times[-r,r]} \big(1 - tk(s)\big)dsdt.$$

La dernière intégrale vaut

$$\int_0^L \left(\int_{-r}^r \big(1 - tk(s)\big)dt\right) ds = \int_0^L 2rds = 2rL.$$

b) On utilise un argument d'approximation.

CHAPITRE VII

* **3.** a) Une telle homotopie est donnée par

$$H(t,x) = \frac{f(tx)}{t} \text{ si } t \neq 0$$
$$H(0,x) = T_0 f \cdot x$$

(tout marche bien grâce au lemme de Hadamard).

b) En remplaçant f par $f - f(0)$, on peut se ramener au cas où $f(0) = 0$. Si f conserve l'orientation, $T_0 f \in Gl^+(n, \mathbb{R})$, qui est connexe (en effet $Gl^+(n, \mathbb{R})$ est difféomorphe à $\mathbb{R}^{n(n+1)/2} \times SO(n)$ d'après l'exercice **8** de **I**, et $SO(n)$ est connexe d'après **IV. 37**.)
N.B. Ces arguments sont connus sous le nom "d'astuce d'Alexander" ("Alexander's trick").

c) Utiliser le difféomorphisme $x \mapsto (\log \|x\|, \|x\|^{-1}x)$ de $\mathbb{R}^n \setminus \{0\}$ sur $\mathbb{R} \times S^{n-1}$.

* **4.** *Exemples d'enlacements*

a) ** Si (c, d) est une paire de courbes lisses de S^3, il existe un point p qui n'appartient pas à $\mathrm{Im}(c) \cup \mathrm{Im}(d)$ d'après la partie facile du théorème de Sard. Soit h un difféomorphisme de $S^3 \setminus \{p\}$ sur $\mathbb{R}^3$ conservant l'orientation. Alors, d'après l'exercice précédent et **33**, $E(h \circ c, h \circ d)$ ne dépend pas de h. Le résultat obtenu ne dépend pas non plus du choix de p, d'après la question c) de l'exercice précédent (au lecteur de boucher les trous).

b) On utilise le fait que S^2 privé d'un point est un ouvert trivialisant difféomorphe à $\mathbb{R}^2$. Alors, si a, b, c, d sont quatre points distincts de S^2, on peut toujours les supposer appartenant à un tel ouvert U. De plus, on peut joindre a à c, et b à d par des chemins lisses *disjoints* contenus dans U. Alors, en utilisant la trivilisation de H, on voit facilement que les paires de courbes $\big(H^{-1}(a), H^{-1}(b)\big)$ et $\big(H^{-1}(c), H^{-1}(d)\big)$ sont homotopes. Pour un calcul explicite, on prend par exemple $a = N$ et $b = S$: après projection stéréographique par rapport à un pôle de S^3, les courbes $H^{-1}(b)$ et $H^{-1}(a)$ deviennent un cercle de $\mathbb{R}^3$ et son axe.

c) Prendre comme point cible pour le calcul du degré le point $(1, 0, 0)$. On trouve un enlacement égal à 2.

* **5.** *Existence d'applications de S^n dans S^n de tout degré*

b) Appelons i_p la projection stéréographique par rapport à p. Alors la fonction g définie par

$$g(x) = \begin{cases} i_p^{-1}\big(f(\|x\|^2)x\big) & \text{si } \|x\| < 1 \\ p & \text{si } \|x\| \geq 1 \end{cases}$$

est lisse dès que f tend vers l'infini "suffisamment vite", par exemple si $f(t) = e^t$.

c) Soit $\varphi : \mathbb{R}^n \to V$ un difféomorphisme sur un ouvert V de X contenant m tel que $\varphi(0) = m$, et soit $U = \varphi\big(B(0, 1)\big)$. Alors l'application $h : X \to S^n$ définie par

$$h(x) = \begin{cases} g\big(\varphi^{-1}(x)\big) & \text{si } x \in V \\ p & \text{si } x \notin V \end{cases}$$

convient.

d) Il est clair que $\deg(h) = \pm 1$. Le degré vaut 1 si on oriente S^n de façon que $g_{|B(0,1)}$ conserve l'orientation et si la carte φ est compatible avec l'orientation de X. Pour trouver une application de degré k on procède de même en partant de k difféomorphes de $\mathbb{R}^n$ sur des ouverts disjoints $V_1, \ldots, V_k$, et conservant l'orientation (ce qui est possible si X est orientable). En procédant comme dans c) on voit qu'il existe des ouverts $U_i \subset V_i$ et une application lisse $h : X \mapsto S^n$ qui pour tout i est un difféomorphisme conservant l'orientation de U_i sur $S^n \setminus \{p\}$ et qui envoie $S^n \setminus \cup U_i$ sur p.

6. Soit G un groupe de Lie compact et connexe, et f_k l'application $x \mapsto x^k$ de G dans G.

a) On procède par récurrence sur k, en dérivant l'identité :

$$\psi_{k,g}(\exp tX)) = (g\exp tX)^k g^{-k} = (g\exp tX)^{k-1} g^{1-k} g^k (\exp tX) g^{-k}.$$

** b) En raison de la compacité, les valeurs propres de $\mathrm{Ad}\, g$ sont de module 1, et en raison de la connexité $\det(\mathrm{Ad}\, g) = 1$. On en déduit que le produit des valeurs propres de $T_e\psi_{k,g}$ est non-négatif. Donc $\deg(f_k) > 0$ puisqu'il existe des valeurs régulières.

c) Si g est somme directe de n rotations planes d'angles différents de $\frac{2p\pi}{k}$, c'est une valeur régulière de $f_k : SO(2n) \to SO(2n)$. Le cas de $SO(2n+1)$ se traite de la même façon.

* **7.** $(-1)^{n+1}$ a un point fixe. Si f est sans point fixe, elle est homotope à l'antipodie.

10. *Cohomologie d'un quotient fini.*

a) Soit $\alpha \in F^k(Y)$. Il faut montrer que si $p^*\alpha$ est exacte, α l'est aussi. Puisque pour tout $\gamma \in \Gamma$ on a $\gamma^* \circ p^* = p^*$, de l'équation $p^*\alpha = d\beta$ on tire

$$p^*\alpha = \frac{1}{\mathrm{card}(\Gamma)} \sum_\gamma \gamma^* d\beta = d\Big(\frac{1}{\mathrm{card}(\Gamma)} \sum_\gamma \gamma^*\beta\Big).$$

La forme

$$\overline{\beta} = \frac{1}{\mathrm{card}(\Gamma)} \sum_\gamma \gamma^*\beta$$

est Γ-invariante, donc de la forme $p^*\beta'$. On a

$$p^*\alpha = d(p^*\beta') = p^*(d\beta')$$

donc $\alpha = d\beta'$ puisque p^* est injective.

b) se démontre de la même façon.

c) Si K est la bouteille de Klein, $H^1(K) \simeq \mathbb{R}$ et $H^2(K) = 0$.
Pour tout $k > 0$, $H^k(P^n\mathbb{R}) = 0$, avec une exception : $H^n(P^n\mathbb{R}) \simeq 0$ sauf si n est impair. ** En fait, toute variété compacte connexe non orientable est le quotient d'une variété compacte orientable par un difféomorphisme involutif renversant l'orientation (voir [Berger-Gostiaux]), ce qui explique que $H^n(X) = 0$ pour toute variété compacte connexe non orientable.**

11. *Cohomologie d'un produit*

a) Soit par exemple $\pi : X \times Y \to X$ la première projection, et α une forme volume sur X. La forme $\pi^*\alpha$ est fermée, alors que

$$\int_{X\times\{y\}} \pi^*\alpha = \int_X \alpha \neq 0.$$

b) Mayer-Vietoris, encore et toujours.

* **12.** On part de la forme volume $\omega = dx^1 \wedge \cdots \wedge dx^n$ sur T^n. Alors $f^*(dx^1)$ est une forme fermée de degré 1 sur S^n. Elle est donc exacte, et il en est de même de $f^*\omega = f^*(dx^1) \wedge f^*(dx^2 \wedge \cdots \wedge dx^n)$.

13. a) La décomposition $T^n = T^{n-1} \times S^1 \setminus \{p\} \cup T^{n-1} \times S^1 \setminus \{q\}$ (comparer à **50**) permet de procéder par récurrence sur n.

b) On imite ce qui a été fait pour $P^n\mathbf{C}$, mais la situation est plus compliquée : on est obligé de partir de la cohomologie en dimension maximum.

* **14.** *Invariant de Hopf*

g) Si f n'est pas surjective, on imite l'argument qui montre qu'une application non surjective est de degré nul (fin de **14**). L'invariance par homotopie est une conséquence de **40**. On trouve $H(f) = 1$ pour la fibration de Hopf. ** On peut démontrer que $H(f)$ est entier. Cela se voit en montrant que, si a et b sont deux valeurs régulières de f, alors

$$H(f) = E\big(f^{-1}(a), f^{-1}(b)\big)$$

(comparer à l'exercice **4** et voir H. Hopf, Uber die Abbildungen von Sphären auf Sphären niedrigerer Dimension, *Fundamenta Mathematicae* 25 (1935), 427-440).** La fibration de Hopf est le premier exemple d'application d'une variété dans une variété de dimension inférieure qui ne soit pas homotope à une constante.

15. *Formes invariantes et cohomologie*

a) On sait déjà que si $g \in SO(n+1)$ et $\alpha \in F^k(S^n)$, les formes $g^*\alpha$ et α sont cohomologues. A l'instar de ce qui se passe pour le tore (cf. **58**), α est alors cohomologue à

$$\overline{\alpha} = \int_{SO(n+1} g^*\alpha dg,$$

où dg désigne la mesure de Haar normalisée par la condition $\int dg = 1$. Pour le voir, il suffit de remarquer, en imitant l'argument du lemme **59**, que l'exponentielle de $SO(n+1)$ (qui est surjective) admet une inverse à droite mesurable; il suffit de trouver cette inverse sur l'ensemble (de mesure pleine) des g dont les valeurs propres sont distinctes.

b) C'est l'exercice **6** du chapitre **V**.

18. *Formes bi-invariantes sur un groupe de Lie*

b) On utilise le fait que $\mathcal{I} \circ L_g = R_{g^{-1}} \circ \mathcal{I}$.

d) Si α est bi-invariante d'ordre k, alors $d\alpha$ est bi-invariante d'ordre $k+1$. On a

$$\mathcal{I}^*(d\alpha) = (-1)^{k+1} d\alpha = d(\mathcal{I}^*\alpha) = (-1)^k d\alpha.$$

e) Si G est compact et connexe et si $\alpha \in F^p(G)$, les formes $L_g^*\alpha$ et $R_g^*\alpha$ sont cohomologues à α d'après **55**. En utilisant le fait que les translations à droite et à gauche commutent, et que la mesure de Haar d'un groupe compact est bi-invariante, on voit que la forme

$$\overline{\alpha} = \int\int_{G\times G} R_g^*(L_h^*\alpha) dg\, dh$$

est bi-invariante. On montre qu'elle est cohomologue à α comme dans **59**, à l'aide d'une inverse à droite mesurable de exp. A partir de là, sachant que toute forme bi-invariante sur G est fermée, la démonstration du fait que $\alpha \mapsto \overline{\alpha}$

donne par passage au quotient un isomorphisme de $H^p(G)$ sur $\Omega^p_{\mathrm{inv}}(G)$ est la même que pour $G = T^n$.

f) La forme en question est $Ad(G)$-invariante puisque la trace est invariante par conjugaison. On vérifie qu'elle est non triviale si $n \geq 3$ en l'évaluant sur la base standard de $\mathfrak{so}(3)$. ** Le calcul de la cohomologie des groupes de Lie compacts se ramène donc en principe à un problème purement algébrique d'après la question précédente. Pour plus de détails sur sa détermination effective, voir le dernier tome (IX) du traité de Dieudonné, et le tome II de [Greub-Halperin-Van Stone].**

*** 19** *Cohomologie du tore à deux trous*

b) On écrit $T^2 \sharp T^2 = U \cup V$ où U et V sont les complémentaires d'une boule fermée dans T^2, et $U \cap V$ une couronne. Il faut pouvoir calculer la cohomologie de U. Cela se fait en appliquant Mayer-Vietoris à la décomposition $T^2 = U \cup B$, où B est une boule ouverte.

Bibliographie

Présentation générale

Cette bibliographie ne comporte, à deux ou trois exceptions près, que des livres ou des monographies : j'ai voulu donner une liste courte, pour mieux inciter le lecteur * à consulter une bonne partie des références données. Les références de tel ou tel résultat cité dans les commentaires l'ont inévitablement allongée.
Ce n'est pas une raison pour s'abstenir de lire des articles originaux, récents ou anciens. Signalons tout particulièrement les "Research-Expository papers" du *Bulletin of American Mathematical Society* et la série "Panoramas et synthèses" publiée par la Société Mathématiques de France. Il s'agit dans les deux cas d'articles accessibles à des non spécialistes, et dotés en principe d'une bibliographie assez complète.
Dans les lignes qui suivent, je me suis efforcé de cerner avec précision les références, sans reprendre systématiquement celles qui sont citées dans les sections de "Commentaires". Cet exercice est assez rarement pratiqué. Signalons toutefois l'abondante bibliographie commentée qui se trouve à la fin du tome 5 de [Spivak].

Prérequis

Voir [Avez] ou [Lang] pour la topologie et le calcul différentiel. La théorie locale des courbes et surfaces de $\mathbb{R}^3$ n'est pas logiquement nécessaire, mais aide énormément à comprendre les choses. Voir [Berger-Gostiaux], [Lehmann-Sacré], où l'on trouvera en prime des résultats globaux.

Autres points de vue

La première partie de [Berger-Gostiaux] est assez proche de ce livre (moins les groupes de Lie), et contient des résultats globaux sur les courbes planes. La seconde partie est consacrée à la théorie locale des surfaces, et à un exposé assez complet, mais sans démonstrations, de la géométrie riemannienne. Abondante bibliographie.
[Lehmann-Sacré] traite en détails le cas des variétés de dimension 2, y compris l'aspect métrique et le théorème de Gauss-Bonnet.
[Guillemin-Pollack] étudie les variétés en prenant pour fil directeur la transversalité.
Dans [Pham], le fil directeur est plutôt les champs de vecteurs. Le livre est très tourné vers les systèmes dynamiques et les singularités.
Terminons cette revue par deux ouvrages beaucoup plus gros. Les deux premiers tomes de [Doubrovine-Fomenko-Novikov] (huit cents pages) recouvrent pratiquement tous les livres que nous venons de citer, le nôtre compris bien sûr, et abordent pratiquement

---

* En français, le masculin fait aussi fonction de neutre.

tous les thèmes mentionnés dans nos “Commentaires”. Mais il faut souvent faire l'effort de compléter les démonstrations, par soi-même ou en consultant un autre livre.
Enfin [Spivak] : cinq tomes, plus de deux mille pages ! Le tome un traite grosso modo des thèmes de ce livre (avec en plus une introduction à la géométrie riemannienne). Le tome deux reprend les bases de la géométrie riemannienne d'un point de vue historique, et contient notamment une traduction commentée de la célèbre leçon inaugurale de Riemann. Les trois derniers sont principalement consacrés à la géométrie riemannienne.

LIVRES “DE NIVEAU 2” SUR LA TOPOLOGIE DES VARIÉTÉS

Comme suite naturelle à celui-ci, citons par exemple [Hirsch], [Bott-Tu], ainsi que le tome 3 de [Doubrovine-Fomenko-Novikov]. Les deux premiers sont très abordables.

THÈMES VOISINS

Singularités, systèmes dynamiques

[Demazure] est la rédaction d'un cours à l'Ecole Polytechnique, parfaitement accessible à un lecteur du niveau de la licence. Il ne ménage pas les explications, les exemples, y compris physiques, et les commentaires.
Dans un style très différent (70 pages format livre de poche contre 300 grand format, nombreux exercices) citons [Arnold 2].
[Godbillon 2] est relativement orthogonal à ces deux titres, puisqu'il traite non des modèles locaux de fonctions et de champs de vecteurs, mais des propriétés globales des champs de vecteurs sur les surfaces.

Géométrie symplectique

Le “pourquoi” de la géométrie symplectique n'est pas forcément évident pour le débutant. En plus d'une initiation, on trouvera des réponses à cette question dans [Audin] et [Arnold 1].

Groupes de Lie

Nous ne citons que des livres qui privilégient l'aspect “groupes” par rapport à l'aspect “algèbres de Lie”.
[Mneime-Testard] est élémentaire, et contient beaucoup d'exemples traités “à la main”.
[Chevalley] est un très grand classique, et sans doute le premier livre où les groupes de Lie sont étudiés en tant que variétés. [Onichschik-Vinberg], très complet, est un abord plus difficile.

Géométrie riemannienne

[Milnor 2] comporte un exposé rapide et efficace. Dans [DoCarmo] c'est principalement l'aspect métrique qui est considéré, dans [Chavel] plutôt l'aspect “Analyse sur les variétés”. [Gallot-Hulin-Lafontaine] est un compromis entre les deux points de vue.

RÉFÉRENCES

C. ADAMS
The knot book, Freeman 1994.

M. ADASHI
Embeddings and Immersions, Translations of Mathematical Monographs 124, American Mathematical Society.

F. APÉRY
Models of the Real Projective Plane, Vieweg, Braunschweig/Wiesbaden 1987.

V.I. ARNOLD
1. *Méthodes mathématiques de la mécanique classique*, Editions Mir.
2. *Catastrophe theory*, Graduate texts in Mathematics 60, Springer Verlag, New-York- Berlin-Heidelberg 1978.

M. AUDIN
The topology of torus actions on symplectic manifolds, Birkhaüser 1991.

Contient entre autres une initiation à la géométrie symplectique et les résultats de base sur l'action des groupes compacts sur les variétés.

A. AVEZ
Calcul Différentiel, Masson.

M. BERGER
Géométrie, Nathan, Paris 1990.

M. BERGER et R. GOSTIAUX
Géométrie différentielle, P.U.F., Paris 1986.

M. S. BERGER
Non-linearity and Functional Analysis, Academic Press.

Pour l'utilisation du théorème d'inversion locale "banachique" en analyse, et la théorie du degré en dimension infinie (degré de Leray-Schauder).

B. BOOSS and D. BLEECKER
Topology and Analysis, Universitext, Springer.

Pour l'aspect "analyse sur les variétés"

R. BOTT and J. MILNOR
On the parallelizability of spheres, *Bull. Amer. Math. Soc.* **64** (1958), 87-89.

R. BOTT and L. TU
Differential forms in Algebraic Topology, Graduate texts in Mathematics, Springer.

G. BREDON
Topology and geometry, Springer 1994.

Ouvrage de référence très complet sur la topologie des variétés : groupes d'homotopie, groupes d'homologie et de cohomologie à coefficients réels et entiers, structures multiplicatives, dualité, etc.

E. CARTAN
La géométrie des espaces de Riemann, Memorial Sc. Math., IX, Gautiers-Villars, Paris.

Les livres d'Élie Cartan sont restés très stimulants, mais un vernis préalable sur le sujet qu'ils traitent est souhaitable.

I. CHAVEL
Riemannian geometry – A modern introduction, Cambridge University Press.

S. S. CHERN
Complex manifolds without potential theory, Springer Universitext.

C'est-à-dire le point de vue qui dépaysera le moins le géomètre différentiel.

C. CHEVALLEY
Theory of Lie groups I, Princeton University Press, Princeton 1946.

J.-P. DEMAILLY
Analyse numérique et équations différentielles, Presses Universitaires de Grenoble.

M. DEMAZURE
Catastrophes et bifurcations, Ellipses, Paris 1991.

J. DIEUDONNÉ
1. *Fondements de l'Analyse Moderne, tome III,* Gauthier-Villars, Paris 1970.
2. *A History of Algebraic and Differential Topology 1900-1960,* Birkaüser, Bâle 1988.

Aide à comprendre les motivations qui ont conduit à introduire bien des notions de topologie algébrique et différentielle ; très pratique pour trouver la référence de tel ou tel résultat "bien connu".

M. DO CARMO
Riemannian geometry, Birkhauser.

B. DOUBROVINE, S. NOVIKOV ET A. FOMENKO
Géométrie contemporaine (3 tomes), Mir, Moscou 1984.

R. FEYNMANN
Cours de Physique, InterEditions 1979.

S. GALLOT, D. HULIN and J. LAFONTAINE
Riemannian Geometry, Springer 1990.

C. GODBILLON
1. *Topologie Algébrique,* Hermann, Paris 1971.

Pour les bases de la topologie algébrique : homotopie, cohomologie au moyen des formes différentielles, mais pas d'homologie singulière.

2. *Dynamical systems on surfaces*, Birkhaüser, Bâle 1992.

M. GOLUBITSKY, V. GUILLEMIN
Stable mappings and their singularities, Springer 1974.

A. GRAMAIN
Topologie des surfaces, P.U.F., Paris 1970.

Le plus court chemin pour arriver à la classification des surfaces.

M. GREENBERG
Lectures on Algebraic Topology, Benjamin, New-York.

Homologie et cohomologie singulières, structures multiplicatives, dualité. Il s'agit d'un manuel et non d'un livre de référence comme [Bredon].

W. GREUB, S. HALPERIN and R. VAN STONE
Connections, curvature and cohomology, Academic Press.

V. GUILLEMIN and A. POLLACK
Differential Topology, Prentice Hall.

G. HECTOR and U. HIRSCH
Introduction to the Differential Geometry of Foliations, Vieweg 1981.

M. HIRSCH
Differential topology, Springer 1976.

R. KULKARNI and U. PINKALL (eds.)
Conformal Geometry, Vieweg, Aspects of Maths, 1988.

S. LANG
Analyse réelle, InterEditions.

B. LAWSON
The theory of gauge fields in four dimensions, C.B.M.S. 58, American Mathematical Society.

D. LEHMANN et C. SACRE
Géométrie différentielle des courbes et des surfaces, P.U.F, Paris.

J. MILNOR
1. *Topology from the differentiable viewpoint*, The University Press of Virginia, Charlottesville 1965.
2. *Morse theory*, Princeton University Press, Princeton 1963.

J. MILNOR and J. STASHEFF
Characteristic classes, Princeton University Press 1974.

C. MISNER, K. THORNE and J. WHEELER
Gravitation, Freeman.

R. MNEIME, R. TESTARD
Introduction à la théorie des groupes de Lie classiques, Hermann, Paris 1986.

D. MONTGOMERY AND L. ZIPPIN
Topological transformation groups, Interscience 1955.

F. MORGAN
Geometric measure theory, Academic Press 1988.

A. ONISHCHIK and E. VINBERG
Lie groups and algebraic groups, Springer 1993.

F. PHAM
Géométrie et calcul différentiel sur les variétés, InterEditions, Paris 1992.

M. POSTNIKOV
Leçons de Géométrie, Groupes et Algèbres de Lie, Editions Mir.

A. PRESSLEY and G. SEGAL
Loop groups, Oxford Science Publications.

L.A. SANTALÓ
Integral Geometry and Geometric Probability, in Encyclopedia of Mathematics, Addison-Wesley, Reading Massachussets 1976.

SÉMINAIRE PALAISEAU
Théorie des variétés minimales et applications, *Astérisque* **154-155** (1987).

J. SIVARDIÈRE
La symétrie en mathématiques, physique et chimie, Presses Universitaires de Grenoble 1995.

Contient notamment une discussion détaillée des questions d'orientation.

M. SPIVAK
Differential Geometry , Publish or Perish, Berkeley 1979.

J. STALLING
The piecewise-linear structure of Euclidean space, *Proc. Cambridge Phil. Soc. 58 (1962), 481-488.*

N. STEENROOD
The topology of fiber bundles, Princeton University Press, Princeton 1951.

E. VINBERG (ed.)
Geometry II, Geometry of Spaces of Constant Curvature, in Encyclopedia of Mathematical Sciences, Springer 1993.

H. WHITNEY
Geometric integration theory, Princeton University Press 1957.

J. WOLF
Spaces of constant curvature, Publish or Perish.

INDEX

1.1 *signifie "paragraphe 1 du chapitre I"* et 1.(1) *"exercice 1 du chapitre I". En cas de références multiples, l'endroit où la notion référée est définie est indiqué en caractères gras.*

Achevé d'imprimer
avec les films fournis,
en avril 1996
par IMPRIMERIE LIENHART
à Aubenas d'Ardèche

Dépôt légal avril 1996
N° d'imprimeur : 8357
Printed in France